水体污染控制与治理科技重大专项"十一五"成果系列丛书
湖泊富营养化控制与治理技术及综合示范主题
当代中国资源环境实地调查研究系列丛书

洱海全流域水资源环境调查与社会经济发展友好模式研究

董利民 等 著

科学出版社
北　京

内 容 简 介

本书以洱海全流域作为研究对象，重点开展了洱海全流域污染源、入湖污染负荷、湖泊生态系统及流域社会经济调查与解析，洱海流域的水污染特征与社会经济特征诊断，洱海流域生态文明评价技术，以及社会经济发展与水环境相协调的洱海流域社会经济发展友好模式等研究。研究成果支撑了《云南洱海绿色流域建设与水污染防治规划》的编制和实施。无疑，本书在为地方政府生态环境保护与湖泊治理提供科技支撑、丰富湖泊绿色流域建设理念和思路的同时，也为我国类似湖泊水污染综合防治提供了参考。

本书可供水利、环保、城建、农业、国土资源等相关部门的决策者和管理人员、科技工作者，以及大专院校相关专业师生等参考。

图书在版编目（CIP）数据

洱海全流域水资源环境调查与社会经济发展友好模式研究／董利民等著．
—北京：科学出版社，2015.5
（水体污染控制与治理科技重大专项"十一五"成果系列丛书
当代中国资源环境实地调查研究系列丛书）
ISBN 978-7-03-044384-7

Ⅰ.①洱… Ⅱ.①董… Ⅲ.①湖泊–水环境–研究–大理白族自治州
②流域经济–环境经济–研究–大理白族自治州 Ⅳ.①X143②F127.742

中国版本图书馆 CIP 数据核字（2014）第 111179 号

责任编辑：林 剑 刘 超／责任校对：张凤琴
责任印制：徐晓晨／封面设计：王 浩

科 学 出 版 社 出版
北京东黄城根北街 16 号
邮政编码：100717
http://www.sciencep.com

北京厚诚则铭印刷科技有限公司 印刷
科学出版社发行 各地新华书店经销

*

2015 年 6 月第 一 版 开本：787×1092 1/16
2017 年 4 月第二次印刷 印张：23
字数：518 000

定价：160.00 元
（如有印装质量问题，我社负责调换）

水专项"十一五"成果系列丛书
指导委员会成员名单

主　任：周生贤

副主任：仇保兴　吴晓青

成　员：（按姓氏笔画排序）

王伟中　王衍亮　王善成　田保国　旭日干

刘　昆　刘志全　阮宝君　阴和俊　苏荣辉

杜占元　吴宏伟　张　悦　张桃林　陈宜明

赵英民　胡四一　柯　凤　雷朝滋　解振华

熊跃辉

环境保护部水专项"十一五"成果系列丛书
编著委员会成员名单

主　编：周生贤

副主编：吴晓青

成　员：（按姓氏笔画排序）

马　中	王子健	王业耀	王明良	王凯军
王金南	王　桥	王　毅	孔海南	孔繁翔
毕　军	朱昌雄	朱　琳	任　勇	刘永定
刘志全	许振成	苏　明	李安定	张世秋
张永春	杨汝均	金相灿	周怀东	周　维
郑　正	孟　伟	赵英民	胡洪营	柯　兵
柏仇勇	俞汉青	姜　琦	徐　成	梅旭荣
彭文启	熊跃辉			

总　　序

我国作为一个发展中的人口大国，资源环境问题是长期制约经济社会可持续发展的重大问题。在经济快速增长、资源能源消耗大幅度增加的情况下，我国污染物排放强度大、负荷高，主要污染物排放量超过受纳水体的环境容量。同时，我国人均拥有水资源量远低于国际平均水平，水资源短缺导致水污染加重，水污染又进一步加剧水资源供需矛盾。长期严重的水污染问题影响着水资源利用和水生态系统的完整性，影响着人民群众的身体健康，已经成为制约我国经济社会可持续发展的重大瓶颈。

"水体污染控制与治理"科技重大专项（以下简称"水专项"）是《国家中长期科学和技术发展规划纲要（2006—2020年)》确定的16个重大专项之一，旨在集中攻克一批节能减排迫切需要解决的水污染防治关键技术、构建我国流域水污染治理技术体系和水环境管理技术体系，为重点流域污染物减排、水质改善和饮用水安全保障提供强有力的科技支撑，是新中国成立以来投资最大的水污染治理科技项目。

"十一五"期间，在国务院的统一领导下，在科技部、国家发展和改革委员会（简称"发改委"）和财政部的精心指导下，在领导小组各成员单位、各有关地方政府的积极支持和有力配合下，水专项领导小组围绕主题主线新要求，动员和组织全国数百家科研单位、上万名科技工作者，启动了34个项目、241个课题，按照"一河一策"、"一湖一策"的战略部署，在重点流域开展大攻关、大示范，突破1000余项关键技术，完成229项技术标准规范，申请1733项专利，初步构建了水污染治理和管理技术体系，基本实现了"控源减排"阶段目标，取得了阶段性成果。

一是突破了化工、轻工、冶金、纺织印染、制药等重点行业"控源减排"关键技术200余项，有力地支撑了主要污染物减排任务的完成；突破了城市污水处理厂提标改造和深度脱氮除磷关键技术，为城市水环境质量改善提供了支撑；研发了受污染原水净化处理、管网安全输配等40多项饮用水安全保障关键技术，为城市实现从源头到龙头的供水安全保障奠定了科技基础。

二是紧密结合重点流域污染防治规划的实施，选择太湖、辽河、松花江等重点流域开展大兵团联合攻关，综合集成示范多项流域水质改善和生态修复关键技术，为重点流域水质改善提供了技术支持，环境监测结果显示，辽河、淮河干流化学需氧量消除劣 V 类；松花江流域水生态逐步恢复，重现大麻哈鱼；太湖富营养化状态由中度变为轻度，劣 V 类入湖河流由 8 条减少为 1 条；洱海水质连续稳定并保持良好状态，2012 年有 7 个月维持在 II 类水质。

三是针对水污染治理设备及装备国产化率低等问题，研发了 60 余类关键设备和成套装备，扶持一批环保企业成功上市，建立一批号召力和公信力强的水专项产业技术创新战略联盟，培育环保产业产值近百亿元，带动节能环保战略性新兴产业加快发展，其中杭州聚光科技股份有限公司研发的重金属在线监测产品被评为 2012 年度国家战略产品。

四是逐步形成了国家重点实验室、工程中心–流域地方重点实验室和工程中心–流域野外观测台站–企业试验基地平台等为一体的水专项创新平台与基地系统，逐步构建了以科研为龙头，以野外观测为手段，以综合管理为最终目标的公共共享平台。目前，通过水专项的技术支持，我国第一个大型河流保护机构——辽河保护区管理局已正式成立。

五是加强队伍建设，培养了一大批科技攻关团队和领军人物，采用地方推荐、部门筛选、公开择优等多种方式遴选出近 300 个水专项科技攻关团队，引进多名海外高层次人才，培养上百名学科带头人、中青年科技骨干和 5000 多名博士、硕士，建立人才凝聚、使用、培养的良性机制，形成大联合、大攻关、大创新的良好格局。

在 2011 年"十一五"国家重大科技成就展、"十一五"环保成就展、全国科技成果巡回展等一系列展览中以及 2012 年全国科技工作会议和 2013 年年初的国务院重大专项实施推进会上，党和国家领导人对水专项取得的积极进展都给予了充分肯定。这些成果为重点流域水质改善、地方治污规划、水环境管理等提供了技术和决策支持。

在看到成绩的同时，我们也清醒地看到存在的突出问题和矛盾。水专项离国务院的要求和广大人民群众的期待还有较大差距，仍存在一些不足和薄弱环节。2011 年专项审计中指出水专项"十一五"在课题立项、成果转化和资金使用等方面不够规范。"十二五"我们需要进一步完善立项机制，提高立项质量；进一步提高项目管理水平，确保专项实施进度；进一步严格成果和经费管理，发挥专项最大效益；在调结构、转方式、惠民生、促发展中发挥更大的科技支撑和引领作用。

我们也要科学认识解决我国水环境问题的复杂性、艰巨性和长期性，水专项亦是如此。刘延东副总理指出，水专项因素特别复杂、实施难度很大、周期很长、反复也比较多，要探索符合中国特色的水污染治理成套技术和科学管理模式。水专项无法解决所有的水环境问题，不可能一天出现一个一鸣惊人的大成果。与其他重大专项相比，水专项也不会通过单一关键技术的重大突破，实现整体的技术水平提升。在水专项实施过程中，妥善处理好当前与长远、手段与目标、中央与地方等各个方面的关系，既要通过技术研发实现核心关键技术的突破，探索出符合国情、成本低、效果好、易推广的整装成套技术，又要综合运用法律、经济、技术和必要的行政手段来实现水环境质量的改善，积极探索符合代价小、效益好、排放低、可持续的中国水污染治理新路。

党的十八大报告强调，要实施国家科技重大专项，大力推进生态文明建设，努力建设美丽中国，实现中华民族永续发展。水专项作为一项重大的科技工程和民生工程，具有很强的社会公益性，将水专项的研究成果及时推广并为社会经济发展服务是贯彻创新驱动发展战略的具体表现，是推进生态文明建设的有力措施。为广泛共享水专项"十一五"取得的研究成果，水专项管理办公室组织出版水专项"十一五"成果系列丛书。该丛书汇集了一批专项研究的代表性成果，具有较强的学术性和实用性，可以说是水环境领域不可多得的资料文献。丛书的组织出版，有利于坚定水专项科技工作者专项攻关的信心和决心；有利于增强社会各界对水专项的了解和认同；有利于促进环保公众参与，树立水专项的良好社会形象；有利于促进专项成果的转化与应用，为探索中国水污染治理新路提供有力的科技支撑。

我坚信在国务院的正确领导和有关部门的大力支持下，水专项一定能够百尺竿头，更进一步。我们一定要以党的十八大精神为指导，高擎生态文明建设的大旗，团结协作、协同创新、强化管理，扎实推进水专项，务求取得更大的成效，把建设美丽中国的伟大事业持续向前推进，努力走向社会主义生态文明新时代！

周生贤

2013 年 7 月 25 日

前　　言

　　近二十年来，随着洱海流域人口增加和经济快速发展，人们对自然资源的开发不断加剧，洱海流域生态环境逐渐恶化，洱海水质日益下降，逐步由贫营养过渡到中营养，目前正处于中营养向富营养湖泊的过渡阶段，水质已由 20 世纪 90 年代的 Ⅱ 到 Ⅲ 类发展到 2006 年的 Ⅲ 类水临界状态。近五年来，随着洱海治理力度的加大，取得了一定成果，但洱海整体上仍属于富营养化初期湖泊，仍处在富营养化和中营养化的选择路口，水污染形势依然严峻，直接影响社会经济的可持续发展。洱海流域的三次产业结构，经过几十年的努力，已经扭转了以农业为主体、工业十分落后的局面，基本形成了以加工业、商业为主的产业结构。但从总体上看，其产业结构还不合理，尤其农业面源污染形势严峻，洱海流域资源环境优势尚未得到充分发挥。从洱海水污染现状与发展形势来看，如果不立即采取措施进行控制，则洱海的水污染与富营养化发展趋势难以遏制，社会经济发展将面临着严峻挑战，以后将付出成倍或几十倍的代价。因此，开发基于洱海流域环境承载力约束的区域划分和洱海绿色流域构建技术，制定洱海绿色流域社会经济结构调整中长期规划及实现这一规划目标的细致调整方案（主要包括实施方法、步骤与考评措施等），是最终实现洱海富营养化防治的根本途径。为此，国家科技重大专项"十一五"洱海项目设立了"洱海全流域清水方案与社会经济发展友好模式研究"课题（编号：2009ZX07105-001），以洱海全流域作为研究对象，解析洱海流域入湖主要污染物负荷与洱海水质的响应关系，测算洱海流域水环境承载力，确定洱海流域社会经济发展与水环境污染的相互作用，制定洱海流域主要污染物容量总量控制方案和洱海全流域水污染控制与清水方案，集成和应用洱海流域生态文明评价技术与服务于生态文明流域发展的社会经济结构体系构建技术，并建设大理市生态农业综合政策示范区，旨在为地方政府的生态环境保护与湖泊治理提供科技支撑，也为类似湖泊污染控制及经济社会可持续发展提供参照。

　　国家科技重大专项"十一五"洱海项目"洱海全流域清水方案与社会经济发展友好模式研究"课题的组织与协调结构如下。

　　课题负责人：董利民（华中师范大学）

　　子课题1：洱海全流域污染源、入湖污染负荷与社会经济现状调查与解析

　　子课题组负责人：程凯（华中师范大学）

子课题组成员：程凯、吴宜进、叶桦、许敏、卫志宏等

子课题 2：洱海湖泊水环境承载力与主要污染物总量控制研究

子课题组负责人：吕云波（云南省环境科学研究院）

子课题组成员：吕云波、朱翔、赵磊、冯健、马杏等

子课题 3：洱海流域社会经济发展友好模式研究

子课题组负责人：董利民（华中师范大学）

子课题组成员：董利民、李桂娥、项继权、梅德平、王雅鹏、杨海、胡义、龚琦等

子课题 4：洱海全流域水污染控制与清水方案

子课题组负责人：孔海南（上海交通大学）

子课题组成员：孔海南、王欣泽、李春杰、李亚红等

该课题的主要创新点如下。

1）制定了洱海流域污染物容量总量控制方案，研发了洱海流域社会经济结构、发展速度与污染物排放量关系量化模拟和社会经济结构体系构建等关键技术，集成了服务于生态文明流域发展的社会经济结构调整控污减排规划。

根据洱海高原湖泊流域水环境污染的系统调查并针对实际情况，以自然条件、社会经济、水污染源和控制措施等为主要指标，以土地利用、污染类别和控制方向等为主要属性，建立了流域定性与定量相结合的三级水污染控制分区划分方法。基于洱海流域水污染控制区划分，以洱海北部水域控制点的水环境容量作为流域陆源入湖污染负荷量限制指标，以Ⅱ类水质标准作为水环境保护目标，分别针对不同水文年型条件，制定了"流域-控制区"尺度和"流域-污染源"尺度的 TN、TP 污染物总量削减控制方案。

在判别社会经济结构发展阶段的基础上，结合《洱海保护治理规划》的水质目标（近期Ⅲ类，远期Ⅱ类），依据社会经济发展的圈层理论，在全流域水污染综合防治四片七区基础上，采用红线、黄线、蓝线和绿线，划分全流域产业发展四类功能控制亚区。即红色区域的禁止发展亚区、黄色区域的限制发展亚区、蓝色区域的优化发展亚区和绿色区域的综合发展亚区。针对全流域生态农业、环保工业、生态旅游及配套服务业进行问题探讨，在取得丰硕成果的基础上，集成了洱海流域社会经济结构、发展速度与污染物排放量关系量化模拟和社会经济结构体系构建等关键技术，制定了基于湖泊水环境承载力的重点产业、产业下行业及经济部类的调整初步规划和建设方案。

2）研究和编制洱海流域治理综合保障体系、洱海流域生态补偿机制、洱海保护及洱源生态文明试点县建设评价体系的实施意见（含考核办法），初步探索和实践了洱海流域社会经济发展友好模式。

自 2010 年 3 月起，课题组依托地方政府在大理白族自治州（以下简称大理州）环洱

海九镇二区开展的"大理市 3000 亩稻田养鱼项目"、"大理市 40 000 亩生物菌肥和有机肥推广使用项目"和"大理市高效农业示范基地项目",协同大理市供销合作社联合社,积极创建农民合作经济组织,系统研发洱海流域治理综合保障体系,形成"土地流转方式创新"、"农民合作经济组织创建"、"产业结构调整控污减排规划"和"洱海流域的生态补偿量化"等系列成果。课题组在取得《洱海流域治理综合保障体系研究》成果的基础上,先后执笔起草《洱海流域生态补偿机制实施方案(意见)》和《洱海保护及洱源生态文明试点县建设评价体系的实施意见》(含考核办法),并针对洱海流域源头县——洱源县,提出了有别于洱海流域其他县市政府相关党政主要领导及其班子成员的考核指标和考核办法,以上文本经地方政府行文得到具体应用实施。

课题组结合大理市生态农业综合政策示范区建设,创新土地流转方式,运用"公司+合作社+农户"和"农民合作经济组织+基地+农户"等模式,初步探索和实践了洱海流域社会经济发展友好模式。国务院农村综合改革工作小组办公室、云南省供销合作社联合社、大理州洱海保护治理领导组办公室、大理州农村综合改革领导组办公室、大理白族自治州人民代表大会常务委员会办公室、大理白族自治州人民政府研究室、大理白族自治州财政局等,先后为课题研究成果应用,出具了成果应用证明。

3)制定富营养化初期湖泊——洱海全流域水污染与富营养化控制中长期规划,为类似湖泊污染控制及经济可持续发展提供了参照。

课题作为项目总体技术的集成总结,课题组基于富营养化初期湖泊特征,编制了洱海全流域的清水方案,包括村落污水–畜禽–垃圾治理工程方案、城镇污染治理工程方案、农田面源污染治理工程方案、旅游污染治理工程方案、河流源头涵养林建设规划方案、流域水土流失防治规划方案、流域库塘与湿地系统保护规划方案、入湖河道生态修复规划方案、湖滨带缓冲带生态修复规划方案和流域管理与能力建设规划方案等。其中,课题"洱海全流域污染源调查"、"洱海流域产业结构现状、特征及 SWOT 分析"、"洱海流域产业污染源分布、特征及问题诊断"、"洱海流域社会经济发展功能控制区划"、"洱海流域主要产业宏观调整规划"等研究成果已经编入《云南洱海绿色流域建设与水污染防治规划》。该规划于 2010 年 5 月通过专家评审,且经云南省人民政府批复采纳应用,并报国家发展和改革委员会备案,应用推广潜力巨大。

4)课题大部分研究成果得到应用示范且效果明显,取得了预期的环境效益、经济效益和社会效益。

课题组参与编制的《大理市万亩稻田养鱼项目实施方案》,建议恢复举办"薅秧节"、"栽秧会"等传统农耕节庆活动,利用"公司+合作社+农户"等形式,实施洱海绿色流域建设控污减排规划和生态补偿机制等科研成果,积极推行现代农业发展模式,建成以昆明好宝菁生态农业有限责任公司为龙头企业,在大理市银桥镇上波棚村流转土地 150 亩,在洱海流域产业"限制发展亚区"和"优化发展亚区",形成集中连片开发1000亩、面上推广2000亩的"3000亩稻田养鱼"生态农业示范区。成果应用效果显示:3000亩"稻田养鱼"削减肥料使用量(以折纯量计)氮34.98t,磷2.91t,削减入湖量总氮1.85t,总磷0.298t;新增产值336万元,亩增纯收入1068元。

课题组协同大理市供销合作社联合社,依托地方政府开展的"大理市40 000亩生物菌肥和有机肥推广使用项目"和"大理市高效农业示范基地项目",创新运用"农民合作经济组织+基地+农户"等模式,在兼顾农民实际经济利益的同时,集成应用"农民合作经济组织创建"、"生态补偿量化技术"等成果,编纂了《农民专业合作社操作指南》,指导建设了500亩大理市高效农业示范基地——"大理市银顺蔬菜专业合作社",推广使用生物菌肥和有机肥料,推进生态农业建设。该基地主要从事无公害蔬菜生产、加工、销售,每亩每年可实现纯收入近2.5万元,是传统粮食生产经济效益的8倍左右,同时每年减少氮、磷施肥量约40%,辐射带动周边无公害蔬菜种植1000亩,年转移农村剩余劳动力5万人次以上。

本书是国家科技重大专项"十一五"洱海项目"洱海全流域清水方案与社会经济发展友好模式研究"课题研究成果的结晶,它汇集了子课题1、子课题2、子课题3大部分研究成果。同时,本书又是一个集体撰写和集体研究的结果。董利民对全书(三分册)的结构和章节进行了系统的构思和设计,经课题组集体讨论,确定了各章节内容及撰写人。其中,第一分册《洱海全流域水资源环境调查与社会经济发展友好模式研究》,第1、2、3、5章由程凯、吴宜进、许敏、卫志宏主撰,第4章由叶桦主撰,第6、7章由李桂娥主撰,第8章和附录由董利民、项继权主撰。第二分册《洱海流域水环境承载力计算与社会经济结构优化布局研究》,第1、2、3、5章由吕云波、朱翔、赵磊、马杏主撰,第4章由冯健主撰,第6章由董利民、杨柯玲主撰,第7章由梅德平、龚琦主撰,第8章由董利民、杨海主撰,附录由董利民、胡义主撰。第三分册《洱海流域产业结构调整控污减排规划与综合保障体系建设研究》,各章节由董利民主撰,其指导的研究生李国君、任雪琴、邹云龙、罗勋、邓琛对全书进行了校对。这里需要特别说明的是,这样按章划定撰写人的做法可能并不完全正确,主要是因为个别章、个别节有可能就是课题组其他成员的论文或调研报告,在此,务请课题组研究人员能够予以谅解。

在本书付梓之际,特别感谢在2011年"十一五"国家重大科技成就展、"十一五"环境保护成就展,以及2012年全国科技工作会议和2013年初的国务院重大专项实施推进会等多种场合,国务院刘延东副总理、环境保护部周生贤部长和国家水专项技术总师孟伟院士对本课题取得的积极进展给予的充分肯定。特别感谢国家科技重大专项"十一五"洱海项目负责人孔海南教授,云南大理白族自治州原人大副主任尚榆民先生,大理市供销合作社联合社副主任周汝波先生,国家水专项管理办公室姜霞主任、韩巍先生和王素霞女士对本书编写工作给予的热情指导。另外，华中师范大学科研部曹青林部长和王海处长对本书的出版提供了资助，在此一并致谢！

在本书撰写的过程中，著者阅读、参考了大量国内外文献，在此，对文献的作者表示感谢。

由于作者水平有限，书中难免存在不足之处，敬请读者不吝指正。

董利民

2014 年 11 月 16 日

目　　录

研 究 篇

调查篇

1 | 洱海流域外源性污染源调查与解析

1.1 洱海流域农田面源污染源调查

1.1.1 背景

1.1.1.1 地理位置

洱海位于大理白族自治州（以下简称大理州）中部，纵贯大理、洱源两市县境内（2004年1月后洱源县江尾、双廊两镇划归大理市，洱海已全部在大理市境内）。西有大理坝和苍山，北起大理市上关镇，东边玉案山依水盘绕，南止大理市凤仪坝和下关镇，呈北北西向南南东方向展布，南北长，而东西窄，形似耳状。当水位1966m（1985年国家高程基准，以下简称85高程）时，湖面积252.191km²，湖容量27.94亿m³，湖周长129.14km，岛屿面积0.748km²，兴利库容7.37亿m³。

1.1.1.2 农业概况

（1）行政区划

洱海流域地跨大理市和洱源县两个市县，共有17个乡镇，170个行政村。其中大理市11个乡镇，包括下关镇、大理镇、凤仪镇、喜洲镇、海东镇、挖色镇、湾桥镇、银桥镇、双廊镇、上关镇、经济技术开发区（简称"开发区"）；洱源县辖6个乡镇，包括茈碧湖镇、邓川镇、右所镇、三营镇、凤羽镇、牛街乡。

（2）种植作物

流域内主要种植的作物有大春作物：水稻、玉米、烤烟等；小春作物：蚕豆、大蒜、大麦、油菜、小麦等；蔬菜：白菜、大葱、番茄、胡萝卜、萝卜、南瓜、茄子、马铃薯、花椰菜、青笋、小葱等；杂粮：白芸豆等。

（3）土壤类型

洱海流域区内土壤类型有红壤、紫色土、棕壤、暗棕壤、黄棕壤、红棕壤、水稻土、石灰岩土、高山草甸土、沼泽土、冲积土等。其中各土壤类型所占面积、比例见表1-1。

表1-1 大理州各土壤类型面积　　　　　　　　　　　　　（单位：hm²）

地区	高山草甸土	暗棕壤	棕壤	红棕壤	紫色土	红壤	冲积土	黄棕壤	石灰岩土	沼泽土	水稻土
洱源县	29 083	9 518	42 863	38 997	67 485	48 586	3 061	0	0	77	15 347
大理市	862	0	9 238	0	5 355	21 444	1 549	16 131	14 860	0	14 065

地区	高山草甸土	暗棕壤	棕壤	红棕壤	紫色土	红壤	冲积土	黄棕壤	石灰岩土	沼泽土	水稻土
合计	29 945	9 518	52 101	38 997	72 840	70 030	4 610	16 131	14 860	77	29 412
比例（%）	8.85	2.81	15.39	11.52	21.52	20.69	1.36	4.77	4.39	0.02	8.69

注：数据来源于云南省第二次土壤普查资料（大理市、洱源县），系概略计算，下同。

1.1.2 调查目的、范围、方法及测算方法

1.1.2.1 调查目的

通过对大理市和洱源县的实地调查和实地测量各类农村生活废水的水质情况，在统计分析洱海流域农田利用类型（图1-1）、种植作物结构、施肥用量、施肥方法等信息的基础上，了解洱海流域面源污染情况。

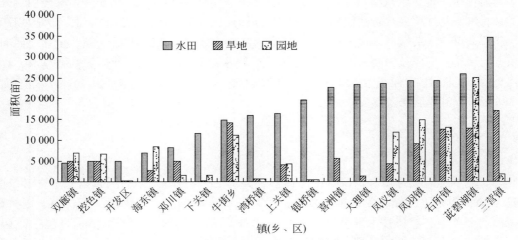

图 1-1　不同镇（乡、区）耕地利用类型面积状况

1.1.2.2 调查范围

调查范围为整个洱海流域，包括大理市的上关镇、喜洲镇、湾桥镇、银桥镇、大理镇、下关镇、凤仪镇、海东镇、挖色镇、双廊镇、开发区等11个乡镇和洱源县的牛街乡、三营镇、茈碧湖镇、凤羽镇、右所镇和邓川镇6个乡镇。

1.1.2.3 调查内容

包括作物种类，肥料施用量，用水量情况，亩①均产值与效益等。

————————

① 1 亩≈666.7m²。

1.1.2.4 调查方法

对全流域的农户进行实地抽样调查，总调查农户约 3000 户，其中有效问卷为 2656 份，其中大理市有效问卷 1787 份，洱源县有效问卷 869 份。

1.1.3 调查结果

1.1.3.1 洱海流域农田类型分布及农村种植情况

洱海流域包括大理市的下关镇、大理镇、凤仪镇、喜洲镇、海东镇、挖色镇、湾桥镇、银桥镇、双廊镇、上关镇、开发区 11 个镇（乡、区）及洱源县的茈碧湖镇、邓川镇、右所镇、三营镇、凤羽镇、牛街乡 6 个镇（乡、区）。总耕地面积 383 836 亩和园地 108 047 亩。详见表 1-2。

表 1-2 洱海流域不同耕地利用类型分布

县（市）	镇（乡、区）	耕地面积（亩）		耕地、园地面积（亩）			园地（亩）
		旱地	水田	平地	缓坡地	陡坡地	
大理市	下关镇	244	11 490	6 700	3 721	2 937	1 624
	大理镇	1 229	23 430	24 659	0	0	0
	凤仪镇	4 333	23 456	36 476	0	3 079	11 766
	喜洲镇	5 534	22 592	24 746	3 413	0	33
	海东镇	2 591	6 998	9 715	6 144	2 280	8 550
	挖色镇	4 893	4 783	14 376	2 052	0	6 752
	湾桥镇	606	15 703	16 309	660	0	660
	银桥镇	350	19 625	19 975	471	0	471
	双廊镇	4 957	4 339	3 157	13 054	0	6 915
	上关镇	4 080	16 155	16 155	7 174	1 151	4 245
	开发区	209	4 947	5 199	88	0	131
洱源县	茈碧湖镇	12 633	25 827	29 872	18 965	14 623	25 000
	邓川镇	4 800	8 171	12 418	2 102	0	1 549
	右所镇	12 533	24 240	28 240	13 533	7 986	12 986
	三营镇	16 846	34 413	40 198	11 261	1 558	1 758
	凤羽镇	9 037	24 225	24 225	9 037	14 576	14 576
	牛街乡	13 988	14 580	11 045	19 877	8 678	11 032

1.1.3.2 主要种植作物施肥量及种植面积

洱海流域主要种植作物包括，大春作物：水稻、玉米、烤烟等；小春作物：蚕豆、大蒜、大麦、油菜、小麦等；蔬菜：白菜、大葱、番茄、胡萝卜、萝卜、南瓜、茄子、马铃薯、花椰菜、青笋、小葱等；杂粮：白芸豆等。从种植作物施肥情况来看，主要用肥为以人粪尿和畜禽粪便为主的有机肥、化肥和复合肥。

从施肥量上看，蚕豆的单位面积施氮量最低，而蔬菜、烤烟、玉米、水稻和大蒜的单位面积施氮量最高；小麦的单位面积施磷量最低，而蔬菜、烤烟和大蒜的单位面积施磷量最高，为小麦的 2~3 倍。洱海流域主要作物纯氮施肥量和纯磷施肥量分别见表 1-3 和表 1-4。

表 1-3　洱海流域主要作物纯氮施肥量　　　　（单位：kg/亩）

县（市）	镇（乡、区）	蚕豆	大麦	大蒜	烤烟	水稻	小麦	玉米	蔬菜	平均值
大理市	大理镇	18.28		29.31		27.89		32.55	30.21	28.92
	凤仪镇	8.72	11.10	15.26		21.29	5.90	32.17		17.01
	海东镇	12.31		69.36		35.02		40.17		28.61
	开发区	6.51				23.67			56.70	17.37
	上关镇	11.97	32.15	17.01		26.08		33.73		20.62
	双廊镇	6.47	22.55	14.12		26.09		19.28		17.04
	挖色镇	9.78		32.14	17.20	34.07		112.55	66.53	22.41
	湾桥镇	7.60		17.65	21.97	23.45		36.75	10.65	18.83
	喜洲镇	7.69	8.84	16.06	23.54	28.11	17.15	34.46		20.06
	下关镇	20.39		13.70	30.27	21.71		29.11	67.31	36.84
	银桥镇	5.41	12.13	6.34		23.98	23.82	29.86	19.09	17.12
	排污汇总	9.11	12.22	19.13	21.18	26.73	14.52	31.86	51.76	21.87
洱源县	茈碧湖镇	6.39		19.96	70.60	26.06		30.47		16.64
	邓川镇	10.85		20.26		28.86		21.08		21.07
	凤羽镇	15.89	13.69	91.89	23.43	26.89	12.65	28.04		22.49
	牛街乡	14.39	23.44	45.40	47.70	28.27	13.60	36.19		25.45
	三营镇	17.65	15.13	38.10	54.11	28.36	21.39	25.52		30.82
	右所镇	10.41		28.95	86.02	28.28	24.50	23.63	22.38	26.64
	排污汇总	10.84	15.20	29.52	55.17	27.54	21.61	28.19	22.38	23.90
流域	排污汇总	9.69	13.56	22.69	41.24	27.06	19.17	31.16	49.35	22.58

注：排污汇总由施肥汇总量乘以产排污系数而得，下同。

表 1-4　洱海流域主要作物纯磷施肥量　　　　　　　　（单位：kg/亩）

县（市）	镇（乡、区）	蚕豆	大麦	大蒜	烤烟	水稻	小麦	玉米	蔬菜	平均值
大理市	大理镇	10.45		7.39		9.01		10.94	7.93	10.40
	凤仪镇	10.50	6.15	18.56		7.40	4.10	2.93		8.28
	海东镇	9.95		23.55		12.34		7.98		11.56
	开发区	12.37				4.88			6.50	8.36
	上关镇	13.94	9.10	20.83		6.31		5.47		11.49
	双廊镇	7.56	4.90	13.55		6.75		3.86		7.84
	挖色镇	13.13		3.44	10.67	8.95		1.50	16.08	11.01
	湾桥镇	12.17		8.02	8.67	5.86	4.00	8.09	0.93	8.85
	喜洲镇	10.75	7.84	9.86	11.65	7.39	10.33	6.71		8.97
	下关镇	11.61		3.82	49.87	10.51		7.91	27.28	14.33
	银桥镇	8.31	10.78	8.88		5.89	5.17	7.54	3.03	7.27
	排污汇总	10.86	6.86	12.79	10.55	7.65	7.42	7.23	18.41	9.71
洱源县	茈碧湖镇	5.37		11.98	26.90	13.40		13.74		9.53
	邓川镇	4.67		7.87		9.41		5.21		7.35
	凤羽镇	10.03	6.21	21.90	8.92	7.56	2.55	9.18		8.11
	牛街乡	9.12	9.42	15.30	44.80	12.50	4.00	18.94		12.57
	三营镇	11.05	5.17	10.35	19.49	11.49	8.02	9.76		12.72
	右所镇	6.72		9.86	21.85	7.59	5.08	6.63	11.67	8.54
	排污汇总	7.30	6.30	10.00	19.56	10.30	5.16	10.90	11.67	9.71
流域	排污汇总	9.66	6.61	11.83	15.87	8.72	5.94	7.93	17.86	9.71

2010 年，流域内各镇（乡、区）主要作物种植面积情况如表 1-5 所示。

表 1-5　2010 年流域内主要作物种植面积　　　　　　　　（单位：亩）

地区	镇（乡、区）	蚕豆	大麦	烤烟	水稻	玉米	其他	合计
大理市	大理镇	3 000	1 500		13 000	9 500	0	27 000
	凤仪镇	12 682	6 111	2 005	16 325	4 994	53	42 170
	海东镇	3 250	2 081	2 550	4 812	5 020	7 883	25 596
	开发区	260	6		299	28	42	635
	上关镇	12 595	180	2 520	14 840	3 568	1 575	35 278
	双廊镇	2 371	1 237	3 520	882	4 960	1 743	14 713
	挖色镇	3 200	2 062	3 333	3 264	3 479	7 778	23 116
	湾桥镇	8 000	3 000	3 300	12 500	3 500	1 500	31 800
	喜洲镇	9 918	4 050	2 900	18 246	6 209	4 865	46 188
	下关镇	3 567	50		4 745	4 543	3 948	16 853
	银桥镇	10 036	2 206		11 976	5 567	2 619	32 404
	汇总	68 879	22 483	20 128	100 889	51 368	32 006	295 753

续表

地区	镇（乡、区）	蚕豆	大麦	烤烟	水稻	玉米	其他	合计
洱源县	茈碧湖镇	18 963	5 000	2 204	25 024	8 602	4 833	64 626
	邓川镇	4 000	0	330	8 171	1 900	200	14 601
	凤羽镇	5 000	7 100	2 923	21 263	9 000	16 914	62 200
	牛街乡	12 150	1 900	1 110	14 000	5 800	4 931	39 891
	三营镇	24 700	21 000	23 488	24 012	7 000	8 000	108 200
	右所镇	9 100	1 400	1 816	24 500	10 000	12 520	59 336
	汇总	73 913	36 400	31 871	116 970	42 302	47 398	348 854
流域	汇总	142 792	58 883	51 999	217 859	93 670	79 404	644 608

根据表 1-3、表 1-4 及表 1-5，计算流域内各镇（乡、区）的肥料施用情况见表 1-6 和表 1-7。

表 1-6 2010 年流域内纯氮施用量　　　　　　　　（单位：t）

县（市）	镇（乡、区）	蚕豆	大麦	烤烟	水稻	玉米	其他	合计
大理市	大理镇	54.84	18.33	0.00	362.57	309.23	0.00	744.97
	凤仪镇	110.59	67.83	42.46	347.57	160.66	0.90	730.02
	海东镇	40.01	25.43	54.01	168.52	201.65	225.53	715.15
	开发区	1.69	0.07	0.00	7.08	0.89	0.73	10.46
	上关镇	150.76	5.79	53.37	387.03	120.35	32.48	749.78
	双廊镇	15.34	27.89	74.55	23.01	95.63	29.70	266.13
	挖色镇	31.30	25.20	57.33	111.20	391.56	174.30	790.89
	湾桥镇	60.80	36.66	72.50	293.13	128.63	28.25	619.96
	喜洲镇	76.27	35.80	68.27	512.90	213.96	97.59	1 004.79
	下关镇	72.73	0.61	0.00	103.01	132.25	145.44	454.05
	银桥镇	54.29	26.76	0.00	287.18	166.23	44.84	579.31
	汇总	668.62	270.38	422.50	2 603.19	1 921.04	779.76	6 665.49
洱源县	茈碧湖镇	121.17	76.00	155.60	652.13	262.10	80.42	1 347.43
	邓川镇	43.40	0.00	18.21	235.82	40.05	4.21	341.69
	凤羽镇	79.45	97.20	68.49	571.76	252.36	380.40	1 449.65
	牛街乡	174.84	44.54	52.95	395.78	209.90	125.49	1 003.50
	三营镇	435.96	317.73	1270.94	680.98	178.64	246.56	3 130.80
	右所镇	94.73	21.28	156.21	692.86	236.30	333.53	1 534.92
	汇总	949.55	556.75	1 722.39	3 229.32	1 179.36	1 170.62	8 807.98
流域	汇总	1 618.17	827.12	2 144.88	5 832.52	3 100.39	1 950.38	15 473.47

表1-7　2010年流域内纯磷施用量　　　　　（单位：t）

县（市）	镇（乡、区）	蚕豆	大麦	烤烟	水稻	玉米	其他	合计
大理市	大理镇	31.35	10.29	0.00	117.13	103.93	0.00	262.70
	凤仪镇	133.16	37.58	21.15	120.81	14.63	0.44	327.78
	海东镇	32.34	14.28	26.90	59.38	40.06	91.13	264.08
	开发区	3.22	0.04	0.00	1.46	0.00	0.35	5.07
	上关镇	175.57	1.64	26.59	93.64	19.52	18.10	335.05
	双廊镇	17.92	6.06	37.14	5.95	19.15	13.67	99.89
	挖色镇	42.02	14.15	35.56	29.21	5.22	85.64	211.79
	湾桥镇	97.36	20.58	28.61	73.25	28.32	13.28	261.39
	喜洲镇	106.62	31.75	33.79	134.84	41.66	43.64	392.29
	下关镇	41.41	0.34	0.00	49.87	35.94	56.57	184.14
	银桥镇	83.40	23.78	0.00	70.54	41.98	19.04	238.73
	汇总	764.37	160.49	209.74	756.08	350.39	341.84	2 582.91
洱源县	茈碧湖镇	101.83	31.50	59.29	335.32	118.19	46.06	692.19
	邓川镇	18.68	0.00	6.45	76.89	9.90	1.47	113.39
	凤羽镇	50.15	44.09	26.07	160.75	82.62	137.17	500.85
	牛街乡	110.81	17.90	49.73	175.00	109.85	61.98	525.27
	三营镇	272.94	108.57	457.78	275.90	68.32	101.76	1 285.26
	右所镇	61.15	8.82	39.68	185.96	66.30	106.92	468.83
	汇总	615.56	210.88	639.00	1 209.81	455.18	455.36	3 585.80
流域	汇总	1 379.93	371.37	848.74	1 965.89	805.57	797.21	6 168.71

1.1.3.3　农田面源污染负荷

污染源构成及现状：洱海流域农田污染主要来自于农田当季作物投入的氮磷肥料、农田土壤氮磷存量和作物秸秆腐烂。流域内养殖业较发达，秸秆利用率较高，很少还田，所以，秸秆对面源污染的贡献率可以忽略。

农田土壤氮磷存量：由于长期施肥，大量的氮磷通过土壤吸附、土壤微生物利用等方式被土壤固持的氮磷量。在土壤水分充足的条件下，土壤所吸附的氮磷与土壤水中的氮磷发生动态交换由此所带来的流失量称之为土壤存量流失量。

（1）TN、TP 的流失量核算

洱海流域农田氮、磷流失量及氮、磷入湖量分别用式（1-1）进行计算：

$$Q = (Q_f \times S \times K_1 + S \times K_2) \div 1000 \tag{1-1}$$

式中，Q 为氮、磷流失量（t）；Q_f 为肥料（氮、磷）投入量（kg/亩），调查值；S 为农田面积（亩），统计年鉴；K_1 为肥料（氮、磷）流失系数（%），见表1-8；K_2 为土壤存量（氮、磷）流失量（kg/亩），见表1-8；1000 为单位转换系数。

表 1-8   氮、磷流失系数

种植模式	本底流失量（kg/亩）		流失系数（%）	
	氮	磷	氮	磷
旱地	2.00	0.50	2.00	0.50
水田	1.50	0.30	1.50	0.50
园地	0.03	0.001	0.45	0.03

通过计算分析：洱海流域年氮、磷流失量分别为 1360.01t 和 252.55t，其中，大理市的流失量占总量的 45.70%，洱源县的流失量占总量的 53.56%（表 1-9）。

表 1-9   各乡镇农田氮磷流失量   （单位：t/a）

县（市）	镇（乡、区）	TN	TP
大理市	大理镇	59.99	4.11
	凤仪镇	84.51	6.25
	海东镇	52.69	3.93
	开发区	16.21	1.40
	上关镇	73.67	5.35
	双廊镇	26.86	2.15
	挖色镇	49.00	3.49
	湾桥镇	64.74	4.74
	喜洲镇	96.04	6.91
	下关镇	35.04	2.61
	银桥镇	64.74	4.77
	汇总	623.48	45.70
洱源县	茈碧湖镇	133.80	9.99
	邓川镇	32.35	2.16
	凤羽镇	129.07	9.25
	牛街乡	84.28	6.38
	三营镇	224.74	16.98
	右所镇	128.23	8.80
	汇总	732.46	53.56
汇总		1355.94	99.26

（2）COD 的流失量核算

参考《全国地表水环境容量核定和总量分配工作方案》附录中将所有农田（水田、旱地）折算成标准农田，然后计算对应农田污染物的源强系数。

1）坡度修正：坡度在 25° 以下，流失系数为 1.0~1.2；坡度在 25° 以上，流失系数为 1.2~1.5。

2）农田类型修正：旱地1.0，水田1.5，其他0.7。

3）土壤类型修正：将农田土壤按质地进行分类，即根据土壤成分中的黏土和砂土比例进行分类，分为砂土、壤土和黏土。以壤土修正系数为1.0；砂土修正系数为1.0～0.8；黏土修正系数为0.8～0.6。

4）化肥施用量修正：化肥亩施用量在25kg以下，修正系数取0.8～1.0；在25～35kg，修正系数取1.0～1.2；在35kg以上，修正系数取1.2～1.5。

5）降雨量修正：年降雨量在400mm以下的地区取流失系数为0.6～1.0；年降雨量在400～800mm的地区取流失系数为1.0～1.2。

根据洱海流域的实际情况，具体取值见表1-10。

表1-10　取值表

参数	取值
降雨系数	1.2
释用量系数	1.5
土壤系数	1.0
水田、旱地坡度系数	1.0
园地坡度系数	1.2
水田系数	1.5
旱地系数	1.0
园地系数	0.7

计算得到洱海流域农田COD流失情况如表1-11所示。

表1-11　洱海流域农田COD流失量　　　　　　　（单位：t/a）

县（市）	镇（乡、区）	水田	旱地	园地	合计
大理市	大理镇	632.6	22.1	0.0	654.7
	凤仪镇	633.3	78.0	177.9	889.2
	海东镇	188.9	46.6	129.3	364.8
	开发区	133.6	3.8	2.0	139.4
	上关镇	436.2	73.4	64.2	573.8
	双廊镇	117.2	89.2	104.6	310.0
	挖色镇	129.1	88.1	102.1	319.3
	湾桥镇	424.0	10.9	10.0	444.9
	喜洲镇	610.0	99.6	0.5	710.1
	下关镇	310.2	4.4	24.6	339.2
	银桥镇	529.9	6.3	7.1	543.3
	合计	4 145.0	522.4	622.3	5 289.7

续表

县（市）	镇（乡、区）	水田	旱地	园地	合计
洱源县	茈碧湖镇	697.3	227.4	378.0	1 302.7
	邓川镇	220.6	86.4	23.4	330.4
	凤羽镇	654.1	162.7	220.4	1 037.2
	牛街乡	393.7	251.8	166.8	812.3
	三营镇	929.2	303.2	26.6	1 259.0
	右所镇	654.5	225.6	196.3	1 076.4
	合计	3 549.4	1 257.1	1 011.5	5 818.0
流域	合计	7 694.4	1 779.5	1 633.8	11 107.9

洱海流域农田地表径流主要污染物流水量如表 1-12 所示。

表 1-12　流域农田地表径流主要污染物流失量汇总表　　　　　（单位：t/a）

县（市）	COD	TN	TP
大理市	5 289.7	623.48	45.70
洱源县	5 817.8	732.46	53.56
合计	11 107.5	1 355.94	99.26

1.1.3.4　洱海流域农村施用农药情况

流域内主要施用的农药如下。

杀虫剂：吡虫啉（吡啶）、丁硫克百威（氨基甲酸酯）、阿维菌素（生物源）、溴氰菊酯、顺式氯氰菊酯（拟除虫菊酯）、敌敌畏（有机磷）、杀螟丹（杀蚕毒）、特丁硫磷（有机磷）、乐果（有机磷）、毒死蜱（有机磷）、氰戊菊酯（拟除虫菊酯）。

杀菌剂：甲霜灵（酰苯胺）、代森锰锌（硫代氨基甲酸酯）、丙环唑（唑类）、苯醚甲环唑（杂环化合物）、福美双（硫代氨基甲酸酯）、五氯硝基苯（有机氯）、多菌灵（苯并咪唑）、氟硅唑（唑类）、链霉素（生物源）、盐酸吗啉胍（吗啉）、乙酸铜（植物源）、异菌脲（二羧甲酰亚胺）。

根据调查统计分析发现，通过计算分析：洱海流域农药施用量为 0.85kg/亩。其中大理市为 1.04kg/亩，洱源县为 0.49kg/亩，具体分镇统计如图 1-2 所示。

1.1.4　小结

通过对大理市和洱源县的实地调查和实地测量各类农村生活废水的水质情况，在统计分析常住人数及收入水平；家庭生活用水量、上水、下水来源及厨余垃圾利用量；主要养殖家畜及粪便处理情况；主要种植作物及化肥施用情况等信息的基础上，了解洱海流域农业面源污染情况。

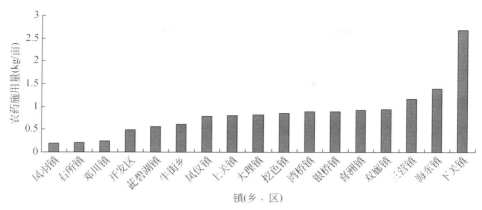

图1-2 不同镇（乡、区）农药施用情况

调查结果表明：①洱海流域总耕地面积 383 836 亩，园地面积 108 047 亩，洱海流域主要种植作物包括，大春作物：水稻、玉米、烤烟等；小春作物：蚕豆、大蒜、大麦、油菜、小麦等；蔬菜：白菜、大葱、番茄、胡萝卜、萝卜、南瓜、茄子、马铃薯、花椰菜、青笋、小葱等；杂粮：白芸豆等。从种植作物施肥情况来看，主要用肥为以人粪尿和畜禽粪便为主的有机肥、化肥和复合肥。对比不同作物的平均施肥量，蚕豆的单位面积施氮量最低，而蔬菜、烤烟、玉米、水稻和大蒜的单位面积施氮量较高；小麦的单位面积施磷量最低，而蔬菜、烤烟和大蒜的单位面积施磷量最高，为小麦的 2~3 倍。②洱海流域农药施用量为 0.85kg/亩。大理市除开发区外，农药施用量整体大于洱源县。其中农药施用量最大地区为大理市下关镇（2.69kg/亩），最小地区为洱源县凤羽镇（0.19kg/亩），最大和最小农药施用量相差近 15 倍。

1.2 洱海流域畜禽养殖污染源调查

1.2.1 概况

流域内的畜禽养殖主要以牛、猪、鸡为主，养殖方式以分散圈养为主，乳畜业（乳牛养殖）是当地的特色产业。乳牛养殖主要集中在洱海流域海北片区，其大牲畜养殖数量占流域的 70%。目前，流域内村落畜禽养殖污染控制措施主要为：建设和普及"三位一体"沼气池，部分村落建设了太阳能中温沼气站。

1.2.2 调查目的、范围、方法及测算方法

1.2.2.1 调查目的

在统计分析洱海流域畜禽养殖结构，清粪方式等信息的基础上，了解洱海流域畜禽养殖面源污染情况。

1.2.2.2 调查范围

调查范围为整个洱海流域，包括大理市的上关镇、喜洲镇、湾桥镇、银桥镇、大理镇、下关镇、凤仪镇、海东镇、挖色镇、双廊镇、开发区 11 个乡镇（区）和洱源县的牛街乡、三营镇、茈碧湖镇、凤羽镇、右所镇和邓川镇 6 个乡镇。有效问卷共 2656 份。其中大理市有效问卷 1787 份，洱源县有效问卷 869 份。

1.2.2.3 调查内容

养殖目的、主要养殖家畜的种类和数量、养殖污水与粪便的产量与处理情况、畜禽养殖收入情况、畜禽粪便中的重金属含量。

1.2.2.4 调查方法

以实地入户调查为主，对畜禽粪便中的重金属含量采用原子吸收分光光度计法测定。

1.2.2.5 调查样本量

对全流域的农户进行实地抽样调查，总调查农户约 3000 户，其中有效问卷为 2656 份；测定畜禽粪便中的重金属含量 20 样。

1.2.3 调查结果

1.2.3.1 洱海流域农村养殖业问卷调查结果汇总

（1）主要养殖畜禽农户数量及养殖畜禽种类

在 2656 份调查问卷中有 1786 户农户养殖有家禽家畜，占调查总数的 67.24%。其中以商品养殖为目的的 1600 户（占总养殖户的 89.59%），自用的 183 户（占 10.24%），作种畜禽的 3 户（占 0.17%）（图 1-3）。对畜禽养殖户所占调查户比例的分析可以发现，洱源县养殖户在调查户中所占比例为 85.73%，明显高于大理市（大理市养殖户在调查户所占比例为 57.94%）。其中比例最高的分别为茈碧湖镇、三营镇和右所镇，均为洱源县所辖乡镇；比例最低的依次为大理镇、下关镇和开发区，均为大理市所辖乡镇，且分别位于大理古城与下关地区（图 1-4）。

在 1786 户畜禽养殖户中，养猪户有 914 户，养奶牛户为 1114 户，养殖肉牛户有 79 户，养鸡户 293 户，其他的有 23 户。由此可知，洱海流域主要畜禽养殖种类为猪和奶牛，分别占调查中有畜禽养殖户的 51.18% 和 62.37%。根据调查分析发现，洱源县的畜禽养殖户明显高于大理市，特别是奶牛养殖主要集中于洱源县的右所镇、邓川镇和茈碧湖镇（图 1-5）。

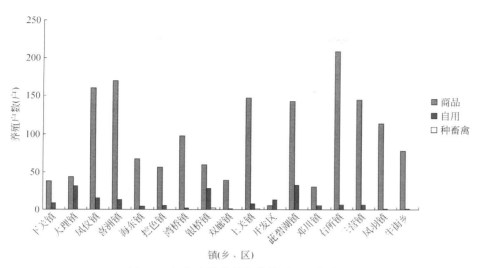

图 1-3 洱海流域农村畜禽养殖目的统计图

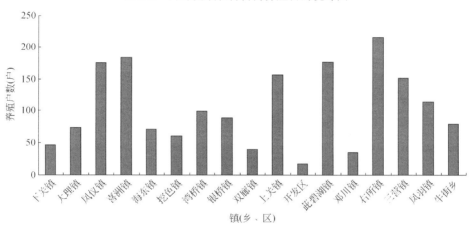

图 1-4 洱海流域农村畜禽养殖情况统计图

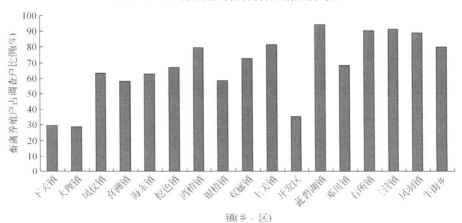

图 1-5 洱海流域畜禽养殖户占调查户比例图

（2）养殖废弃物处理情况

在 1786 户畜禽养殖户中，有 1774 户填写了畜禽养殖的清粪方式。其中主要以垫草垫料户为主，共有 1385 户。而干清只有 345 户，水冲 37 户，其他 7 户。畜禽养殖户粪便处理方式如图 1-6 所示。

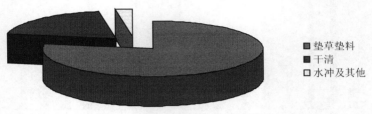

图 1-6 畜禽养殖户粪便处理方式

1.2.3.2 洱海流域养殖业污染物排放总量核算（未用作农肥的部分）

（1）流域畜禽养殖情况

流域内的畜禽养殖主要以牛、猪为主，养殖方式以圈养为主，乳畜（乳牛养殖）业是当地的特色产业。乳牛养殖主要集中在洱海流域海北片区，其大牲畜养殖数量占流域的 70%。根据 2010 年大理市与洱源县的统计年鉴，归纳 2010 年洱海流域畜禽养殖数量见表 1-13。

表 1-13 洱海流域畜禽养殖统计表 （单位：头、只）

区域	镇（乡、区）	奶牛	其他大牲畜	猪	羊
海南片区	凤仪镇	1 586	4 532	34 094	1 061
	下关镇	946	1 248	17 361	2 105
	开发区	292	187	6 785	26
海北片区	牛街乡	8 405	2 538	9 494	8 670
	三营镇	16 199	6 671	28 903	14 872
	此碧湖镇	19 130	4 929	31 609	18 598
	凤羽镇	7 313	3 590	21 562	6 530
	右所镇	19 050	1 481	21 328	14 350
	邓川镇	7 335	155	11 430	998
	上关镇	13 213	2 555	31 095	0
海西片区	喜洲镇	7 473	366	36 943	0
	湾桥镇	3 780	326	20 053	0
	银桥镇	2 070	1 339	22 270	0
	大理镇	1 030	1 439	11 202	0

续表

区域	镇（乡、区）	奶牛	其他大牲畜	猪	羊
海东片区	海东镇	562	4 481	24 135	0
	挖色镇	602	1 637	24 956	0
	双廊镇	1 952	3 555	12 091	4 420
合计		110 938	41 043	365 311	79 301

在 1786 户问卷调查的畜禽养殖户中，养猪户有 914 户，养奶牛户为 1114 户，养殖肉牛户有 79 户，养鸡户 293 户，其他的有 23 户。由此可知洱海流域主要畜禽养殖种类为猪和奶牛，分别占调查中有畜禽养殖户的 51.18% 和 62.37%。根据调查分析发现，洱源县的畜禽养殖户明显高于大理市，特别是奶牛养殖主要集中于洱源县的右所镇、邓川镇和茨碧湖镇。

（2）畜禽粪便的污染物排放总量

根据环境保护部提供的排泄系数及相关的研究资料，计算得到流域内大牲畜、猪和羊等畜禽粪便污染物负荷见表 1-14。

表 1-14 流域内大牲畜、猪和羊等畜禽粪便污染物负荷基准值

项　目	奶牛	其他大牲畜	猪	羊	鸡
粪便实物量［kg/（头·天）］	31.6	12.1	1.34	2	0.12
COD 含量（%）	1.46	1.46	3.42	1.95	1.95
TN 含量（%）	0.34	0.34	0.79	0.45	0.45
TP 含量（%）	0.07	0.07	0.16	0.09	0.09

再根据各乡镇畜禽养殖数量，计算得到流域内畜禽粪便的污染物排放总量见表 1-15 ~ 表 5-17。

表 1-15 流域内畜禽粪便的 COD 排放总量　　　　（单位：t/a）

县（市）	镇（乡、区）	奶牛	其他大牲畜	猪	羊	鸡	小计
大理市	大理镇	173.74	92.94	187.48	0.00	238.29	692.45
	凤仪镇	267.52	292.71	570.62	15.09	497.98	1 643.92
	海东镇	94.80	289.42	403.94	0.00	54.12	842.28
	开发区	49.25	12.08	113.56	0.37	244.83	420.09
	上关镇	2 228.70	165.02	520.43	0.00	112.21	3 026.36
	双廊镇	329.25	229.61	202.36	62.86	16.93	841.01

续表

县（市）	镇（乡、区）	奶牛	其他大牲畜	猪	羊	鸡	小计
大理市	挖色镇	101.54	105.73	417.68	0.00	32.71	657.66
	湾桥镇	637.59	21.06	335.62	0.00	54.64	1 048.91
	喜洲镇	1 260.51	23.64	618.30	0.00	104.66	2 007.11
	下关镇	159.57	80.61	290.56	29.94	107.87	668.54
	银桥镇	349.16	86.48	372.72	0.00	61.01	869.37
	汇总	5 651.62	1 399.29	4 033.28	108.25	1 525.24	12 717.68
洱源县	茈碧湖镇	3 226.75	318.35	529.03	264.48	42.04	4 380.65
	邓川镇	1 237.23	10.01	191.30	14.19	14.33	1 467.07
	凤羽镇	1 233.52	231.87	360.88	92.86	26.46	1 945.59
	牛街乡	1 417.71	163.92	158.90	123.30	25.20	1 889.03
	三营镇	2 732.37	430.86	483.74	211.49	65.13	3 923.59
	右所镇	3 213.26	95.65	356.96	204.07	68.62	3 938.56
	汇总	13 060.84	1 250.67	2 080.80	910.40	241.78	17 544.50
流域	汇总	18 712.47	2 649.96	6 114.08	1 018.65	1 767.02	30 262.18

表 1-16　流域内畜禽粪便的 TN 排放总量　　（单位：t/a）

县（市）	镇（乡、区）	奶牛	其他大牲畜	猪	羊	鸡	小计
大理市	大理镇	40.08	21.44	43.25	0.00	54.97	159.73
	凤仪镇	61.71	67.52	131.63	3.48	114.87	379.21
	海东镇	21.87	66.76	93.18	0.00	12.49	194.29
	开发区	11.36	2.79	26.20	0.09	56.48	96.91
	上关镇	514.11	38.07	120.05	0.00	25.88	698.11
	双廊镇	75.95	52.97	46.68	14.50	3.90	194.00
	挖色镇	23.42	24.39	96.35	0.00	7.54	151.71
	湾桥镇	147.08	4.86	77.42	0.00	12.60	241.96
	喜洲镇	290.77	5.45	142.63	0.00	24.14	462.99
	下关镇	36.81	18.59	67.03	6.91	24.88	154.22
	银桥镇	80.54	19.95	85.98	0.00	14.07	200.55
	汇总	1 303.70	322.78	930.39	24.97	351.84	2 933.68

县（市）	镇（乡、区）	奶牛	其他大牲畜	猪	羊	鸡	小计
洱源县	茈碧湖镇	744.34	73.44	122.03	61.01	9.70	1 010.52
	邓川镇	285.40	2.31	44.13	3.27	3.31	338.42
	凤羽镇	284.55	53.49	83.25	21.42	6.10	448.80
	牛街乡	327.03	37.81	36.65	28.44	5.81	435.76
	三营镇	630.30	99.39	111.59	48.79	15.02	905.08
	右所镇	741.23	22.07	82.34	47.07	15.83	908.54
	汇总	3 012.84	288.50	479.99	210.01	55.77	4 047.12
流域	汇总	4316.55	611.29	1 410.38	234.98	407.61	6 980.80

表 1-17　流域内畜禽粪便的 TP 排放总量　　　　　　（单位：t/a）

县（市）	镇（乡、区）	奶牛	其他大牲畜	猪	羊	鸡	小计
大理市	大理镇	8.10	4.33	8.74	0.00	11.11	32.27
	凤仪镇	12.47	13.64	26.60	0.70	23.21	76.62
	海东镇	4.42	13.49	18.83	0.00	2.52	39.26
	开发区	2.30	0.56	5.29	0.02	11.41	19.58
	上关镇	103.88	7.69	24.26	0.00	5.23	141.05
	双廊镇	15.35	10.70	9.43	2.93	0.79	39.20
	挖色镇	4.73	4.93	19.47	0.00	1.52	30.65
	湾桥镇	29.72	0.98	15.64	0.00	2.55	48.89
	喜洲镇	58.75	1.10	28.82	0.00	4.88	93.55
	下关镇	7.44	3.76	13.54	1.40	5.03	31.16
	银桥镇	16.27	4.03	17.37	0.00	2.84	40.52
	汇总	263.41	65.22	187.98	5.05	71.09	592.75
洱源县	茈碧湖镇	150.39	14.84	24.66	12.33	1.96	204.17
	邓川镇	57.66	0.47	8.92	0.66	0.67	68.38
	凤羽镇	57.49	10.81	16.82	4.33	1.23	90.68
	牛街乡	66.08	7.64	7.41	5.75	1.17	88.04
	三营镇	127.35	20.08	22.55	9.86	3.04	182.87
	右所镇	149.76	4.46	16.64	9.51	3.20	183.57
	汇总	608.74	58.29	96.98	42.43	11.27	817.71
流域	汇总	872.15	123.51	284.96	47.48	82.36	1 410.46

（3）用作农田有机肥的畜禽粪便量及其污染物含量

根据前述农田面源污染调查结果，计算得到用作农田有机肥的畜禽粪便量及其污染物含量见表1-18。

表1-18 用作农田有机肥的畜禽粪便量及其污染物含量 （单位：t/a）

县（市）	镇（乡、区）	有机肥施用量	COD	TN	TP
大理市	大理镇	32 414.11	624.41	144.04	29.10
	凤仪镇	40 607.53	820.89	189.36	38.26
	海东镇	27 489.07	566.72	130.73	26.41
	开发区	5 386.66	112.59	25.97	5.25
	上关镇	64 125.07	1 050.98	242.44	48.98
	双廊镇	17 700.23	308.68	71.21	14.39
	挖色镇	19 293.17	452.21	104.32	21.08
	湾桥镇	33 437.08	608.36	140.33	28.35
	喜洲镇	77 388.25	1 396.18	322.07	65.07
	下关镇	34 953.79	730.52	168.52	34.05
	银桥镇	17 625.49	349.74	80.68	16.30
	汇总	370 420.44	7 021.28	1 619.65	327.25
洱源县	茈碧湖镇	76 763.17	1 229.03	283.51	57.28
	邓川镇	20 027.86	318.19	73.40	14.83
	凤羽镇	82 643.73	1 375.76	317.36	64.12
	牛街乡	54 947.33	861.97	198.84	40.17
	三营镇	196 814.49	3 156.58	728.15	147.12
	右所镇	75 228.15	1 181.89	272.63	55.09
	汇总	506 424.73	8 123.41	1 873.89	378.62
流域	汇总	876 845.18	15 144.69	3 493.54	705.86

（4）未用作农田有机肥的畜禽粪便量中的污染物发生量

用畜禽粪便中的污染物总量减掉用作有机肥的污染物量，计算得到未用作农田有机肥的畜禽粪便量中的污染物发生量见表1-19。

表1-19 流域未用作农田有机肥的畜禽粪便量中的污染物发生量汇总表 （单位：t/a）

县（市）	镇（乡、区）	COD	TN	TP
大理市	大理镇	68.04	15.70	3.17
	凤仪镇	823.03	189.85	38.36
	海东镇	275.56	63.57	12.84
	开发区	307.51	70.94	14.33
	上关镇	1 975.37	455.67	92.07
	双廊镇	532.32	122.80	24.81

县（市）	镇（乡、区）	COD	TN	TP
大理市	挖色镇	205.44	47.39	9.58
	湾桥镇	440.55	101.63	20.53
	喜洲镇	610.93	140.93	28.47
	下关镇	−61.98	−14.30	−2.89
	银桥镇	519.64	119.87	24.22
	汇总	5 696.40	1 314.03	265.50
洱源县	茈碧湖镇	3 151.63	727.01	146.89
	邓川镇	1 148.88	265.02	53.55
	凤羽镇	569.84	131.45	26.56
	牛街乡	1 027.06	236.92	47.87
	三营镇	767.01	176.93	35.75
	右所镇	2 756.68	635.90	128.48
	汇总	9 421.08	2 173.23	439.10
流域	汇总	15 117.49	3 487.26	704.60

注：下关镇为负值，说明其本镇使用的有机肥量超过了本镇畜禽养殖业的粪便产量，需要从临近乡镇调入。

（5）流域畜禽养殖粪便中的重金属含量

流域畜禽养殖粪便中的重金属含量见表 1-20。

表 1-20　流域畜禽养殖粪便中的重金属含量　　（单位：mg/kg）

重金属种类	牛	猪	羊
Cu	0.1802	1.3259	0.1346
Zn	0.0941	0.2720	0.0716
As	0.0212	0.0083	0.0079
Cd	0.0008	0.0004	0.0012
Pb	0.1052	0.0799	0.1131

由于流域内的绝大多数畜禽粪便都通过有机肥形式释放在环境中，因此参考《生物有机肥》NY 884—2004 中的标准进行比对（表 1-21）。

表 1-21　《生物有机肥》NY 884—2004 中的无害化标准

重金属种类	标准上限（mg/kg）
As	75
Cd	10
Pb	100
Cr	150
Hg	5

尽管所测定的重金属含量均低于标准值，但由于《生物有机肥》NY 884—2004 中并未规定 Cu 的含量，而流域内猪粪中的 Cu 含量较高，因此，猪粪中的 Cu 污染问题仍需关注。

1.2.4　小结

调查结果表明：流域畜禽养殖污染物主要集中由茨碧湖镇、右所镇、上关镇产生，最主要的产污品种为奶牛，其次为猪，再次为其他大牲畜。

1.3　洱海流域农村生活污染源调查

1.3.1　调查目的、范围、方法及测算方法

1.3.1.1　调查目的

统计与分析洱海流域农村生活污染源的类型、时空分布、产排特征、产排量，识别流域关键污染物发生区域，提交洱海流域农村生活污染源调查报告。

1.3.1.2　调查范围

调查范围为整个洱海流域，包括大理市的上关镇、喜洲镇、湾桥镇、银桥镇、大理镇、下关镇、凤仪镇、海东镇、挖色镇、双廊镇、开发区 11 个乡镇和洱源县的牛街乡、三营镇、茈碧湖镇、凤羽镇、右所镇和邓川镇 6 个乡镇。

1.3.1.3　调查内容

1）农村生活污染源入农户抽样调查：比例不低于流域内总农业户数的 2%。
2）农村生活污染源测量：户数比例不低于流域内总农业户数的 0.35%。

1.3.1.4　调查方法

1）农村生活污染源入农户抽样调查：户籍人数、人均年收入、家庭生活用水量等基础信息以农户调查为主。
2）农村生活污染源测量：按比例采样，依照国家标准测量 COD、TN、TP 三指标。

1.3.1.5　调查样本选取原则

1）重点突出：离洱海越近的地方布点越密集，污染越重的地方布点越密集。
2）对全流域的农户进行实地抽样调查，入农户抽样调查比例不低于流域内总农业户数的 2%，农村生活污染源监测的户数比例不低于流域内总农业户数的 0.35%。

1.3.1.6 测算依据

1）大理市、洱源县统计年鉴（2010 年）。
2）本次入户调查与实地测量的结果。

1.3.2 调查结果

1.3.2.1 农村生活污染源入农户问卷调查结果

（1）基本情况

洱海流域涉及进入洱海的农村生活污染源的农户共有 130 908 户×2% = 2619 户，对大理市和洱源县进行入户调查：共计 1787 + 869 = 2656 户 > 2619 户，比例大于要求的 2%。

大理市涉及下关镇（含刘官厂 29 户、大关邑 7 户、大庄村 32 户、洱滨 27 户、福兴村 15 户、龙泉 20 户、太和村 11 户、文献村 11 户、玉龙 7 户 9 个行政村共 159 户）、大理镇（含才村 30 户、东门 21 户、龙龛村 23 户、南门村 23 户、上鸡邑 21 户、上末 28 户、文笔村 30 户、西门村 7 户、下兑村 23 户、下鸡邑 13 户、小岑 13 户、阳和村 27 户 12 个行政村共 259 户）、挖色镇（含大城村 34 户、高兴村 3 户、光邑村 15 户、海印村 9 户、康廊村 13 户、挖色 19 户 6 个行政村共 93 户）、海东镇（含等金梭岛 6 户、名庄村 12 户、南村 17 户、上登村 15 户、上和村 18 户、文笔村 5 户、文武村 20 户、向阳村 20 户 8 个行政村共 113 户）、开发区（含红山 10 户、满江村 19 户、天井村 22 户 3 个行政村共 51 户）、凤仪镇（含东山村 16 户、丰乐村 18 户、凤鸣村 45 户、后山村 6 户、华营村 35 户、吉祥村 11 户、江西村 25 户、锦阜村 26 户、乐和村 18 户、三哨村 6 户、石龙村 18 户、云浪村 22 户、庄科村 30 户的 13 个行政村共 276 户）、双廊镇（含长育村 15 户、大建盘村 9 户、青山村 11 户、双廊村 18 户 4 个行政村共 53 户）、湾桥镇（含甸中村 18 户、上阳溪村 12 户、石岭村 16 户、湾桥村 23 户、向阳溪村 13 户、云峰村 18 户、中庄村 24 户 7 个行政村共 124 户）、银桥镇（含磻溪村 17 户、鹤阳村 15 户、马久邑村 19 户、双阳村 21 户、五里桥村 20 户、新邑村 20 户、阳坡村 17 户、银桥村 23 户 8 个行政村共 152 户）、上关镇（含大排村 10 户、大营村 13 户、东沙坪 15 户、海潮河村 12 户、河尾村 31 户、江尾村 16 户、漏邑村 10 户、马厂村 19 户、马甲邑 12 户、青索村 16 户、沙坪村 12 户、兆邑村 25 户 12 个行政村共 191 户）、喜洲镇（含半里村 3 户、河矣江 16 户、金河村 24 户、庆洞村 24 户、仁里邑 22 户、沙村 37 户、上关村 15 户、寺里村 30 户、桃源村 12 户、文阁村 25 户、喜洲村 19 户、永兴村 30 户、周城 48 户、作邑村 11 户 14 个行政村共 316 户）11 个乡镇共 1787 户。

洱源县涉及三营镇（含共和村 33 户、三营村 21 户、石岩 6 户、仕登村 20 户、新联村 9 户、新龙村 6 户、永乐村 33 户、永胜村 38 户 8 个行政村共 166 户）、凤羽镇（含白米村 15 户、凤和村 17 户、凤翔村 31 户、江登村 8 户、起凤村 15 户、上寺村 16 户、源胜村 18 户、振兴村 9 户 8 个行政村共 129 户)、牛街乡（含白塔村 7 户、大同村 9 户、龙门 12 户、牛街村 25 户、上站村 7 户、太平村 16 户、西甸村 9 户、西坡村 13 户 8 个行政村共 98 户)、右所镇（含陈官 17 户、礁石村 9 户、腊坪村 9 户、梅和 35 户、起胜村 6 户、三枚村 15 户、松曲村 19 户、团结村 21 户、温水村 16 户、西湖 18 户、幸福村 16 户、永安村 17 户、右所村 40 户 13 个行政村共 238 户)、茈碧湖镇（含碧云 14 户、大庄村 16 户、鹅墩村 6 户、丰原村 21 户、果胜 19 户、海口 17 户、文强村 18 户、永联村 29 户、永兴村 8 户、玉湖村 19 户、中炼村 20 户 11 个行政村共 187 户)、邓川镇（含旧州村 15 户、腾龙 9 户、新洲村 16 户、中和村 11 户 4 个行政村共 51 户）6 个乡镇共 869 户。

（2）农村生活污染源入农户抽样调查内容

主要涉及农户所属的县、市、乡、镇、行政村，户籍人数、户籍常住人口、常住外来人数、人均年纯收入（元）、收入水平、家庭生活用水量（t）、上水来源、厕所类型、人粪尿去向、有无下水、生活污水日处理和利用量（t）、厨余垃圾日利用量（kg）等。

（3）农村生活污染源入户调查统计汇总表

户籍及户籍常住人数，用水及生活用水处理详情如表 1-22 ~ 表 1-30 所示，厨余垃圾日利用量与户数关系如表 1-31 所示。

表 1-22 入户调查户籍人数与户数的关系

户籍人数	户数	户数占总入户调查比例（%）
1	2	0.075
2	59	2.221
3	251	9.450
4	879	33.095
5	765	28.803
6	469	17.658
7	111	4.179
8	72	2.711
9	25	0.941
10	11	0.414
11	5	0.188
12	6	0.226
14	1	0.038

注：总入户调查数为 2656 户，户籍人数为 12 857 人，4.84 人/户。

由表 1-22 可知，户籍人数为四五口的较多，占总入户调查比例的 61.90%。

表 1-23　常住人数与户籍人数的关系

县（市）	镇（乡、区）	常住人数占户籍人数比例（%）
大理市	大理镇	98.19
	凤仪镇	93.89
	海东镇	94.78
	开发区	89.74
	上关镇	90.93
	双廊镇	94.32
	挖色镇	97.45
	湾桥镇	93.65
	喜洲镇	89.13
	下关镇	108.13
	银桥镇	89.86%
	大理汇总	94.40
洱源县	茈碧湖镇	92.99
	邓川镇	92.53
	凤羽镇	90.36
	牛街乡	97.64
	三营镇	97.68
	右所镇	98.50
	洱源汇总	95.50
总计		94.76

此外，户籍常住人数较多的为四五人，占总入户调查比例的 60.32%。

表 1-24　家庭日生活用水量与户数的关系

家庭日生活用水量（t）	户数	户数占总入户调查比例（%）
0.000	3	0.113
0.004	1	0.038
0.009	1	0.038
0.010	4	0.151
0.020	29	1.092
0.030	27	1.017
0.040	55	2.071
0.050	89	3.351
0.060	36	1.355
0.070	45	1.694
0.080	69	2.598

家庭日生活用水量（t）	户数	户数占总入户调查比例（%）
0.090	27	1.017
0.100	344	12.952
0.110	1	0.038
0.120	9	0.339
0.130	4	0.151
0.140	2	0.075
0.150	98	3.690
0.160	3	0.113
0.180	1	0.038
0.200	556	20.934
0.210	1	0.038
0.220	1	0.038
0.230	1	0.038
0.240	2	0.075
0.250	129	4.857
0.260	1	0.038
0.270	2	0.075
0.300	445	16.755
0.320	3	0.113
0.340	2	0.075
0.350	20	0.753
0.400	190	7.154
0.450	1	0.038
0.500	253	9.526
0.600	54	2.033
0.650	1	0.038
0.700	23	0.866
0.800	54	2.033
0.850	1	0.038
0.900	17	0.640
1.000	28	1.054
1.200	6	0.226
1.250	1	0.038
1.300	2	0.075

家庭日生活用水量（t）	户数	户数占总入户调查比例（%）
1.380	1	0.038
1.500	3	0.113
1.600	2	0.075
1.710	1	0.038
2.000	4	0.151
2.780	1	0.038
3.500	1	0.038

注：总入户调查数为2656户。

表 1-25　上水来源与户数的关系

上水来源	户数	户数占总入户调查比例（%）
自来水	2103	79.179
井水	543	20.444
其他	10	0.377

注：总入户调查数为2656户。

表 1-26　厕所类型与户数的关系

厕所类型	户数	户数占总入户调查比例（%）
简易厕所	1415	53.276
卫生旱厕	912	34.337
水冲厕所	220	8.283
无厕所	103	3.878
其他	6	0.226

注：总入户调查数为2656户。

表 1-27　人粪尿去向与户数的关系

人粪尿去向	户数	户数占总入户调查比例（%）
土地利用	2037	76.694
随水排放	574	21.611
其他	45	1.694

注：总入户调查数为2656户。

表 1-28　有无下水与户数的关系

下水设施	户数	户数占总入户调查比例（%）
无	2424	91.265
有	227	8.547
其他	5	0.188

注：总入户调查数为2656户。

表 1-29　生活污水日处理量与户数的关系

生活污水日处理量（t）	户数	户数占总入户调查比例（%）
0.00	2611	98.306
0.02	1	0.038
0.03	2	0.075
0.04	1	0.038
0.05	1	0.038
0.06	1	0.038
0.07	1	0.038
0.08	1	0.038
0.10	12	0.452
0.15	3	0.113
0.20	8	0.301
0.25	2	0.075
0.26	1	0.038
0.30	4	0.151
0.40	2	0.075
0.50	3	0.113
1.00	2	0.075

注：总入户调查数为 2656 户。

表 1-30　生活污水日利用量与户数的关系

生活污水日利用量（t）	户数	户数占总入户调查比例（%）
0.000	2355	88.667
0.001	2	0.075
0.002	4	0.151
0.005	5	0.188
0.006	1	0.038
0.008	9	0.339
0.009	3	0.113
0.010	37	1.393
0.015	1	0.038
0.020	31	1.167
0.030	22	0.828
0.040	3	0.113
0.050	17	0.640
0.060	5	0.188

续表

生活污水日利用量（t）	户数	户数占总入户调查比例（%）
0.070	1	0.038
0.080	12	0.452
0.090	3	0.113
0.100	88	3.313
0.120	1	0.038
0.150	9	0.339
0.180	3	0.113
0.200	25	0.941
0.300	14	0.527
0.400	2	0.075
0.500	1	0.038
0.800	2	0.075

注：总入户调查数为 2656 户。

表 1-31 厨余垃圾日利用量与户数的关系

厨余垃圾日利用量（kg）	户数	户数占总入户调查比例（%）
0.00	24	0.904
0.01	48	1.807
0.02	31	1.167
0.03	22	0.828
0.04	34	1.280
0.05	27	1.017
0.06	9	0.339
0.07	6	0.226
0.08	7	0.264
0.10	226	8.509
0.12	3	0.113
0.13	3	0.113
0.14	4	0.151
0.15	30	1.130
0.18	1	0.038
0.20	352	13.253
0.22	1	0.038
0.23	1	0.038
0.25	26	0.979

续表

厨余垃圾日利用量（kg）	户数	户数占总入户调查比例（%）
0.28	1	0.038
0.30	174	6.551
0.32	1	0.038
0.35	2	0.075
0.40	161	6.062
0.45	3	0.113
0.50	760	28.614
0.60	115	4.330
0.70	47	1.770
0.75	1	0.038
0.80	125	4.706
0.85	1	0.038
0.90	22	0.828
1.00	212	7.982
1.10	10	0.378
1.20	30	1.130
1.30	8	0.301
1.40	5	0.188
1.50	40	1.506
1.60	2	0.075
1.70	1	0.038
1.80	1	0.038
2.00	64	2.410
2.30	2	0.075
3.00	10	0.378
4.00	1	0.038
5.00	1	0.038
10.00	1	0.038

注：总入户调查数为2656户。

1.3.2.2 农村生活污染源监测结果

（1）基本情况

洱海流域涉及进入洱海的农村生活污染源的农户共有130 908户×0.35%＝458户，对大理市和洱源县进行入户调查：共计358+168＝526户>458户，比例大于要求的0.35%。

大理市涉及下关镇（含太和村 12 户、刘官厂村 12 户、荷花村 5 户、大关邑 4 户、洱滨 4 户、福兴村 3 户、龙泉 1 户、文献村 2 户、玉龙 1 户、大庄村 4 户 10 个行政村共 48 户）、大理镇（含才村 6 户、东门 5 户、龙龛村 6 户、南门村 3 户、上鸡邑 2 户、上末 7 户、三文笔村 2 户、西门村 2 户、下兑村 3 户、下鸡邑 2 户、小岑 1 户、阳和村 9 户 12 个行政村共 48 户）、挖色镇（含大城村 3 户、高兴村 1 户、光邑村 3 户、海印村 2 户、康廊村 3 户、挖色 4 户 6 个行政村共 16 户）、海东镇（含等金梭岛 1 户、名庄村 3 户、南村 3 户、上登村 3 户、上和村 3 户、文笔村 3 户、文武村 4 户 7 个行政村共 20 户）、开发区（含红山 2 户、满江村 8 户、天井村 4 户 3 个行政村共 14 户）、凤仪镇（含东山村 3 户、丰乐村 3 户、凤鸣村 8 户、后山村 1 户、华营村 6 户、吉祥村 2 户、江西村 4 户、锦阜村 4 户、乐和村 3 户、三哨村 1 户、石龙村 3 户、云浪村 4 户、庄科村 5 户 13 个行政村共 47 户）、双廊镇（含长育村 3 户、大建盘村 2 户、青山村 2 户、双廊村 5 户 4 个行政村共 11 户）、湾桥镇（含甸中村 4 户、上阳溪村 3 户、石岭村 3 户、湾桥村 5 户、向阳溪村 3 户、云峰村 4 户、中庄村 4 户 7 个行政村共 26 户）、银桥镇（含磻溪村 3 户、鹤阳村 3 户、马久邑村 4 户、双阳村 6 户、五里桥村 4 户、新邑村 3 户、阳坡村 4 户、银桥村 4 户 8 个行政村共 31 户）、上关镇（含大排村 2 户、大营村 2 户、东沙坪 3 户、海潮河村 2 户、河尾村 6 户、江尾村 3 户、漏邑村 2 户、马厂村 4 户、马甲邑 2 户、青索村 3 户、沙坪村 3 户、兆邑村 5 户 12 个行政村共 37 户）、喜洲镇（含河矣江 4 户、金河村 6 户、庆洞村 5 户、仁里邑 4 户、沙村 4 户、上关村 3 户、寺里村 4 户、桃源村 4 户、文阁村 4 户、喜洲村 4 户、永兴村 6 户、周城 9 户、作邑村 2 户 13 个行政村共 59 户）11 个乡镇共 358 户。

洱源县涉及三营镇（含新联村 3 户、仕登村 3 户、石岩村 1 户、永乐村 6 户、三营村 4 户、永胜村 7 户、共和村 4 户 7 个行政村 30 户），凤羽镇（含白米村 2 户、凤和村 3 户、凤翔村 6 户、江登村 1 户、起凤村 2 户、上寺村 2 户、源胜村 3 户、振兴村 1 户 8 个行政村共 20 户）、牛街乡（含白塔村 2 户、大同村 2 户、牛街村 4 户、上站村 1 户、太平村 3 户、西甸村 2 户、西坡村 2 户 7 个行政村共 16 户）、右所镇（含陈官 3 户、梅和 5 户、三枚村 4 户、松曲村 3 户、团结村 3 户、温水村 4 户、西湖 3 户、幸福村 2 户、永安村 3 户、右所村 4 户、中所村 3 户 11 个行政村共 37 户）、茨碧湖镇（含碧云 7 户、大庄村 7 户、鹅墩村 3 户、丰原村 3 户、果胜 3 户、海口 4 户、文强村 3 户、永联村 10 户、永兴村 3 户、玉湖村 7 户、中炼村 6 户 11 个行政村共 56 户）、邓川镇（含旧州村 2 户、腾龙 3 户、新洲村 3 户、中和村 3 户 4 个行政村共 11 户）等 6 个乡镇共 168 户。

（2）农村生活污染源监测结果

农村生活污染源监测情况如表 1-32 ~ 表 1-36 所示。

表 1-32　洱海流域直接排放的农村生活污水监测数据

县（市）	镇（乡、区）	监测户数	COD（mg/L）	TN（mg/L）	TP（mg/L）
大理市	大理镇	76	230.1	36.78	2.19
	凤仪镇	47	413.52	47.26	6.22
	海东镇	20	357.83	54.69	4.23
	开发区	14	181.89	32.29	7.20

续表

县（市）	镇（乡、区）	监测户数	COD（mg/L）	TN（mg/L）	TP（mg/L）
大理市	上关镇	37	399.95	64.03	6.20
	双廊镇	11	156.96	57.52	5.30
	挖色镇	16	322.36	89.84	5.27
	湾桥镇	26	62.06	32.69	4.70
	喜洲镇	59	96.32	58.20	5.00
	下关镇	20	138.8	27.73	2.98
	银桥镇	31	58.5	24.45	4.43
	平均值	33	206.66	51.2	5.09
洱源县	茈碧湖镇	56	193.75	32.41	4.24
	邓川镇	11	253.49	9.09	4.51
	凤羽镇	20	382.69	25.36	6.83
	牛街乡	16	242.98	20.04	2.29
	三营镇	30	274.63	10.81	1.40
	右所镇	37	272.46	15.13	1.34
	平均值	28	254.26	21.96	3.43
流域	平均值	31	217.86	44.33	4.70

表1-33 洱海流域农村生活污水污染物产生量

县（市）	镇（乡、区）	户籍人口	常住人口	人均日生活用水量（t）	生活污水中的污染物总量（t/a）			
					水量	COD	TN	TP
大理市	大理镇	49 543	48 647	0.081	1 318 264.92	303.33	48.49	2.89
	凤仪镇	56 942	53 464	0.045	841 745.12	348.08	39.78	5.23
	海东镇	23 440	22 217	0.048	369 601.92	132.25	20.21	1.56
	开发区	42 215	37 883	0.033	457 631.71	83.24	14.78	3.30
	上关镇	40 251	36 600	0.086	1 137 131.00	454.80	72.81	7.05
	双廊镇	17 438	16 447	0.085	486 912.56	76.43	28.01	2.58
	挖色镇	20 970	20 436	0.035	241 102.58	77.72	21.66	1.27
	湾桥镇	26 033	24 380	0.051	436 143.87	27.07	14.26	2.05
	喜洲镇	60 799	54 192	0.056	1 118 458.40	107.73	65.09	5.60
	下关镇	48 630	52 585	0.138	2 204 543.79	305.99	61.13	6.58
	银桥镇	29 796	26 775	0.051	499 187.29	29.20	12.20	2.21
	汇总	416 057	393 625	0.066	9 110 723.13	1 945.84	398.43	40.32

续表

县（市）	镇（乡、区）	户籍人口	常住人口	人均日生活用水量（t）	生活污水中的污染物总量（t/a）			
					水量	COD	TN	TP
洱源县	茈碧湖镇	47 784	44 435	0.054	847 640.38	164.23	27.47	3.59
	邓川镇	14 577	13 488	0.093	445 334.64	112.89	4.05	2.01
	凤羽镇	32 093	28 999	0.043	453 329.67	173.48	11.50	3.10
	牛街乡	22 917	22 377	0.066	496 863.48	120.73	9.96	1.14
	三营镇	38 767	37 867	0.058	738 627.65	202.85	7.98	1.03
	右所镇	54 217	53 402	0.054	961 755.36	262.04	14.55	1.29
	汇总	210 355	200 567	0.057	3 943 551.18	1 036.22	75.51	12.16
流域	汇总	626 412	594 192	0.063	13 054 274.31	2 982.06	473.94	52.48

注：生活污水产生量按用水量的90%计。

表 1-34 人粪尿的不同排放形式及所占比例　　　　（单位：%）

县（市）	镇（乡、区）	随水排放	以固体废弃物形式排放	
			土地利用	其他
大理市	大理镇	33.20	64.09	2.70
	凤仪镇	5.43	94.20	0.36
	海东镇	9.73	87.61	2.65
	开发区	74.51	25.49	0.00
	上关镇	6.81	93.19	0.00
	双廊镇	0.00	100.00	0.00
	挖色镇	12.09	84.62	3.30
	湾桥镇	33.87	66.13	0.00
	喜洲镇	35.44	64.56	0.00
	下关镇	44.65	44.03	10.69
	银桥镇	30.92	69.08	0.00
	汇总	24.96	73.25	1.73
洱源县	茈碧湖镇	1.07	98.93	0.00
	邓川镇	31.37	64.71	3.92
	凤羽镇	35.66	63.57	0.78
	牛街乡	4.08	93.88	2.04
	三营镇	2.41	95.78	1.81
	右所镇	23.53	74.37	2.10
	汇总	14.73	83.77	1.50
流域	汇总	21.61	76.69	1.66

表 1-35　洱海流域农村生活固体废弃物中的污染物产生量

县（市）	镇（乡、区）	生活固体废弃物中污染物排放总量（t/a）		
		COD	TN	TP
大理市	大理镇	911.94	145.77	8.69
	凤仪镇	1 046.47	119.59	15.73
	海东镇	397.61	60.77	4.70
	开发区	250.25	44.43	9.91
	上关镇	1 367.30	218.91	21.20
	双廊镇	229.77	84.20	7.76
	挖色镇	233.66	65.12	3.82
	湾桥镇	81.37	42.87	6.17
	喜洲镇	323.88	195.70	16.83
	下关镇	919.93	183.78	19.77
	银桥镇	87.79	36.69	6.64
	汇总	5 849.99	1197.84	121.22
洱源县	茈碧湖镇	950.71	159.03	20.81
	邓川镇	653.49	23.43	11.63
	凤羽镇	1 004.28	66.55	17.92
	牛街乡	698.88	57.64	6.59
	三营镇	1 174.27	46.22	5.99
	右所镇	1 516.91	84.24	7.46
	汇总	5 998.54	437.12	70.39
流域	汇总	11 848.53	1 634.95	191.61

表 1-36　洱海流域农村生活污染物产生总量

县（市）	镇（乡、区）	生活污染物排放总量（t/a）		
		COD	TN	TP
大理市	大理镇	1 215.28	194.26	11.59
	凤仪镇	1 394.55	159.37	20.96
	海东镇	529.87	80.99	6.26
	开发区	333.49	59.21	13.21
	上关镇	1 822.10	291.73	28.25
	双廊镇	306.19	112.20	10.35
	挖色镇	311.39	86.78	5.09
	湾桥镇	108.44	57.13	8.22
	喜洲镇	431.61	260.79	22.42

县（市）	镇（乡、区）	生活污染物排放总量（t/a）		
		COD	TN	TP
大理市	下关镇	1 225.92	244.91	26.34
	银桥镇	117.00	48.90	8.85
	汇总	7 795.82	1 596.26	161.55
洱源县	茈碧湖镇	1 114.94	186.50	24.40
	邓川镇	766.38	27.48	13.64
	凤羽镇	1 177.76	78.05	21.02
	牛街乡	819.61	67.60	7.72
	三营镇	1 377.12	54.21	7.02
	右所镇	1 778.95	98.79	8.75
	汇总	7 034.76	512.62	82.55
流域	汇总	14 830.58	2 108.89	244.09

1.3.3　农村生活面源污染主要存在问题

1.3.3.1　人口问题

洱海流域农村（常住）户籍人口六成以上为四五人，这和我国第六次人口普查，31个省、自治区、直辖市（不含港澳台）共有家庭户 40 152 万户，家庭户人口 124 461 万人，平均每个家庭户的人口为 3.1 人相比，家庭户规模较大，必然对洱海流域的环境承载力有影响。

1.3.3.2　上水来源

农村仍然有 20.44% 的上水来源为井水，农村饮用水管网建设需进一步加强，以便使农户用上安全、放心、稳定的自来水。

1.3.3.3　厕所类型

洱海流域农户厕所类型中只有 1/3 左右（34.34%）为卫生旱厕，人产生的粪、尿得不到有效的收集和处理，对洱海、农户安全存在潜在威胁（从表 1-34 也可以看出，直接排放人粪、尿的占到二成以上）。建议由政府牵头，以村为基地认真落实卫生旱厕的政策。

1.3.3.4　生活污染利用情况

98.31% 的农户生活污水未处理而排入洱海流域，88.67% 的农户生活污水日利用量为 0 吨，只有 28.61% 的农户厨余垃圾日利用量为 0.5kg，由于农户的不科学生活习惯而向洱海流域排放生活污染源是本次调查发现的一个比较突出的问题。建议村、镇级加强环境保护宣传。

1.3.3.5 农村收入水平与污染物的产生量有明显关系

根据本次调查的结果发现：

人均收入水平与用水量极显著正相关：

人均年用水量（t）= 0.651 × 人均年收入（千元）+ 19.76，$P < 0.01$

人均收入水平与垃圾产生量极显著正相关：

人均年垃圾量（kg）= 1.29 × 人均年收入（千元）+ 36.87，$P < 0.01$

1.3.4 小结

1）洱海流域的农业人口家庭户规模较大，上水来源主要为乡镇自建的引用苍山溪流的自来水，91.27% 的调查户无下水收集系统，生活污水直排。

2）村民使用的厕所半数为简易厕所，其次为卫生旱厕。生活污水利用率低，厨余垃圾利用率高，主要作为家禽家畜的食物来源。

1.4 洱海流域旅游污染源调查

1.4.1 洱海流域旅游业总体情况

2010 年洱海流域旅游年接待人次为 654 万次（其中大理市与洱源县分别接待 590 万人与 64 万人），旅游设施主要包括旅游度假区、宾馆、酒店等，且旅游主要集中在洱海西部和南部沿岸。

旅游者在大理州范围内平均停留时间为 2 天，一般游览景点 8~10 个，大多数为分布在交通便捷的大理古城、苍山、洱海、崇圣寺三塔、喜洲白族民居以及 214 国道沿线。从最近 3 年来大理旅游的精品线路来看，旅行社的线路促销主要集中于以大理古城为中心的大理文化游、民俗游和苍洱游。

流域内旅游景点大多与码头相结合，围绕码头渡口，开展餐饮服务，方便游客乘船游洱海观苍山。洱海周边码头众多，有下关码头、龙龛码头、才村码头、桃源码头等，此外还包括洱海东部金梭岛和南诏风情岛。

流域内旅游污染源系数参考城镇生活源排污系数，每位游客按平均停留 2 天计洱海流域旅游污染物产生量（表 1-37）。

表 1-37 洱海流域旅游污染源产生量

县（市）	人次（万人）	产生量（t/a）		
		COD	TN	TP
大理市	590	767	141.6	11.8
洱源县	64	83.2	15.36	1.28
合计	654	850.20	156.96	13.08

但是由于绝大多数游客均选择在下关镇及大理古城片区进餐和住宿，而这两个区域均被截污管网所覆盖，因此，在后续的研究工作中，我们将重点放在流域内未覆盖截污管网的分散旅游点的调查工作上。

1.4.2 农村分散旅游污染源调查内容及评价方法

1.4.2.1 调查范围

大理洱海流域农村旅游污染源，涉及大理洱海流域各行政村，包括大理市下关镇、凤仪镇、大理镇、湾桥镇、银桥镇、上关镇、喜洲镇、海东镇、挖色镇、双廊镇，以及洱源县茈碧湖镇、邓川镇、右所镇、三营镇、牛街乡、凤羽镇，共 16 个镇（乡），40 个行政村；具体对象为调查范围内的全部住宿业、餐饮业企业（不含流域内污染物不进入洱海的区域）。

1.4.2.2 调查内容

主要是两方面，一是对洱海流域农村旅游污染源进行逐户普查，主要调查对象为住宿和餐饮业，具体调查内容主要有单位名称，所属乡镇及行政村名，相对位置，年接待人数（万人），固定灶头数，食物残渣处理方式，床位数（张），年平均入住率，餐位数（个），经营面积（m²），旺季时段，年生产总值（万元），年经营总天数，年用水总量（t），用水来源，生活垃圾收集方式，排水去向，污水处理设施处理能力等；二是对具体水样进行相关指标的监测，取样测量的户数比例为不低于被调查户数的 5%（测量指标为 COD、TN、TP）。测量方法为国家标准方法。

1.4.2.3 评价方法

根据调查内容的具体信息和数据，通过统计和数据处理，归纳总结出相关的结果，如区域分布，规模大小，用水来源，排水去向，用水总量，排污系数，排污总量等。

1.4.3 调查结果

1.4.3.1 基本情况

本次调查了住宿和餐饮 524 户，涉及大理市和洱源县的 16 个镇（乡）。

调查的住宿和餐饮户具体涉及下关镇 8 户（含大关邑村 5 户，洱滨村 3 户）；凤仪镇 24 户（含凤鸣村 24 户）；大理镇 24 户（含小岑村 3 户，阳河村 1 户，龙龛村 1 户，才村 15 户）；湾桥镇 17 户（含阳波村 3 户，新邑村 3 户，下登村 2 户，湾桥村 9 户）；银桥镇 5 户（含银桥村 4 户，阳波村 1 户）；上关镇 40 户（含沙坪村 12 户，江尾村 28 户）；喜洲镇 131 户（含周城村 70 户，作邑村 28 户，桃源村 3 户，寺里村 30 户）；海东镇 10 户（含向阳村 10 户）；挖色镇 21 户（含挖色村 21 户）；双廊镇 36 户（含康海村 5 户，双廊村 11 户，古渔村 20 户），邓川镇 26 户（含新洲村 26 户）；右所镇 57 户（含三枚村 17

户，右所村 21 户，陈官村 1 户，三权村 18 户）；苉碧湖镇 51 户（含碧云村 3 户，海口村 4 户，玉湖村 4 户，中炼村 40 户）；三营镇 33 户（含打铁营村 1 户，勋庄 10 户，三营村 22 户）；牛街乡 30 户（含牛街村 16 户，士登村 14 户）；凤羽镇 15 户（含凤翔村 15 户）。分布情况见图 1-7。

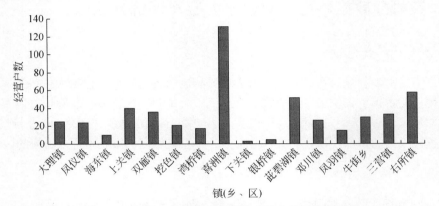

图 1-7　洱海流域农村住宿和餐饮户数各乡镇分布情况

洱海流域农村住宿和餐饮的分布，从地域分布和各镇（乡）分布看都不均匀，主要集中在旅游景点，公路两旁及乡镇政府所在地；这与人流量大小密切相关。

1.4.3.2　旅游业调查问卷统计汇总

（1）住宿规模

本次调查中，经营住宿的有 120 户，其床位数规模分布见图 1-8。

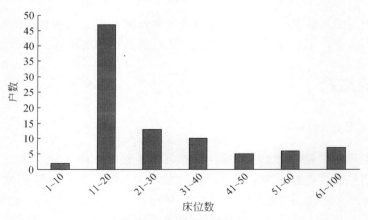

图 1-8　床位数规模分布

从调查的床位数看，主要集中在每户 10 ~ 30 个床位数，占调查户数的 67%。

（2）餐饮规模

本次调查中，经营餐饮的有 375 户，其餐饮经营面积大小分布见图 1-9。

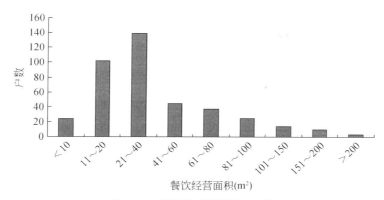

图 1-9　餐饮经营面积大小分布

　　从调查的餐饮经营面积看，主要集中在每户 10~60 m²，占调查户数的71.7%。

（3）经营旺季时段

　　由于大理是著名的旅游胜地，四季如春，一年四季都有游客；住宿和餐饮户主要是为旅客服务的；而调查结果显示，经营旺季有三个时段，一是每年的 4~5 月（三月街，五一假期）；二是每年的 7~8 月（学校暑假）；三是每年的 10 月（国庆节假期）。

（4）调查统计结果

　　对调查结果就下面 11 个方面进行了统计。

　　1）住宿餐饮户相对位置主要集中在邻公路旁和镇（乡、区）政府所在地，镇（乡、区）各行政村分布非常不均衡。

　　具体是下关镇集中在大关邑村和洱滨村；凤仪镇集中在凤鸣村；大理镇集中在才村；湾桥镇集中在湾桥村；银桥镇集中银桥村；上关镇集中在沙坪村和江尾村；喜洲镇集中在周城村、作邑村和寺里村；海东镇集中在向阳村；挖色镇集中在挖色村；双廊镇集中在双廊村和古渔村；茈碧湖镇集中在中炼村；邓川镇集中在新洲村；右所镇集中在三枚村、右所村和三权村；三营镇集中在勋庄和三营村；牛街乡集中在牛街村和士登村；凤羽镇集中在凤翔村。

　　2）住宿床位数主要集中在每户 10~30 个。占调查户数的 67%。

　　3）餐饮经营面积主要集中在每户 10~60 m²。占调查户数的 71.7%。

　　4）住宿的平均年入住率为 50%。

　　本次调查了经营住宿的有 120 户（含有客房的饭店），调查统计的结果是旅游旺季（10 月国庆节假期，7~8 月学校暑假，4~5 月三月街，五一假期）的入住率较高，有96% 的被调查户入住率可达 100%，但持续时间长短不一。而平均年入住率为 50% 左右。

　　5）平均餐位数为经营面积每平方米 0.75 个。

　　本次调查了经营餐饮的有 449 户（含有客房的饭店），餐饮经营面积合计 19 729m²，经营餐位数合计 14 823 个，平均餐位数为经营面积每平方米 0.75 个。

　　6）食物残渣处理方式主要是集中收集，喂养畜禽。

　　本次调查了经营餐饮户中，食物残渣都采用集中收集，经营规模较小以及位置偏远的餐饮户，食物残渣收集后用于自己的畜禽喂养；而经营规模较大的经营户，食物残渣收集后出售给专门收集的客户，用以喂养畜禽。

7）生活垃圾收集方式为集中收集。

被调查地区基本都有垃圾收集点或流动垃圾收集点，所以被调查的住宿餐饮户生活垃圾收集方式主要为集中收集。

8）用水来源主要是自来水，有少数为井水；排水去向主要是经下水道入湖。

农村用水来源与当地的饮用水管网建设有关，本次调查的住宿餐饮户主要集中在邻公路旁和乡镇政府所在地，用水来源主要是自来水，有少数为井水；排水去向与当地的排水设施有关，被调查地区中大丽路以东的地区基本没有污水排水管道，排水去向主要是经下水道入湖，有部分规模小，地理位置偏僻的采取地渗或蒸发方式排水。

9）年经营总天数平均为344天。

本次调查了经营餐饮、住宿的有524户，年经营总天数平均为344天。

10）餐饮户平均用水量为17.2$t/$（$m^2 \cdot$年）。住宿户平均用水量为41.3$t/$（床·年）。

11）被调查户无自己的污水处理设施。

本次调查的住宿和餐饮524户都没有自己的污水处理设施，污水排水去向主要是经下水道或沟渠入湖。

1.4.3.3　旅游污水监测结果

（1）基本情况

抽样测定主要针对餐饮业和旅店及招待所，餐饮业抽样40户，旅店及招待所抽样12户。测定指标为COD，TN，TP，测定方法为国家标准方法。

（2）测定数据

餐饮业和住宿业测定数据见表1-38和表1-39，数据数值分布情况见图1-10～图1-15。

表1-38　餐饮业污水测定数据

编号	单位名称	所属镇（乡）	行政村名	行业类别	TN（mg/L）	TP（mg/L）	COD（mg/L）
1	田园湖庄园	大理镇	才村	正餐服务	41.0	2.45	1144
2	云海小吃	大理镇	才村	旅游饭店	23.0	3.93	1375
3	海逸度假园	大理镇	龙龛村	旅游饭店	60.9	15.05	1140
4	白族饭馆	大理镇	洱滨村	旅游饭店	137	21.10	1223
5	天龙园	大理镇	大关邑村	旅游饭店	60.5	15.00	1246
6	凤发酒店	凤仪镇	凤鸣村	旅游饭店	21.7	2.85	1240
7	昭通天麻宣威火腿鸡滋补店	凤仪镇	凤鸣村	正餐服务	65.6	8.88	865
8	海馨苑	海东镇	向阳村	正餐服务	76.2	10.59	1198
9	白族鱼庄	上关镇	沙坪村	正餐服务	77.0	3.00	1650
10	清香园	上关镇	江尾村	正餐服务	66.6	6.67	1312
11	农家园	上关镇	沙坪村	正餐服务	73.2	30.40	1442
12	望海饭庄	双廊镇	古渔村	正餐服务	10.0	0.74	1218
13	清真园	双廊镇	双廊村	正餐服务	120	6.82	1211
14	可乐屋	双廊镇	康海村	正餐服务	6.20	2.36	1357

续表

编号	单位名称	所属镇（乡）	行政村名	行业类别	TN（mg/L）	TP（mg/L）	COD（mg/L）
15	顽森风味园	挖色镇	挖色村	正餐服务	66.8	5.64	1300
16	鲁川鱼庄	挖色镇	挖色村	正餐服务	26.6	2.50	1230
17	一闻香饭店	湾桥镇	湾桥村	正餐服务	17.3	3.04	1150
18	成都鲜鱼馆	湾桥镇	新邑村	正餐服务	24.4	1.13	1460
19	五台饭店	喜洲镇	寺里村	正餐服务	37.5	6.72	1150
20	一品鱼	喜洲镇	寺里村	正餐服务	50.2	3.63	1070
21	萃香园	喜洲镇	作邑村	正餐服务	18.0	4.67	1480
22	碧海渔乡饭店	喜洲镇	周城村	正餐服务	34.4	4.42	1760
23	上兴清真饭店	喜洲镇	周城村	旅游饭店	26.0	3.42	1320
24	桃源人家	喜洲镇	桃源村	旅游饭店	27.6	5.36	1370
25	清真饭店	喜洲镇	周城村	正餐服务	7.95	3.32	1340
26	红杏园酒家	喜洲镇	周城村	正餐服务	22.3	5.01	779
27	群仙楼	喜洲镇	周城村	正餐服务	34.3	3.77	1380
28	阿鹏火烧猪饭店	下关镇	大关邑	正餐服务	14.4	1.53	903
29	怡香阁	下关镇	大关邑	正餐服务	32.6	3.87	294
30	老西川饭店	银桥镇	阳波村	正餐服务	6.54	1.18	1700
31	夜香饭店	邓川镇	新洲村	正餐服务	8.86	1.68	2100
32	德源山庄	邓川镇	新洲村	旅游饭店	193	33.2	998
33	德源酒店	邓川镇	新洲村	正餐服务	3.35	0.680	1030
34	青云饭馆	牛街乡	士登村	正餐服务	39.1	5.61	1290
35	源之源饭庄	牛街乡	士登村	正餐服务	42.2	16.8	1200
36	迎光饭店	三营镇	三营村	正餐服务	20.6	5.46	1790
37	如意饭店	三营镇	三营村	正餐服务	46.6	2.18	1322
38	陈氏海稍鱼	右所镇	三枚村	旅游饭店	60.5	2.20	1106
39	美达饭店	右所镇	三枚村	旅游饭店	28.5	2.80	1589
40	下山口饭店	右所镇	三枚村	旅游饭店	60.5	3.96	1471

表 1-39　旅店及招待所污水测定数据

编号	单位名称	所属乡镇	行政村名	行业类别	TN（mg/L）	TP（mg/L）	COD（mg/L）
1	一休小院	大理镇	才村	一般旅馆	21.4	2.13	769
2	海天一客栈	大理镇	才村	一般旅馆	38.7	2.06	308

续表

编号	单位名称	所属乡镇	行政村名	行业类别	TN（mg/L）	TP（mg/L）	COD（mg/L）
3	鸟海景客栈	大理镇	才村	一般旅馆	23.8	3.78	691
4	胜景客栈	大理镇	才村	一般旅馆	34.8	4.07	1050
5	兴盛缘客栈	上关镇	江尾村	一般旅馆	141	16.67	923
6	源通客栈	喜洲镇	周城村	一般旅馆	120	24.7	891
7	华鹏客房	喜洲镇	周城村	一般旅馆	44.9	6.06	890
8	海源温泉	牛街乡	士登村	一般旅馆	5.97	1.88	905
9	温泉旅馆	牛街乡	士登村	一般旅馆	3.30	0.630	858
10	丽源温泉会所	右所镇	三权村	一般旅馆	27.5	1.83	920
11	新建旅社	凤羽镇	凤翔村	一般旅馆	6.54	1.73	1060
12	萝莳曲客栈	双廊镇	古渔村	一般旅馆	16.5	2.46	1018

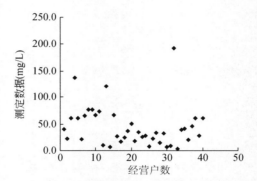

图 1-10 餐饮业污水 TN 测定数据数值分布图

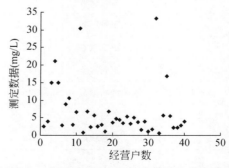

图 1-11 餐饮业污水 TP 测定数据数值分布图

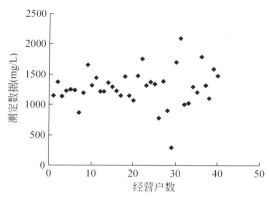

图 1-12　餐饮业污水 COD 测定数据数值分布图

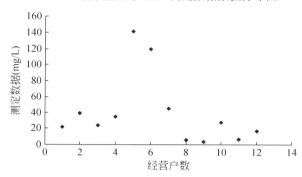

图 1-13　旅店及招待所污水 TN 测定数据数值分布图

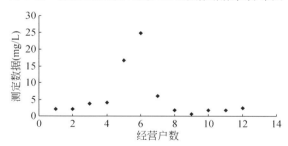

图 1-14　旅店及招待所污水 TP 测定数据数值分布图

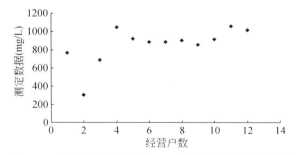

图 1-15　旅店及招待所污水 COD 测定数据数值分布图

（3）污水测定数据统计结果

排放废水 COD、TN、TP 平均值见表 1-40 和表 1-41。排污系数［kg/（年·餐位数）或 kg/（年·床位数）］，计算方法：平均用水量［kg/（年·床位数）或 kg/（年·餐位数）］×90%×排放废水 COD、TN、TP 平均值（mg/L）。

表 1-40　排放废水 COD、TN、TP 平均值

行业类别	调查户数	COD（mg/L）	TN（mg/L）	TP（mg/L）
餐饮	40	1280	44.7	6.59
住宿	12	857	40.4	5.6

表 1-41　排污系数

行业类别	调查户数	COD（mg/L）	TN（mg/L）	TP（mg/L）
餐饮	40	26.4	0.92	0.17
住宿	12	31.9	1.50	0.21

根据上述餐位数、床位数及排污系数，测算了流域内分散餐饮业、住宿业的年排污总量，数据见表 1-42～表 1-44。

表 1-42　流域内分散餐饮业的年排污总量　　　　　　　　（单位：t/a）

所属县（市）	所属镇（乡、区）	COD	TN	TP
大理市	大理镇	10.88	2.01	0.167
	凤仪镇	9.17	1.69	0.141
	海东镇	4.00	0.74	0.062
	上关镇	14.89	2.75	0.229
	双廊镇	10.94	2.02	0.168
	挖色镇	7.00	1.29	0.108
	湾桥镇	12.14	0.42	0.08
	喜洲镇	119.20	4.15	0.77
	下关镇	4.17	0.15	0.03
	银桥镇	1.58	0.06	0.01
	排污汇总	193.97	15.28	1.765
洱源县	茈碧湖镇	73.92	2.58	0.48
	邓川镇	17.34	0.60	0.11
	凤羽镇	9.87	0.34	0.06
	牛街乡	20.49	0.71	0.13
	三营镇	29.78	1.04	0.19
	右所镇	39.60	1.38	0.26
	排污汇总	191.00	6.65	1.23
流域	总计	384.97	21.93	2.995

表 1-43　流域内分散住宿业的年排污总量　　（单位：t/a）

所属县（市）	所属镇（乡、区）	COD	TN	TP
大理市	大理镇	9.25	0.44	0.06
	凤仪镇	1.60	0.08	0.01
	海东镇	3.83	0.18	0.03
	上关镇	4.91	0.23	0.03
	双廊镇	9.70	0.46	0.06
	挖色镇	2.74	0.13	0.02
	湾桥镇	0.32	0.02	0.00
	喜洲镇	33.59	1.58	0.22
	排污汇总	65.94	3.10	0.43
洱源县	茈碧湖镇	28.68	1.35	0.19
	邓川镇	3.19	0.15	0.02
	凤羽镇	0.57	0.03	0.00
	牛街乡	3.60	0.17	0.02
	三营镇	3.96	0.19	0.03
	右所镇	15.31	0.72	0.10
	汇总	55.31	2.60	0.36
流域	总计	121.25	5.70	0.80

表 1-44　流域内分散旅游点的年排污总量汇总　　（单位：t/a）

所属县（市）	所属镇（乡、区）	COD	TN	TP
大理市	大理镇	9.25	0.44	0.06
	凤仪镇	1.60	0.08	0.01
	海东镇	3.83	0.18	0.03
	上关镇	4.91	0.23	0.03
	双廊镇	9.70	0.46	0.06
	挖色镇	2.74	0.13	0.02
	湾桥镇	12.46	0.44	0.08
	喜洲镇	152.79	5.73	0.99
	下关镇	4.17	0.15	0.03
	银桥镇	1.58	0.06	0.01
	汇总	203.03	7.9	1.32
洱源县	茈碧湖镇	102.60	3.92	0.66
	邓川镇	20.53	0.75	0.13
	凤羽镇	10.45	0.37	0.07

所属县（市）	所属镇（乡、区）	COD	TN	TP
洱源县	牛街乡	24.09	0.88	0.16
	三营镇	33.73	1.22	0.22
	右所镇	54.91	2.10	0.36
	排污汇总	246.31	9.24	1.6
流域	总计	449.34	17.14	2.92

1.4.4　小结

本次调查的农村旅游污染源，涉及餐饮和住宿 524 户，年排污总量 COD、TN、TP 分别为 586.50t，21.91t 和 3.79t，相对于农村生活、种植和养殖等面源污染的比重是较小的。

洱海及洱海流域是大理的重要旅游地，地域内存在的与旅游相关的产业，特别是洱海流域农村住宿餐饮业所在地，大部分没有污水网管和污水处理设施，污水排放主要是经下水道或沟渠入湖，有部分规模小、地理位置偏僻的采取地渗或蒸发方式排水；建议在住宿餐饮相对集中，污水直接入湖，人口密集的村镇，由于污水量较大，建议建设相应规模的污水处理设施，达到治理源头的目的。

1.5　洱海流域城镇生活污染源调查

1.5.1　城镇生活污染源总量

洱海流域城镇人口总计 27.68 万人，主要集中在大理市下关镇，洱源县茈碧湖镇和大理市开发区等区域。根据《全国第一次污染源普查生活源产排污系数手册》，居民的产污系数为：COD 65g/（天·人）、TN 12g/（天·人）、TP 1g/（天·人），计算流域城镇污染物产生总量见表1-45。

表1-45　洱海流域城镇污染物产生量表

市（县、区）	城镇人口数（万人）	产生量（t/a）		
		COD	TN	TP
大理市	19.92	4 726.5	872.6	72.7
开发区	4.24	1 004.8	185.5	15.5
洱源县	3.53	836.3	154.4	12.9
合计	27.69	6 567.6	1 212.5	101.1

1.5.2 城镇生活污水处理厂运行情况

目前，流域内共建有污水处理厂4座，总设计日处理能力为6.5万t，其中洱源县污水处理厂，日处理规模为4000t，集中收集处理洱源县城的生活污水，尾水经过深度处理湿地工程，最终排入海尾河；喜洲污水处理厂，日处理规模为2000t，集中收集处理喜洲镇的生活污水，尾水排入洱海；大理市大渔田污水处理厂，日处理规模为5.4万t，集中收集处理大理市下关镇和大理古城的生活污水，尾水排入西洱河；大理市登龙河（庆中）污水处理厂，日处理规模为5000t，集中处理开发区生活污水。上述污染处理厂的具体排污情况如表1-46所述。

表1-46 洱源县污水处理厂运行情况

监测点位	监测结果（mg/L）				
	TN	COD	BOD₅	TP	氨氮
进口均值	15.77	48	28	1.122	2.226
出口均值	10.80	9.6	1.08	0.979	0.485

注：年处理水量为124万t；排水去向为经海尾河排入洱海。

根据表1-46~表1-50计算得到进入生活污水处理厂的污染物总量见表1-51。

表1-47 喜洲污水处理厂运行情况

监测点位	监测结果（mg/L）					
	TN	COD	BOD₅	TP	悬浮物	粪大肠菌群
进口均值	8.31	119	40	2.193	173.6	≥24 000
出口均值	0.58	15	<0.50	0.567	8	<0.004

注：年处理水量为22万t；排水去向为洱海。

表1-48 大理市大渔田污水处理厂运行情况

监测点位	监测结果（mg/L）				
	TN	COD	BOD₅	TP	氨氮
进口均值	20.20	147.25	44.09	1.491	2.248
出口均值	16.83	23	0.70	0.772	0.158

注：年处理水量为1806万t；排水去向为西洱河（未排入洱海流域）。

表1-49 大理市登龙河污水处理厂运行情况

监测点位	监测结果（mg/L）				
	TN	COD	BOD₅	TP	氨氮
进口均值	30.10	202.21	77.50	2.783	7.796
出口均值	18.47	36.87	0	0.276	4.263

注：年处理水量为51万t；排水去向为西洱河（未排入洱海流域）。

表 1-50　流域内污水处理厂排污总量汇总

污水处理厂名称	污水处理量（万 t/a）	主要污染物排放总量（t/a）			尾水是否排入洱海
		COD	TN	TP	
洱源县污水处理厂	124	11.90	13.39	1.21	是
喜洲污水处理厂	22	3.30	0.13	0.15	是
大理市污水处理厂	1 806	415.38	303.95	13.94	否
大理市登龙河污水处理厂	51	18.80	9.42	0.14	否

表 1-51　洱海流域进入生活污水处理厂的污染物量总表

县（市、区）	进入生活污水处理厂的污染物量（t/a）		
	COD	TN	TP
大理市	2 659.34	364.81	26.93
开发区	103.13	15.35	1.42
洱源县	59.52	19.55	1.39
合计	2 821.99	399.71	29.74

此外，由于大理市大鱼田污水处理厂与大理市登龙河污水处理厂处理后的尾水排入西洱河不入洱海，且洱源县污水处理厂处理后的尾水，经过湿地深度处理后再外排。因此，洱海流域城镇生活污染物入湖率较低。

1.6　洱海流域工业污染源调查

本节摘自全国第一次自污染源普查报告。流域内共有工业企业 606 家，其中位于洱源县境内的工业企业 95 家，大理市境内工业企业 511 家，流域内工业企业类型主要包括石材加工、食品和乳制品加工、造纸和酿酒等，如图 1-16 和表 1-52。

流域内工业企业污水排放及处理处置方式如下所述。

（1）污水直接排入到洱海

该种类型的企业主要是指位于洱海东岸濒临洱海的一些企业，所产生污水直接排入到洱海。主要包括位于挖色镇的大理市荣茂食品有限责任公司和位于海东镇的大理建中香料有限公司。

（2）污水经场内处理后进入河道或农灌渠，最终排入洱海

企业所产生的污水没有进入污水处理厂，而是依靠企业自建的污水处理设施进行处理后，排入临近河道或农灌渠进入洱海。该种类型的企业主要位于北部洱源县境内和大理市上关镇、银桥镇，包括云南新希望邓川蝶泉乳业有限公司、大理天滋实业有限责任公司、云南大理洱宝实业有限公司、洱源县云洱果脯有限责任公司等以食品和乳制品加工为主的 19 家企业。

图 1-16　流域内工业企业分布图

1. 大理市登龙河污水处理厂；2. 大理市第一污水处理厂；3. 红塔烟草（集团）有限责任公司大理卷烟厂；4. 云南白药集团大理药业有限责任公司；5. 大理娃哈哈食品有限公司；6. 大理金明动物药业有限公司；7. 云南下关沱茶（集团）股份有限公司；8. 大理海春畜牧有限公司；9. 大理啤酒有限公司；10. 大理市牛奶有限责任公司；11. 大理市兴诚屠宰厂；12. 大理州云弄峰酒业；13. 云南新希望邓川蝶泉乳业有限公司；14. 洱源县云洱果脯有限责任公司；15. 云南大理洱宝实业有限公司；16. 洱源县城污水处理厂；17. 洱源果品农特经营有限公司；18. 大理天滋实业有限责任公司

（3）污水排入到城镇污水处理厂，最终排入洱海

该种类型的企业主要是云南依玛中大食品有限公司。

（4）污水排入到城镇污水处理厂，最终输送到洱海出水河道西洱河

该种类型的企业主要位于大理市下关镇及开发区，共计 14 家。包括大理啤酒有限公司、大理华成纸业有限公司等一批产生污染物量较大的企业。虽然这部分企业产污量较大，但是由于其排入城市下水道系统，并进一步通过污水处理厂处理排入到洱海流域之外，所以本身对洱海的影响较小。

表 1-52　洱海流域工业污染源产生量及入湖量表

企业名称	位置	污水产生量 （m³/a）	COD 产生量 （t/a）	污水入湖途径
云南新希望邓川蝶泉乳业有限公司	邓川镇	411 186	69.48	罗时江—洱海
大理天滋实业有限责任公司	右所镇	109 017	361.55	永安江—洱海
云南大理洱宝实业有限公司（老厂）	茈碧湖镇	60 834.55	27.39	茈碧湖—洱海
大理邓川锦详生物工程有限公司	邓川镇	2 296	4.3	罗时江—洱海
洱源县云洱果脯有限责任公司	茈碧湖镇	627.75	0.58	弥苴河—洱海
洱源县强隆汽车修理中心	茈碧湖镇	1 200	0.21	弥苴河—洱海
洱源县邓川顺达汽车修理厂	邓川镇	750	0.08	罗时江—洱海
洱源县宏茂农贸公司	右所镇	450	1.2	西湖—洱海
云南大理洱宝实业有限公司	茈碧湖镇	321.41	0.3	弥苴河—洱海
洱源县天琪水泥有限责任公司	茈碧湖镇	200	0.01	弥苴河—洱海
洱源果品农特经营有限公司	茈碧湖镇	25.11	0.02	茈碧湖—洱海
大理啤酒有限公司	下关镇	1 095 000	87.6	污水厂—西洱河
大理华成纸业有限公司	下关镇	332 150	152.28	污水厂—西洱河
大理娃哈哈食品有限公司	银桥镇	197 263	28.07	农田灌溉—洱海
云南大理东亚乳业有限公司	开发区	365 000	43.8	污水厂—西洱河
红塔烟草（集团）有限责任公司大理卷烟厂	下关镇	140 000	15.82	污水厂—西洱河
大理金穗麦芽有限公司	下关镇	96 000	12.63	污水厂—西洱河
云南白药集团大理药业有限责任公司	下关镇	31 362.5	15.48	污水厂—西洱河
云南下关沱茶股份有限公司	下关镇	7300	173.19	污水厂—西洱河
大理来思尔乳业有限责任公司	大理镇	146 000	26.28	污水厂—西洱河
大理海春畜牧有限公司	开发区	52 500	54.8	污水厂—西洱河
大理市荣茂食品有限责任公司	挖色镇	47 500	2.66	洱海
大理州云弄峰酒业	上关镇	2 555	63.88	罗时江—洱海
大理建中香料有限公司	海东镇	18 000	5.42	洱海
大理金明动物药业有限公司	开发区	70 809	24.16	污水厂—西洱河
大理市兴诚屠宰厂	大理镇	42 000	43.84	污水厂—西洱河
云南依玛中大食品有限公司	开发区	15 000	5.1	污水厂—洱海
大理市牛奶有限责任公司	银桥镇	5 475	4.94	河道—洱海
大理美登印务有限公司	开发区	40 000	7.2	污水厂—西洱河
赵金银青麻石加工	银桥镇	4 000	0.28	河道—洱海
杨继仁青麻石加工	银桥镇	4 000	0.28	河道—洱海
云南通大生物药业有限公司	开发区	90 994.5	11.22	污水厂—西洱河
杨照山青麻石加工	银桥镇	3 000	0.21	河道—洱海
大理市华营水泥厂	凤仪镇	2 500	0.1	污水厂—西洱河

1.7 洱海流域水土流失污染源调查

1.7.1 洱海概况

洱海流域位于云南省大理州境内，地处东经 99°32′~100°27′，北纬 25°25′~26°16′之间。东与宾川县、鹤庆县相连，南与弥渡县、祥云县毗邻，西与漾濞县链接，北与剑川县交界，东西横距 56.64km，南北纵距 113.14km，流域总面积 2565.00km²。流域地处金沙江、原浆、澜沧江三大水系分水岭地带，地势西北高，东南低，西侧是著名的点苍山十九峰，东侧山体相对较低，中间为洱海和平坝。流域内苍山洱海珠联璧合，相映成趣，素有"高原明珠"、"东方瑞士"之美誉。

1.7.1.1 流域自然条件

1) 地形地貌：洱海流域处于滇西横断山脉地带，因受洱海大断裂的影响及河流切合并经多级夷平，形成了以构造侵蚀为主的中等切割中、低山陡坡和部分缓坡、小型断陷盆地、河流侵蚀、岩溶及部分冰川地貌。流域呈南北走向，地势西北高，东南低，西侧山地南北绵延，形成巨大的天然屏障，东侧山体相对较低，东西两侧山脉呈南北展布，中间为洱海和平坝，地势平坦开阔，土质肥沃。

2) 土壤：流域内复杂的地质情况，岩石类型、成土母质种类多样，地形变化大，立体气候明显。在气候、生物和地形等成土因素的综合作用下，逐步演变成为亚高山草甸土、暗棕壤、棕壤、黄棕壤、红色石灰土、红壤、黑色石灰土、紫色土、潮土、沼泽土和水稻土等土类。

3) 植被：流域地处低纬度高原地区，气候温和、雨量充沛，自然条件优越，各区植物相互渗透和繁衍，植物种类繁多。林地面积 104 085.68hm²，森林覆盖率为 26.8%。中幼林多、成熟林少，林龄、林中、林相单一，林分结构简单，且分布不均。目前现有林种主要有：苍山冷杉、华山松、云南松、川滇高山栎、黄背栎、滇青冈、高山栲、蓝桉、核桃、板栗、灌木林和竹林等。

4) 气象：气候方面，流域属高原亚热带季风气候类型，气候温和，雨热同季，干湿季分明。11 月至次年 4~5 月为干季，天气晴朗，光热充足，气温高，降水少，湿度小，日温差小，昼夜温差大；5 月下旬至 10 月为雨季，降雨量大，日照较短，昼夜温差小。降雨方面，流域内年平均降雨量 1078.9mm，多年平均蒸发量 1194.9mm；降雨集中在 5~10 月，占全年总降水量的 78.8%，月最大降雨量为 229mm，月最低降雨量为 12.4mm。

5) 水文及水资源：流域位于云南省澜沧江、金沙江和元江三大水系的分水岭地带，属澜沧江水系。流域内有大小河流 117 条，湖库 4 个，均因地势，位于流域东南部的洱海为最终归属。

1.7.1.2 洱海流域水土流失类型、分布特点及产生原因

（1）水土流失类型

流域内主要分布有水力侵蚀、重力侵蚀、工程侵蚀、风力侵蚀和冻融侵蚀几种侵蚀类型。这些侵蚀类型相互作用、相互影响、相互制约，形成了流域内较为复杂的侵蚀特征。流域内侵蚀的主要形式有面蚀、细沟侵蚀、冲沟侵蚀、滑坡、崩塌、泥石流和开发建设项目造成的侵蚀等。面蚀、沟蚀与流域内广泛分布的坡耕地、荒山荒坡密切相关，冲沟发育与河流强烈切割，形成山高坡陡的地形，而构造活跃和岩层疏松所潜伏的不稳定性与泥石流、滑坡、崩塌密切相关。

（2）水土流失分布特点

1）坡耕地、荒山荒坡等地类为主的面蚀集中分布；

2）水土流失具有沿河流两岸呈条带状展布的特点；

3）坝子、居民点为中心的水土流失环形结构排列；

4）以工程侵蚀为主的高强度水土流失以点、线形式分布。

（3）水土流失产生原因

a. 自然原因

降雨：流域内降雨的季节性特点造成旱季降雨日数少，晴天日数多，日照充足，气温高，蒸发量大，地表长时间干燥，土壤和岩石风化强烈，土壤含水量低，耕地经过冬春翻耕，表土松散，自然植被和农作物尚未达到覆盖地表的能力，迎来了雨季，而雨季降雨集中且历时长，加之降雨的空间分布不均，所以容易造成大量水土流失。

地形：流域内西北高，东南低，最高海拔为 4122m，最低海拔为 1340m，相对高差达 2782m，山区内坡度 5°~15° 的土地面积约占总面积的 8.1%，15°~25° 的土地面积约占总面积的 19.4%，25°~35° 的土地面积约占总面积的 11.7%，>35° 的土地面积约占总面积的 32.4%。整个流域地形坡度较陡，垂直高差大，坡面长，在暴雨冲刷下，随着水流搬运能力的逐渐加强，水土流失也逐步增加。因此，流域地形条件也是水土流失的重要因素之一。

岩性、土壤：洱海流域内土壤主要为红壤、棕壤、黄棕壤和紫色土，山区分布广泛的红壤成土母质多为古红土、紫色砂岩和石灰岩等，从总体上看，土壤质地多为轻壤、重壤，土壤分散系数较大。另外在流域内水土流失主要集中发生在坡耕地、荒山和疏幼林地等受人类干扰较大的地类上，这些地类由于林草植被覆盖率低，土壤腐殖质含量低，而腐殖质是土壤水稳性团聚体形成所必需的胶结物，导致土壤的水稳性团聚体不易形成，或团聚体量少，从而使得土壤的水稳性差，土体易崩解，土壤抗冲性下降，在流域内局部地区常见冲沟发育、沟头前进，土体崩塌，即属于土壤抗蚀力差的缘故。

b. 人为因素

人口增长：1950 年至 1990 年大理市及洱源县人口分别增长了 2.44 倍和 2.55 倍。随着人口的急剧膨胀，人们对粮食、燃料、矿产等的需求量日益增加，导致大量毁林开荒、毁林取薪、毁林采矿现象的发生，给生态环境带来极大的破坏，同时也造成了严重的水土流失。

历史原因：农村产业结构不合理、畜牧养殖、农村生活能源、矿产资源开采、基础设施建设等造成洱海流域的水土流失，除上述几个因素外，还有农业垦殖技术不当、森林火灾、水土保持措施保存率不高等方面的因素。总之，由于人类不合理的社会活动，使土壤侵蚀加速，破坏生态平衡，形成恶性循环。

1.7.2 洱海水土流失类型分区

1.7.2.1 分区方法

水土流失类型分区采用常规区划法，即在水土流失综合调查的基础上，将地貌、岩性、水土流失程度作为控制因素，以地貌作为一级控制，水土流失程度作为二级控制，通过对调查资料分析确定其类型。

1.7.2.2 分区原则

1）同一类型区内的地貌、岩性、土壤、植被等自然条件和土地、水源、生物、矿产、旅游等自然资源，以及人口、劳动力、农业生产等社会经济条件有明显的相似性；不同类型区内的自然条件、自然资源、社会经济条件等有明显的差异性。

2）同一类型区内的水土流失类型、程度、特点有明显的相似；不同类型区内的水土流失有明显差异。

3）同一类型区内的生产发展方向、土地利用方向、水土流失治理措施、规划布局基本一致，不同类型区内的生产发展方向、土地利用方向和水土流失防治措施有明显的差异。

4）同一类型区内尽量保持流域界线和乡（镇）级行政界线的完整性，水土流失以乡（镇）级行政区划为单元。

1.7.2.3 分区命名方法

按照上述分区方法、原则，结合洱海流域内的水土流失情况，土地利用现状、社会经济情况和行政区划等因素，将洱海全流域划分为四个不同的水土流失类型区，即西部无明显流失区、中部中轻度流失区、东南部中强度流失区和北部中强度流失区。

1.7.2.4 分区水土流失污染物发生量

根据本流域水土流失程度的不同，将本流域分区如图 1-17 所示。

(1) 西部无明显流失区

本区地处流域内西部，包括大理市的喜洲镇、大理镇、下关镇、湾桥镇、银桥镇和洱海（图 1-17）。本区土地面积 704.79km²，占流域土地总面积的 27.5%。本区人口 24.48 万人，占总人口的 38.6%，是流域内人口最多、农业人口密度最高的地区。耕地面积 6858.61 hm²，占流域内总耕地面积的 28.0%，其中坡耕地占耕地面积 4.0%。本区林地面

图例
- 居民点
- 乡、镇驻地
- 市、县驻地
- 山脉
- 乡、镇界线
- 县界线
- 铁路
- 公路
- 河流
- 东部中强流失区
- 西部无明显流失区
- 中部中轻流失区
- 北部中强流失区

图 1-17　流域内水土流失程度分区图

积 27 937.92 hm²，草地面积 5 534.77 hm²，森林覆盖率为 30.4%，林草植被覆盖率为 47.5%，由于地处坝区，林区用地面积较少，所以林草植被覆盖率较其他三个分区稍低。本区交通方便，工农业及旅游业发达，经济基础较强，基础设施条件较好，农村能源为液化气、电、煤等，较少以薪柴为主要生活能源。

本区水土流失面积 7483.22 hm²，是流域内流失比例最小的区域（图 1-18）。其中：轻度流失面积 6116.46 hm²，中度流失面积 101.90 hm²，强度流失面积 333.88 hm²，极强度流失面积 30.98 hm²。土壤侵蚀量为 47.04 万 t，年平均土壤侵蚀模数为 497t/km²。

按照流域水土流失输沙量计算，西部无明显流失区水土流失年污染物发生量分别为 TN 259.48t/a 和 TP143.39t/a。其中水土流失中的营养物质溶解态，N、P 营养物平均值分别为 14% 和 3%，计算出可溶态污染物发生量分别为 TN36.33t/a 和 TP4.30t/a。

图 1-18　西部无明显流失区内水土流失状况

（2）中部中轻度流失区

本区地处流域内中部，包括大理市的上关镇和洱源县的茈碧湖镇、邓州镇、右所镇和凤羽镇（图 1-19）。区内土地总面积 747.82 km²，占流域土地总面积的 29.2%，人口 19.02 万，占流域总人口的 30.0%。耕地面积 7695.57hm²，占流域内总耕地面积的 31.4%，其中坡耕地占耕地面积 18.1%。区内林地 32 952.90 hm²，草地面积 10 347.42 hm²，森林覆盖率为 27.5%，林草植被覆盖率为 57.9%。本区内坝区与山区的经济发展不平衡，坝区普遍经济发达，但在偏远山区，部分农户由于受多年的生活习惯影响和经济条件制约，不愿或无力承担煤、气、电等能源费用，毁林取薪现象仍然存在。

本区水土流失面积 31 994.1 hm²。其中：轻度流失面积 19 339.1 hm²，中度流失面积 10 305.4 hm²，强度流失面积 2301.2 hm²，极强度流失面积 48.3 hm²。土壤侵蚀量为 106.1 万 t，年平均土壤侵蚀模数为 1041t/km²。

按照流域水土流失输沙量计算，中部中轻度流失区水土流失年污染物发生量分别为

图 1-19 中部水土流失区

TN 585. 27t/a 和 TP 323. 41t/a。其中水土流失中的营养物质溶解态 N、P 营养物平均值分别为 14% 和 3%，计算出可溶态污染物发生量分别为 TN 81. 94t/a 和 TP 9. 70t/a。

（3）东南部中强度流失区

本区地处流域内东南部，包括大理市的凤仪镇、挖色镇、海东镇和双廊镇（图 1-20）。区内土地总面积 581. 44 km²，耕地面积 4027. 0 hm²，占流域内总耕地面积的 16. 4%，其中坡耕地占耕地面积 12. 5%。林地面积 26 226. 65 hm²，草地面积 7968. 73 hm²，森林覆盖率为 27. 8%，林草覆盖率为 58. 8%，是流域内林草植被覆盖率最高的区域。本区坝区与山区的经济发展不平衡，坝区普遍经济较发达，能源多为液化气、电、煤等，但在山区，尤其在偏远山区，部分农户不愿或无力承担液化气、电、煤等能源的费用，毁林取薪仍然存在。

本区水土流失面积 28 027. 9 hm²。其中：轻度流失面积 7532. 1 hm²，中度流失面积 16 976. 4 hm²，强度流失面积 3364. 9 hm²，极强度流失面积 154. 4 hm²。土壤侵蚀量为 114. 5 万 t，年平均土壤侵蚀模数为 1459t/km²。

按照流域水土流失输沙量计算，东南部中强度流失区水土流失年污染物发生量分别为 TN 613. 61t/a 和 TP 349. 01t/a。其中水土流失中的营养物质溶解态 N、P 营养物平均值分别为 14% 和 3%，计算出可溶态污染物发生量分别为 TN 85. 91t/a 和 TP 10. 47t/a。

（4）北部中强度流失区

本区地处流域内北部，包括洱源县的三营镇和牛街乡（图 1-21）。区内土地总面积 530. 95 km²，是各分区中面积最小、农业人口密度最低的区域。耕地面积 5954. 0 hm²，占流域内总耕地面积的 24. 3%，其中坡耕地占本区耕地面积的 14. 3%，在各分区中人均占有耕地面积最大，人均产粮也最高。本区森林覆盖率为 20. 1%，林草植被覆盖率为 54. 6%。

本区水土流失面积 20 538. 9 hm²。其中，轻度流失面积 5936. 4 hm²，中度流失面积

图 1-20　东南部水土流失区

10 995.1 hm^2，强度流失面积 3376.5 hm^2，极强度流失面积 230.8 hm^2。土壤侵蚀量为 91.86 万 t，年平均土壤侵蚀模数为 1282t/km^2。

按照流域水土流失输沙量计算，北部中强度流失区水土流失年污染物发生量分别为 TN 506.72t/a 和 TP 280.00t/a。其中水土流失中的营养物质溶解态 N、P 营养物平均值分别为 14% 和 3%，计算出可溶态污染物发生量分别为 TN 70.94t/a 和 TP 8.4t/a。

图 1-21　北部水土流失区

1.7.3　小结

洱海流域土地总面积 2565.00 km²，其中无明显流失面积 1684.56 km²，水土流失面积 880.44 km²。水土流失面积中轻度流失面积 389.24 km²，中度流失面积 392.79 km²，强度流失面积 93.77 km²，极强度流失面积 4.64 km²（图 1-22）。经计算，流域内平均土壤侵蚀模数为 1035t/ km²，年土壤流失总量为 358.55 万 t，年平均土壤厚度为 1.04 mm（表 1-53）。

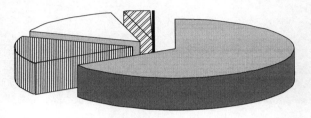

無明显流失　轻度流失　□中度流失
☑强度流失　■极强度

图 1-22　洱海流域不同流失强度等级面积比例图

表 1-53　全流域土壤侵蚀量统计表

轻度侵蚀（hm²）	中度侵蚀（hm²）	强度侵蚀（hm²）	极强度侵蚀（hm²）	侵蚀面积（hm²）	侵蚀总量（万 t）
38 924.06	38 378.80	9 376.48	464.48	87 143.82	359.5

按照全流域水土流失输沙量计算，全流域水土流失年污染物发生量分别为 TN 1965.08t/a 和 TP 1095.81t/a。其中水土流失中的营养物质溶解态 N、P 营养物平均值分别为 14% 和 3%，计算出可溶态污染物发生量分别为 TN 275.12t/a 和 TP 32.87t/a（表 1-54）。

表 1-54　全流域水土流失源污染物发生量调查表

区域	水土流失等级	侵蚀面积（hm²）	侵蚀总量（万 t/a）	TN（t/a）	TP（t/a）
西部	无明显流失	7 483.22	47.04	36.33	4.30
中部	中轻度流失	31 994.1	106.1	81.94	9.70
东南部	中强度流失	28 027.9	114.5	85.91	10.47
北部	中强度流失	20 538.9	91.86	70.94	8.4
流域	合计	88 044.11	359.6	275.12	32.87

1.8 洱海流域外源性污染源调查结果汇总

洱海流域外源性污染情况如表 1-55 所示。

表 1-55 洱海流域污染物产生量总表

类型		污染源	COD（t/a）	TN（t/a）	TP（t/a）
点源		工业废水	1 244.50	—	—
		城镇生活污水	6 567.60	1 212.50	101.10
面源	农村面源	农村生活污染源	14 830.58	2 108.89	244.09
		农村畜禽粪便（未用作农肥的部分）	15 117.49	3 487.26	704.60
	农业面源	农田径流污染（含畜禽粪便中用作农肥的部分）	11 107.50	1 355.94	99.26
	旅游面源	旅游污染	850.20	156.96	13.08
	大气沉降	大气沉降	—	218.20	17.7
	水土流失	水土流失	—	275.12	32.87
合计			49 717.87	8 814.87	1 212.70

从 TN、TP 的发生量来看，农村畜禽粪便是洱海流域最大的污染源，其次是农村生活污染源及农田径流污染，可见涉农污染源是流域内最主要的污染源；而水土流失污染源、大气沉降污染源及旅游污染源的贡献度最低。

从空间上来看，两个行政区域的污染源发生情况如表 1-56 所示。

表 1-56 不同区域的污染物发生量 （单位：t/a）

区域	COD	TN	TP
大理市	26 059.61	4 855.71	587.51
洱源县	23 658.26	3 740.95	607.49
湖体	—	218.20	17.70
总计	49 717.87	8 814.86	1 212.70

从空间上看，大理市辖区的污染物发生量略大，如表 1-57 所示。但是，大理市发生的污染物有很大一部分会汇入到污水处理厂或经截污设施拦截导流到流域外。

表 1-57 不同区域的污染物发生量占比 （单位：%）

区域	COD	TN	TP
大理市	52.41	55.09	48.45
洱源县	47.59	42.44	50.09
湖体	—	2.48	1.46
总计	100.00	100.00	100.00

从时间上看，雨季污染物的发生量会多于旱季（表 1-58）。

表 1-58　不同类型污染源的排放时间特征分析表

污染源类型	排放的时间特征
工业废水	全年较平均
城镇生活污水	
农村生活污染源	
农村畜禽粪便（未用作农肥的部分）	
农田径流污染（含畜禽粪便中用作农肥的部分）	肥料流失主要发生在雨季
旅游污染	主要集中在春节、三月街、劳动节、暑假及国庆节期间
大气沉降	雨季偏多
水土流失	主要发生在雨季

2 | 洱海流域主要污染物入湖负荷调查

2.1 河流入湖负荷背景及主要河流入湖负荷调查

2.1.1 入湖河流背景情况

2.1.1.1 入湖河流概况

洱海流域内共有大小河流 117 条，其中弥苴河、罗时江、永安江、苍山十八溪是洱海流域内的主要入湖河流。弥苴河、罗时江、永安江位于洱海北部洱源县境内，称为"北三江"。苍山十八溪位于洱海西岸的苍山，是洱海主要的水源之一，流经大理坝子，灌溉着肥沃的土地，最后注入洱海。波罗江是洱海东南部的重要河流。

2.1.1.2 入湖河流多年年均径流量

据已有资料，弥苴河是洱海最大的入湖河流，年均径流量 1.67 亿 m^3，占洱海入湖径流量的 33.3%；罗时江年径流量为 0.40 亿 m^3，占洱海入湖径流量的 8.0%；永安江年平均径流量为 0.38 亿 m^3，占洱海入湖径流量的 7.6%。波罗江年平均径流量为 0.37 亿 m^3，占洱海入湖径流量的 7.4%。苍山十八溪流域总面积 357.12km^2，年地表径流量 1.54 亿 m^3，占洱海入湖径流量的 30.7%。

2.1.1.3 "北三江"水系及其环境现状

（1）弥苴河水系

弥苴河水系径流面积 1026.43km^2（包括剑川上关甸的 22.55km^2），水系全长 76.08km，沿途汇集海西海水、三营河、黑石涧、白沙河、南河涧、青石江、白石江、铁甲河等入河支流 40 条、山溪 111 条，全河纵贯邓川坝中心。

弥苴河流域区间水系由一主二支两湖组成，即主干道：弥苴河；两条支流：弥茨河与凤羽河；两个湖泊：海西海与茈碧湖。

弥苴河主要组成河流及其特征如表 2-1 所示。

（2）罗时江

罗时江发源于洱源县右所镇绿玉池，上游属洱源县，下游属大理市。径流面积为 122.75km^2，全长 18.29km（其中西湖湖长 3.3km），沿途汇鸡鸣后山涧、起始河涧、凤藏涧、圣母涧、龙王涧、南门涧、落溪涧等山溪水及兆邑黑泥沟水。罗时江是洱源县及大理市上关镇农田灌溉、排洪除涝的多功能河道（图 2-1）。

表 2-1　弥苴河主要组成河流及其特征

河流名称	起点		终点		主河长度（km）	径流面积（km²）
	地名	海拔（m）	地名	海拔（m）		
凤羽河	盐井岭	3200	茈碧湖	2055.6	33.6	249.32
海尾河	茈碧湖水闸	2055.1	下山口	1987.3	10.4	148.01
弥茨河	瓜拉坡	3180.0	三江口	2050	43.4	529.55
弥苴河	下山口	1987.3	洱海	1964.5	22.28	77

图 2-1　罗时江堤岸形态示意图

　　罗时江流域涉及洱源县的右所镇、邓川镇、大理市的上关镇，合计三镇 16 个村委会，全流域耕地面积约为 2.85 万亩。罗时江河道团结村公所段为人工修砌的农灌渠，堤岸上有少数灌木生长；邓川镇段为硬质堤岸，堤岸上植物物种主要以少量的苦楝、红柳、滇杨为主；其余河段河道均为土质堤岸，堤岸上树种丰富，植被生态较好。

（3）永安江

　　永安江北起下山口，自北向南贯通东湖区后至江尾镇白马登村入洱海。永安江河道全长 18.35km，径流面积 110.25km²。永安江是洱海重要的补给水源之一（图2-2）。

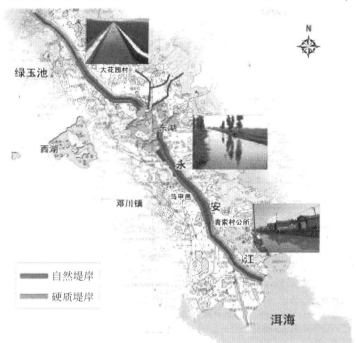

图 2-2　永安江堤岸形态示意图

永安江河道下山口至中所段为人工修砌的农灌渠，宽 1~3m，水深 0.5~1.5m。青索村公所至入湖口段为硬质堤岸，河道宽为 6~8m，水深约 2m，堤岸上仅有少量灌木生长。其余河段均为土质堤岸，堤岸上植物以蓝桉、红桉、柳树和灌木为主，植被覆盖率不高。

2.1.1.4 "北三江"水质现状及变化趋势

（1）弥苴河

弥苴河在 2002 年前水质总体为Ⅲ类，2003 年后由于 TN 浓度提高，水质下降为Ⅳ类，之后基本保持在Ⅳ类，TN 是主要超标因子（图2-3）。

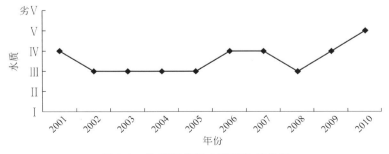

图 2-3　弥苴河多年水质变化趋势图

（2）永安江

由于 TN 值高居不下，永安江在 2004～2007 年一直处于劣 V 类水质，2008 年由于 TN 浓度下降水质上升为 V 类，TN 是该河流最主要的超标因子（图 2-4）。

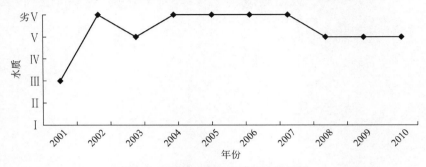

图 2-4　永安江多年水质变化趋势图

（3）罗时江

2001～2004 年，罗时江水质为 V 类，2005 年后由于 TN 值的急剧上升，罗时江水质下降为劣 V 类，2008 年 TN 值明显降低，罗时江水质上升为 IV 类，TN 是主要超标因子（图 2-5）。

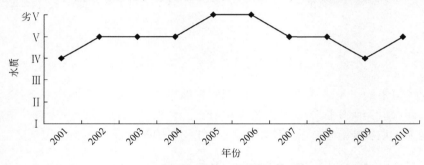

图 2-5　罗时江多年水质变化趋势图

2.1.1.5　波罗江及其环境现状

（1）波罗江概况

波罗江位于大理市凤仪镇辖区，发源于定西岭后山村，距凤仪镇 11km，全长 17.5km（由三哨水库至满江入海口），流域总面积 291.3 km²，流经江西、丰乐、乐和、芝华、凤鸣、庄科、石龙、满江等 21 个村镇（图 2-6）。

波罗江河道在小江西村至千户营村段和白塔河千户营村段为硬质堤岸，沿河堤岸植被稀少。其余河段均为土质堤岸，堤岸植物物种以桉树、灌木和草被为主。

（2）波罗江水质现状及变化趋势

2002 年前，波罗江水质尚处于 II～III 类，2003 年之后，由于 TN 值的升高，波罗江水质下降为 V 类，2008 年水质有所好转，处于 IV 水质。TN 是主要超标因子，TP 值相对于"北三江"河流相对较高（图 2-7）。

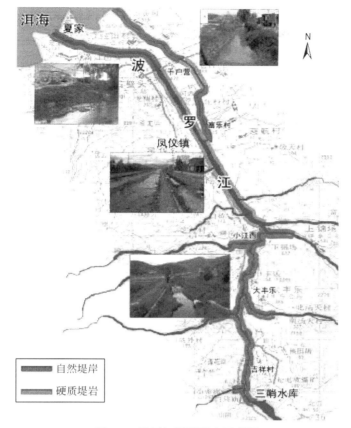

图 2-6　波罗江堤岸形态示意图

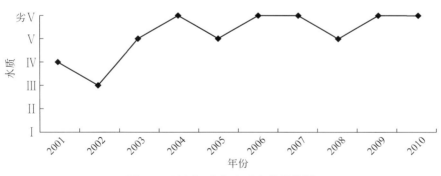

图 2-7　波罗江多年水质变化趋势图

2.1.1.6　苍山十八溪水系及其环境现状

苍山十九峰，每两峰之间都有一条溪水，这就是著名的苍山十八溪。由北向南溪序为：霞移溪、万花溪、阳溪、茫涌溪、锦溪、灵泉溪、白石溪、双鸳溪、隐仙溪、梅溪、桃溪、中和溪、白鹤溪、黑龙溪、清碧溪、莫残溪、葶溟溪、阳南溪共十八溪。苍山十八溪是洱海主要的水源之一，流域总面积 357.12km^2，平均年地表径流量 2.763 亿 m^3，其水质对洱海水域的生态环境有重要影响。苍山十八溪河道现状详情见表 2-2。

表 2-2 苍山十八溪河道现状汇总表

乡镇	序号	河流名称	总长（m）	河底宽（m）	年均流量（亿 m³/年）	枯水流量（亿 m³/年）	坡度（%） G214 上	坡度（%） G214 下	面积（km²）	人口（人）	耕地（亩）
喜洲	1	霞移溪	3 900	6	0.132	0.032	8.5	2.07	9.7	25 807	10 039
	2	万花溪	4 623	6	0.215	0.214	3.64	0.85	82.5	30 850	13 878
	3	阳溪	6 340	6	0.474	0.473	2.37	0.59	42.88	15 871	10 724
湾桥	4	茫涌溪	5 770	6	0.373	0.372	2.55	0.62	30.54	13 624	9 829
	5	锦溪	4 915	7.8	0.239	0.139	3.4	1.1	15.1	3 277	2 680
	6	灵泉溪	4 526	8	0.25	0.249	3.56	1.28	20.24	9 847	7 092
	7	白石溪	4 246	6.5	0.082	0.082	4.8	1.16	9.38	9 098	6 723
银桥	8	双鸳溪	4 510	7.5	0.095	0.095	5.2	1.14	10.94	3 880	2 762
	9	隐仙溪	4 850	6	0.085	0.085	5.75	1.37	12.98	3 359	2 721
大理	10	梅溪	5 518	3	0.113	0.063	6.95	1.4	12.72	3 972	2 442
	11	桃溪	5 440	3	0.128	0.035	6.4	1.41	8.42	5 533	3 936
	12	中和溪	6 682	4	0.06	0.06	6	1.08	10.02	21 420	5 382
	13	白鹤溪	5 690	4	0.066	0.066	6.7	1.33	13.54	22 966	6 555
	14	黑龙溪	6 002	3	0.136	0.136	8.2	1.9	19.94	8 927	5 519
	15	清碧溪	5 290	3	0.101	0.101	8.5	2.43	13.14	7 900	4 553
下关	16	莫残溪	5 160	5	0.135	0.085	8.9	2.95	18.38	10 463	6 908
	17	葶溟溪	3 694	5	0.047	0.047	9.3	4.75	13.66	8 115	4 010
	18	阳南溪	3 252	5	0.032	0.032	6.9	3.34	13.04	5 681	2 228

注：参考《大理市地表水资源调查报告》，云南省水文水资源大理分局、云南省水环境检测中心大理州分中心，2008 年 4 月。

近 10 年苍山十八溪部分河流的水质变化趋势图如图 2-8 ~ 图 2-10 所示。

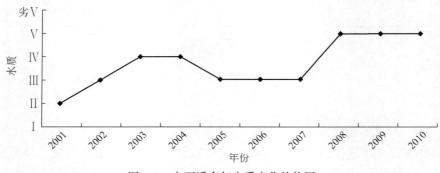

图 2-8 白石溪多年水质变化趋势图

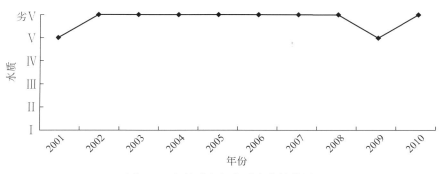

图 2-9　白鹤溪多年水质变化趋势图

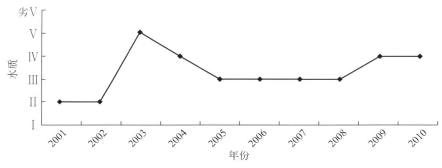

图 2-10　万花溪多年水质变化趋势图

由图 2-8～图 2-10 可见，尽管十八溪不同河道的水质等级及波动趋势差异较大，但 2010 年各河道水质相对 2001 年均有较大幅度的下降，说明 10 年间海西部分的入湖负荷已大幅度增加。

2.1.2　主要河流入湖负荷总体调查

2.1.2.1　调查方法

（1）河流选择

共选择 7 条入湖河流进行调查，分别为：洱海北面的弥苴河主河道及其重要分支——西闸河、永安江、罗时江；南面的波罗江；西面苍山十八溪中的茫涌溪与锦溪。

（2）监测时间

主要河流入湖负荷总体调查的监测时间范围为 2010 年 8 月～2011 年 12 月。

（3）水质监测

采样时间分为旱季与雨季，旱季（12～4 月）每月在河流的入湖口附近进行例行采样 4～6 次，雨季（5～10 月）每月在河流的入湖口附近进行例行采样 8～12 次，并检测水样的总氮（TN）、总磷（TP）、高锰酸盐指数、可溶性正磷酸盐（SOP）及氨氮（NH$_3$–N）、暴雨径流期间使用远程遥控自动采样器每 2 小时采样一次至径流结束。样品采集后加固定剂，冷藏 24 小时内进行检测。调查过程中所涉及的水质数据的检测过程均参照《水和废水监测分析方法》（第三版）和《监测质量保证手册》（第二版）的要求执行。

（4）流量监测及入湖负荷核算

在上述河流入湖口附近建设固定的实时流量数据遥测站，遥测站的架设位点如图 2-11 所示，流量数据每天获取 4 次。配合每次检测的水质数据以及流量数据来计算每月各指标的入湖负荷。入湖负荷的计算方法如下：

$$W = \sum_{i=1}^{n} C_i Q_i$$

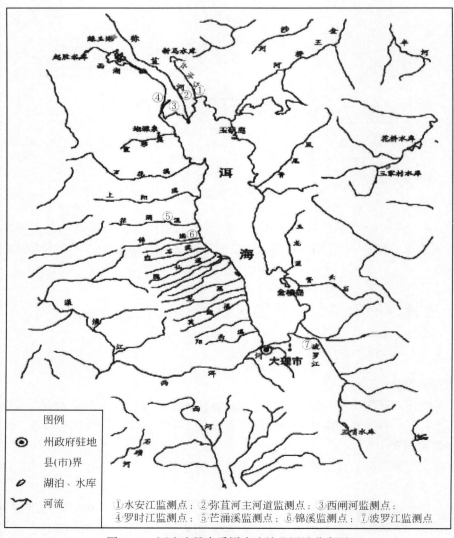

图例

◎ 州政府驻地

── 县(市)界

▱ 湖泊、水库

⅄ 河流

①水安江监测点；②弥苴河主河道监测点；③西闸河监测点；④罗时江监测点；⑤芒涌溪监测点；⑥锦溪监测点；⑦波罗江监测点

图 2-11　河流流量水质同步连续监测站分布图

式中，W 为污染物入湖负荷（t）；C_i 为第 i 次检测的水质指标的平均值（t）；Q_i 为第 i 次检测时间段的河流的入湖水量（t）。

2.1.2.2 调查结果及总体分析

前述 7 条河流的周年监测结果见表 2-3 ～表 2-9。

表 2-3 7 条河流总氮入湖量逐月汇总 （单位：t）

月份	弥苴河主河道	西闸河	永安江	罗时江	波罗江	茫涌溪	锦溪
1	21.39	2.18	4.52	6.60	2.96	1.81	0.21
2	5.94	0.00	3.63	2.61	2.35	1.58	0.00
3	18.86	2.17	3.48	1.46	0.66	1.88	0.02
4	7.48	0.50	1.21	0.56	0.01	1.84	0.75
5	14.89	1.99	5.38	5.63	0.89	1.54	0.67
6	37.82	6.23	7.32	5.98	0.37	0.87	0.81
7	25.49	6.29	3.59	7.06	0.00	1.19	1.42
8	37.65	7.57	5.76	1.78	0.38	0.91	1.55
9	4.85	0.85	0.95	1.93	1.51	0.81	0.70
10	5.28	0.50	5.73	1.94	1.11	0.52	0.54
11	9.13	1.25	2.02	1.60	0.63	1.68	1.15
12	10.80	1.30	2.78	1.18	0.72	2.60	0.96
全年	199.58	30.83	46.37	38.33	11.59	17.23	8.78

表 2-4 7 条河流总磷入湖量逐月汇总 （单位：t）

月份	弥苴河主河道	西闸河	永安江	罗时江	波罗江	茫涌溪	锦溪
1	1.25	0.14	0.04	0.13	0.21	0.07	0.01
2	0.28	0.00	0.03	0.10	0.19	0.10	0.00
3	1.12	0.12	0.03	0.04	0.13	0.09	0.00
4	0.29	0.03	0.03	0.02	0.00	0.11	0.05
5	1.46	0.14	0.11	0.36	0.10	0.36	0.07
6	2.00	0.33	0.34	0.42	0.08	0.27	0.15
7	2.45	0.53	0.21	0.37	0.00	0.25	0.13
8	3.00	0.89	0.23	0.16	0.03	0.06	0.16
9	0.86	0.15	0.09	0.06	0.31	0.08	0.09
10	0.32	0.04	0.08	0.08	0.17	0.03	0.05
11	0.60	0.16	0.02	0.04	0.07	0.05	0.05
12	0.29	0.01	0.02	0.04	0.05	0.07	0.04
全年	13.92	2.54	1.23	1.82	1.34	1.54	0.80

表 2-5　7 条河流高锰酸盐指数入湖量逐月汇总　　　　　（单位：t）

月份	弥苴河主河道	西闸河	永安江	罗时江	波罗江	茫涌溪	锦溪
1	44.01	4.71	3.53	8.91	5.80	2.53	0.34
2	12.89	0.00	2.26	4.26	5.25	2.02	0.00
3	37.33	5.66	2.33	1.99	3.55	3.83	0.03
4	12.08	1.46	1.23	0.93	0.03	1.56	1.31
5	69.27	9.67	9.18	18.51	1.57	5.04	3.08
6	111.14	21.84	26.92	24.62	1.19	5.63	2.33
7	100.17	32.12	17.35	32.34	0.00	7.66	2.48
8	110.35	24.44	19.09	15.37	1.57	2.34	2.96
9	34.31	5.48	8.26	8.16	7.97	3.78	5.35
10	15.32	1.99	8.69	6.68	8.28	3.06	2.98
11	23.03	2.29	2.65	3.53	5.24	3.55	4.85
12	25.36	7.78	2.77	1.80	3.81	3.00	1.56
全年	595.26	117.44	104.26	127.10	44.26	44.00	27.27

表 2-6　7 条河流氨氮入湖量逐月汇总　　　　　　　　　（单位：t）

月份	弥苴河主河道	西闸河	永安江	罗时江	波罗江	茫涌溪	锦溪
1	2.87	0.28	0.21	0.62	0.72	0.13	0.01
2	1.25	0.00	0.38	0.18	1.01	0.17	0.00
3	9.67	0.86	0.16	0.16	0.22	0.05	0.00
4	0.83	0.00	0.08	0.11	0.00	0.22	0.07
5	3.76	0.30	0.87	0.61	0.75	0.28	0.07
6	8.16	2.55	3.27	1.14	0.17	0.18	0.17
7	6.39	1.37	0.65	1.95	0.00	0.15	0.21
8	4.62	0.69	0.45	1.00	0.06	0.03	0.20
9	0.91	0.22	0.20	0.59	0.38	0.19	0.09
10	4.58	0.17	1.47	0.85	0.88	0.70	0.12
11	3.02	0.59	0.22	0.98	0.48	0.40	0.26
12	4.67	1.06	0.43	0.54	0.27	0.29	0.16
全年	50.73	8.09	8.39	8.73	4.94	2.79	1.36

表 2-7　7 条河流可溶性正磷酸盐入湖量逐月汇总　　　　（单位：t）

月份	弥苴河主河道	西闸河	永安江	罗时江	波罗江	茫涌溪	锦溪
1	0.67	0.08	0.02	0.07	0.08	0.04	0.00
2	0.21	0.00	0.03	0.03	0.06	0.06	0.00
3	0.27	0.03	0.01	0.07	0.02	0.05	0.00
4	0.19	0.02	0.01	0.03	0.00	0.10	0.02
5	0.46	0.04	0.04	0.29	0.02	0.05	0.02

续表

月份	弥苴河主河道	西闸河	永安江	罗时江	波罗江	茫涌溪	锦溪
6	1.58	0.23	0.24	0.13	0.01	0.04	0.13
7	1.22	0.22	0.13	0.26	0.00	0.05	0.10
8	1.21	0.27	0.11	0.07	0.02	0.04	0.12
9	0.36	0.08	0.03	0.04	0.07	0.04	0.03
10	0.11	0.01	0.02	0.07	0.00	0.02	0.00
11	0.13	0.00	0.01	0.05	0.00	0.03	0.04
12	0.18	0.03	0.01	0.04	0.01	0.05	0.03
全年	6.59	1.01	0.66	1.15	0.31	0.57	0.49

表2-8　7条河流入湖水量逐月汇总　　　　　　　　（单位：千万 m³）

月份	弥苴河主河道	西闸河	永安江	罗时江	波罗江	茫涌溪	锦溪
1	1.642	0.177	0.122	0.322	0.158	0.145	0.011
2	0.586	0.000	0.100	0.209	0.158	0.109	0.000
3	0.861	0.163	0.070	0.145	0.047	0.126	0.001
4	0.414	0.067	0.047	0.077	0.001	0.121	0.069
5	2.033	0.300	0.177	0.844	0.024	0.147	0.094
6	2.473	0.532	0.344	0.386	0.024	0.150	0.028
7	2.509	0.591	0.314	0.567	0.000	0.205	0.077
8	2.609	0.554	0.391	0.306	0.034	0.225	0.087
9	0.924	0.151	0.154	0.182	0.147	0.274	0.135
10	0.612	0.055	0.216	0.194	0.156	0.237	0.114
11	0.765	0.149	0.093	0.215	0.067	0.143	0.078
12	0.683	0.126	0.089	0.126	0.058	0.125	0.059
全年	16.112	2.864	2.118	3.572	0.875	2.007	0.753

注：由于本次监测期间（包括2011年雨季），正值波罗江河道施工，河水被分流，导致波罗江流量监测值严重偏低，根据该子课题2核算的年径流量应为7.54千万 m³。

表2-9　2011年流域主要河流年入湖负荷汇总

河流	总氮(t)	总磷(t)	高锰酸盐指数(t)	氨氮(t)	可溶性正磷酸盐(t)	水量(千万 m³)
弥苴河	230.41	16.45	712.69	58.81	7.59	18.97
永安江	46.36	1.24	104.26	8.38	0.65	2.12
罗时江	38.33	1.82	127.08	8.73	1.14	3.57
波罗江	149.4	16.1	571.02	63.86	3.58	7.54
苍山十八溪	275.37	24.87	754.15	44.03	11.22	16.96
流域河流汇总	739.87	60.48	2269.20	183.81	24.18	49.16

注：1. 弥苴河入湖负荷为弥苴河主河道入湖负荷与西闸河入湖负荷之和。

2. 苍山十八溪入湖负荷是以茫涌溪和锦溪的实测结果为依据，根据流域面积与土地利用情况核算。

3. 波罗江的入湖负荷为根据降雨量数据修正后的结果。

由表 2-10 可见，总体而言，北部区域仍然是污染物入湖的最主要途径，其次是西部的苍山十八溪，但其比重不可忽视，特别是西部的总磷入湖负荷量甚至超过了北部区域。此外，还需要注意的是，西闸河作为弥苴河的重要入湖通道，其总磷和有机物的入湖量分别超过和接近了永安江和罗时江，说明其入湖负荷量较大，考虑到其入湖口在沙坪湾口，明显不同于弥苴河主河道的入湖口，将对北部湖区的污染物空间分布造成明显影响。

表 2-10　2011 年河流入湖负荷的空间分布比重表　　　　（单位:%）

方位及河流	总氮	总磷	高锰酸盐指数	氨氮	可溶性正磷酸盐	水量
北：北三江	42.59	32.26	41.60	41.30	38.80	50.16
西：十八溪	37.22	41.12	33.23	23.95	46.40	34.50
南：波罗江	20.19	26.62	25.16	34.74	14.80	15.34
河流汇总	100.00	100.00	100.00	100.00	100.00	100.00

注：概略计算加和可能不为 100%，下同。

表 2-11　2011 年不同季节河流入湖负荷的分布比重表　　　　（单位:%）

项目	总氮	总磷	高锰酸盐指数	氨氮	可溶性正磷酸盐	水量
旱季	38.12	26.54	24.64	39.55	25.92	30.83
雨季	61.88	73.46	75.36	60.45	74.08	69.17
全年	100.00	100.00	100.00	100.00	100.00	100.00

由表 2-11 可见，绝大多数的污染物都是在雨季入湖，其中有机物、总磷的雨季入湖比例最高，而总氮的雨季入湖比例则明显低于前两者。

表 2-12　2011 年不同月份河流入湖负荷的分布比重表　　　　（单位:%）

月份	总氮	总磷	高锰酸盐指数	氨氮	可溶性正磷酸盐	水量
1	11.25	7.97	6.59	5.71	8.89	9.11
2	4.57	3.06	2.52	3.52	3.48	4.11
3	8.09	6.62	5.17	13.06	4.14	4.99
4	3.50	2.30	1.76	1.54	3.42	2.81
5	8.79	11.15	10.98	7.81	8.57	12.79
6	16.84	15.48	18.28	18.38	21.87	13.91
7	12.77	16.92	18.13	12.62	18.36	15.06
8	15.76	19.51	16.62	8.28	17.06	14.86
9	3.29	7.07	6.92	3.03	6.10	6.95
10	4.43	3.33	4.43	10.31	2.11	5.60
11	4.95	4.29	4.26	7.00	2.72	5.34
12	5.76	2.30	4.35	8.74	3.27	4.47
全年	100.00	100.00	100.00	100.00	100.00	100.00

由表2-12可见，6~8月的入湖水量占全年的43.83%，相应的，这三个月的入湖负荷量也占了全年的50%左右，说明河流入湖负荷的发生时间非常集中。

2.1.3 主要河流暴雨径流入湖负荷结果及分析

弥苴河主河道2010年9月1日~2011年8月24日的暴雨径流入湖负荷结果见表2-13~表2-23。

表2-13 弥苴河主河道2010年9月1日暴雨径流监测结果

时间	总氮（mg/L）	氨氮（mg/L）	总磷（mg/L）	可溶性正磷酸盐（mg/L）	高锰酸盐指数（mg/L）	瞬时流量（m³/s）
8：00	0.66	0.22	0.173	0.018	2.61	14.80
9：00	0.38	0.27	0.182	0.018	2.69	16.50
10：00	0.17	0.29	0.205	0.018	3.06	18.50
11：00	0.14	0.28	0.207	0.018	3.20	19.30
9月2日	0.92	0.32	0.289	0.018	5.87	15.90

表2-14 弥苴河主河道2010年9月11日暴雨径流监测结果

时间	总氮（mg/L）	氨氮（mg/L）	总磷（mg/L）	可溶性正磷酸盐（mg/L）	高锰酸盐指数（mg/L）	瞬时流量（m³/s）
8：00	0.13	0.10	0.132	0.034	3.43	13.70
9：00	0.17	0.06	0.124	0.034	3.16	14.80
10：00	0.11	0.09	0.164	0.042	3.46	17.10
11：00	0.21	0.06	0.081	0.030	3.74	18.30
9月12日	0.95	0.06	0.120	0.026	4.35	16.20

表2-15 弥苴河主河道2010年9月15日暴雨径流监测结果

时间	总氮（mg/L）	氨氮（mg/L）	总磷（mg/L）	可溶性正磷酸盐（mg/L）	高锰酸盐指数（mg/L）	瞬时流量（m³/s）
8：00	0.26	0.17	0.221	0.053	3.67	16.50
9：00	1.90	0.27	0.494	0.045	4.69	17.80
10：00	2.74	0.27	0.676	0.053	5.24	18.50
11：00	1.75	0.15	0.494	0.053	3.78	16.30
9月15日	1.67	0.33	0.545	0.065	5.24	14.00

表 2-16　弥苴河主河道 2010 年 12 月 12 日暴雨径流监测结果

时间	总氮（mg/L）	氨氮（mg/L）	总磷（mg/L）	可溶性正磷酸盐（mg/L）	高锰酸盐指数（mg/L）	瞬时流量（m³/s）
12：00	1.08	0.05	0.118	0.025	2.13	13.10
13：00	0.92	0.01	0.221	0.020	2.59	14.00
14：00	0.95	0.00	0.103	0.029	2.02	15.50
15：00	1.06	0.17	0.089	0.023	1.88	15.00
12 月 13 日	0.85	0.30	0.180	0.054	3.56	12.70

表 2-17　弥苴河主河道 2011 年 5 月 31 日暴雨径流监测结果

时间	总氮（mg/L）	氨氮（mg/L）	总磷（mg/L）	可溶性正磷酸盐（mg/L）	高锰酸盐指数（mg/L）	瞬时流量（m³/s）
19：00	1.98	0.89	0.074	0.034	5.35	16.70
21：00	1.24	0.61	0.110	0.058	5.97	17.20
23：00	1.46	0.58	0.142	0.083	6.44	18.20
1：00	1.67	0.64	0.116	0.043	6.75	18.50
3：00	1.42	0.69	0.125	0.069	6.54	20.50
5：00	1.87	0.94	0.086	0.054	6.67	21.50
7：00	2.83	0.79	0.218	0.111	6.07	22.10
9：00	1.97	0.43	0.105	0.045	6.54	23.50
11：00	1.38	0.94	0.142	0.056	6.39	22.10
13：00	1.42	1.08	0.108	0.056	7.68	21.50
15：00	1.37	0.90	0.069	0.037	5.03	19.90
17：00	1.13	0.56	0.055	0.034	5.34	18.20

表 2-18　弥苴河主河道 2011 年 6 月 23 日暴雨径流监测结果

时间	总氮（mg/L）	氨氮（mg/L）	总磷（mg/L）	可溶性正磷酸盐（mg/L）	高锰酸盐指数（mg/L）	瞬时流量（m³/s）
12：00	0.79	0.28	0.084	0.054	3.66	7.04
16：00	0.83	0.32	0.090	0.054	3.93	7.43
18：00	0.80	0.16	0.094	0.051	3.88	7.57
20：00	0.86	0.15	0.111	0.054	4.05	7.57
22：00	0.77	0.18	0.096	0.056	4.08	7.57
0：00	0.73	0.22	0.088	0.043	6.00	7.70
2：00	0.85	0.21	0.129	0.068	3.94	7.84
6：00	0.86	0.19	0.102	0.054	3.95	8.25
7：00	0.85	0.17	0.102	0.053	3.92	8.11

续表

时间	总氮（mg/L）	氨氮（mg/L）	总磷（mg/L）	可溶性正磷酸盐（mg/L）	高锰酸盐指数（mg/L）	瞬时流量（m³/s）
8：00	0.84	0.18	0.102	0.056	3.49	7.97
10：00	0.87	0.26	0.084	0.051	3.60	7.84
12：00	0.73	0.25	0.137	0.058	3.49	7.70

表2-19　弥苴河主河道2011年7月14日暴雨径流监测结果

时间	总氮（mg/L）	氨氮（mg/L）	总磷（mg/L）	可溶性正磷酸盐（mg/L）	高锰酸盐指数（mg/L）	瞬时流量（m³/s）
12：00	0.83	0.34	0.117	0.041	5.06	11.20
14：00	1.90	0.11	0.144	0.070	6.32	21.70
16：00	1.84	0.18	0.088	0.044	5.74	25.00
18：00	1.23	0.10	0.240	0.074	7.18	26.60
20：00	2.01	0.11	0.283	0.052	7.26	22.70
22：00	1.90	0.26	0.129	0.074	5.83	24.50
0：00	3.61	0.21	0.337	0.031	8.24	25.40
2：00	3.37	0.78	0.273	0.178	7.05	25.00
4：00	4.28	0.26	0.367	0.019	8.74	23.90
6：00	4.01	0.70	0.212	0.121	7.70	23.30
8：00	3.81	0.34	0.304	0.044	8.78	22.10
10：00	3.59	0.61	0.206	0.133	7.09	21.90

表2-20　弥苴河主河道2011年7月23日暴雨径流监测结果

时间	总氮（mg/L）	氨氮（mg/L）	总磷（mg/L）	可溶性正磷酸盐（mg/L）	高锰酸盐指数（mg/L）	瞬时流量（m³/s）
0：00	0.83	0.10	0.271	0.011	6.30	13.10
2：00	0.85	0.15	0.163	0.041	4.49	13.00
4：00	1.01	0.25	0.131	0.014	4.58	13.00
6：00	0.85	0.16	0.046	0.009	4.17	13.10
8：00	0.88	0.16	0.098	0.011	4.75	13.00
10：00	0.66	0.12	0.044	0.009	4.90	13.00
14：00	0.70	0.14	0.065	0.007	4.88	12.50
16：00	0.72	0.11	0.042	0.013	3.78	12.20
18：00	0.60	0.22	0.029	0.005	5.45	12.20
20：00	0.73	0.13	0.042	0.013	3.69	11.70
22：00	0.95	0.17	0.110	0.022	4.68	11.60

表 2-21　弥苴河主河道 2011 年 8 月 15 日暴雨径流监测结果

时间	总氮（mg/L）	氨氮（mg/L）	总磷（mg/L）	可溶性正磷酸盐（mg/L）	高锰酸盐指数（mg/L）	瞬时流量（m³/s）
14：00	1.01	0.14	0.186	0.022	8.40	10.60
16：00	0.75	0.17	0.066	0.032	5.22	11.10
18：00	0.76	0.16	0.216	0.046	7.40	11.90
20：00	0.58	0.16	0.064	0.030	4.90	14.00
22：00	0.82	0.18	0.187	0.078	6.70	16.30
0：00	0.74	0.21	0.076	0.046	5.50	18.70
2：00	0.94	0.18	0.238	0.062	7.43	21.90
4：00	0.68	0.18	0.072	0.032	5.55	25.20
6：00	0.76	0.15	0.147	0.048	6.25	27.10
8：00	0.88	0.22	0.167	0.050	6.70	27.50
10：00	0.79	0.15	0.091	0.038	5.95	23.70
12：00	0.73	0.15	0.102	0.042	6.28	21.90

表 2-22　弥苴河主河道 2011 年 8 月 20 日暴雨径流监测结果

时间	总氮（mg/L）	氨氮（mg/L）	总磷（mg/L）	可溶性正磷酸盐（mg/L）	高锰酸盐指数（mg/L）	瞬时流量（m³/s）
14：00	0.88	0.02	0.154	0.018	6.22	12.70
16：00	1.11	0.01	0.234	0.051	6.96	13.00
18：00	0.92	0.05	0.091	0.038	6.15	13.10
20：00	0.84	0.02	0.277	0.030	6.01	13.30
22：00	0.94	0.03	0.116	0.045	4.96	13.30
0：00	0.89	0.02	0.183	0.043	7.50	13.50
2：00	0.82	0.02	0.122	0.024	4.44	13.30
4：00	0.88	0.04	0.211	0.053	5.41	13.30
6：00	0.94	0.02	0.071	0.026	5.68	13.30
8：00	0.76	0.03	0.207	0.047	5.64	13.30
10：00	0.79	0.04	0.181	0.030	5.70	13.30

表 2-23　弥苴河主河道 2011 年 8 月 23 日暴雨径流监测结果

时间	总氮（mg/L）	氨氮（mg/L）	总磷（mg/L）	可溶性正磷酸盐（mg/L）	高锰酸盐指数（mg/L）	瞬时流量（m³/s）
10：00	0.70	0.06	0.114	0.045	5.54	6.02
14：00	0.65	0.08	0.067	0.036	4.19	6.02
16：00	0.60	0.08	0.085	0.045	3.99	6.02

时间	总氮（mg/L）	氨氮（mg/L）	总磷（mg/L）	可溶性正磷酸盐 （mg/L）	高锰酸盐指数 （mg/L）	瞬时流量 （m³/s）
18：00	0.60	0.08	0.087	0.049	4.05	6.02
20：00	0.60	0.08	0.108	0.067	4.23	5.78
22：00	0.63	0.14	0.083	0.059	3.80	5.78
0：00	0.76	0.10	0.153	0.068	5.46	5.78
2：00	0.64	0.10	0.071	0.045	3.89	5.78
4：00	0.77	0.08	0.138	0.076	6.13	5.78
6：00	0.62	0.08	0.073	0.051	3.77	5.78
8：00	0.75	0.16	0.159	0.065	4.67	5.78

西闸河 2010 年 9 月 1 日～2011 年 8 月 24 日的暴雨径流入湖负荷结果见表 2-24～表 2-34。

表 2-24　西闸河 2010 年 9 月 1 日暴雨径流监测结果

时间	总氮（mg/L）	氨氮（mg/L）	总磷（mg/L）	可溶性正磷酸盐 （mg/L）	高锰酸盐指数 （mg/L）	瞬时流量 （m³/s）
8：00	0.39	0.39	0.396	0.014	3.19	2.41
9：00	0.42	0.33	0.373	0.014	2.59	2.53
10：00	0.45	0.23	0.409	0.014	2.55	2.70
11：00	0.47	0.22	0.580	0.014	3.14	2.11
9 月 2 日	0.56	0.15	0.227	0.022	4.34	1.88

表 2-25　西闸河 2010 年 9 月 11 日暴雨径流监测结果

时间	总氮（mg/L）	氨氮（mg/L）	总磷（mg/L）	可溶性正磷酸盐 （mg/L）	高锰酸盐指数 （mg/L）	瞬时流量 （m³/s）
8：00	0.22	0.06	0.144	0.030	3.28	2.98
9：00	0.21	0.19	0.152	0.038	3.08	3.16
10：00	0.22	0.14	0.053	0.034	3.10	3.34
11：00	0.18	0.15	0.116	0.034	2.97	3.47
9 月 12 日	0.57	0.06	0.192	0.042	3.45	2.64

表 2-26　西闸河 2010 年 9 月 15 日暴雨径流监测结果

时间	总氮（mg/L）	氨氮（mg/L）	总磷（mg/L）	可溶性正磷酸盐 （mg/L）	高锰酸盐指数 （mg/L）	瞬时流量 （m³/s）
8：00	0.49	0.31	0.145	0.049	3.35	3.04
9：00	0.42	0.38	0.165	0.049	3.11	3.22

时间	总氮（mg/L）	氨氮（mg/L）	总磷（mg/L）	可溶性正磷酸盐（mg/L）	高锰酸盐指数（mg/L）	瞬时流量（m³/s）
10：00	0.41	0.27	0.173	0.065	3.31	3.34
11：00	0.43	0.38	0.252	0.076	4.30	3.47
9月15日	5.86	0.33	1.278	0.065	3.67	2.75

表2-27　西闸河2010年12月12日暴雨径流监测结果

时间	总氮（mg/L）	氨氮（mg/L）	总磷（mg/L）	可溶性正磷酸盐（mg/L）	高锰酸盐指数（mg/L）	瞬时流量（m³/s）
12：00	0.96	0.30	0.131	0.038	1.95	1.88
13：00	0.90	0.26	0.729	0.029	1.96	1.99
14：00	0.98	0.22	0.098	0.030	2.38	2.18
15：00	1.03	0.33	0.144	0.041	2.27	2.29
12月13日	0.74	0.10	0.111	0.029	2.14	1.43

表2-28　西闸河2011年5月31日暴雨径流监测结果

时间	总氮（mg/L）	氨氮（mg/L）	总磷（mg/L）	可溶性正磷酸盐（mg/L）	高锰酸盐指数（mg/L）	瞬时流量（m³/s）
19：00	1.09	0.32	0.120	0.007	7.37	3.14
21：00	0.62	0.38	0.135	0.009	7.22	4.84
23：00	1.20	0.39	0.167	0.010	7.87	4.84
1：00	1.07	0.47	0.175	0.010	7.22	5.27
3：00	1.23	0.44	0.198	0.012	7.98	5.27
5：00	1.26	0.56	0.200	0.012	8.02	5.27
7：00	1.15	0.52	0.202	0.011	7.75	4.74
9：00	1.04	0.54	0.235	0.013	7.95	4.36
11：00	1.22	0.60	0.243	0.015	7.64	4.60
13：00	1.18	0.51	0.208	0.011	8.06	4.60
15：00	1.21	0.44	0.261	0.009	7.98	4.60
17：00	1.19	0.54	0.214	0.013	7.33	5.03

表2-29　西闸河2011年6月23日暴雨径流监测结果

时间	总氮（mg/L）	氨氮（mg/L）	总磷（mg/L）	可溶性正磷酸盐（mg/L）	高锰酸盐指数（mg/L）	瞬时流量（m³/s）
10：00	0.77	0.14	0.099	0.057	3.70	2.41
12：00	0.87	0.16	0.082	0.007	3.89	2.51
14：00	0.89	0.18	0.078	0.059	3.58	2.66

续表

时间	总氮（mg/L）	氨氮（mg/L）	总磷（mg/L）	可溶性正磷酸盐（mg/L）	高锰酸盐指数（mg/L）	瞬时流量（m³/s）
16：00	0.84	0.14	0.074	0.049	3.23	2.76
18：00	1.18	0.46	0.074	0.047	6.56	2.86
20：00	0.82	0.14	0.070	0.043	3.47	3.01
22：00	0.95	0.22	0.070	0.042	3.35	3.11
0：00	1.12	0.44	0.114	0.090	4.21	3.21
2：00	0.75	0.19	0.066	0.040	3.69	3.22
4：00	0.82	0.16	0.070	0.042	3.97	3.33
6：00	0.69	0.22	0.059	0.036	3.85	3.36
8：00	0.55	0.06	0.061	0.038	2.89	3.36

表 2-30　西闸河 2011 年 7 月 14 日暴雨径流监测结果

时间	总氮（mg/L）	氨氮（mg/L）	总磷（mg/L）	可溶性正磷酸盐（mg/L）	高锰酸盐指数（mg/L）	瞬时流量（m³/s）
10：00	1.11	0.22	0.325	0.080	7.17	3.94
14：00	0.85	0.20	0.161	0.053	6.12	4.93
16：00	1.68	0.19	0.694	0.034	8.03	4.46
18：00	2.36	0.20	0.814	0.027	7.72	4.88
20：00	2.12	0.27	0.792	0.048	8.29	5.87
22：00	2.03	0.44	0.601	0.061	8.25	5.27
0：00	3.22	0.38	0.807	0.025	9.32	5.32
2：00	2.92	0.42	0.721	0.027	9.80	5.42
4：00	4.28	0.45	1.184	0.015	10.56	5.32
6：00	3.33	0.37	0.992	0.028	8.65	5.23
8：00	2.40	0.57	0.367	0.105	8.25	5.08
12：00	2.47	0.42	0.376	0.061	7.87	4.60
19：00	1.86	0.51	0.249	0.048	7.27	4.22
22：00	1.66	0.52	0.272	0.082	6.99	3.99
2：00	1.68	0.51	0.352	0.103	7.66	3.53
6：00	1.58	0.46	0.260	0.082	7.05	3.36

表 2-31　西闸河 2011 年 7 月 23 日暴雨径流监测结果

时间	总氮（mg/L）	氨氮（mg/L）	总磷（mg/L）	可溶性正磷酸盐（mg/L）	高锰酸盐指数（mg/L）	瞬时流量（m³/s）
0：00	0.92	0.50	0.054	0.021	4.00	4.41
2：00	0.93	0.58	0.188	0.080	5.94	4.46

时间	总氮（mg/L）	氨氮（mg/L）	总磷（mg/L）	可溶性正磷酸盐（mg/L）	高锰酸盐指数（mg/L）	瞬时流量（m³/s）
4：00	0.75	0.51	0.243	0.133	6.21	4.46
6：00	0.95	0.89	0.231	0.078	6.91	4.46
8：00	0.85	0.11	0.054	0.010	4.19	4.41
10：00	0.68	0.22	0.163	0.061	6.18	4.42
14：00	0.82	0.10	0.073	0.027	3.83	4.27
16：00	0.79	0.42	0.167	0.086	5.75	4.27
18：00	0.79	0.43	0.180	0.097	4.89	4.29
20：00	0.93	0.39	0.145	0.088	5.34	4.31
22：00	0.78	0.12	0.077	0.023	4.23	4.21

表 2-32　西闸河 2011 年 8 月 15 日暴雨径流监测结果

时间	总氮（mg/L）	氨氮（mg/L）	总磷（mg/L）	可溶性正磷酸盐（mg/L）	高锰酸盐指数（mg/L）	瞬时流量（m³/s）
8：00	0.62	0.11	0.174	0.043	4.52	4.03
11：00	0.60	0.10	0.148	0.063	4.53	3.94
14：00	0.65	0.08	0.155	0.036	4.84	3.81
17：00	0.69	0.10	0.176	0.067	4.94	3.73
20：00	0.76	0.10	0.186	0.045	5.30	3.62
22：00	1.11	0.11	0.466	0.016	6.74	4.60
0：00	0.83	0.12	0.262	0.042	5.82	5.08
2：00	1.14	0.11	0.479	0.030	6.47	5.47
4：00	1.38	0.14	0.574	0.028	6.53	5.57
6：00	1.09	0.15	0.386	0.071	6.55	5.77

表 2-33　西闸河 2011 年 8 月 20 日暴雨径流监测结果

时间	总氮（mg/L）	氨氮（mg/L）	总磷（mg/L）	可溶性正磷酸盐（mg/L）	高锰酸盐指数（mg/L）	瞬时流量（m³/s）
11：00	0.51	0.08	0.106	0.037	4.29	4.36
14：00	0.50	0.09	0.096	0.031	4.41	4.55
17：00	0.59	0.07	0.187	0.072	4.66	4.58
20：00	0.70	0.09	0.415	0.113	6.06	4.69
22：00	0.48	0.07	0.265	0.080	6.97	4.69
0：00	0.53	0.07	0.083	0.037	4.45	4.69
2：00	0.62	0.08	0.185	0.062	5.90	4.70

时间	总氮（mg/L）	氨氮（mg/L）	总磷（mg/L）	可溶性正磷酸盐（mg/L）	高锰酸盐指数（mg/L）	瞬时流量（m³/s）
4：00	0.55	0.07	0.102	0.041	4.37	4.70
6：00	0.60	0.12	0.262	0.070	5.53	4.70
8：00	0.56	0.09	0.325	0.054	7.09	4.70

表2-34　西闸河2011年8月23日暴雨径流监测结果

时间	总氮（mg/L）	氨氮（mg/L）	总磷（mg/L）	可溶性正磷酸盐（mg/L）	高锰酸盐指数（mg/L）	瞬时流量（m³/s）
10：00	0.55	0.01	0.140	0.078	3.46	3.01
12：00	0.55	0.02	0.107	0.054	3.42	2.58
14：00	0.57	0.09	0.112	0.052	3.59	2.45
16：00	0.56	0.22	0.099	0.056	3.52	2.65
19：00	0.52	0.11	0.091	0.056	3.44	2.88
21：00	0.56	0.01	0.099	0.058	3.36	3.05
0：00	0.54	0.08	0.071	0.050	3.83	3.36
4：00	0.53	0.00	0.055	0.052	3.25	3.62
8：00	0.57	0.01	0.075	0.050	3.67	3.71

永安江2010年9月1日~2011年8月24日的暴雨径流入湖负荷结果见表2-35~表2-43。

表2-35　永安江2010年9月1日暴雨径流监测结果

时间	总氮（mg/L）	氨氮（mg/L）	总磷（mg/L）	可溶性正磷酸盐（mg/L）	高锰酸盐指数（mg/L）	瞬时流量（m³/s）
8：00	0.39	0.34	0.125	0.010	4.21	1.02
9：00	0.45	0.39	0.132	0.010	4.14	1.10
10：00	0.46	0.45	0.139	0.014	4.18	1.39
11：00	0.51	0.41	0.132	0.014	4.17	1.08
9月2日	0.58	0.58	0.086	0.010	4.56	1.04

表2-36　永安江2010年9月11日暴雨径流监测结果

时间	总氮（mg/L）	氨氮（mg/L）	总磷（mg/L）	可溶性正磷酸盐（mg/L）	高锰酸盐指数（mg/L）	瞬时流量（m³/s）
8：00	0.49	0.34	0.053	0.026	4.66	0.92
9：00	0.51	0.39	0.061	0.030	4.74	1.23

时间	总氮（mg/L）	氨氮（mg/L）	总磷（mg/L）	可溶性正磷酸盐 （mg/L）	高锰酸盐指数 （mg/L）	瞬时流量 （m³/s）
10：00	0.77	0.45	0.069	0.026	4.54	1.42
11：00	0.31	0.41	0.069	0.030	4.54	1.65
9月12日	0.64	0.58	0.053	0.026	4.48	1.02

表 2-37　永安江 2010 年 9 月 15 日暴雨径流监测结果

时间	总氮（mg/L）	氨氮（mg/L）	总磷（mg/L）	可溶性正磷酸盐 （mg/L）	高锰酸盐指数 （mg/L）	瞬时流量 （m³/s）
8：00	0.74	0.29	0.078	0.057	3.43	0.94
9：00	0.94	0.33	0.078	0.041	3.82	1.04
10：00	1.05	0.24	0.074	0.045	4.77	1.26
11：00	0.72	0.22	0.094	0.045	4.47	1.06
9月15日	0.63	0.15	0.094	0.049	3.82	0.88

表 2-38　永安江 2010 年 12 月 12 日暴雨径流监测结果

时间	总氮（mg/L）	氨氮（mg/L）	总磷（mg/L）	可溶性正磷酸盐 （mg/L）	高锰酸盐指数 （mg/L）	瞬时流量 （m³/s）
12：00	3.26	0.07	0.048	0.011	1.80	0.67
13：00	3.01	0.04	0.042	0.011	1.84	0.72
14：00	2.89	0.04	0.049	0.013	2.31	0.82
15：00	2.76	0.05	0.052	0.011	2.05	0.67
12月13日	2.77	0.13	0.059	0.027	2.06	0.63

表 2-39　永安江 2011 年 5 月 31 日暴雨径流监测结果

时间	总氮（mg/L）	氨氮（mg/L）	总磷（mg/L）	可溶性正磷酸盐 （mg/L）	高锰酸盐指数 （mg/L）	瞬时流量 （m³/s）
19：00	1.36	0.89	0.103	0.039	6.43	0.10
21：00	2.71	0.61	0.069	0.047	5.97	0.11
23：00	1.90	0.58	0.074	0.049	6.44	0.12
1：00	1.95	0.64	0.074	0.049	6.75	0.12
3：00	2.01	0.69	0.095	0.051	6.54	0.13
5：00	1.46	0.94	0.138	0.060	6.17	0.15
7：00	1.89	0.79	0.082	0.045	8.41	0.16
9：00	1.45	0.43	0.129	0.041	6.54	0.14

时间	总氮（mg/L）	氨氮（mg/L）	总磷（mg/L）	可溶性正磷酸盐（mg/L）	高锰酸盐指数（mg/L）	瞬时流量（m³/s）
11：00	2.01	0.94	0.097	0.058	6.39	0.12
13：00	2.00	1.08	0.091	0.041	7.68	0.10
15：00	1.51	0.90	0.131	0.058	5.03	0.10
17：00	1.45	0.56	0.112	0.054	5.34	0.07

表 2-40 永安江 2011 年 6 月 23 日暴雨径流监测结果

时间	总氮（mg/L）	氨氮（mg/L）	总磷（mg/L）	可溶性正磷酸盐（mg/L）	高锰酸盐指数（mg/L）	瞬时流量（m³/s）
12：00	1.41	0.55	0.104	0.069	6.14	1.83
14：00	1.53	0.42	0.111	0.067	4.45	1.83
18：00	1.47	0.59	0.119	0.046	6.52	2.22
20：00	1.58	0.55	0.121	0.072	6.91	2.33
22：00	1.57	0.53	0.123	0.069	7.07	2.66
0：00	1.68	0.52	0.207	0.147	7.50	2.83
4：00	1.57	0.94	0.121	0.078	5.77	2.89
6：00	1.76	0.67	0.136	0.090	6.04	2.89
7：00	1.74	0.49	0.139	0.088	6.60	2.83
8：00	1.75	0.33	0.141	0.078	5.12	2.83
10：00	2.45	0.37	0.179	0.105	7.31	2.72

表 2-41 永安江 2011 年 7 月 14 日暴雨径流监测结果

时间	总氮（mg/L）	氨氮（mg/L）	总磷（mg/L）	可溶性正磷酸盐（mg/L）	高锰酸盐指数（mg/L）	瞬时流量（m³/s）
10：00	1.00	0.29	0.092	0.056	5.83	2.22
12：00	0.94	0.53	0.090	0.042	6.63	2.33
16：00	1.13	0.37	0.112	0.068	5.99	2.89
20：00	1.35	0.19	0.133	0.052	6.84	2.43
22：00	1.00	0.47	0.088	0.044	7.14	2.77
0：00	1.21	0.19	0.110	0.062	6.46	2.89
2：00	1.05	0.20	0.110	0.050	6.55	2.95
4：00	1.00	0.22	0.119	0.052	6.43	2.95
6：00	0.86	0.62	0.092	0.035	6.39	2.89
8：00	0.90	0.51	0.090	0.046	6.19	3.02

表 2-42　永安江 2011 年 8 月 15 日暴雨径流监测结果

时间	总氮（mg/L）	氨氮（mg/L）	总磷（mg/L）	可溶性正磷酸盐（mg/L）	高锰酸盐指数（mg/L）	瞬时流量（m³/s）
9：00	0.72	0.14	0.077	0.034	4.69	1.26
12：00	1.38	0.35	0.064	0.047	8.89	1.26
15：00	0.63	0.19	0.051	0.024	4.73	1.26
18：00	0.66	0.18	0.066	0.032	4.69	1.26
20：00	0.64	0.14	0.056	0.030	4.80	1.26
22：00	0.62	0.14	0.054	0.026	4.74	1.83
0：00	0.60	0.15	0.054	0.028	4.88	1.92
3：00	0.67	0.18	0.054	0.024	4.77	2.12
6：00	0.65	0.18	0.056	0.032	4.80	2.22

表 2-43　永安江 2011 年 8 月 20 日暴雨径流监测结果

时间	总氮（mg/L）	氨氮（mg/L）	总磷（mg/L）	可溶性正磷酸盐（mg/L）	高锰酸盐指数（mg/L）	瞬时流量（m³/s）
15：00	0.49	0.05	0.037	0.035	4.33	2.66
18：00	0.52	0.05	0.033	0.029	4.21	2.66
20：00	0.53	0.08	0.053	0.036	4.14	2.54
22：00	0.42	0.07	0.031	0.029	3.72	2.60
0：00	0.45	0.07	0.039	0.033	4.90	2.54
6：00	0.46	0.09	0.038	0.035	4.56	2.60
9：00	0.47	0.09	0.036	0.035	4.68	2.60

锦溪 2010 年 9 月 1 日 ~ 2011 年 8 月 24 日的暴雨径流入湖负荷结果见表 2-44 ~ 表 2-52。

表 2-44　锦溪 2010 年 9 月 1 日暴雨径流监测结果

时间	总氮（mg/L）	氨氮（mg/L）	总磷（mg/L）	可溶性正磷酸盐（mg/L）	高锰酸盐指数（mg/L）	瞬时流量（m³/s）
8：00	1.70	0.04	0.384	0.026	8.28	0.26
9：00	1.87	0.04	0.355	0.022	8.16	0.37
10：00	0.73	0.03	0.271	0.026	7.03	0.45
11：00	0.22	0.04	0.152	0.018	6.10	0.41
12：00	0.24	0.03	0.109	0.006	5.13	0.40
9 月 2 日	0.90	0.15	0.114	0.042	4.34	0.29

表 2-45 锦溪 2010 年 9 月 11 日暴雨径流监测结果

时间	总氮（mg/L）	氨氮（mg/L）	总磷（mg/L）	可溶性正磷酸盐（mg/L）	高锰酸盐指数（mg/L）	瞬时流量（m³/s）
8：00	1.50	0.16	0.132	0.065	4.46	0.31
9：00	1.40	0.16	0.132	0.061	4.32	0.30
10：00	1.66	0.17	0.089	0.065	4.43	0.35
11：00	1.93	0.33	0.101	0.061	5.17	0.40
12：00	1.31	0.12	0.081	0.038	4.18	0.43
9 月 12 日	1.38	0.14	0.065	0.022	2.60	0.29

表 2-46 锦溪 2010 年 9 月 15 日暴雨径流监测结果

时间	总氮（mg/L）	氨氮（mg/L）	总磷（mg/L）	可溶性正磷酸盐（mg/L）	高锰酸盐指数（mg/L）	瞬时流量（m³/s）
8：00	1.54	0.31	0.165	0.053	3.82	0.24
9：00	1.83	0.17	0.153	0.065	3.51	0.30
10：00	1.60	0.12	0.114	0.057	4.22	0.31
11：00	2.02	0.17	0.094	0.057	3.21	0.33
12：00	1.91	0.17	0.074	0.049	3.90	0.29
9 月 15 日	1.29	0.03	0.054	0.033	2.17	0.24

表 2-47 锦溪 2011 年 5 月 31 日暴雨径流监测结果

时间	总氮（mg/L）	氨氮（mg/L）	总磷（mg/L）	可溶性正磷酸盐（mg/L）	高锰酸盐指数（mg/L）	瞬时流量（m³/s）
19：00	0.90	0.04	0.078	0.045	4.54	0.10
21：00	0.92	0.04	0.046	0.015	3.74	0.20
23：00	0.96	0.04	0.048	0.032	3.71	0.22
1：00	0.92	0.03	0.050	0.032	3.60	0.34
3：00	1.03	0.01	0.040	0.032	3.48	0.48
5：00	0.89	0.01	0.046	0.030	3.05	0.60
7：00	0.75	0.14	0.039	0.028	4.00	0.80
9：00	0.70	0.15	0.039	0.027	4.00	0.85
11：00	0.69	0.14	0.035	0.034	3.75	0.75
13：00	0.69	0.14	0.040	0.027	3.81	0.72
15：00	0.65	0.16	0.033	0.028	4.58	0.62
17：00	0.71	0.06	0.035	0.027	4.24	0.66

表 2-48　锦溪 2011 年 6 月 23 日暴雨径流监测结果

时间	总氮（mg/L）	氨氮（mg/L）	总磷（mg/L）	可溶性正磷酸盐（mg/L）	高锰酸盐指数（mg/L）	瞬时流量（m³/s）
10：00	5.12	3.17	1.046	0.806	8.25	0.40
12：00	1.89	1.25	0.465	0.345	5.57	0.44
14：00	1.99	1.04	0.366	0.270	4.31	0.52
16：00	2.39	1.10	0.384	0.288	4.90	0.58
18：00	1.50	0.06	0.128	0.067	2.97	0.62
20：00	1.55	0.32	0.108	0.059	2.73	0.80
22：00	1.42	0.29	0.098	0.053	3.20	0.81
0：00	1.26	5.14	1.932	1.549	8.33	0.84
2：00	1.29	0.27	0.149	0.101	3.19	0.85
4：00	2.07	0.71	0.323	0.196	4.24	0.87
6：00	1.89	0.92	0.310	0.210	4.37	0.73
8：00	2.69	1.41	0.553	0.343	6.12	0.71

表 2-49　锦溪 2011 年 7 月 14 日暴雨径流监测结果

时间	总氮（mg/L）	氨氮（mg/L）	总磷（mg/L）	可溶性正磷酸盐（mg/L）	高锰酸盐指数（mg/L）	瞬时流量（m³/s）
10：00	0.64	0.23	0.371	0.146	7.85	0.62
12：00	0.51	0.22	0.132	0.062	6.82	0.72
14：00	0.66	0.30	0.101	0.062	5.37	0.79
16：00	0.62	0.30	0.083	0.057	5.79	0.82
18：00	0.91	0.28	0.109	0.061	5.13	0.74
20：00	0.83	0.36	0.111	0.062	4.57	0.73
22：00	0.86	0.43	0.117	0.070	4.64	0.82
0：00	0.87	0.34	0.120	0.072	4.38	1.03
2：00	0.81	0.30	0.111	0.068	4.41	1.35
4：00	0.87	0.87	0.107	0.064	4.18	1.67
6：00	0.63	0.32	0.062	0.047	3.11	1.52
8：00	0.61	0.30	0.080	0.051	3.76	1.02

表 2-50　锦溪 2010 年 8 月 5 日暴雨径流监测结果

时间	总氮（mg/L）	氨氮（mg/L）	总磷（mg/L）	可溶性正磷酸盐（mg/L）	高锰酸盐指数（mg/L）	瞬时流量（m³/s）
17：00	1.01	0.29	0.178	0.148	5.22	0.45
19：00	1.44	0.34	0.244	0.144	4.98	0.52
21：00	1.39	0.34	0.221	0.143	8.06	0.56

时间	总氮（mg/L）	氨氮（mg/L）	总磷（mg/L）	可溶性正磷酸盐（mg/L）	高锰酸盐指数（mg/L）	瞬时流量（m³/s）
23：00	1.46	0.42	0.250	0.154	5.10	0.61
1：00	0.87	0.17	0.126	0.073	3.87	0.79
3：00	0.95	0.21	0.124	0.077	4.08	0.82
5：00	0.90	0.19	0.126	0.077	3.84	0.96
7：00	1.53	0.33	0.219	0.176	3.84	1.01
9：00	1.58	0.32	0.264	0.203	4.59	1.12
11：00	2.01	0.44	0.349	0.282	5.29	1.17
13：00	1.96	0.36	0.353	0.267	5.41	0.99
15：00	2.30	0.40	0.429	0.356	7.41	0.93

表 2-51　锦溪 2011 年 8 月 15 日暴雨径流监测结果

时间	总氮（mg/L）	氨氮（mg/L）	总磷（mg/L）	可溶性正磷酸盐（mg/L）	高锰酸盐指数（mg/L）	瞬时流量（m³/s）
10：00	0.28	4.14	0.047	0.009	9.15	0.57
12：00	0.49	0.03	0.058	0.031	4.65	0.67
14：00	0.57	0.04	0.064	0.038	4.14	0.73
16：00	0.67	0.16	0.075	0.050	3.97	0.83
18：00	0.59	0.03	0.070	0.040	3.80	0.93
20：00	0.64	0.12	0.085	0.054	4.11	0.96
22：00	0.46	0.02	0.043	0.025	2.97	1.03
0：00	0.42	0.02	0.040	0.027	3.01	1.10
2：00	0.41	0.02	0.064	0.033	3.83	1.12
4：00	0.62	0.04	0.117	0.068	6.05	1.26
6：00	0.60	0.23	0.108	0.066	6.13	1.12
8：00	0.50	0.33	0.068	0.040	5.13	1.02

表 2-52　锦溪 2011 年 8 月 23 日暴雨径流监测结果

时间	总氮（mg/L）	氨氮（mg/L）	总磷（mg/L）	可溶性正磷酸盐（mg/L）	高锰酸盐指数（mg/L）	瞬时流量（m³/s）
10：00	1.05	0.18	0.083	0.059	2.29	0.32
12：00	1.05	0.04	0.085	0.055	3.08	0.42
14：00	0.91	0.08	0.098	0.067	2.49	0.46
16：00	0.66	0.04	0.091	0.059	2.81	0.50
18：00	0.97	0.18	0.312	0.240	3.71	0.54
20：00	0.71	0.08	0.051	0.040	3.04	0.65

时间	总氮（mg/L）	氨氮（mg/L）	总磷（mg/L）	可溶性正磷酸盐（mg/L）	高锰酸盐指数（mg/L）	瞬时流量（m³/s）
22：00	0.80	0.20	0.053	0.040	2.28	0.68
0：00	0.78	0.18	0.055	0.038	2.25	0.72
2：00	0.76	0.18	0.053	0.042	2.73	0.73
4：00	0.62	0.08	0.059	0.042	2.81	0.76
6：00	0.86	0.18	0.051	0.038	2.41	0.78
8：00	0.91	0.24	0.059	0.049	2.25	0.77

根据调查的结果，汇总了上述 4 条代表性河流在 2011 年 6~8 月（雨季集中期）的暴雨径流流量及主要污染物入湖负荷量见表 2-53。

表 2-53　4 条河流暴雨径流流量及主要污染物入湖负荷量

河流	流量（m³）	TN（t）	TP（t）	高锰酸盐指数（t）
弥苴河主河道	8 525 016	12.19	1.26	50.98
西闸河	2 411 806	2.81	0.66	14.75
永安江	642 362	0.70	0.06	3.71
锦溪	395 712	0.41	0.07	1.73

对比前文，计算得到上述 4 条河流暴雨径流占同期全部径流量及全部入湖负荷量的比例如表 2-54 和表 2-55 所示。

表 2-54　4 条河流 2011 年 6~8 月径流总量及入湖负荷量

河流	流量（m³）	TN（t）	TP（t）	高锰酸盐指数（t）
弥苴河主河道	75 912 315	100.96	7.45	321.66
西闸河	16 770 832	20.09	1.75	78.40
永安江	10 493 265	16.67	0.78	63.36
锦溪	1 922 507	3.78	0.44	7.77

表 2-55　暴雨径流占同期全部径流量及全部入湖负荷量的比例　（单位:%）

河流	流量	占同期入湖负荷的比例		
		TN	TP	高锰酸盐指数
弥苴河主河道	11.23	12.08	16.89	15.85
西闸河	14.38	14.00	37.83	18.81
永安江	6.12	4.21	7.74	5.86
锦溪	20.58	10.76	15.43	22.31
平均值	13.08	10.26	19.47	15.71

可见暴雨径流占同期全部径流量的比例很低，仅为 10%～20%，说明 2011 年 6～8 月期间暴雨产流量很低，这与 2011 年大理州遭遇严重干旱有明显联系。

2.1.4　2011 年河流入湖负荷特征

1）严重干旱导致河流径流量与入湖负荷锐减：据《大理白族自治州 2011 年度气候公报》报告，在本项目的主要执行期的 2011 年，"全州平均年降水量为 621mm，比常年偏少 205mm，偏少幅度为 25%，为第 3 少雨年。年内 5～10 月降水严重偏少，区域性强降水过程少，难形成有效径流"，其中洱海流域所在的大理市及洱源县雨季大雨及暴雨场次较常年减少 42%，雨季降雨量较常年偏少超过 30%（其中秋季降雨量偏少超过 50%），暴雨场次仅 1 次。就入湖河流水量监测而言，本次监测的河流入湖流量比 2009 年（轻度干旱年份）减少 9.3%，河流污染物入湖量也比 2009 年减少 13.9%～21.8%（表 2-56）。需要注意的是，由于干旱使得大量污染物累积在土壤，虽然使当年的入湖污染负荷降低，但在随后的多雨年会大幅度增加入湖污染负荷，而连年干旱更是会使这种污染物的"年际累计效应"成倍加剧。

表 2-56　2008～2011 年大理州雨量年型及与多年平均降雨量的差异

区域		2008 年	2009 年	2010 年	2011 年
大理州		偏多	偏少	正常	偏少
		167 mm	−145 mm	−13 mm	−205 mm
洱海流域	大理市	特多	略少	偏少	偏少
	洱源县	特多	偏少	偏多	偏少

数据来源：《大理白族自治州 2008～2011 年度气候公报》。

2）北部区域仍然是污染物入湖的最主要途径，其次是西部的苍山十八溪，这两个方向的比重接近，均很重要。

3）绝大多数的污染物都是在雨季入湖（特别是 6～8 月），其中有机物、总磷的雨季入湖比例最高，而总氮的雨季入湖比例则明显低于前两者。

2.1.5　入湖河流主要环境问题

2.1.5.1　大量生活污水未经处理入河

洱海流域除大理市和洱源县城建有污水处理厂外，大部分乡镇和村落生活污水未经任何处理就直接排放，最终通过沟渠系统进入河流。

2.1.5.2　农业面源污染负荷较大

洱海流域内有大面积农田，尤其是北三江和苍山十八溪流域农田面积占总流域农田面积的 70% 以上。农田种植所需的大量化肥、畜禽粪便、农药通过沟渠系统进入河流。

2.1.5.3 河流渠道化，河流生态受到破坏

洱海流域内的入湖河流为了保证灌溉和排洪，部分改建成为混凝土或石砌的硬质堤岸，如流域内的波罗江入湖段、茫涌溪均在 2011 年完成了河道硬化，此类河流堤岸破坏了原有的生态结构和生态功能，使河流的自净能力消失，不利于水质的改善。

2.2 大气沉降入湖负荷现状调查

2.2.1 调查方法

在洱海的湖岸布置大气干湿沉降监测点，开展大气沉降连续监测（每月一期），进行大气沉降物中的 TN、TP 监测。调查过程中所涉及的水质数据的检测过程均参照依照《水和废水监测分析方法》（第三版）和《监测质量保证手册》（第二版）的要求执行。

2.2.2 调查结果及数据分析

大气沉降监测结果如表 2-57 所示。

表 2-57 洱海大气沉降入湖负荷 （单位：t）

月份	干沉降		湿沉降		总沉降	
	TN	TP	TN	TP	TN	TP
1	18.83	0.48	0.00	0.00	18.83	0.48
2	17.07	0.43	0.00	0.00	17.07	0.43
3	21.59	0.45	0.00	0.00	21.59	0.45
4	21.84	0.55	0.00	0.00	21.84	0.55
5	16.82	0.63	6.28	0.10	23.09	0.73
6	14.31	0.63	5.77	0.15	20.08	0.78
7	10.37	2.08	12.88	2.18	23.24	4.27
8	7.83	1.83	19.25	1.81	27.08	3.64
9	11.12	1.58	9.59	1.10	20.71	2.69
10	8.43	1.15	1.71	0.80	10.14	1.96
11	3.41	0.65	2.06	0.10	5.47	0.75
12	7.08	0.83	2.01	0.10	9.09	0.93
总计	158.68	11.30	59.54	6.35	218.22	17.65

从沉降方式上看，干/湿沉降所占比重如表 2-58 所示。

表2-58 不同沉降方式所占入湖负荷比重 （单位：%）

项目	干沉降		湿沉降		总沉降
	TN	TP	TN	TP	
旱季	90.05	95.98	9.95	4.02	100.00
雨季	59.08	63.98	40.92	36.02	100.00
平均值	72.72	64.01	27.28	35.99	100.00

由表2-58可见干沉降是大气沉降入湖的主要形式，其在旱季占90%以上的份额，在雨季也占60%左右份额。

从时间分布上看，旱/雨季及不同月份的大气沉降入湖负荷比重见表2-59和表2-60。

表2-59 旱/雨季大气沉降入湖负荷比重 （单位：%）

项目	总沉降	
	TN	TP
旱季	43.02	20.34
雨季	56.98	79.66
总计	100.00	100.00

表2-60 不同月份的大气沉降入湖负荷比重 （单位：%）

月份	总沉降	
	TN	TP
1	8.63	2.70
2	7.82	2.42
3	9.89	2.56
4	10.01	3.13
5	10.58	4.13
6	9.20	4.41
7	10.65	24.18
8	12.41	20.63
9	9.49	15.22
10	4.65	11.10
11	2.51	4.27
12	4.16	5.26
总计	100.00	100.00

由表2-59和表2-60可见，总氮的沉降量在一年中除了最后3个月偏少外，其他月份都比较平均，雨季略大；而总磷的沉降则主要发生在雨季，其中又以7~10月特别集中，占据全年沉降量的71%。

2.3 城镇管道入湖负荷现状调查与解析

经实地走访调查，洱海流域建有较大城镇污水处理厂，且处理尾水排放入洱海的有洱源县污水处理厂与喜洲镇污水处理厂两家，由于洱源县污水处理厂的尾水是经过弥苴河流入洱海，已在河流入湖负荷部分监测，故只需调查喜洲镇污水处理厂的入湖负荷情况。

喜洲镇污水处理厂占地面积 19 583m²，采用 MBR 膜生物反应器与人工湿地相结合的处理工艺处理污水，设计处理规模为 2000t/d，其尾水排放情况见表 2-61。

表 2-61　喜洲镇污水处理厂排污总量核算

名称	污水处理量（万 t/a）	主要污染物排放总量（t/a）				尾水是否排入洱海
		TN	TP	COD	BOD$_5$	
喜洲镇污水处理厂	22	1.83	0.13	26.18	8.80	是

2.4 地表漫流入湖负荷现状调查与解析

环洱海的北、西、南三面河流众多，河网复杂，污染物的主要入湖途径为河流入湖，但洱海东侧 40 多 km 的湖岸线多紧邻山地，仅有三条季节性河流分布，其污染物入湖途径以地表漫流为主，根据该区域降雨、人口及土地利用情况，由"洱海湖泊水环境承载力与主要污染物总量控制研究"课题完成其漫流入湖负荷的具体方法和模拟计算。

2.4.1 模拟模型的选择

对于洱海流域的非点源污染负荷计算，选用的是 ArcSWAT 模型，模拟计算主要包含三个部分：水文过程模拟、土壤侵蚀过程模拟和非点源污染过程模拟。水文过程的模拟分为产流和坡面汇流，模拟过程计算每个子流域的水、沙、营养物质和化学物质等的输入量，决定水、沙、营养物质和化学物质从河网向流域出口的输移运动。土壤侵蚀过程模拟是计算由降雨和径流引起的土壤侵蚀，用泥沙含量来判断并跟踪土壤中营养物质氮和磷的输移转化。污染过程模拟针对不同形态的氮和磷的输移转化过程进行模拟。

2.4.2 模拟模型构建

根据洱海流域数字高程模型进行各个模拟子流域划分，建立子流域内土地利用、土地覆被、土壤类型、土壤属性分布数据库，确定土壤的物理属性和化学属性对流域水文循环的直接影响，如地表径流、地下径流、入渗、侧渗、产沙、输沙、作物生长、养分流失等。通过流域的水文气象分析，生成流域的水文气象特征数据库。在此基础上，根据流域的非点源污染数据调查，如农田污染源、水土流失污染源，建立非点源污染数据库。最后形成的洱海流域河网水系及其子流域结构的拓扑关系，如图 2-12 所示。

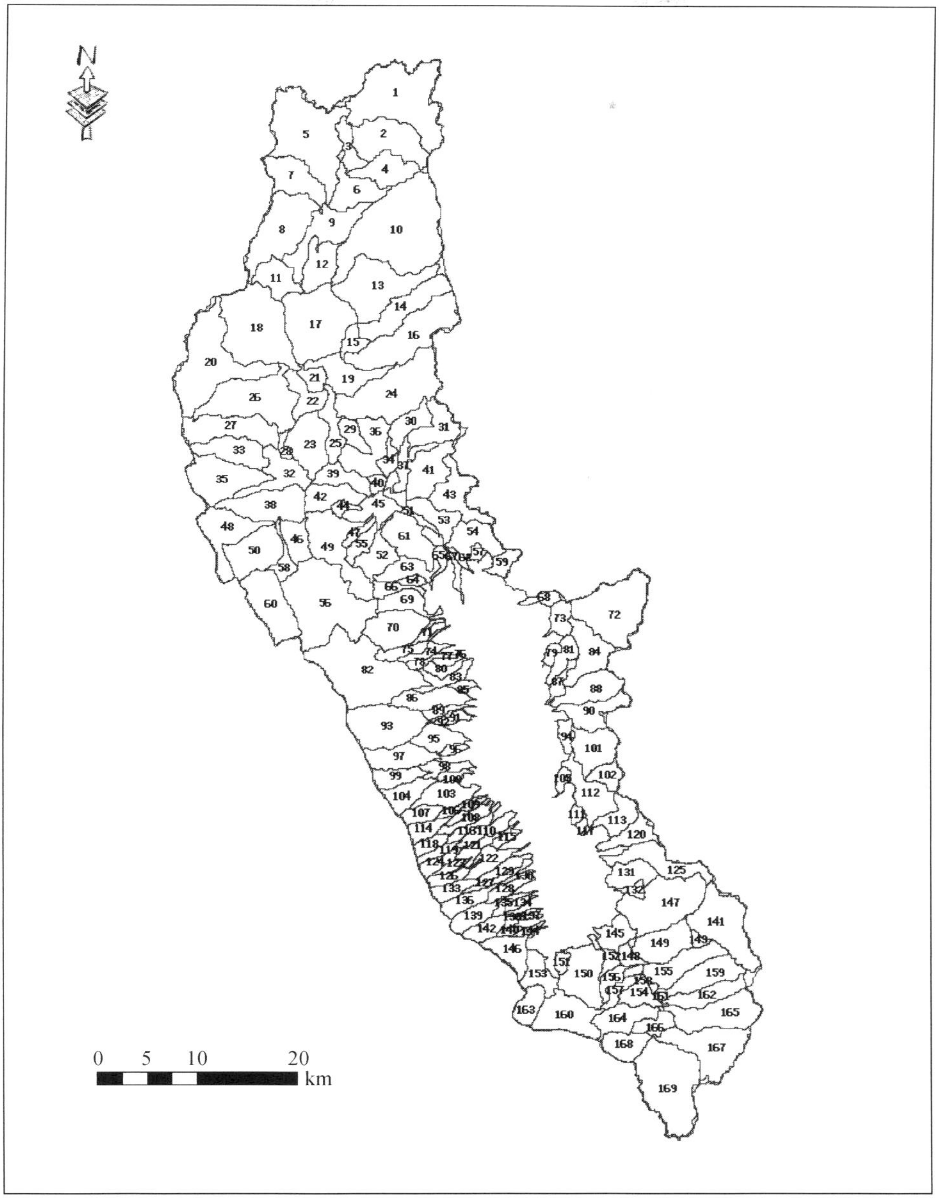

图 2-12 洱海流域子流域分布图

2.4.3 坡面漫流模拟

模型参数的率定和验证由于数据缺乏，洱海东部难以开展坡面漫流的水文观测和水质监测,模拟计算的模型参数均采用文献经验参数。

为了便于分析洱海流域各条入湖的入湖水量、入湖污染负荷量情况,对于洱海东部坡面漫流的处理,归并到凤尾箐子流域、海东箐子流域和龙王庙箐子流域,给出3条箐沟的入湖水量和入湖负荷量。

2.4.4 东岸漫流入湖负荷的计算结果

洱海东岸地表漫流入湖负荷的计算结果见表2-62。

表2-62 洱海东岸地表漫流入湖负荷

片区	枯水年入湖负荷(t/a)			水量(万 m³)
	高锰酸盐指数	TN	TP	
挖色片区	209.5	43.3	3.0	2031.4
海东片区	129.0	14.6	1.8	1049.5
双廊片区	108.4	33.2	2.2	677.1
合计	446.9	91.1	7.0	3758.0

2.5 洱海流域主要污染物入湖负荷现状小结

根据前述调查结果,现汇总不同途径的入湖负荷,汇总结果见表2-63和表2-64。

表2-63 2011年不同入湖途径的入湖负荷汇总 (单位:t/a)

途径	TN	TP	高锰酸盐指数
河流入湖	739.87	60.48	2269.20
地表漫流	91.01	7.08	446.85
大气沉降	218.22	17.65	—
城镇管道入湖	1.83	0.13	11.98
流域汇总	1050.93	85.34	2728.03

表2-64 2011年各入湖途径的入湖负荷的分布比例 (单位:%)

途径	TN	TP	高锰酸盐指数
河流入湖	70.40	70.87	83.18
地表漫流	8.66	8.30	16.38
大气沉降	20.76	20.68	—
城镇管道入湖	0.17	0.15	0.44
流域汇总	100.00	100.00	100.00

由表2-63和表2-64可见,河流是污染物入湖的主要途径,其次是大气沉降,而地表漫流和城镇管道入湖的贡献率合计不超过9%。

由表 2-65 和表 2-66 可见，北部、西部及湖体的均是污染物入湖的主要方位，南部次之。

表 2-65　2011 年不同方位的入湖负荷汇总　　　　（单位：t/a）

方位	TN	TP	高锰酸盐指数
北部	315.10	19.51	944.03
西部	277.20	25.00	766.12
南部	149.40	16.10	571.02
东部	91.01	7.08	446.85
湖体	218.22	17.65	—
流域汇总	1050.93	85.34	2728.03

表 2-66　2011 年不同方位的入湖负荷的分布比例　　　　（单位：%）

方位	TN	TP	高锰酸盐指数
北部	29.98	22.86	34.60
西部	26.38	29.29	28.08
南部	14.22	18.87	20.93
东部	8.66	8.30	16.38
湖体	20.76	20.68	—
流域汇总	100.00	100.00	100.00

洱海流域不同水文年主要污染物入湖负荷量模拟结果如表 2-67 ~ 表 2-69 所示。

表 2-67　不同水文年主要污染物入湖负荷量　　　　（单位：t/a）

项目	COD 入湖量			TN 入湖量			TP 入湖量		
	丰水年 $P=20\%$	平水年 $P=50\%$	枯水年 $P=85\%$	丰水年 $P=20\%$	平水年 $P=50\%$	枯水年 $P=85\%$	丰水年 $P=20\%$	平水年 $P=50\%$	枯水年 $P=85\%$
工业企业	252.4	252.4	252.4	—	—	—	—	—	—
城镇生活	585.0	585.0	585.0	231.5	231.5	231.5	12.1	12.1	12.1
城镇面源	1 660.7	1 317.2	1 287.0	61.7	44.1	34.4	10.0	8.6	6.5
农村生活	439.7	439.7	439.7	142.4	142.4	142.4	9.0	9.0	9.0
农业面源	7 853.8	6 229.4	6 122.6	1 477.0	1 190.5	690.7	116.3	94.4	59.3
水土流失	3 036.1	2 408.2	2 353.0	178.9	131.1	87.2	12.0	8.6	5.2
旅游度假	255.1	255.1	255.1	47.1	47.1	47.1	3.9	3.9	3.9
大气沉降	—	—	—	218.2	218.2	218.2	17.7	17.7	17.7
合计	14 082.7	11 486.9	11 294.7	2 356.8	2 004.9	1 451.5	181.0	154.3	113.7

注：本表根据本课题污染物入湖负荷模型计算得到。

表2-68 不同水文年 TN、TP 入湖负荷量模拟结果 （单位：t/a）

子流域编号	名称	丰水年（2001年）		平水年（2004年）		枯水年（2009年）	
		TN	TP	TN	TP	TN	TP
1	罗时江	143.3	6.7	103.6	3.1	47.8	2.2
2	弥苴河	643.5	54.3	433.2	42.0	283.3	19.6
3	永安江	81.1	2.2	69.8	1.2	42.6	0.8
4	凤尾箐	97.6	6.8	93.0	3.6	41.1	2.8
5	海东箐	30.0	3.1	26.1	2.1	12.4	1.6
6	龙王庙箐	73.4	2.0	71.4	3.2	30.9	2.1
7	波罗江	335.8	28.3	330.8	21.4	134.2	14.8
8	阳南溪	3.2	1.4	1.9	1.7	2.4	1.1
9	亭淇溪	10.4	1.4	8.2	1.7	7.9	1.4
10	莫残溪	18.7	2.6	15.2	1.8	14.4	1.4
11	清碧溪	13.2	2.3	11.5	2.0	11.5	1.5
12	黑龙溪	16.6	1.6	15.0	3.0	13.4	1.9
13	白鹤溪	16.2	3.2	14.1	3.5	14.2	2.8
14	中和溪	13.1	1.5	10.1	2.8	10.1	2.0
15	桃梅溪	20.4	2.8	18.8	2.8	19.3	2.0
16	隐仙溪	12.9	1.0	10.1	0.4	8.3	0.4
17	双鸳溪	18.7	0.9	14.5	1.9	14.2	1.4
18	白石溪	29.8	1.1	23.0	2.0	19.0	1.5
19	灵泉溪	9.3	0.8	6.9	0.7	5.5	0.5
20	锦溪	17.1	2.2	11.3	1.6	10.5	1.2
21	茫涌溪	13.9	1.7	10.9	1.3	9.8	1.1
22	阳溪	49.0	3.6	33.7	2.0	30.2	2.0
23	万花溪	40.4	5.0	27.8	4.6	25.0	3.6
24	霞移溪	10.0	1.7	4.7	1.3	4.6	1.1
合计		1717.6	138.2	1365.6	111.6	812.6	70.8

注：本表根据本课题污染物入湖负荷模型计算得到。

表2-69 不同水文年 COD 入湖负荷量模拟结果 （单位：t/a）

子流域编号	名称	丰水年（2001年）	平水年（2004年）	枯水年（2009年）
1	罗时江	942.3	747.4	730.3
2	弥苴河	4896.5	3883.8	3794.9
3	永安江	468.0	371.2	362.7
4	凤尾箐	573.3	454.7	444.3
5	海东箐	346.3	274.7	268.4

子流域编号	名称	丰水年（2001 年）	平水年（2004 年）	枯水年（2009 年）
6	龙王庙箐	288.4	228.7	223.5
7	波罗江	1 461.5	1 159.2	1 132.7
8	阳南溪	142.7	113.1	110.6
9	亭淇溪	144.9	114.9	112.3
10	莫残溪	203.9	161.7	158.0
11	清碧溪	96.2	76.3	74.6
12	龙溪	154.1	122.3	119.5
13	白鹤溪	524.7	416.2	406.6
14	中和溪	266.3	211.2	206.4
15	桃梅溪	191.0	151.5	148.0
16	隐仙溪	56.8	45.0	44.0
17	双鸳溪	105.4	83.6	81.7
18	白石溪	167.2	132.6	129.6
19	灵泉溪	88.1	69.9	68.3
20	锦溪	130.9	103.8	101.4
21	茫涌溪	265.0	210.2	205.4
22	阳溪	380.8	302.1	295.2
23	万花溪	451.4	358.0	349.8
24	霞移溪	205.0	162.6	158.9
合计		12 550.6	9 954.8	9 227.1

注：本表根据本课题污染物入湖负荷模型计算得到。

3 | 洱海流域生态调查

3.1 洱海水生态调查研究

洱海水生生态调查研究工作主要包括：浮游植物调查研究、水生植物调查研究、浮游动物调查研究、底栖动物调查研究、鱼类调查研究。

3.1.1 洱海浮游植物调查研究

3.1.1.1 洱海浮游植物现状的调查与研究

2009～2010 年，对洱海浮游植物进行调查研究，全湖共设 12 个采样点。浮游植物定量样品的采集工具为 5L 有机玻璃采水器，分层采集，每个样品 500mL。浮游植物定性样品用 25 号浮游植物生物网采集。采集的水样应立即固定，固定剂用鲁哥氏液，1L 水加20mL。定量样品带回室内沉淀、浓缩至 30mL。计数使用浮游生物计数框。计数方法采用行格法，每一样品应取样和计数至少两次，每次结果与两次计数平均数之差应不大于±15%。

3.1.1.2 洱海浮游植物的种类组成

2009～2010 年洱海浮游藻类共计 8 门 96 属 152 种，其中绿藻门 45 属 80 种，约占52.32%；蓝藻门 22 属 39 种，占全部种类的约 25.83%；硅藻门 17 属 21 种，约占13.9%；金藻门 3 属 3 种；隐藻门 2 属 3 种；甲藻门 3 属 3 种；裸藻门 3 属 3 种；黄藻门 1属 1 种如图 3-1 所示。

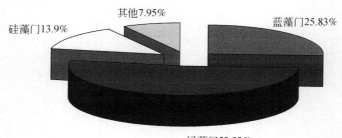

图 3-1　2009～2010 年洱海浮游植物组成

3.1.1.3　洱海浮游植物季节性变化

（1）洱海浮游植物群落季节性变化

由 2010 年洱海水体浮游植物密度变化图（图 3-2）可知，2010 年 1 月绿藻门占细胞总数的 87.47%，是蓝藻门的 12.90 倍，硅藻门的 19.57 倍；2 月的绿藻门和蓝藻门占细胞总数的比例较 1 月分别下降了 0.16 和 1.55 个百分点，而硅藻门上升了 0.15 个百分点；随着气温的升高、日照时间的增加，绿藻门的数量不断下降，而蓝藻和硅藻的比例不断升高，硅藻细胞总数在 4 月达到最高值，占到了藻类总数的 46.38%；5 月藻类优势种还是硅藻，但是由美丽星杆藻演替为颗粒直链藻，硅藻的比例较 4 月下降 22.69 个百分点，绿藻门的比例还不断下降，直到 8 月下降到最低值，占细胞总数的 8.34%，而蓝藻门的比例在 8 月达到顶峰，高达 79.72%，夏季过后，随着温度的逐渐下降，惠氏微囊藻等蓝藻门逐渐消退，绿藻门又开始生长繁殖，9 月绿藻门比例较 8 月上升了 41.18 个百分点，而硅藻门的比例还不断下降；12 月，硅藻门数量上升，较 11 月上升了 9.84 个百分点，蓝藻门的比例较 11 月上升了 32.69 个百分点，而绿藻门比例下降了 43.79 个百分点。从藻类细胞数的年平均值来看，2010 年洱海主要还是以蓝藻和绿藻为主，是蓝–绿藻型湖泊。

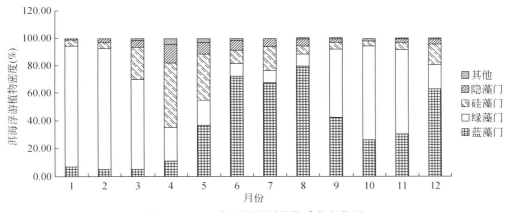

图 3-2　2010 年洱海浮游植物季节变化图

（2）洱海浮游植物细胞数的季节性变化

洱海作为处于富营养化进程初期阶段湖泊的代表，浮游植物群落数量在周年变化过程中具有典型的特征。洱海的浮游植物密度周年变化规律同其他富营养化湖泊较为相似，均表现为冬、春季低，夏、秋季高的特点，这一特点符合浮游植物的生长特点。2010 年洱海浮游植物细胞总密度季节变化如图 3-3 所示，浮游植物总密度 1～4 月呈下降的趋势，4 月达到最低值（316.11×10⁴个/L），细胞总数较 1 月降幅 90.34%，这是因为绿藻门中的游丝藻数量大幅下降，导致细胞总数也下降；而 5～8 月，随着惠氏微囊藻、绿色微囊藻等蓝藻门藻类大量繁殖，细胞总数呈直线上升的趋势；9～10 月，随着微囊藻等蓝藻数量的下降，绿藻门中的游丝藻等藻类大量繁殖，致使这两个月细胞数量紧接着 8 月不断上升，藻类细胞总数在 10 月达到顶峰（4026×10⁴个/L），细胞总数较细胞数最少的 4 月，增幅为1173.6%；11月开始，虽然蓝藻等其他藻类细胞数量变化较小，但是绿藻门的游丝藻等藻类细胞数量下降，致使藻类细胞总数降幅9.79%；12月与11月相比，藻类细胞总数下降了2334.77×10^4个/L，降幅64.28%。

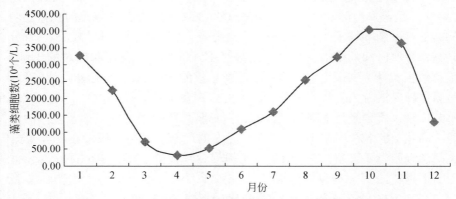

图3-3　2010年各月洱海藻类细胞总数变化图

（3）洱海浮游植物优势种季节性变化

2010年洱海水体优势种季节性演替明显，2010年1～3月优势种为绿藻门中的游丝藻，4月的优势种为硅藻门的美丽星杆藻，5月的优势种为硅藻门的颗粒直链藻，6～8月的优势种为惠氏微囊藻，而9～11月为游丝藻，12月的优势种是惠氏微囊藻。2010年洱海浮游植物优势种总的变化方式是：绿藻门—硅藻门—蓝藻门—绿藻门（图3-4）。

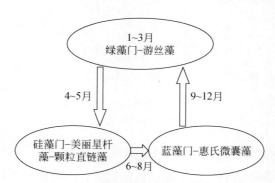

图3-4　2010年洱海藻类季节变化图

（4）洱海断面浮游植物的季节分布变化

从2010年洱海浮游植物季节分布变化图（图3-5）可知，洱海藻类季节分布不均，1～3月和11月南部和中部细胞数量明显大于北部；4月北部和中部相差很小，均明显小于南部；5月、10月和12月三个断面的细胞数量几乎一致，6月南部明显低于北部和中部，7月呈现中间低两头高的趋势，8月北部高于南部和中部，9月呈现中间高两头低的现象。从分布来看，2010年洱海藻类呈现南部和中部浮游植物数量明显大于北部的趋势，细胞数量比北部分别多出 24% 和 28%。

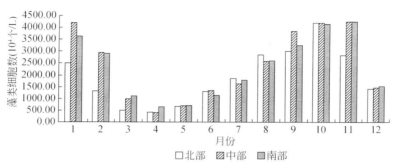

图 3-5 2010 年洱海断面藻细胞季节分布变化图

3.1.1.4 洱海浮游植物优势种变化分析

2009～2010 年，浮游植物优势种变化规律为：夏季以蓝藻门中的惠氏微囊藻和铜绿微囊藻、挪氏微囊藻、绿色微囊藻、乌龙藻为绝对优势种，而春、秋、冬季优势种变化较大，主要以颗粒直链藻、针杆藻、美丽星杆藻、集星藻、游丝藻以及水华束丝藻等为优势种，其中刚毛藻在洱海沿岸和湖湾水域为四季优势种或次优势种，说明洱海水质得到一定程度的恢复。洱海浮游植物优势种的季节变化见表 3-1。

表 3-1 洱海浮游植物优势种的季节变化

年份	春季	夏季	秋季	冬季
2009	水华束丝藻 针杆藻 刚毛藻	小环藻 惠氏微囊藻 铜绿微囊藻 刚毛藻	惠氏微囊藻 乌龙藻 惠氏微囊藻 绿色微囊藻 铜绿微囊藻 挪氏微囊藻	游丝藻 水华束丝藻 刚毛藻
2010	游丝藻 美丽星杆藻 惠氏微囊藻 小环藻 刚毛藻	惠氏微囊藻 铜绿微囊藻 挪氏微囊藻 绿色微囊藻 乌龙藻 刚毛藻	游丝藻 刚毛藻	惠氏微囊藻 游丝藻 刚毛藻

3.1.1.5 洱海浮游植物名录

Ⅰ. 蓝藻门 Cyanophyta

（一）聚球藻科 Synechococcaceae

隐杆藻 *Aphanothece* sp.

（二）平裂藻科 Merismopediaceae

集胞藻 *Synechocystis* sp.

柔软腔球藻 *Codlosphaerium kuetzingianum* Nag.

隐球藻 *Aphanocapsa* sp.

优美平裂藻 *Merismopedia elegans* A. Br.

银灰平裂藻 *M. glauca*（Her.）Nag.

小雪藻 *Snowella* sp.

针状蓝纤维藻 *Dactyloccopsis acicularis* Lemm.

乌龙藻属 *Woronichinia* sp.

（三）微囊藻科 Microcystaceae

铜绿微囊藻 *Microcystis aeruginosa* Kutz.

惠氏微囊藻 *Microcystis wesenbergii*

不定微囊藻 *Microcystis incerta*

绿色微囊藻 *Microcystis viridis*

挪氏微囊藻 *Microcystis novacekii*

水华微囊藻 *Microcystis flos-aquae*

鱼害微囊藻 *Microcystis ichthoblabe*

史密斯微囊藻 *Microcystis smithii*

坚实微囊藻 *Microcystis firma*

捏团黏球藻 *Gloeocasa magma*（Breb.）Holl.

（四）色球藻科 Chroococcaceae

束缚色球藻 *Chroococcus tenax*（Kirch.）Hier.

小形色球藻 *C. minor*（Kutz.）Nag.

湖沼色球藻 *C. limneticus* Lemm.

（五）伪鱼腥藻科 Pseudanabaenaceae

泽丝藻 *Limnothrix* sp.

浮鞘丝藻 *Planktolyngbya* sp.

（六）席藻科 Phormidiaceae

席藻属 *Phorimidium* sp.

常丝藻 *Tychonema* sp.

蒙氏浮丝藻 *Planktothrix mougeoti*

（七）颤藻科 Oscillatoriaceae

美丽颤藻 *Oscillatoria formosa* Bory.

巨颤藻 *O. princeps* Vauch

两栖颤藻 *O. amphibia* Ag.

小颤藻 *O. tenuis* Ag.

大型鞘丝藻 *Lyngbya* sp.

螺旋藻属 *Spirulina* sp.

（八）胶须藻科 Rivulariaceae

胶须藻 *Rivularia* sp.

（九）念珠藻科 Nostocaceae

水华束藻 *Aphanijomenon flos−aquae*（L.）Ralfs.

依沙束丝藻 *Aphanizonmenon*

卷曲鱼腥藻 *Anabeana variabilis*

假鱼腥藻 *Pseudanabaena* sp.

念珠藻属 *Nostoc* sp.

Ⅱ. 隐藻门 Cryptophyta

（十）隐鞭藻科 Crptomonadaceae

尖尾蓝隐藻 *Chroomonas acuta* Uterm.

卵形隐藻 *Cryptomonas ovata* Her.

啮蚀隐藻 *C. arosa* Her.

Ⅲ. 甲藻门 Pyrrophyta

（十一）多甲藻科 Peridiniceae

多甲藻 *Peridinim* sp.

（十二）角甲藻科 Ceratiaceae

角甲藻 *Ceratium* sp.

Ⅳ. 金藻门 Chrysophyta

（十三）黄群藻科 Synuraceae

黄群藻 *Synura urella* Her.

（十四）锥囊藻科 Dinobryonaceae

锥囊藻 *Dinobryon* sp.

（十五）葡萄藻科 Botryococcaceae

葡萄藻属 *Botryococcus* sp.

Ⅴ. 黄藻门 Xanthophyta

（十六）黄丝藻科 Tribonemataceae

黄丝藻 *Tribonema* sp.

Ⅵ. 硅藻门 Bacillariophyta

（十七）圆筛藻科 coscinodiscaceae

颗粒直链藻 *Melosira granulata*（Ehr.）Ralfs.

颗粒直链藻最窄变种 *M. granulata* var. *angustissima* Mull

意大利直链藻 *M. italica*（Ehr.）kutz.

冰岛直链藻 *M. islandica* Mull.

小环藻 *Cyclotella* sp.

（十八）脆杆藻科 Fragilariaceae

等片藻 *Diatoma* sp.

脆杆藻 *Fragilaria* sp.

针杆藻 *Synedra* sp.

（十九）舟形藻科 Naviculaceae

布纹藻 *Gyrosigma* sp.

辐节藻 *Stauroneis* sp.

舟形藻 *Navicula* sp.

羽纹藻 *Pinnularia* sp.

（二十）桥湾藻科 Cymbellaceae

桥湾藻 *Cymbella* sp.

（二十一）异极藻科 Gomphonemaceae

异极藻 *Gomphonema* sp.

（二十二）曲壳藻科 Achnanthaceae

扁圆卵形藻 *Cocconeis placentula*（Ehr.）Hust

弯形弯楔藻 *Rhoicosphenia curvata*（Kutz.）Grun

（二十三）窗纹藻科 Epithemiaceae

鼠形窗纹藻 *E. sorex* Kutz.

膨大窗纹藻 *E. turgida*（Ehr.）Kutz.

弯棒杆藻 *Rhopalodia gibba* Mull

（二十四）菱形藻科 Nitzschiaceae

菱形藻 *Nitzschia* sp.

（二十五）双菱藻科 Surirellaceae

双菱藻 *Surirella* sp.

Ⅶ. 裸藻门 Euglenophyta

（二十六）裸藻科 Euglenaceae

裸藻 *Euglena* sp.

囊裸藻 *Trachelomonas* sp.

陀螺藻 *Stromobomonas* sp.

Ⅷ. 绿藻门 Chlorophyta

（二十七）衣藻科 Chlamydomonadceae

球衣藻 *Chlamydomonas globosa* Snow

卵形衣藻 *C. minutus*

长拟球藻 *Sphaerellopsis elongate* Skv. Ortz

绿梭藻属 *Chlorogonium* sp.

四鞭藻属 *Carteria globulosa*

（二十八）团藻科 Volvocaceae

实球藻 *pancorina morum*（Muell）Bory

团藻 *Volvox* sp.

（二十九）四孢藻科 Tetrasporaceae

四孢藻 *Tetraspora* sp.

（三十）绿球藻科 Chlorococaceae

多芒藻 *Golenkinia* sp.

微芒藻 *Micractinium* sp.

（三十一）小桩藻科 Characiaceae

弓形藻属 *Schroederia* sp.

小桩藻属 *Characium* sp.

叉状锚藻 *Ankyra judayi*

（三十二）小球藻科 Chlorellaceae

小球藻 *Chlorella vulgzris* Beij

微小四角藻 *Tetraedron minimum*（A. Br.）Hansg

三叶四角藻 *T. trilobulatum* Hansg.

小形四角藻 *T. gracile* Hansg.

三角四角藻 *Tetraedron trigonum*

二叉四角藻 *Tetraedron bifurcatum*

不正四角藻 *Tetraedronenorme*

纤维藻 *Ankistrodesmus* sp.

顶极藻 *Chodatella* sp.

被棘藻 *Fmanceia ovalis*（France.）Lemm

蹄形藻 *Kirchneriella* sp.

月牙藻 *Selenastrum* sp.

（三十三）卵囊藻科 Oecystaceae

浮球藻 *Planktosphaeeria gelotinosa* G. M. Smith

湖生卵囊藻 *Oecystis lacustis* Chod.

单生卵囊藻 *O. solitaria* Wittr.

椭圆卵囊藻 *O. elliptica* W. West

波吉卵囊藻 *O. borgei* Snow

肾形藻 *Nephrocytium agardhianum*

粗肾形藻 *Nephrocytium obesum*

新月肾形藻 *Nephrocytium lunatum*

并联藻 *Quadrigula*

（三十四）网球藻科

Dictyospheraceae

网球藻 *Dictyosphaerium ehrenbergianum*

美丽网球藻 *Dictyosphaerium pulchellum*

（三十五）水网藻科 Hydrodictyaceae

双射盘星藻 *Pediastrum biradiatum* Mey

二角盘星藻 *P. duplex* Mey

二角盘星藻纤维变种 *P. duplex* var. *gracillimum* W. et G. S. West

单角盘星藻 *P. simplex*（Mey.）Lemm.

单角盘星藻乳突变种 *Pediastrum simplex* var.

单角盘星藻具孔变种 *P. simplex* var. *duodenarium*（Bail）Rabenh

四角盘星藻 *P. tetras*（Her.）Ralfs.

四角盘星藻四齿变种 *P. tetras* var. *tetraodon*（Cord.）Rab

二角盘星藻大孔变种 *Pediastrum duplex* var. *clathratum*

短棘盘星藻 *P. boryanum*（Turp.）Men.

短棘盘星藻长角变种 *Pediastrum boryanum* var. *longicorne*

（三十六）栅藻科 Scenedamaceae

对对栅藻 *Scenedesmus bijuga*（Turp.）Lag.

斜生栅藻 *S. obliquus*（Turp.）Kutz.

二形栅藻 *S. dimophus*（Turp.）Kutz.

四尾栅藻 *S. quadricauda*（Turp.）Breb.

十字藻 *Tetraedron minimum*

四角十字藻 *T. quadrata* Morr.

华美十字藻 *Crucigenia lauterbornei*

四星藻属 *Tetrastrum* sp.

集星藻属 *Actinastrum hantzschii* Lag

网状空星藻 *Coelastrum reticulatum*（Dang.）Senn.

小空星藻 *C. microporum* Nag.

空星藻 *C. sphaericum* Nag

坎布空星藻 *strum cambricum*

（三十七）丝藻科 Ulotrichaceae

丝藻 *Ulothrix* sp.

游丝藻 *Planctonema lauterbornii*

（三十八）微孢藻科 Microsporaceae

微孢藻属 *Microspora* sp.

（三十九）鞘藻科 Oedogoniaceae

鞘藻 *Oedogonium* sp.

（四十）双星藻科 Zygnemataceae

双星藻 *Zygnema* sp.

转板藻 *Mougeotia* sp.

水绵 *Spirogyra* sp.

膝接藻属 *Zygogonium* sp.

（四十一）鼓藻科 Desmidiaceae

新月藻 *Closterium* sp.

锐新月藻 *C. acerosum*（Schrank.）Her.

库氏新月藻 *Closterium kuetzingii*

纤细新月藻 *Closterium gracile*

宽带鼓藻 *Pleurotaeium trabecula*（Her.）Naeg

裂顶鼓藻 *Tetmemorus brebissonii*（Menegh.）Ralfs

微星鼓藻 *Micraterias* sp.

角星鼓藻 *Staurastrum* sp.

鼓藻 *Cosmarium* sp.

顶接鼓藻 *Spondylosium* sp.

（四十二）刚毛藻科 Cladophoraceae

刚毛藻属 *Cladophora* sp.

（四十三）轮藻科 Characeae

丽藻属 *Nitella* sp.

3.1.1.6 小结

通过对洱海浮游植物演替变化规律的研究，得出以下的结论。

1）通过初步调查研究，目前洱海中共有藻类 152 种，隶属 8 门 95 属。藻类多样性呈上升的趋势；洱海藻类细胞总数量呈增加的趋势，近年来藻类细胞总数年平均值保持在 10^7 个/L 数量级，说明洱海水质有了一定的恢复，但是还是处于富营养状态。

2）2010 年绿藻数量大幅增加，洱海藻类群落结构演变为以蓝藻门、绿藻门为主，是典型的蓝-绿藻型湖泊。

3）洱海的浮游植物密度周年变化规律均表现为冬、春季低，夏、秋季高的特点，2010 年洱海浮游植物细胞总密度季节变化 1~12 月呈降—升—降的变化趋势，其中，藻类细胞总数 4 月达到最低值，在 10 月达到顶峰。

4）2010 年洱海浮游植物优势种总的变化方式是：绿藻门—硅藻门—蓝藻门—绿藻门。

5）洱海浮游植物季节分布不均，2010 年洱海藻类呈现南部和中部浮游植物数量明显大于北部的趋势。

综上所述，目前洱海藻类多样性呈上升的趋势，蓝藻数量呈下降的趋势，同时绿藻数量大量增加，究其原因，一方面洱海水环境正向良好的方向发展，但营养盐浓度还是较高，特别是总氮浓度呈增加的趋势，为洱海浮游植物的大量繁殖提供了必要条件；另一方面，洱海浮游植物的生存竞争者——水生植被在 2003 年严重衰退后，目前虽然得到一定程度的恢复，但是恢复速度缓慢，对水体的自净能力作用还不够大；再者，浮游植物的天敌——浮游动物数量下降，加之洱海区域适宜的气候条件，为洱海蓝、绿藻细胞创造了良好的生存环境，藻类细胞总数年均值还一直处于 10^7 个/L 的数量级。

3.1.2　洱海水生植物调查研究

3.1.2.1　洱海全湖水生植物的现状调查

图 3-6　洱海水草分布现状

2009 年 9～11 月对洱海全湖的水生植物（调查以沉水植物为主）展开现状调查：全湖共设监测断面 25 个，每个断面视沉水植物的分布梯度（由岸边垂直至湖中沉水植物分布下限）每隔 50～100m 设 1 个采样点，共设置 130～160 个采样点。在每个采样点，用 1/16m² 的彼德森采泥器采样 2 次或 3 次，将采集的沉水植物及时冲洗干净，分类鉴定，称其湿重，计算生物量，记录相应监测点位的周边环境情况，其他水生植物主要以观察记录为主。

3.1.2.2　洱海全湖水生植物种类组成

共调查到水生植物 51 种，隶属于 28 个科。其中，沉水植物种类最多，为 17 种，占总数的约 33.3%；湿生植物 14 种，占总数的约 27.5%；挺水植物 10 种，占总数的约 19.6%；漂浮植物和浮叶植物各 5 种，均约占水生植物总数的 9.8%（图 3-6 和图 3-7）。

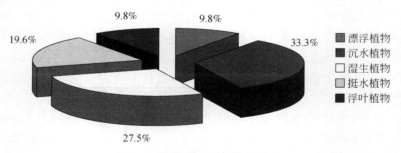

图 3-7　洱海水生植物种类组成

3.1.2.3　洱海全湖水生植物优势种

从全湖来看，洱海沉水植物的优势种为微齿眼子菜、金鱼藻、穗状狐尾草；浮叶植物优势种为菱、水鳖；漂浮植物优势种为青萍、紫萍；挺水植物的优势种为茭草。其中，群聚度较高的是散生木贼、满江红、金鱼藻、野菱、微齿眼子菜，而茴茴蒜、石龙尾、黄花狸藻、海菜花等均较少发现（表3-2）。

表3-2 洱海水生植物种类组成

科名	物种	群聚度	生活年限	生活型
木贼科 Eguisctaccac	1. 散生木贼 *E. riffusum* Don	4.0	多年生	湿生
槐叶萍科 Salviniaceae	2. 槐叶萍 *S. natans*（L.）All	3.0	一年生	漂浮
满江红科 Azollaceae	3. 满江红 *A. imbricata*（Roxb）Nakai	4.0	一年生	漂浮
毛茛科 Ranunculaceae	4. 茴茴蒜 *R. chinensis* Bunge	1.0	多年生	湿生
金鱼藻科 Ceratophyllaceae	5. 金鱼藻 *C. demcrsum* Linn	4.5	多年生	沉水
蓼科 Polygonaceae	6. 辣蓼 *P. hydropcr* Linn	2.5	多年生	湿生
	7. 酸模叶蓼 *P. lapthifolinm* Linn	2.5	多年生	挺水
苋科 Amaranthaceae	8. 喜旱莲子草（水花生）*A. philoxeroides*（Mart）Griseb	3.0	一年生	挺水
菱科 Hydrocaryaceae	9. 野菱 *T. incisa* Sied et Zucc	4.3	一年生	浮叶
	10. 细果野菱 *T. maximowiczii* Korshinsky	3.0	一年生	浮叶
	11. 乌菱 *T. bicornis* Osbeck	1.0	一年生	浮叶
小二仙草科 Halorrhagacea	12. 穗状狐尾藻 *M. spicatum* Li	3.4	多年生	沉水
伞形科 Umbelliferae	13. 水芹 *O. javanica*（Blume）DC	2.0	多年生	湿生
龙胆科 Gentianaceae	14. 荇菜 *N. Peltatum*（Gmel.）O. Ktze	3.5	多年生	浮叶
玄参科 Scrophulariaceae	15. 石龙尾 *L. sessiliflorac* Vahl. blume	1.0	多年生	沉水
水鳖科 Hydrocharitaceae	16. 黑藻 *H. verticillata*（Linn. f.）L. c. Roylc	3.5	多年生	沉水
	17. 海菜花 *O. acuminata*（Gagnep.）Dandy	1.0	多年生	沉水
	18. 苦草 *V. natans*（Lour.）Hara	3.5	多年生	沉水
	19. 水鳖 *H. dubia*（Bl）Backer	3.0	一年生	浮叶
狸藻科 Lentibulariaceae	20. 黄花狸藻 *U. aurea* Lour	1.0	一年生	沉水
唇形科 Labiatae	21. 薄荷 *M. haplocalyx* Briq	1.5	多年生	湿生
泽泻科 Alismataceae	22. 野慈姑 *S. trifolia* var. *angustifolia*（Sicb.）*Kitagawa*	1.2	多年生	挺水
眼子菜科 Potamogctonaceae	23. 菹草 *P. crispus* Linn	2.3	多年生	沉水
	24. 眼子菜（鸭子草）*P. distinctus* A. B. enn	2.0	多年生	沉水
	25. 光叶眼子菜 *P. lucens* Linn	1.9	多年生	沉水
	26. 竹叶眼子菜（马来眼子菜）*P. malaianus* Miq	3.1	多年生	沉水
	27. 微齿眼子菜 *P. maackianus* A. Benn	5.0	多年生	沉水
	28. 篦齿眼子菜 *P. pcctinatus* linn	2.5	多年生	沉水
	29. 穿叶眼子菜 *P. perfoliatus* Linn	2.0	多年生	沉水
角果藻科 Zannichelliaceae	30. 角果藻 *Z. pedunculata* Reichenb.	1.5	一年生	沉水
茨藻科 Najadaceae	31. 大茨藻 *N. marina* Linn	1.2	一年生	沉水
	32. 小茨藻 *N. minor* Linn	1.0	一年生	沉水

续表

科名	物种	群聚度	生活年限	生活型
雨久花科 Pontcdcriaccac	33. 凤眼莲（水葫芦）*E. crassipes*（Mart.）Solms Laub	3.2	多年生宿根	漂浮
浮萍科 Lemnaceae	34. 青萍 *L. minor* Linn	3.9	多年生	漂浮
	35. 紫萍 *S. polyrrhiza*（Linn）Schleid	4.0	多年生	漂浮
灯芯草科 Juncaceae	36. 灯芯草 *J. effuses* Linn	1.0	多年生	湿生
莎草科 Cyperaceae	37. 针蔺 *E. valleculosa* Ohwi	2.0	多年生	挺水
	38. 水葱 *S. taber maemontani*（C. Cmel）Palla	2.0	多年生	挺水
禾本科 Gramineae	39. 狗牙根 *C. dactylon*（Linn.）Preal	1.0	多年生	湿生
	40. 六穗稻 *L. hexandra* Swartz	1.5	多年生	挺水
	41. 双穗雀稗 *P. distichum* Linn	2.5	多年生	挺水
	42. 芦苇 *P. australis*（Car）Trin. ex Steub	4.5	多年生	挺水
	43. 菰（茭草）*Z. caduciflora*（Turcz. ex trin）Hand. -Mazz	3.5	多年生	挺水
	44. 棒头草 *P. fugax* Nees ex Steud	2.0	一年生	湿生
	45. 水稗 *E. crusgalii*（Linn.）P. beauv	1.5	多年生	湿生
	46. 扁穗牛鞭草 *H. compressa*（Linn.）f. h. Br	1.2	多年生	湿生
香蒲科 Typhaceae	47. 水烛 *Typha angustifolia* L.	1.0	多年生	湿生
天南星科 Araceae	48. 菖蒲 *Acorus calamus* L.	2.0	多年生	湿生
旋花科 Convolvulaceae	49. 蕹菜 *Ipomoea aquatica* Forsk	1.5	一年生	湿生
水蕨科 Ceratopteridaceae	50. 水蕨 *Ceratopteris thalicitroides*（L.）Brongo	2.0	一年生	湿生
睡莲科 Nymphaeaceae	51. 莲 *Nelunbo nucefera* Gaertn.	3.2	多年生	挺水

注："1.0"代表个别散生或单生；"2.0"代表较小丛或小簇；"3.0"代表小片或小块；"4.0"代表小群或大块；"5.0"代表集成大片，背景化。

3.1.2.4 洱海水生植物主要群落分布现状

据调查，洱海水生植物群落类型有10多个，浮叶植物群落中分布较广的有荇菜群落、野菱群落、凤眼莲群落等，挺水植物群落主要有茭草群落，沉水植物群落主要有微齿眼子菜群落、金鱼藻群落、穗状狐尾藻群落、竹叶眼子菜群落、苦草群落等。

（1）浮叶植物群落

1）野菱群落。野菱群落主要分布于湖西大理至下关之间的湖湾—沙坪湾、沙村湾，北部海潮河湾，洱海东线海东向阳湾、长育湾等，盖度可达60%～100%，在密集的菱群落中，几乎无其他沉水植物，在稀疏的菱群落中，常混有金鱼藻。

2）荇菜群落。荇菜群落主要分布于塔村、双廊、红山及沙坪湾、沙村湾一带，群落盖度为70%～80%，常伴生有满江红、浮萍、紫萍、槐叶萍等浮叶植物，以及微齿眼子菜、竹叶眼子菜、苦草、金鱼藻等沉水植物。

3）凤眼莲群落。凤眼莲群落分布面积较小，常为人工种植，主要分布于沙村湾和海潮河湾水域，凤眼莲生长区域盖度可达90%以上，一般其他水生植物无法生存，由于近年人工打捞，凤眼莲群落已几近消失。

（2）挺水植物群落

洱海常见的挺水植物群落主要为茭草群落，分布于南部波罗江口至机场路一线，北部沙坪湾、沙村湾，东部向阳湾，西部洱滨村、小关邑等。其中以南部波罗江口至机场路一线、沙坪湾、沙村湾分布面积最大，主要集中在湖湾的沿岸浅水区及沼泽内，群落盖度为70%~90%，伴生的浮叶植物主要有荇菜、莲，沉水植物有微齿眼子菜、金鱼藻、狐尾藻等。

（3）沉水植物群落

洱海常见的沉水植物为微齿眼子菜、金鱼藻、穗状狐尾藻、苦草、竹叶眼子菜、黑藻，其中微齿眼子菜为绝对优势种。

1）微齿眼子菜群落。微齿眼子菜群落着生湖床多为泥沙、腐殖质泥沙或淤泥，分布水深2~6m，平均分布下限为5.5m。单位面积生物量4.73 kg/m^2，最大生物量达48 kg/m^2。为全湖分布最广、生物量最大的群落，特别喜欢生长在有腐殖质淤泥的湖湾，在波罗江、风浪箐、红山、大沟尾、仁里邑、永安江、洱滨、小关邑等断面均有大面积分布。常形成单优群落或与竹叶眼子菜、金鱼藻等种类形成共优群落，常形成密集的植丛，主要伴生种有金鱼藻、竹叶眼子菜、穗状狐尾藻、黑藻、苦草等，见表3-3。

表3-3　微齿眼子菜群落（+表示有记载）

样地	波罗江	风浪箐	大沟尾	红山	永安江	洱滨	小关邑
群落总盖度（%）	80	95	95	70	90	90	95
植物名称	多优度和群集度						
微齿眼子菜 *P. maackianus*	4.4	4.4	4.4	4.4	4.4	4.4	4.4
金鱼藻 *Ceratophyllum demersum*	2.2	2.2	3.3		2.2	3.3	1.1
苦草 *Valleseria gigantes*	+						
黑藻 *Hydrilla verticillata*	4.4						
狐尾藻 *Myriophyllnm spicstnm*	+						
竹叶眼子菜 *P. malaianus*	1.1		1.1	1.1			
红线草 *Pctamogeton pextinatus*		2.2					
丽藻属 *Nitella* sp.			2.2	2.2			

2）金鱼藻群落。金鱼藻群落分布底质常为泥沙质或淤泥，分布水深2~5 m，平均分布下限为5.5 m，最深达6 m。单位面积生物量为5.18kg/m^2，最大生物量达48kg/m^2。全湖广布，在团山、波罗江、风浪箐、海潮河湾、仁里邑、大沟尾、永安江口、沙村湾、磻溪、才村、洱滨等断面分布较多，群落结构简单，主要伴生种有竹叶眼子菜、穗状狐尾藻等，见表3-4。

表 3-4　金鱼藻群落（+表示有记载）

样地	海潮河湾	沙村湾	沙坪湾	磻溪	洱滨
群落总盖度（%）	90	90	85	70	80
植物名称	多优度和群集度				
金鱼藻 *Ceratophyllum demersum*	4.4	4.4	2.2	4.4	2.2
微齿眼子菜 *P. mssckianus*	3.5	3.3	1.1	3.3	2.0
苦草 *Valleseria gigantes*		2.2	+	2.2	
黑藻 *Hydrilla verticillata spicstnm*	+	1.1	+		
狐尾藻 *Myriophyllnm*	+	+	+		
红线草 *Pctamogeton pextinatus*	+	+	1.1		
竹叶眼子菜 *P. malaianus*	1.1	+	+		
紫背浮萍 *Spirodela polyrhiza*（Linn.）Schleid	3.3	4.4	4.4		
荇菜 *N. Peltatum*（Gmel.）O. Ktze	+	1.1	2.2		
细果野菱 *T. maximowiczii* Korshinsky	3.3	4.4	4.4		

3）穗状狐尾藻群落。穗状狐尾藻群落分布底质常为泥沙质，分布水深 $0 \sim 3m$，平均分布下限为 3m，最深达 5.1m。单位面积生物量为 $0.64kg/m^2$，最大生物量达 $5.6kg/m^2$。全湖广布，在团山、波罗江、鹿卧山、海潮河、弥苴河、长育、红山等断面分布较多，群落结构简单，主要伴生种有竹叶眼子菜、野菱、荇菜、金鱼藻等，见表 3-5。

表 3-5　穗状狐尾藻群落（+表示有记载）

样地	团山	波罗江	鹿卧山	海潮河	弥苴河	长育
群落总盖度（%）	90	80	80	95	60	85
植物名称	多优度和群集度					
狐尾藻 *Myriophyllnm spicstnm*	2.2	1.1	2.2	2.2	1.1	2.2
金鱼藻 *Ceratophyllum demersum*	4.4	2.2	+	4.4		3.3
微齿眼子菜 *P. maackianus*	2.2	4.4	2.2	4.4	3.3	
苦草 *Valleseria gigantes*	2.2	1.1	4.4	1.1	+	+
黑藻 *Hydrilla verticillata*					+	+
竹叶眼子菜 *P. malainus*	1.1	1.1			3.3	3.3
丽藻属 *Nitella* sp.	+			3.3	1.1	1.1

4）竹叶眼子菜群落。竹叶眼子菜群落底质为砂、泥沙或淤泥，分布水深 $1 \sim 4$ m，平均分布下限为 3.9 m，最深达 5.1 m。单位面积生物量为 1.30 kg/m^2，最大生物量达 16 kg/m^2。

在下河、向阳、金圭寺、风浪箐、才村等断面分布较多，植株常接近水面，主要伴生种有穗状狐尾藻、微齿眼子菜、蓖齿眼子菜、苦草、金鱼藻等。有时出现大量附生藻类附着于植株上（表 3-6）。

表 3-6 竹叶眼子菜群落 （+表示有记载）

样地	下河	金圭寺	才村	向阳
群落总盖度（%）	70	85	80	85
植物名称	多优度和群集度			
竹叶眼子菜 *P. malaianus*	2.2	2.2	2.2	2.2
微齿眼子菜 *P. maackianus*	1.1	1.1	2.2	+
金鱼藻 *Ceratophyllum demcrsum*		1.1	2.2	+
苦草 *V. natans*（Lour.）*Hara*	1.1	2.2	3.3	3.3
黑藻 *Hydrilla verticillata*	1.1	+		2.2
狐尾藻 *Myriophyllnm spicstnm*	1.1	1.1		1.1
红线草 *Pctamogeton pextinatus*	+		+	

5）苦草群落。苦草群落分布底质常为砂质、泥沙质或淤泥，分布水深 2～6m，群落种类较简单，主要伴生种有竹叶眼子菜、穗状狐尾藻、金鱼藻等（表 3-7）。

表 3-7 苦草群落

样地	向阳	鹿卧山	磻溪	才村
群落总盖度（%）	85	80	70	80
植物名称	多优度和群集度			
苦草 *V. natans*（Lour.）*Hara*	4.4	4.4	4.4	3.3
竹叶眼子菜 *P. malaianus*	1.1			1.1
微齿眼子菜 *P. maackianns*	1.1	1.1	3.3	2.2
金鱼藻 *Ceratophyllum demersum*			3.3	1.1
穗状狐尾藻 *Myriophyllnm spicstnm*	1.1	1.1		

3.1.2.5 洱海沉水植物的生物量变化分析

从全湖来看，2010 年全湖沉水植物分布面积为 20.41km^2，分布下限为 5.5m，总生物量为 28.25 万 t，全湖单位面积生物量为 13.84 kg/m^2。另外，洱海沉水植物出现低耐污型的沉水植物，但分布面积和生物量均较小，沉水植物仍以微齿眼子菜与金鱼藻等耐污种为主（表 3-8）。

表 3-8 2010 年全湖沉水植物生物量变化趋势

年份	植被分布下限（m）	全湖沉水植被分布面积（km^2）	全湖生物量（万 t）	全湖单位面积生物量（kg/m^2）
2010	5.5	20.41	28.25	13.84

3.1.2.6 洱海水生植物分布与主要环境因子关系的研究

通过典范对应分析（CCA）方法分析，洱海常见水生植物的分布与水深、溶解氧、叶绿素 a 和透明度密切相关。金鱼藻与微齿眼子菜，狐尾藻、丽藻、竹叶眼子菜、穿叶眼子菜与眼子菜对生境的需求较相似。金鱼藻和微齿眼子菜分布与湖体总氮的关系密切，呈正相关关系，说明微齿眼子菜与金鱼藻属于耐高总氮浓度型植物，并且金鱼藻在总氮浓度高的水域比微齿眼子菜生长得好，苴草和亮叶眼子菜与总磷含量的关系密切，竹叶眼子菜、眼子菜、丽藻、狐尾藻、红线草等分布于水体透明度高的区域，微齿眼子菜、金鱼藻主要分布于水较深的区域。

从洱海水生植被分布与水深的关系来看，洱海北部水域（包括沙村湾、沙坪湾、仁里邑、东沙坪、弥苴河口、永安江口、红山湾、长育湾、风浪箐、海潮河湾等）、中部水域（包括向阳湾、文笔、海印、鹿卧山、金圭寺、才村、马久邑等）和南部水域（包括团山、小关邑、洱滨、罗久邑、石坪村、波罗江口、下河湾等），水生植被分布的平均下限分别为 5.8m、4.4 m 和 5.5m，最大分布下限分别为 6m、5.1m 和 5.8m，水草分布是北部大于南部，南部大于中部如图 3-8 所示。

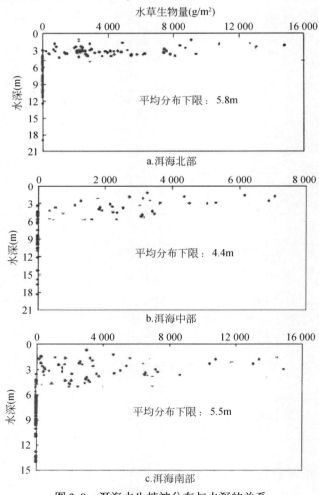

图 3-8　洱海水生植被分布与水深的关系

3.1.2.7　洱海湖心平台水生植物研究

湖心平台位于洱海南部湖心，南起洱滨村，北至才村和文笔村，面积达 23 km²，平均水深 8 ~ 11m，平台内水体 pH 在 8.3 ~ 8.5，底质为黑色腐殖质淤泥，称之为湖心暗滩植物区，2003 年以前曾广布水生植物，是洱海曾经最主要的水生植被分布区和其他水生生物栖息地，其水生植物的更替变化与整个洱海的环境变化息息相关。

2003 年以后，随着洱海水体富营养化，蓝藻水华爆发，水质大幅下降，水体透明度急剧下降，致使洱海湖心平台水生植物逐渐消亡，洱海湖心平台至今已无水生植物，湖心平台失去了原来重要的生态功能。

3.1.2.8　小结

通过对洱海水生植物全面调查和分析，得出以下结论。

1）从全湖来看，2010 年洱海水质富营养化得到有效控制，水生植物有所恢复，主要优势种为金鱼藻、微齿眼子菜，群落结构仍然比较单一，但苦草群落面积逐年增加，大茨藻、小茨藻、黄花狸藻、角果藻、红线草分布面积有所上升。

2）通过 CCA 方法和相关性研究，得出洱海常见水生植物的分布与水深、溶解氧、叶绿素 a 和透明度密切相关。

3）从全湖来看，2010 年全湖沉水植物分布面积为 20.41km²，分布下限为 5.5m，总生物量为 28.25 万 t，全湖单位面积生物量为 13.84 kg/m²。洱海沉水植物虽然出现低耐污型的沉水植物，但分布面积和生物量均较小，沉水植物仍以微齿眼子菜与金鱼藻等耐污种为主，洱海湖心平台的水生植被还未得到恢复，依然是一片"不毛之地"。

3.1.3　洱海浮游动物调查研究

3.1.3.1　浮游动物现状调查研究

2009 ~ 2010 年，开展了洱海浮游动物的调查研究，全湖设置 7 个采样点（编号为 280、281、283、284、286、288、632），进行了月际采样。定性样品用 113μm 的浮游生物网于水平方向和垂直方向拖取；定量样品用 10L 采水器采集，从表层开始向下每隔 1m 采集一次，采至底层；用 38μm 孔径的浮游生物网过滤样品。定性和定量样品都用 5% 的福尔马林固定。在 Eclipse 80i 微分干涉荧光显微镜和普通显微镜下进行种类鉴定和计数。在计数的同时，测量每个个体的体长，根据体长–生物量的公式估算每个个体的生物量。

3.1.3.2　浮游动物的种类组成与结构划分

2010 年在洱海调查到浮游动物共有 43 科 156 种，其中原生动物有 28 属（种）；轮虫有 5 科 80 种；棱角类 2 目 6 科 28 种，桡足类 2 目 5 科 20 种，全年生物量平均为 1487 个/L。生物量在夏秋季较高，最高为 8 月高达 3445 个/L；冬春季较低，最低为 3 月仅为 197

个/L。

（1）轮虫类

在洱海中共检到轮虫79种，新记录种2种，绝大多数种类属于单巢类。其中鼠轮科15种、臂尾轮科13种、疣毛轮科8种、腔轮科12种、腹尾轮科6种、须足轮科1种、棘管轮科1种、鬼轮科2种、鞍甲轮科3种、镜轮科1种、六腕轮科1种、三肢轮科1种、胶鞘轮科6种、聚花轮科2种、晶囊轮科3种、椎轮科1种、旋轮科2种、高蹻轮科1种。常见种类为螺形龟甲轮虫、对棘异尾轮虫、圆筒异尾轮虫、暗小异尾轮虫、纵长异尾轮虫、长刺异尾轮虫、前节晶囊轮虫、广生多肢轮虫、大肚须足轮虫、扁平泡轮虫、长圆疣毛轮虫、独角聚花轮虫、*Lecane arcuata*、无常胶鞘轮虫和舞跃无柄轮虫等。洱海地处亚热带，与其他热带亚热带地区水体一样，腔轮科、臂尾轮科和鼠轮科是种类最多的3个属，占轮虫种类的50%。检到的12种腔轮虫均为广布性种类，但以穹腔轮虫（*Lecane arcuata*）最为常见，全年均有分布。*Lecane arcuata*虽为广布性种类，但是在我国尚未见报道，属我国的新记录种。臂尾轮属共检到13种，多为广布性或暖水性种类，但在洱海并不常见。在检到的异尾轮虫中，常见种为对棘异尾轮虫、圆筒异尾轮虫和刺盖异尾轮虫。卡顿异尾轮虫是暖水性种类，圆筒异尾轮虫和罗氏异尾轮虫是冷水性种类，其他种类均是广布性。*Trichocera inermis*在我国也未见报道，属我国的新记录种。

（2）枝角类

在洱海共检到枝角类28种，隶属2目6科。主要由溞科8种、尖额溞亚科7种、盘肠溞亚科4种、盘肠溞科1种、仙达溞科3种、象鼻溞科2种、裸腹溞科2种、泥溞科1种组成。洱海敞水区枝角类主要由秀体溞属、象鼻溞属、裸腹溞属、网纹溞属和溞属等组成，与其他热带地区水体比较相似。沿岸带种类大多数来自盘肠溞科，常见种类为盔形溞、长额象鼻溞、圆形盘肠溞、锯唇幼孔盘肠溞、长刺溞、方形网纹溞和模糊网纹溞。洱海秀体溞属有3种：奥氏秀体溞、模糊秀体溞和多刺秀体溞。而前两种是我国其他热带和亚热带水体的常见种类。

（3）桡足类

在洱海共检到敞水区桡足类20种，其中，哲水蚤目4科14种，剑水蚤目1科6种。舌状叶镖水蚤是中国热带亚热带地区的特有种，在洱海中比较常见。在剑水蚤亚科中，中剑水蚤属和温剑水蚤属的种类广泛分布于热带和亚热带水体中。分布在洱海的中剑水蚤为特异中剑水蚤，特异中剑水蚤在中国分布相对比较广，南北均有分布。

由于食物生态位的重叠，桡足类与枝角类存在着食物竞争关系。多数哲水蚤种类主要以藻类为食；剑水蚤大部分种类在无节幼体阶段以藻类为食，在桡足幼体晚期和成体阶段则为杂食性，可以捕食哲水蚤的无节幼体、轮虫和小型枝角类。

（4）原生动物

在洱海中共检到原生动物28属（种），原生动物中的变形虫等，一般被列为耐有机污染种类，本次调查中以团睥睨虫、钟虫属、绿急游虫、旋回侠盗虫为主要优势种。其分布以靠近海东较多，在河口的分布较少。全湖的平均生物量原生动物14 600个/L。原生动物优势种演替规律如下：原生动物2009年8月为团睥睨虫，秋季演变为钟虫属及绿急游虫为主,冬春季则以旋回侠盗虫为主,2010 年夏季则演变为表壳虫和累枝虫为主。受到洱海富营养化进程的影响,原生动物优势种逐渐演变为以钟虫、累枝虫为主的耐污种,生物量也有明显下降趋势。

3.1.3.3 浮游动物的群落结构特征

浮游动物群落变化如图 3-9 所示,可以看出,洱海浮游动物生物量夏秋季高,最高为 8 月高达 3445 个/L,冬春季较低,最低为 2 月仅为 197 个/L,全年生物量平均 1487 个/L。轮虫生物量是 2010 年 7 月最高,为 769 个/L,2 月最低仅为 106 个/L。大型浮游甲壳类 9 月最高,为 265.6 个/L,2 月、3 月均较低,分别为 23 个/L,28.3 个/L。

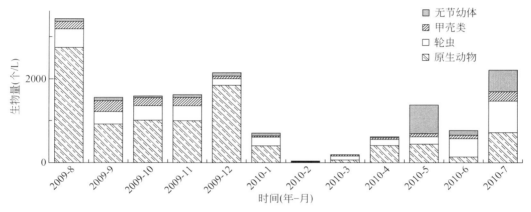

图 3-9 2009 年 8 月~2010 年 7 月洱海浮游动物生物量的变化

洱海目前浮游动物的群落结构组成如图 3-10 所示,可知目前原生动物数量居多,其次是轮虫,大型甲壳类所占比重较少。洱海各月浮游动物平均丰度为 26~646 个/L,各月平均生物量为 45~1357 μg/L。由于洱海叶绿素 a 浓度一般在 10 mg/m³ 以上,浮游植物细胞一般在 10⁴ 个/mL 以上,相对而言,浮游动物的丰度和生物量并不是很高。浮游动物丰度和生物量的季节性变化非常明显。浮游动物丰度分别在春末的 5 月和夏末的 8 月出现两个峰值,冬末的 2 月丰度处于全年最低水平(图 3-11)。浮游动物生物量的季节变化模式

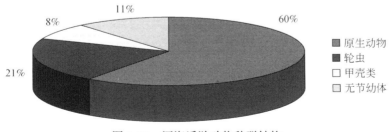

图 3-10 洱海浮游动物种群结构

基本上与丰度变化一致，但在春季的峰值比丰度提前一个月出现（图 3-12）。

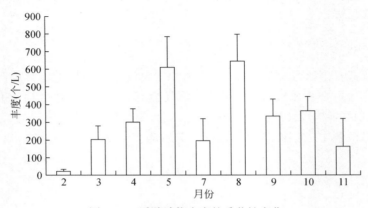

图 3-11　浮游动物丰度的季节性变化

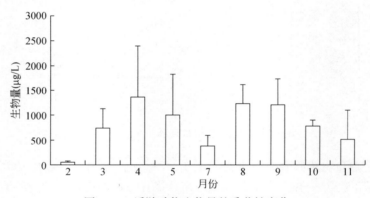

图 3-12　浮游动物生物量的季节性变化

群落结构和优势种的季节性变化：从丰度角度讲，洱海浮游动物全年均以轮虫为第一优势类群。轮虫在 2～5 月相对丰度都超过 70%，而在 7～11 月，轮虫相对丰度有所下降，维持在 60% 左右。在水温相对比较高的 5～9 月，枝角类的丰度略高于桡足类，成为第二优势类群。但是，在其他月份，桡足类的丰度高于枝角类，成为第二优势类群（图 3-12）。

从生物量角度讲，全年绝大部分时间（2～10 月）洱海浮游动物以枝角类为第一优势类群，而且枝角类生物量在总浮游动物生物量所占的比例季节性变化非常明显。在 2～5 月，枝角类生物量所占的比例逐渐上升，并在 5 月所占的比例高达 80% 左右，此后，其比例逐渐下降，并在 11 月被桡足类所取缔。与枝角类相反，在 2～5 月，轮虫和桡足类生物量所占的比例呈逐月下降的趋势；在 7～11 月，桡足类生物量所占的比例逐月上升，并在 11 月取缔枝角类成为第一优势类群（图 3-13 和图 3-14）。

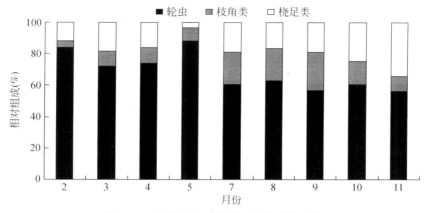

图 3-13　浮游动物丰度组成的季节性变化

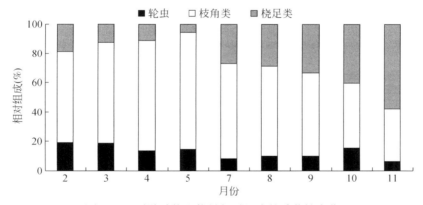

图 3-14　浮游动物生物量相对组成的季节性变化

在 2009 年春季，枝角类以盔形溞和模糊网纹溞为主要优势种类；轮虫先以前节晶囊轮虫为优势种，但在春末以异尾轮虫为优势种；桡足类基本上以特异中剑水蚤为优势种。2009 年夏季，枝角类以长额象鼻溞、方形网纹溞和圆形盘肠溞为优势种；桡足类仍以特异中剑水蚤为优势种；轮虫先以长圆疣毛轮虫为优势种，在夏末以广生多肢轮虫为优势种。2009 年秋季，枝角类先以长额象鼻溞和方形网纹溞为优势种，秋末，除长额象鼻溞仍然是优势种外，奥氏秀体溞取缔方形网纹溞成为另一优势种；前节晶囊轮虫在秋季重新成为轮虫的优势种；桡足类以舌状叶镖水蚤为优势种类。在 2009 年冬季，枝角类以盔形蚤为优势种；轮虫以前节晶囊轮虫为优势种；桡足类以特异中剑水蚤为优势种。

2010 年春季，枝角类以长刺溞为优势种，桡足类以小剑水蚤为优势种，温剑水蚤属在 2 月出现较多，轮虫以螺形龟甲轮虫为主，到春末，2009 年 2 ~ 7 月和 2010 年 2 ~ 7 月对比来看，枝角类优势种，春季由盔形溞和模糊网纹溞变为长刺溞，桡足类优势种由特异中剑水蚤变为小剑水蚤和温剑水蚤为主，轮虫优势种由前节晶囊轮虫变为耐污种的螺形龟甲轮虫，疣毛轮虫在 2010 年春末成为优势种；夏季，两年的枝角类主要优势种仍以长额象鼻溞为主，变化不是很大；桡足类由特异中剑水蚤变为小剑水蚤；轮虫优势种由长圆疣毛轮虫和广生多肢轮虫变为暗小异尾轮虫和纵长异尾轮虫（表3-9）。

表 3-9　洱海浮游动物优势种类

时间（年–月）	优势种类
2009–2	盔形溞、特异中剑水蚤、前节晶囊轮虫
2009–3	盔形溞、模糊网纹溞、特异中剑水蚤、前节晶囊轮虫
2009–4	盔形溞、模糊网纹溞、前节晶囊轮虫
2009–5	盔形溞、模糊网纹溞、方形网纹溞、异尾轮虫
2009–7	长额象鼻溞、方形网纹溞、圆形盘肠溞、特异中剑水蚤、长圆疣毛轮虫
2009–8	长额象鼻溞、方形网纹溞、圆形盘肠溞、特异中剑水蚤、舌状叶镖水蚤、广生多肢轮虫
2009–9	方形网纹溞、长额象鼻溞、舌状叶镖水蚤、特异中剑水蚤、前节晶囊轮虫
2009–10	长额象鼻溞、奥氏秀体溞、舌状叶镖水蚤、特异中剑水蚤、前节晶囊轮虫
2009–11	舌状叶镖水蚤、奥氏秀体溞、长额象鼻溞、前节晶囊轮虫
2009–12	小剑水蚤、长刺溞、长额象鼻溞、特异荡镖水蚤、螺形龟甲轮虫
2010–1	小剑水蚤、长刺溞、方形网纹溞、卵形盘肠溞、长额象鼻溞、螺形龟甲轮虫
2010–2	温剑水蚤属、长刺溞、卵形盘肠溞、僧帽溞、新月北镖水蚤、螺形龟甲轮虫
2010–3	长刺溞、小剑水蚤、长额象鼻溞、裸腹溞属、卵形盘肠溞、螺形龟甲轮虫
2010–4	长刺溞、长额象鼻溞、小剑水蚤、温剑水蚤属、方形网纹溞、疣毛轮虫
2010–5	透明溞、方形网纹溞、小剑水蚤、长额象鼻溞、裸腹溞属、暗小异尾轮虫
2010–6	长额象鼻溞、方形网纹溞、小剑水蚤、卵形盘肠溞、暗小异尾轮虫
2010–7	长额象鼻溞、小剑水蚤、裸腹溞属、汤匙华哲水蚤、纵长异尾轮虫

3.1.3.4　浮游动物现存量的空间变化

在设置的7个浮游动物采样点中，632、280和281这3个采样点分布于洱海的北片湖区，而283、284、286和288这4个采样点位于洱海的南片湖区。因此，在分析洱海浮游动物的空间变化时，以北湖区和南湖区进行比较。

在冬季，两个湖区浮游动物生物量没有明显的差别，都是处于全年最低水平。在春季的4月、5月，洱海浮游动物生物量出现全年中的第一个峰值，此时，北湖区浮游动物生物量高于南湖区。在浮游动物生物量出现第二个峰值的8月、9月，北湖区浮游动物生物量仍然高于南湖区（图3-15）。

3.1.3.5　主要浮游动物个体大小分布特征

在本次调查中，发现洱海浮游动物中体长最大的种类为桡足类的舌状叶镖水蚤，其最大体长为2 mm，平均体长为1.28 mm；其次为枝角类的盔形溞，其最大体长为1.9 mm，平均体长为0.96 mm。在洱海常见枝角类种类中，盔形溞是个体最大的种类，其次是模糊网纹溞和奥氏秀体溞，长额象鼻溞和圆形盘肠溞属小型枝角类种类。前节晶囊轮虫、大肚

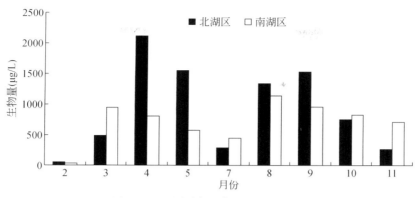

图 3-15　浮游动物生物量的空间变化

须足轮虫、赫氏皱甲轮虫和长圆疣毛轮虫是洱海中个体相对比较大的轮虫种类，平均体长分别为 0.39mm、0.28mm、0.23mm 和 0.14mm，其中前节晶囊轮虫最大体长可达 1 mm。在 3 种桡足类中，舌状叶镖水蚤个体最大，最大体长可达 2 mm，平均体长为 1.28 mm；特异中剑水蚤次之，其最大体长也可达到 1.9 mm，平均体长为 0.69 mm；棘突温剑水蚤相对比较小，最大体长为 1 mm，平均体长为 0.61 mm（表 3-10）。

表 3-10　洱海主要浮游动物种类体长　　　　　　　　（单位：mm）

种类	最小体长	最大体长	平均体长
前节晶囊轮虫	0.100	1.000	0.392
赫氏皱甲轮虫	0.110	0.310	0.234
大肚须足轮虫	0.150	0.350	0.278
长圆疣毛轮虫	0.70	0.260	0.141
盆形溞	0.350	1.900	0.960
模糊网纹溞	0.430	1.500	0.631
方形网纹溞	0.165	0.700	0.415
长额象鼻溞	0.120	0.750	0.273
圆形盘肠溞	0.150	0.620	0.234
奥氏秀体溞	0.250	1.500	0.504
舌状叶镖水蚤	0.800	2.000	1.282
特异中剑水蚤	0.600	1.900	0.693
棘突温剑水蚤	0.550	1.000	0.613

3.1.3.6　浮游动物多样性指数

在洱海，由于浮游桡足类种类只有 3 种，没有计算其多样性指数，枝角类和轮虫的多样性指数详见表 3-11 和表 3-12。总体上看，枝角类多样性指数值相对比较低，各月平均多样性指数值为 1.14～2.22，最大值出现在 11 月的 283 采样点，最小值出现在 7 月的 288

采样点。相对来讲，夏季和冬季枝角类多样性指数值小于春季和秋季；在枝角类生物量比较高的季节，北湖区枝角类多样性指数值相对高于南湖区。相对来讲，洱海轮虫多样性指数值明显高于枝角类，各月平均指数值为 1.88~2.95，最大值出现在 5 月的 281 采样点，最小值出现在 2 月的 288 采样点。春季轮虫多样性指数值相对高于其他季节，而冬季多样性指数值最低，轮虫多样性指数没有明显的空间变化模式。春季，疣毛轮虫成为优势种；夏季，枝角类以透明溞、长额象鼻溞为优势种，桡足类以小剑水蚤为优势种，轮虫以暗小异尾轮虫和纵长异尾轮虫为优势种。

表 3-11　枝角类香农—威纳多样性指数

月份	632	288	286	284	283	281	280	平均
2	1.12	1.64	1.52	1.50	1.90	0.96	1.82	1.49
3	1.99	2.09	2.06	2.12	2.08	1.79	1.77	1.99
4	1.90	1.86	1.91	1.31	1.94	2.12	1.47	1.79
5	2.00	1.58	1.45	1.03	1.25	1.76	2.32	1.63
7	1.55	0.50	0.85	0.54	1.34	1.45	1.77	1.14
8	1.46	1.59	1.73	1.72	1.70	1.75	1.20	1.59
9	1.72	2.06	1.21	1.97	1.70	2.21	2.27	1.88
10	2.46	1.51	1.29	1.07	1.47	1.78	1.58	1.59
11	1.95	2.58	1.84	2.47	2.6	2.02	2.07	2.22

表 3-12　轮虫香农—威纳多样性指数

月份	632	288	286	284	283	281	280	平均
2	1.97	1.32	2.00	1.72	2.00	1.76	2.42	1.88
3	2.59	2.46	2.35	2.47	2.10	2.64	2.26	2.41
4	2.90	2.91	3.18	2.97	2.95	3.37	2.37	2.95
5	2.69	2.96	3.06	2.87	2.81	2.85	3.06	2.90
7	2.34	2.82	2.77	2.72	2.91	2.43	2.40	2.63
8	2.63	2.38	2.17	1.92	2.34	2.46	2.30	2.31
9	2.30	3.10	2.97	2.58	2.79	2.83	3.00	2.80
10	1.85	3.00	3.04	2.82	3.02	1.52	2.39	2.52
11	2.58	2.93	2.52	2.61	2.65	2.80	2.09	2.60

3.1.3.7　洱海浮游动物名录

洱海浮游动物名录见表 3-13。

表 3-13　洱海浮游动物名录

原生动物　Protozoa	
变形虫属 *Amoeba* sp.	尾草履虫 *Paramecium caudatum*
表壳虫属 *Arcella*	膜袋虫属 *Cyclidium*
普通表壳虫 *Arcella vulgaris*	银灰膜袋虫 *Cyclidium glaucoma*
弯凸表壳虫 *Arcella gibbosa*	筒壳虫属 *Tiulinnidium*
砂壳虫属 *Difflugia*	淡水筒壳虫 *Tintinnidium fluviatile*
球砂壳虫 *Difflugia globulosa*	似铃壳虫属 *Tintinnopsis*
褐砂壳虫 *Difflugia avellana*	王氏似铃壳虫 *Tintinnopsis wang*
匣壳虫属 *Centropyxis*	聚钟虫属 *Campanella*
针棘匣壳虫 *Centropyxis aculeata*	伞形聚钟虫 *Campanella umbellaria*
刺日虫属 *Raphidiophrys* sp.	钟虫属 *Vorticella* sp.
管叶虫属 *Trochelophyllum*	累枝虫属 *Epistylis* sp.
卑怯管叶虫 *Trachelophyllum pusillum*	喇叭虫属 *Stentor multiformis*
斜管虫属 *Chilodonella*	天蓝喇叭虫 *Stentor coeruleus*
钩刺斜管虫 *Chilodonella uncinata*	急游虫属 *Strombidium* Claparède and Lachmann
拟前管虫属 *Pseudoprorodon armatus*	绿急游虫 *Strombidium viride*
武装拟前管虫 *Pseudoprorodon armatus*	侠盗虫属 *Stribilidium gyrans*
栉毛虫属 *Didinium*	旋回侠盗虫 *Grenus Strobilidium*
小单环栉毛虫 *Didinium balbianii* nanum	游仆虫属 *Genus Euplotes* Ehrenberg
脾睨虫属 *Askenasia*	阔口游仆虫 *Euplotes eurystomus*
团脾睨虫 *Askenasia volvox*	靴纤虫属 *Cothurnia* sp.
漫游虫属 *Litonotus* sp.	环靴纤虫 *Cothurnia annulata*
龙骨漫游虫 *Litonotus carinatus*	小胸虫属 *Pseudomicrothorax*
前口虫属 *Frontonia* sp.	活泼拟小胸虫 *Pseudomicrothorax agilis*
草履属　Paramecium	
轮虫 Rotatoria	
臂尾轮科 *Brachionidae*	尾突臂尾轮虫 *Brachionus caudatus*
螺形龟甲轮虫 *Keratella cochlearis*	蒲达臂尾轮虫 *Brachionus budapestensis*
曲腿龟甲轮虫 *Keratella valga*	萼花臂尾轮虫 *Brachionus calyciflorus*
螺形龟甲轮虫 *Keratella tecta*	方形臂尾轮虫 *Brachionus capsuliflorus*
热带龟甲轮虫 *Keratella tropica*	裂痕龟纹轮虫 *Anuraeopsis fissa*
矩形龟甲轮虫 *Keratella quadrata*	须足轮科 *Diplois daviesiae*
剪形臂尾轮虫 *Brachionidae. forficula*	大肚须足轮虫 *Euchlanis dilatata*
角突臂尾轮虫 *Brachionus angularis*	棘管轮科 *Mytitina*
矩形臂尾轮虫 *Brachionus Leydigi*	腹棘管轮虫 *Mytilina ventralis*

轮虫 Rotatoria	
鬼轮科 Trichotria	梨形腔轮虫 Lecane pyriformis Daday
方块鬼轮虫 Trichotria tetractis	蹄形腔轮虫 Lecane ungulata
台杯鬼轮虫 Trichotria pocillum	囊形腔轮虫 Lecane bulla
鞍甲轮科 Lepadella	尖趾单趾轮虫 Monostyla closterocerca
尖尾鞍甲轮虫 L. acuminata	四齿单趾轮虫 Monostyla quadridentata
盘状鞍甲轮虫 Lepadella patella	钝齿单趾轮虫 Monostyla crenata
爱德里亚狭甲轮虫 Colurella adriatica	囊形单趾轮虫 Monostyla bulla
腹尾轮科 Gastropodidae	尖爪单趾轮虫 Monostyla cornuta
卵形无柄轮虫 Ascomorpha ovalis	单趾轮虫 Monostyla sp.
舞跃无柄轮虫 Ascomorpha saltans	疣毛轮科 Synchaetidae
没尾无柄轮虫 Ascomorpha ecaudis	多肢轮属 Polyarthra
腹足腹尾轮虫 G. lufpotopus	广布多肢轮虫 Polyarthra vulgaris
柱足腹尾轮虫 G. stylifer	长肢多肢轮虫 Polyarthra dolichoptera
小型腹尾轮虫 Gastropus minor	长圆疣毛轮虫 Syncheata oblonga
鼠轮科 Trichocercidae	尖尾疣毛轮虫 Syncheata stylata
罗氏同尾轮虫 Diurella rousseleti	赫氏皱甲轮虫 Ploesoma hudsoni
对棘异尾轮虫 Trichocerca stylata	截头皱甲轮虫 Ploesoma truncatum
圆筒异尾轮虫 Trichocerca cylindrica	晶体皱甲轮虫 Ploesoma lenticulare
二突异尾轮虫 Trichocerca bicristata	镜轮科 Testudinellidae
长刺异尾轮虫 Trichocerca longiseta	沟痕泡轮虫 Pompholyx sulcata
刺盖异尾轮虫 Trichocerca capucina	六腕轮科 Hexarthra
卡顿异尾轮虫 Trichocerca chattoni	奇异六腕轮虫 Hexarthra mira
罗氏异尾轮虫 Trichocerca rousseleti	三肢轮科 Filinia
Trichocera inermis（新记录种）	长三肢轮虫 F. lonyiset
纤巧异尾轮虫 Trichocerca tenuior	胶鞘轮科 Filinia maior
田奈异尾轮虫 Trichocerca dixon nuttalli	敞水胶鞘轮虫 Collotheca pelagica
瓷甲异尾轮虫 Trichocerca porcsllus	扁平泡轮虫 P. complanta
暗小异尾轮虫 Trichocerca pusilla	盘镜轮虫 Testudinella patina
冠饰异尾轮虫 Trichocerca lophoessa	无常胶鞘轮虫 Collotheca mutabilis
纵长异尾轮虫 Trichocerca elongata	多态胶鞘轮虫 Collotheca ambigua
腔轮科 Lecanidae	Collotheca libera（新记录种）
月形腔轮虫 Lecane luna	聚花轮科 Conochilidae
Lecane arcuata（新记录种）	独角聚花轮虫 Conochilus unicornis
尖趾腔轮虫 Lecane-dosterocercaa	叉角聚花轮虫 Conochilus dossuarius

续表

轮虫 Rotatoria	
晶囊轮科 Asplanchnidae	旋轮科 Philodinidae
前节晶囊轮虫 *Asplanchna priodonta*	旋轮虫 *Ehrenberg*
盖氏晶囊轮虫 *A. girodi*	尖刺间盘轮虫 *Disstrocha aculeata*（Ehrenberg）
多突囊足轮虫 *Asplanchnopus multiceps*	高跷轮科 Scaridum Ehrenberg
椎轮科 Notommatidae	高跷轮虫 *Scaridum longicaudum*（O. F. Müller）
凸背巨头轮虫 *Cephalodella gibba*	
枝角类 Cladoera	
溞科 *Daphniidae*	裸腹溞属 *Monia* sp.
模糊网纹溞 *Ceriodaphia dubia*	泥溞科 Ilyocryptus Branch
方形网纹溞 *Ceriodaphnia quadrangula*	泥溞 *Ilyocryptus agilis*
盔形溞 *Daphnia galeata*	盘肠溞科 Chydoridae
壳纹船卵溞 *S. kingi*	平直溞 *Pleuroxus* sp.
长刺溞 *Daphnia longispina*	盘肠溞亚科 Chydoridae Subfamily
蚤状溞 *Daphnia pulex*	圆形盘肠溞 *Chydorus sphaericus*
僧帽溞 *Daphnia cucullata*	卵形盘肠溞 *Chydorus ovalis*
透明溞 *Daphnia hyalina*	锯唇幼孔盘肠溞 *Ephemeroporus barroisi*
象鼻溞科 *Bosmina longirostris*	吻状异尖额溞 *Disparalona rostrata*
长额象鼻溞 *Bosmina longirostris*	尖额溞亚科 Coronatella rectangula
基合溞 *Bosminopsis* sp.	点滴尖额溞 *Alona P. guttatasaus*
仙达溞科 Sididae	方形尖额溞 *Alona quadrangularis*
奥氏秀体溞 *Diaphanosoma orghidani*	中型尖额溞 *Alona intermedia*
模糊秀体溞 *Diaphanosoma dubium*	广西尖额溞 *Alona kawngsiensis*
多刺秀体溞 *Diaphanosoma sarsi*	华南尖额溞 *Alona milleri*
裸腹溞科 Moinidae	纤毛大尾溞 *Leydigia Cilata*
微型裸腹溞 *Moina micrura*	
桡足类 Copepode	
镖水蚤科 Diaptomidae	翼突舌镖水蚤 *Ligulodiaptomus alatus*
舌状叶镖水蚤 *Phyllodiaptomus tunguidus*	伪镖水蚤科 Pseudodiaptomidae
右突新镖水蚤 *Neodiaptomus schmackerri*	许水蚤 *Schmackeria* sp.
锥肢蒙镖水蚤 *Mongolodiaptomus birulai*	指状许水蚤 *Schmacheria inopinus* Burckhardt
长江新镖水蚤 *Neodiaptomus yangtsekiangensis*	球状许水蚤 *Schmackeria forbesi*
新月北镖水 *Arctodiaptomus stewartianus*	剑水蚤科 Cyclopidae
特异荡镖水蚤 *Neutrodiaptomus mariaeadvigae*	特异中剑水蚤 *Microcyclops dissimilis* Defaye Kawabata
西南荡镖水蚤 *Neutrodiaptomus mariadviagae mariadviagae*（Brohm）	棘突温剑水蚤
	小剑水蚤 *Microcyclops* sp.

桡足类 Copepode	
真剑水蚤 *Encyclops* sp.	中华哲水蚤 *Sinocalanus sinensis*
近剑水蚤 *Tropocyclops* sp.	胸刺水蚤科 Centropagidae
广布中剑水蚤 *Mesocyclops leuckarti*	汤匙华哲水蚤 *Sinocalanus dorrii*
哲水蚤科 *Calanidae*	猛水蚤科 Harpacticidae

3.1.3.8　小结

从以上研究可以看出，洱海浮游动物清水型种类减少，耐污型种类及生物量大幅增长，多样性水平有逐年降低的趋势。这一方面与湖泊的营养水平有关，谢平等根据中-富营养型的武汉东湖浮游动物群落多样性与水体富营养化的关系研究认为，多数浮游动物类群多样性随着水体的营养水平的上升而下降。另一方面，捕食是影响浮游动物最重要的生物因素，鱼类和一些肉食性或杂食性的浮游动物是轮虫的主要捕食者，洱海轮虫的主要捕食者中有鲢鱼、鲫鱼、麦穗鱼、剑水蚤。洱海桡足类的多样性水平低也与浮游动物食性的鱼类的摄食压力有关，高密度的浮游动物食性的鱼类往往造成浮游甲壳类动物的贫乏，特别是太湖新银鱼主要摄食浮游动物，对浮游动物的影响强烈，而太湖新银鱼选择性捕食个体较大的浮游动物，是洱海浮游动物大个体贫乏的主要原因之一。

鉴于以上原因，应采取多方面的措施来防治洱海富营养化进程，减少入湖河流的污染负荷及进行鱼类产业结构调整，有组织、有强度地对太湖新银鱼进行捕捞，是增加洱海浮游动物生物量及多样性的一个重要手段。

3.1.4　洱海底栖动物调查研究

于 2009～2010 年对洱海底栖动物进行了现状调查。在湖泊的入口区、中心区、出口区、最深水区、沿岸带、污染区及相对清洁区设置采样点 135 个，每年的枯水期和丰水期各进行一次采样。采样用彼得生采泥器，40 目或 60 目分样筛去除泥沙，挑出的底栖动物立即放入 5% 的甲醛溶液或 75% 的酒精溶液中固定，然后在 Eclipse 80i 微分干涉荧光显微镜、倒置相差显微镜及正置普通生物显微镜下观察鉴定。

在 2010 年的调查期间，共检到洱海底栖无脊椎动物 21 种，其中寡毛类 4 种，水生昆虫 3 种，腹足类 11 种，双壳类 3 种。其中腹足类最多，占洱海底栖动物的 53%，软体动物种类大幅减少，寡毛类和水生昆虫的耐污种类增加（图 3-16）。

3.1.4.1　底栖动物的优势种分析

本次检到的寡毛类主要有霍甫水丝蚓、苏氏尾鳃蚓、克拉伯水丝蚓、巨毛水丝蚓等；摇蚊主要以羽摇蚊、异腹鳃摇蚊属、摇蚊属、雕翅摇蚊属等居多；螺类主要有萝卜螺属、膀胱螺属、扁卷螺属、方格短沟蜷、中华圆田螺、环棱螺等（表 3-14）。

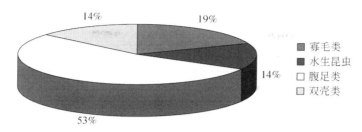

图 3-16　2010 年洱海底栖动物组成

表 3-14　洱海底栖动物区系组成

软体动物 Mollusca	寡毛类 Oligochaeta
平盘螺 *Valvata cristata*（Müller）	苏氏尾鳃蚓 *Branchiura sowerbryi*
犁形环棱螺 *Bellamya purificata*（Heude）	霍甫水丝蚓 *Limnodrilus hoffmeisteri*
铜锈环棱螺 *Bellamya aeruginosa*（Reeve）	克拉伯水丝蚓 *Limnodrilus clapareianus*
螺蛳 *Margarya melanoides* Nevill *	颤蚓 *Tubifex* sp.
尖膀胱螺 *Physa acuta* Draparnaud	水生昆虫 Insecta
椭圆萝卜螺 *Radix swinhoei*（H. Adams）	
尖萝卜螺 *Radix acuminata*（Lamarck）	粗腹摇蚊 *Pelopia* sp.
小土蜗 *Galba pervia*（Martens）	灰跗多足摇蚊 *Polypedilum leucopus*
凸旋螺 *Gyraulus convexiusculus*（Hütton）	异腹鳃摇蚊 *Einfeldia insolita*
大脐圆扁螺 *Hippeutis umbilicalis*（Benson）	甲壳类动物 Crustacean
沼泽豆蚬 *Pisidium casertanum*（Poli）	
河蚬 *Corbicula fluminea*（Müller）	小龙虾 *Procambarus clarkii*
湖球蚬 *Sphaerium lacustre*（Müller）	
半球多脉扁螺 *Polypylis hemisphaerula*（Benson）	

* 没有采到活体，只采到大量空壳。

3.1.4.2　底栖动物群落结构分析

从底栖动物的群落结构特征来看，底栖动物密度进一步升高，特别是寡毛类和摇蚊类的密度较高，这两个耐污种表明，湖泊有机污染进一步加重（表 3-15）。

表 3-15　底栖动物优势种历史演替

年份	优势种
2009	霍甫水丝蚓、摇蚊科
2010	河蚬、椭圆萝卜螺、苏氏尾鳃蚓、水蚯蚓、摇蚊幼虫

此次调查中，螺贝类没有采到活体螺蛳，只采到了许多空壳；虽然采到了河蚬活体，但数量极少，而河蚬空壳特多。大型清洁物种消亡，外来耐污种（福寿螺）等入侵（图 3-17），从数量看，现在的优势种是椭圆萝卜螺和苏氏尾鳃蚓。

在无水草区，耐有机污染的水蚯蚓、摇蚊幼虫的数量明显增加，这表明洱海的有机物

图 3-17 福寿螺的卵

质增多,藻源性和草源性有机污染加重。同时,随着湖泊营养程度的上升,有机碎屑物质的增多,为软体动物提供了丰富的饵料,促进了它们的生长。

3.1.5 洱海鱼类调查研究

2009~2010 年,课题组根据洱海渔业生产的类型,在洱海沿湖重点地区乡(镇)分八个区域,布点 48 个进行重点的调查,调查以农户走访、市场调查、网具捕捞等方式为主,结合洱海专、副业渔民的不同生产形式,以及每户渔民一年四季不同渔具的使用特点,统计各调查区域所有渔获物,分类计数,并计算每种鱼在渔获物中的百分比,测量其体长(cm),称量体重(g),记录其所处生活史阶段及被捕获区域各种环境参数,以评估其生物习性,并结合洱海鱼类相关历史资料数据,对洱海鱼类历史演替及现状进行分析研究。

3.1.5.1 鱼类的种类及组成

本次调查在洱海总共记录到 25 种鱼类,隶属于 10 科,其中鲤科鱼类 13 种,占总数的 52%。塘鳢科 1 种,鰕虎鱼科 2 种,鳢科 1 种,胎鳉科 1 种,斗鱼科 1 种,银鱼科 1 种,胡瓜鱼科 1 种,鳅科 3 种,合鳃科 1 种。25 种鱼类中,有 19 种均为外来引入种,占鱼类种数的 76%。土著鱼类 6 种,分别为鲫鱼、灰裂腹鱼、泥鳅、侧纹云南鳅、拟鳗副鳅、黄鳝,在土著鱼类中,鲫的数量最多,这与近年来洱海大量投放鲫鱼苗种有关;其次是泥鳅;而灰裂腹鱼、侧纹云南鳅、拟鳗副鳅、黄鳝在渔获物调查中被发现的次数少,属于偶见种。文献记载的洱海土著鱼类如杞麓鲤、大眼鲤、春鲤、洱海鲤、大理鲤、油四须鲃、洱海四须鲃、云南裂腹鱼、大理裂腹鱼、光唇裂腹鱼、中华青鳉等 11 种在渔获物调查中没有发现(表 3-16)。

表 3-16 2009 年洱海鱼类种类组成及种群数量现状

科名	种名	种群地位
鲤科 Cyprinidae	1. 鲤 *Cyprinus carpio rubrofuscus* Lacepede	++
	2. 青鱼 *Mylopharyngodon piceus*（Richardson）	+
	3. 草鱼 *Ctenopharyngodon idellus*	+ +
	4. 鲢 *Hypophthalmichthys molitrix*	+ + +
	5. 鳙 *Aristichthys nobilis*（Richardson）	+ +
	6. 团头鲂 *Megalobrama amblycephala* Yih	+ +
鲤科 Cyprinidae	7. 麦穗鱼 *Pseudorasbora parva*	+++
	8. 高体鳑鲏 *Rhodeus sinensis* Gunther	+
	9. *Hemiculter leucisculus*（Basilewsky）*	+ +
	10. 鳊 *Parabramis pekinensis*（Basilewsky）*	+
	11. 棒花鱼 *Abbottina rivularis*（Basilewsky）	– –
	12. 鲫鱼 *Carassius auratus*（Linnaeus）	+
	13. 灰裂腹鱼 *Schizothorax griseus* Pellegrin	+
塘鳢科 Eleotridae	14. 小黄黝鱼 *Hypseleotris swinhonis*（Gunther）	+++
虾虎鱼科 Gobiidae	15. 子陵吻虾虎鱼 *Ctenogobius giurinus*（Rutter）	+++
	16. 波氏吻虾虎鱼 *Ctenogobius cliffordpopei*（Nichols）	+++
鳢科 Channidae	17. 乌鳢 *Channa argus*（Cantor）*	+
胎鳉科 Poeciliidae	18. 食蚊鱼 *Gambusia affinis*（Baird et Girard）*	+++
斗鱼科 Belontiidae	19. 圆尾斗鱼 *Macropodus chinensis*（Bloch）*	+
银鱼科 Salangidae	20. 太湖新银鱼 *Neosalanx taihuensis* Chen	+++
胡瓜鱼科 Osmeridae	21. 池沼公鱼 *Hypomesus olidus* Pallas*	±
鳅科 Cohitidae	22. 拟鳗副鳅 *Paracbitis anguillioides* Zhu et Wang	+
	23. 泥鳅 *M. anguilicaudatus*（Cantor）	+
	24. 云南侧纹鳅 *Yunnanilus pleurotaenia*（Regan）	+
合鳃科 Synbranchidae	25. 黄鳝 *M. albus*（Zuiew）	+

* 为新发现的无记录种。+++为优势种；++为常见种；+为偶见种；±为稀有种；– –表示未发现。

3.1.5.2 鱼类现状分析

目前，洱海的鱼类结构存在着"三多三少"的问题，即：外来种类多、土著鱼类少；小型鱼类多、大型鱼类少；食浮游动物鱼类多、食鱼性鱼类少。

鱼类群落结构简单，以浮游植物为食的鲢、鳙，以及食浮游动物的太湖新银鱼占鱼类的主体地位，而食鱼性鱼类（大理鲤、鳗鱼和斑鳢）很少。

外来种占绝对优势，大部分土著种（灰裂腹鱼、侧纹云南鳅、拟鳗副鳅、黄鳝）已消失或数量极少；渔获物个体趋向低龄化、小型化，小型鱼类在数量上占据绝对优势。

3.1.5.3 存在的问题及建议

(1) 存在的问题

鱼类是湖泊生态系统结构和功能的重要组成部分，是保持水生生态系统良性运行的关键类群，对鱼类组分的分析研究来看，洱海鱼类逐步由土著鱼类和大理弓鱼等特有鱼类为主要类群演替为以外来鱼类为主的鱼类种群，鱼类结构单一化、小型化，食藻性鱼类不断减少，严重影响洱海的水生生态系统的良性循环，分析原因，主要有以下几方面。

1）水位下降，土著鱼类产卵场所破坏：原有土著鱼类的产卵场所全部干涸，洱海上游入湖河流筑坝蓄水建设水电站，特别是罗时江—西湖，下山口电站的鱼类洄游通道已完全断开，使大理裂腹鱼等土著鱼类产卵洄游通道被破坏。

2）引入外来种，破坏了原来生态系统：外来种与土著鱼种进行中间竞争，争食、争产卵场所，鰕虎鱼等野杂鱼大量吞食土著鱼种的鱼卵，四大家鱼和团头鲂的引入虽然增加了洱海渔产量，但它们不能在洱海自然繁殖，必须年年投放大量鱼苗。

3）酷渔滥捕：20 世纪 80 年代以来，洱海捕鱼船只大量增加，以及密眼网具、底曳网具、迷魂阵、机械化拖船（网）等捕鱼技术的使用，使鱼类捕捞强度大大提高，土著鱼类得不到正常的生长繁殖场所和时间，逐渐走向消亡。

4）洱海渔业区系结构不合理：洱海目前的鱼类投放种类和数量都存在不合理性，虽然每年向洱海投放大量的鱼种，加大了滤食性鱼类的投放力度，但是全湖渔获量仍处于一个较低的水平。

5）湖泊水环境的变化也是导致鱼类群落优势种的改变，水体富营养化在提高水体鱼产量的同时，也带来了严重的生态后果，如氨氮浓度过高，藻类毒素的毒害作用，溶解氧降低等也在不同程度的引起鱼类（特别是土著鱼）种群数量的减少。

(2) 建议

鱼类是湖泊生态系统结构和功能的重要组成部分，是保持水生生态系统良性运行的种群。对于滤食性鱼类控藻国内外均有成功的报道，近几年来，州市两级政府高度重视滤食性鱼类投放生物控藻措施，2008～2010 年洱海共投放鲢鱼 1100t、鳙鱼 100t、土著鱼 2500万尾，总投资约 1500 万元，取得了一定程度的控藻效果。但由于鱼苗从封湖投放到开海捕捞仅半年时间，所投放鱼苗尚未成年，就多被捕捞，没有完全发挥出鱼类控藻应有的效果。另外，洱海的鱼类结构存在着"三多三少"的问题，即：外来种类多、土著鱼类少；小型鱼类多、大型鱼类少；食浮游动物鱼类多、大型肉食性鱼类少。因此建议：

1）确保洱海北部三江及河口湿地的鱼类产卵洄游通道畅通，建立过鱼保护设施，对该区域实行常年封湖禁渔，保证该区域的自然环境和生物多样性。

2）延长封湖禁渔时间，鱼苗投放后，进一步延长封湖禁渔期每年可至 10 个月以上，条件成熟时可连续封湖禁渔两年以上，充分发挥食浮游植物、有机碎屑的滤食性鱼类及杂食性鱼类对生态系统的调控作用，对内负荷氮、磷的吸收和移除作用。

3）开展鱼类生殖、繁育、生境、种群结构等变化规律的科学研究，进一步研究滤食性鲢、鳙的投放规模、数量、放流技术，对春鲤等的培育进行科学的纯化和跟踪，逐步推广科研成果，以提高投放效果和生态效益。

4）设置与洱海相通的科研试验场所，积极开展底栖螺贝类、肉食性鱼类等种群结构调整立体试验，并进行生态安全评价后，积极开展示范。

5）调整鱼类区系结构：加大滤食性鱼类特别是鲢鳙的投放力度，加大对银鱼的捕捞力度，对云南裂腹鱼等广普性的土著鱼类进行适量投放，以削减和其他鱼类种群的竞争，减轻对浮游动物的摄食，使浮游动物控藻的作用得以充分发挥。

6）调整鱼类经营管理模式：可探索把政府管理，农户经营模式转换为由公司统一经营管理的模式，规范鱼类投放种类和数量，以及鱼类捕捞时间，对渔网渔具进行严格规范统一管理，制定相应的渔业管理强制措施和办法，捕到 2 龄以下的鱼应投放回洱海，使其得到充分的生长，更好发挥其生态功能。

3.1.5.4　小结

由于洱海生物多样性受全球气候变化、水体富营养化加剧、西洱河电站等水利设施建设、渔业快速发展、湖滨带建设等人为保护治理措施、外来物种入侵等因素的影响，生物物种及其分布、优势群落及生物量等呈动态变化的过程。近十年来人类活动对湖泊的生物多样性影响日益严重，包括有利和不利的行为；由于直接或间接原因生物物种数量呈下降趋势，部分土著物种已趋灭绝；喜污物种生物量逐渐增加，污染抗性敏感的物种逐渐减少；生态系统退化，其多样性有向单一化发展趋势；外来物种数量增多，其带来的不利影响日益显现。

3.1.6　洱海水生生态退化原因分析

洱海水生生态退化原因如图 3-18 所示。

1）流域气候环境发生变化，极端气候频频出现，气温升高，日照延长，大风天数减少，小风天数增加，降雨量不足，水资源开发利用大幅增加，水资源量严重匮乏，入湖河流清洁水量锐减，洱海水入不敷出。

2）内、外源污染负荷增大，外源污染主要来自于面源污染负荷的持续增加，内源污染主要源于藻、草、底泥源污染负荷不断累积。

3）洱海重点湖湾富营养化严重，水华频发，以沙坪湾为代表的西部典型湖湾沼泽化严重。

4）藻类数量大幅增加，夏秋季节优势种转变为蓝、绿藻为主。蓝藻分布主要以南、北两头为主，中部绿藻呈上升趋势，洱海透明度降低。

5）由于围湖造田等原因，洱海现有湿地、沙滩地面积与历史相比，严重萎缩，水生植物种群退化，湖心平台水草消亡，全湖生物量锐减；鱼类、底栖结构存在着"四多四少一低"不合理的结构状况，即外来种类多、土著鱼类少，小型鱼类多、大型鱼类少，食浮游动物鱼类多、大型肉食性鱼类少，寡毛类多、螺贝类少，鱼类立体空间结构分布不合理、洱海鱼产量低，尤其是肉质鲜美的鲫鱼、杞麓鲤、鲤鱼等鱼类产量大幅下降；清洁型

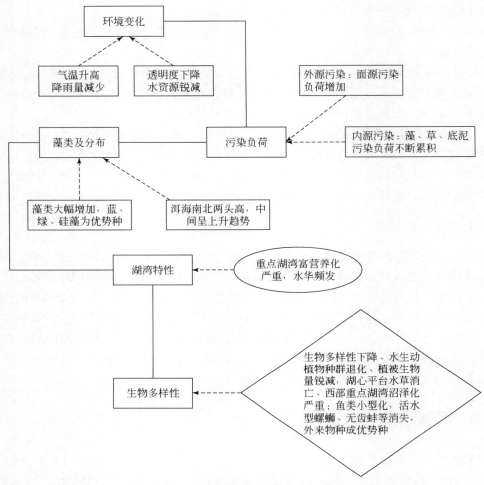

图 3-18　洱海水生生态系统退化分析

螺蛳、无齿蚌等消失，外来物种成优势种，导致生物多样性下降。

3.1.6.1　存在问题

1）流域内已建的自然保护区受人类活动影响日益严重，投入严重不足，难以有效开展工作，而且自然保护区面积比例偏小；

2）近十年来洱海没有开展过大型的资源本底调查，没有掌握最新的生态本底状态、重要物种的种群数量、分布等基本情况；

3）生物多样性保护研究工作相对薄弱，难以通过生物多样性保护工程改善洱海水质。

3.1.6.2　措施及建议

1）把生物指示种作为湖泊富营养化常规监测指标，注重流域生物多样性保护，明确提出"保护生物多样性，减少人类活动对湖泊的影响"作为洱海保护治理工作的指导性原则之一，生物多样性保护也作为保护治理成效的主要指标之一。

2）开展新一轮的洱海本底资源调查，并建立流域水文、水质、气象、生物多样性等基础资料的共享机制。

3）加强对外合作，开展洱海生物多样性保护研究，实施生物多样性保护工程。与国内外生物多样性保护经验丰富的机构合作，开展生物多样性保护与湖泊水质改善关系研究，指导实施生物多样性保护工程与生物资源合理利用。生物多样性保护工程应在充分论证的基础上，调整鱼类、底栖动物种群结构，加大洱海入湖河、溪口及上游湿地建设力度，设置过鱼通道，在洱海北部鱼类产卵、繁殖区实施全年封湖禁鱼，扩大洱海核心保护区范围。

4）加强流域自然保护区建设及管理。生物多样性保护最好的方法就是建立自然保护区，尽量减少人为干扰。应加大对现有自然保护区的投入力度，切实实现保护区保护目标，同时增加流域自然保护区面积，甚至可以考虑建立"田园生态系统保护区"试点，大力发展生态农业，减少农药化肥施用量。

5）加强生物多样性保护宣教力度，国民素质高低将直接影响到地区生态环境及生物多样性的好坏，应特别注重中、小学学生的科普教育，建设生物多样性科普教育基地。

3.2　流域涵养林调查研究

涵养林是由森林、林木和灌木林等组成的一种防护林，具有涵养水源，改善水文水质状况，调节区域水分循环，防止水、旱灾害，减轻水土流失，以及保护饮用水水源的功能，水源涵养林调查分析对于保护和改善水源涵养林质量，合理开发利用水资源，补充清洁水源，提高洱海自净能力具有重要意义。

3.2.1　调查时间及方法

于2009年3月至2010年3月完成对洱源、洱海流域内水源涵养林的野外调查工作，共抽样调查12个样点、6条样线（图3-19～图3-25）。

植被和植物种类调查采用了线路调查和典型样地调查的方式完成。线路调查尽可能覆盖不同地点、不同海拔、不同植被类型，以记录项目区内出现的植物种类、植被类型及其现状特征。根据所收集资料，分析了解调查区域的相关情况，并在此基础上筛选该地段典型的植物群落设置样地进行调查，收集样地的特征数据；样地的面积将根据植被的复杂程度确定，乔木群落通常为20m×25m，其中设5m×5m的小样方调查灌木层和草本层。调查线路或调查点的设立应注意代表性、随机性、整体性及可行性相结合；样地和样线的布局尽可能全面分布在整个调查地区内的各代表性地段和重要的水源林分布区域。

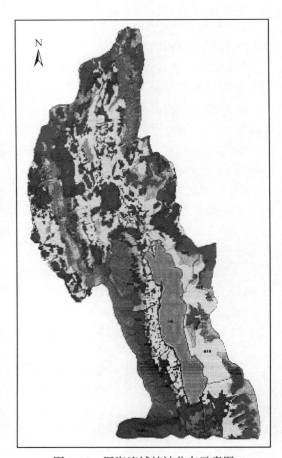

图 3-19　洱海流域植被调查样点分布示意图　　　　图 3-20　洱海流域植被分布示意图

图 3-21　马鞍山、苍山调查

图 3-22　罗平山和马鞍山样地、样线调查图　　　图 3-23　罗平山和斜阳峰样地、样线调查

图 3-24　国家一级保护植物——红豆杉　　　图 3-25　国家二级保护植物——金铁锁

3.2.2　调查结果及分析

3.2.2.1　洱海水源林的主要植物群落类型

（1）主要类型概述

Ⅰ. 常绿阔叶林

半湿润常绿阔叶林

栲类、青冈林

①元江栲林（*Castanoppsis orthacantha*）

②高山栲林（*Castanoppsis delavayi*）

Ⅱ. 硬叶常绿阔叶林

寒温性山地硬叶常绿栎类林

①黄背栎林（*Quercus pannosa*）

②光叶高山栎林（*Quercus pseudosemicarpifolia*）

Ⅲ. 落叶阔叶林

①旱冬瓜林（*Alnus nepalensis*）

②槭属、桦木林（*Acer* spp. and/or *Betula* spp.）

③杨树林（*Populus* spp.）

④云南枫杨林（*Pterocarya delavayi*）

Ⅳ. 暖性针叶林

暖温性针叶林

①云南松林（*Pinus yunnanensis*）

②华山松林（*Pinus armandii*）

Ⅴ. 温性针叶林

（Ⅰ）温凉性针叶林

①地盘松林（*Pinus yunnanensis* var. *pygmaea*）

②云南铁杉林（*T. suga dumosa*）

（Ⅱ）寒温性针叶林

苍山冷杉林（*Abies delavayi*）

Ⅵ. 竹林

温性竹林

箭竹林（*Fargesia* spp.）

Ⅶ. 灌丛

（Ⅰ）寒温性灌丛

［1］杜鹃灌丛

①密枝杜鹃灌丛（*Rhododendron fastigiatum*）

②亮鳞杜鹃灌丛（*Rhododendron heliolepis*）

③露珠杜鹃灌丛（*Rhododendron irroratum*）

④腋花杜鹃灌丛（*Rhododendron racemoxum*）

［2］柳灌丛（*Salix* spp.）

（Ⅱ）暖性石灰岩灌丛

坡柳（车桑子）灌丛（*Dodonaea viscosa*）

Ⅷ. 草甸

（Ⅰ）亚高山草甸

亚高山杂草类草甸

（Ⅱ）亚高山沼泽化草甸

杂草类沼泽化草甸

（2）洱海流域范围各种土地及植被类型的面积

根据卫星遥感图像处理获得的土地和植被分类结果为：洱海流域总面积为 318 190.78hm²，其中寒温性针叶林为 11 098.66hm²，占土地总面积的 3.49%；寒温性灌丛为 12 032.37hm²，占土地总面积的 3.78%；暖温性针叶林为 57 899.41hm²，占土地总面积的 18.20%；温凉性针叶林为 39 100.37hm²，占土地总面积的 12.29%；灌丛为 16 552.99hm²，占土地总面积的 5.20%。各植被面积和土地类型及其所占比例见表 3-17。

表 3-17　洱海流域植被类型分类面积汇总表

类型	面积（hm²）	百分比（%）
寒温性针叶林	11 098.66	3.49
温凉性针叶林	39 100.37	12.29
暖温性针叶林	57 899.41	18.20
寒温性灌丛	12 032.37	3.78
灌丛	16 552.99	5.20
草甸	43 005.16	13.52
河流水面	147.96	0.05

类型	面积（hm²）	百分比（%）
湖泊	26 940.53	8.47
田地	89 317.50	28.07
居民地	22 095.82	6.94
合计	318 190.78	100.00

根据统计结果，森林面积（包括寒温性针叶林、暖温性针叶林、温凉性针叶林）108 098.45hm²，占流域总面积33.98%；自然植被总面积（森林与寒温性灌丛、灌丛及草甸）179 688.97hm²，植被覆盖率为56.47%。

3.2.2.2　洱海水源林的植物种类组成特征

因洱海水源林的植被以松林、灌木林和草甸为主，因此植被中的植物种类也与之对应。乔木层优势树种主要来源于松科、壳斗科；此外有少量桦木科、杨柳科等中的落叶树种。灌木层的优势种类主要来源于杜鹃花科、杨柳科和禾本科。草本层种类则随不同海拔、坡向和群落类型等而有明显的差别，主要有禾本科、菊科、莎草科、灯心草科、报春花科、玄参科、毛茛科、蔷薇科中的种类。

3.2.2.3　对洱海水系影响的重要生态特征

洱海水系相对独立，其水源主要由上游水源、湖泊水库及出水口三部分组成一个相对封闭和相对完整的系统。从本次调查的结果看，目前来水量较大的溪河有弥苴河、罗时江、凤羽河、万花溪、茫涌溪、灵泉溪、阳溪等，而一些溪流处于断流或干涸状态，如东面的主要河流石牌箐、凤尾箐和西面南端的阳南溪等。

除地形和地貌等特征外，其水源分布特征与植被生态构成存在密切关系。弥苴河之水主要来源于马鞍山、马耳山，万花溪、茫涌溪、灵泉溪、阳溪等的水源来源于苍山中段至中北段，均是植被构成类型丰富、群落结构完整、受人为干扰相对较少的区域；石牌箐和凤尾箐等的水源于洱海东面，其所处地形相对平缓、海拔较低，且为山体背风面，植被受破坏极为严重；阳南溪的植被主要是比较单一的云南松和地盘松林，所处区域下关人口极为稠密，对环境的影响也极为明显；凤羽河的水源源自苍山西坡的北端和中罗坪山的南端，区域内的植被破坏较为严重，人口稠密，农业发达，导致其河流水量较小，与其流域范围明显不对应。

对洱海水源构成影响的主要生态因素除上述的地形和植被之外，调查还发现其他不容忽视的、也可能是今后对洱海水源生态影响最重要的因素，包括：城镇化发展及耕地扩张、洱海环湖截污工程和环湖公路建设、海东房地产开发和中低产耕地林地改造、大丽高速公路建设、罗坪山等山体的风电场建设、采石采砂场和水电发电站建设等（图3-26～图3-28）。

图 3-26　溪水被截留

图 3-27　花甸坝开山种地

图 3-28　生态植被受人为影响严重退化（海东山脉）

3.2.3　小结

此次洱海水源涵养林的生态调查结果表明：

1）洱海水源植被保留较完好，森林面积（包括寒温性针叶林、暖温性针叶林、温凉性针叶林）占流域总面积 33.98%；植被覆盖率为 57.90%；其中松林、灌丛和草甸是洱海水的主要来源，对洱海水源的保护具有特别重要的意义，而海拔较低山麓的松林和灌木林则是洱海保护的重要天然屏障。

2）受长期的人类活动干扰影响，洱海的水源林中松林占整个水源林面积的比例较高，原生性的湿润、半湿润常绿阔叶林（元江栲林、高山栲林、多变石栎林等），温凉性针叶林中的铁杉林等水平地带性植被基本上已不存在；而松林的群落结构较为单调，植物种类较少，持水、保水效应相对于常绿阔叶林和草甸等要低。因此，在洱海水源林保护方面，今后可结合苍山洱海自然保护区的建设，通过适当的人工干预，增加阔叶林面积、改善树种及群落结构等措施，增强其保水、持水和防止病虫害、火灾等能力。

3）从水源林的分布上，目前的水源林主要集中在洱海西面的苍山东坡和洱海上游的马鞍山、罗坪山，这些区域是洱海主要的来源入口；而洱海东面的植被以云南松林为主，且破坏较为严重，其溪流大多数在一年中已很少有水流。同时，不同海拔的植被类型存在明显差别，其生态功能也明显不同。因此，有必要对洱海水源林进行区域化规划和管理，加强海东、苍山东坡及洱海上游水源林的人工造林以恢复植被、改善林分结构，并对其功能进行合理配置。

4）城市发展和各种工程建设既依赖洱海的水资源，也对其周边的水源林和生态屏障产生直接而明显的影响，建议在开展相关建设项目前加强对洱海水生态影响的评估和监测。

3.2.4 建议

1）增加投入，加强对洱海流域水源涵养林的管理、保护和修复。加强树种质量、结构调整，病、虫、火灾的防范。

2）加强对洱海流域水资源的规划、管理、开发利用、研究，严禁在苍山十八溪、洱源水源区附近新建用水大户和排污企业，对已有用水大户和排污企业进行关停。

3）制定相关法律法规，核定洱海优质水资源生态用水量，制定苍山十八溪水资源利用保护详细规划，限制或禁止对优质水源的开发利用，对洱海水资源的利用加以鼓励和补偿，确保入湖优质水资源量。

4）加强对洱海全流域水源涵养林清水产流和水质水量、水资源利用、富营养化关系的长期研究。

3.3 洱海流域北三湖（西湖、海西海、茈碧湖）生态调查

于 2010 年 10 月至 2012 年 6 月完成对洱海上游水源地茈碧湖、海西海、西湖的生态调查，分别在茈碧湖、海西海、西湖每个湖各设置 6 个采样点，共计 18 个采样点，于 2010 年 8 月、10 月、12 月，2011 年 1 月、10 月，2012 年 2 月、4 月、5 月、6 月对以上三湖进行全湖的水草调查、水质采样分析、浮游植物采样、浮游动物采样、底栖动物及鱼类等生

态调查工作。

3.3.1 西湖、海西海、茈碧湖背景与近年水质情况

（1）西湖背景与近年水质情况

洱源西湖湿地位于苍山 19 峰之一的云弄峰北麓，右所镇境内，流域面积 119km²，湖面面积 4.7km²，湖周长 10.3km，平均水深 1.8m，属澜沧江水系，地处洱海源头，洱海 13% 的地表水来自西湖。西湖生态系统多样性极为独特，形成面山森林（灌丛）–村庄–农田–湖滨沼泽–湖泊水面–岛屿村庄的自然生态系统与人工生态系统交叉重叠的多样性特征，具有典型的湖盆–湖滨–面山结构，包含了区域内景观多样性的所有范畴。

西湖是珍稀鸟类紫水鸡在云南省的唯一分布地，也是我国紫水鸡最重要和最大种群分布地，还是许多越冬鸟类的栖息地和补食地；此外，西湖水道为大理裂腹鱼的洄游通道和产卵区，生物多样性价值极为独特和丰富。历史记录到西湖共有哺乳类动物 18 种，爬行动物 16 种，两栖动物 14 种，鱼类 26 种，鸟类 76 种，其中水域鸟类 39 种；维管杆物 306 种，其中湿地植物 115 种。这些植物中，野菱、海菜花属国家Ⅱ级保护植物，虎纹蛙、大壁虎、灰雁、凤头鹰、白尾鹞、燕隼等属国家Ⅱ级保护动物。另外，还分布有大眼鲤、洱海大头鲤、大理云南鲤、灰裂腹鱼、大理裂腹鱼等滇西高原湖泊特有鱼类和斑头雁等青藏高原特有珍稀鸟类。

随着西湖流域经济社会的发展，人口的增加，农药化肥的使用，生产生活污水的排放，曾一度造成了西湖北部、东部水质的恶化。近年来，大理州委、州人民政府按照"总量控制、点面结合，活水疏导、退塘（耕）还湖，生态恢复、发展经济，人文景观、天地人合一"的治理方针，坚持"在保护中开发，在开发中保护"的原则，采取有力措施推进西湖生态环境综合整治。通过多年治理，西湖水质明显好转，西湖历史水质演变情况如图 3-29 所示。

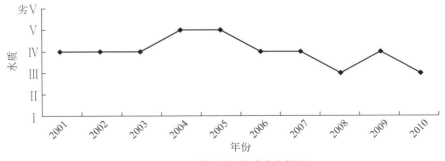

图 3-29 西湖历史水质演变情况

从 2010～2012 年的调查情况来看（表 3-18 和图 3-30），西湖高锰酸盐指数平均在 4.17～5.01mg/L，浓度呈下降趋势；总磷浓度平均在 0.028～0.041mg/L，呈下降趋势，但是降幅较小；总氮平均浓度在 0.80～0.91 mg/L 之间波动，叶绿素 a 含量变化范围为

0.0086~0.0183 mg/L。从总体来看，西湖属Ⅲ类水质，主要污染物为总氮、总磷、高锰酸盐指数。

表 3-18　2010~2012 年西湖水质指标变化　　　　　（单位：mg/L）

时间（年份）	湖库	高锰酸盐指数	总磷	总氮	叶绿素 a
2010	西湖	5.01	0.041	0.91	0.0183
2011	西湖	4.80	0.036	0.80	0.0103
2012	西湖	4.17	0.028	0.91	0.0086

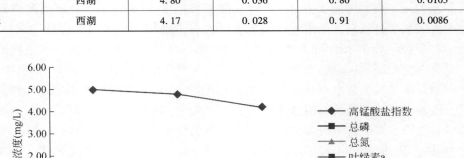

图 3-30　2010~2012 年西湖水质指标变化情况

（2）海西海背景与近年水质情况

海西海位于云南大理洱源县牛街乡龙门坝，离县城 24km，为断陷溶蚀洼地形成的天然淡水湖泊。南海北坝，群山环抱，"四面为城"。湖泊面积 2.6km²，南北长 3.6km，东西最大宽 1.5km，湖岸线长 10km，平均水深 10m，最大水深 16m，平均水温 13℃，总库容 2 227 万 m³，下游与茈碧湖、凤羽河同注入弥直河而流人洱海。海西海三面临山，一面连坝，海西海历史水质演变情况如图 3-31 所示。

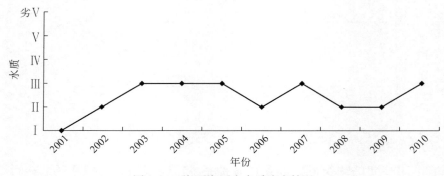

图 3-31　海西海历史水质演变情况

从 2010~2012 年的调查情况来看（表 3-19 和图 3-32），海西海高锰酸盐指数平均变化范围为 1.06 ~ 1.20mg/L，浓度呈下降趋势；总磷平均浓度变化范围为 0.013 ~ 0.022mg/L，呈下降趋势，但是降幅较小；总氮平均浓度变化范围为 0.35 ~ 0.51mg/L，呈下降趋势；叶绿素 a 含量变化范围为 0.0044 ~ 0.0055mg/L。从总体来看，海西海为Ⅲ类水质，主要污染物为总氮，其他指标正常。

表 3-19　2010 ~ 2012 年海西海水质指标变化　　　　　　（单位：mg/L）

时间（年份）	湖库	高锰酸盐指数	总磷	总氮	叶绿素 a
2010	海西海	1.20	0.022	0.51	0.0055
2011	海西海	1.11	0.012	0.55	0.0032
2012	海西海	1.06	0.013	0.35	0.0044

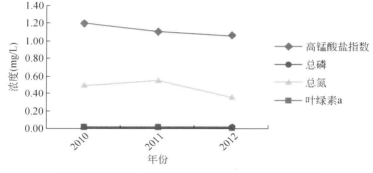

图 3-32　2010 ~ 2012 年海西海水质指标变化情况

（3）茈碧湖背景与近年水质情况

湖泊面积 7.86km²（加西南侧的草海，则为 8.46km²），南北长 6.1km，东西宽最大 2.5km，最小 0.75km，湖岸线总长 17km，平均水深 11m，最大水深 32m，湖面最低海拔 2052.8m，正常蓄水位 2056.2m，总库容 9322.4 万 m³。

茈碧湖水源充沛，北有弥茨河，南有凤羽河，还有凤河和潜流源源汇入。湖泊径流区的侵蚀基准面，除南端低洼为泄水道外，四周地表和地下的水在湖内汇集。输水干渠海尾河长 8.5km，下泄弥苴河，注入洱海，茈碧湖历史水质演变情况如图 3-33 所示。

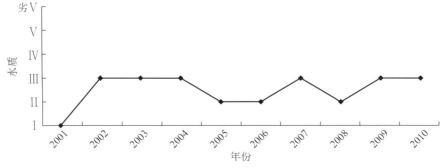

图 3-33　茈碧湖历史水质演变情况

近年来，由于种养业的不断发展和茈碧湖周边餐饮业的兴起，给茈碧湖生态环境带来了极大影响，水质日趋下降。为确保饮用水安全，不断提升入洱海水质，实施茈碧湖周边环境综合整治工作迫在眉睫。通过不懈努力，目前，茈碧湖入湖水质得到进一步改善。从2010~2012年的情况来看（表3-20和图3-34），茈碧湖高锰酸盐指数平均在1.32~1.46mg/L，呈下降趋势；总磷浓度平均在0.013~0.021mg/L，呈下降趋势，但是降幅较小；总氮平均浓度在0.43~0.46 mg/L，呈下降趋势；叶绿素a含量变化范围为0.0021~0.0031 mg/L。从总体来看，茈碧湖属Ⅱ类水质，符合其功能类别。

表 3-20　2010~2012 年茈碧湖水质指标变化　　　　（单位：mg/L）

时间（年份）	湖库	高锰酸盐指数	总磷	总氮	叶绿素 a
2010	茈碧湖	1.46	0.019	0.46	0.0031
2011	茈碧湖	1.36	0.021	0.47	0.0031
2012	茈碧湖	1.32	0.013	0.43	0.0021

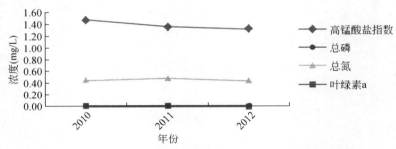

图 3-34　2010~2012 年茈碧湖水质指标变化情况

3.3.2　西湖、海西海、茈碧湖水生植物调查结果

北三湖水生植物名录如表3-21所示。

表 3-21　北三湖水生植物名录

湖名	种类	科属	生活型
西湖	穿叶眼子菜 *P. perfoliatus* Linn	眼子菜科 *Potamogctonaceae*	沉水
	微齿眼子菜 *P. maackianus* A. Benn	眼子菜科 *Potamogctonaceae*	沉水
	金鱼藻 *C. demcrsum* Linn	金鱼藻科 *Ceratophyllaceae*	沉水
	黑藻 *H. verticillata*（Linn. f.）L. c. Roylc	水鳖科 *Hydrocharitaceae*	沉水
	穗状狐尾藻 *M. spicatum* Li	小二仙草科 *Halorrhagacea*	沉水
	苦草 *V. natans*（Lour.）Hara	水鳖科 *Hydrocharitaceae*	沉水
	竹叶眼子菜（马来眼子菜）*P. malaianus* Miq	眼子菜科 *Potamogctonaceae*	沉水
	光叶眼子菜 *P. lucens* Linn	眼子菜科 *Potamogctonaceae*	沉水

湖名	种类	科属	生活型
此碧湖	此碧花 *Nymphaea tetragona* Georgi	睡莲科 *Nymphaeaceae*	浮叶
	微齿眼子菜 *P. maackianus* A. Benn	眼子菜科 *Potamogctonaceae*	沉水
	金鱼藻 *C. demcrsum* Linn	金鱼藻科 *Ceratophyllaceae*	沉水
	黑藻 *H. verticillata*（Linn. f.）L. c. Roylc	水鳖科 *Hydrocharitaceae*	沉水
	穗状狐尾藻 *M. spicatum* Li	小二仙草科 *Halorrhagacea*	沉水
	粉绿狐尾藻 *Myriophyllum elatinoides* Gaudich	小二仙草科 *Halorrhagacea*	沉水
	苦草 *V. natans*（Lour.）Hara	水鳖科 *Hydrocharitaceae*	沉水
	喜旱莲子菜（水花生）*A. philoxeroides*（Mart）Griseb	苋科 *Amaranthaceae*	挺水
海西海	微齿眼子菜 *P. maackianus* A. Benn	眼子菜科 *Potamogctonaceae*	沉水
	金鱼藻 *C. demcrsum* Linn	金鱼藻科 *Ceratophyllaceae*	沉水
	黑藻 *H. verticillata*（Linn. f.）L. c. Roylc	水鳖科 *Hydrocharitaceae*	沉水
	穗状狐尾藻 *M. spicatum* Li	小二仙草科 *Halorrhagacea*	沉水
	芦苇 *P. australis*（Car）Trin. ex Steub	禾本科 *Gramineae*	挺水

（1）西湖水生植物

洱源西湖，位于洱源县右所西部的佛钟山麓，为高原平坝淡水湖。西湖湖面 3.3km²，系高原断陷湖泊，平均水深 1.8m，最深 3.3m，是洱海的重要水源之一。西湖底质为腐殖质泥炭型淤泥，湖区主要以湿生植物芦苇和挺水植物菱草等为主，占湖湾面积为 50% 左右，从西湖水生植物的单位面积来看（表 3-22），沉水植物以穿叶眼子菜、微齿眼子菜、金鱼藻为主，湖区水生植被较丰富。

表 3-22 西湖水生植物单位面积生物量 　　　　　　（单位：kg/m²）

种类	2010 年 10 月	2011 年 10 月	2012 年 5 月
穿叶眼子菜	4.77	5.71	3.81
微齿眼子菜	5.41	5.77	4.15
金鱼藻	3.71	3.03	2.35
轮叶黑藻	1.74	2.37	1.52
狐尾藻	1.76	2.25	1.35
苦草	0.91	1.15	0.71
竹叶眼子菜	0.84	0.89	0.69
光叶眼子菜	0.57	0.62	0.51

（2）海西海水生植物

海西海在洱源县牛街乡龙门坝，离县城 24km，为断陷溶浊洼地形成的天然淡水湖泊。南海北坝，群山环抱，"四面为城"，湖泊面积 2.6km²，南北长 3.6km，东西最大宽 1.5km，湖岸线长 10km，平均水深 10m，最大水深 16m，平均水温 13℃，总库容 2227 万 m³，下游与茈碧湖、凤羽河同注入弥直河而流入洱海。海西海库区基本无水草，前置库有一部分芦苇和菱草，沉水植物有微齿眼子菜、金鱼藻、轮叶黑藻和狐尾藻等。从全湖单位面积生物量来看（表 3-23），微齿眼子菜、金鱼藻为优势种。

表 3-23　海西海水生植物单位面积生物量

种类	2010 年 10 月	2011 年 10 月	2012 年 5 月
微齿眼子菜（kg/m²）	0.81	0.88	0.59
金鱼藻（kg/m²）	0.68	0.83	0.58
轮叶黑藻（kg/m²）	0.48	0.52	0.44
狐尾藻（kg/m²）	0.23	0.26	0.21
芦苇（株/m²）	26.70	28.80	28.50
菱草（株/m²）	24.2	11.8	23.2

（3）茈碧湖水生植物

茈碧湖位于洱源县东北 4km 的罢谷山下，因湖中生长一种珍贵的睡莲科水生植物茈碧花而得名。茈碧湖为地震陷落型的湖泊，湖呈狭长形，南北长 6km，东西宽 1～2km，总面积 7.86km²，海拔 2055.7m，总库容为 9322.4 万 m³，是洱海的重要上游补水湖泊，同时也是洱源县的重要集中式饮用水源地，平均水深 20m，最深达 32m，主要水源为凤羽河与梅茨河。湖泊出水道为"海尾河"，经龙马涧至下山口为弥直河，流入洱海，是洱海的主要源流之一。茈碧湖底质为淤泥，分为内海和外海，内海因为水深较深，基本无水草；外海主要分布有水花生、茈碧花、微齿眼子菜、金鱼藻、狐尾藻、粉绿狐尾藻等。从全湖单位面积生物量来看（表 3-24），茈碧花、微齿眼子菜、金鱼藻为优势种。

表 3-24　茈碧湖水生植物单位面积生物量　　　　　　　　（单位：kg/m²）

种类	2010 年 10 月	2011 年 10 月	2012 年 5 月
茈碧花	0.40	0.76	0.88
微齿眼子菜	3.50	4.80	2.83
金鱼藻	2.40	2.65	2.12
轮叶黑藻	1.77	2.09	1.17
狐尾藻	1.40	1.67	1.08
粉绿狐尾藻	0.81	0.79	0.60
水花生	5.68	5.56	3.09

3.3.3　西湖、海西海、茈碧湖浮游植物调查结果

洱海流域北三湖（西湖、海西海、茈碧湖）浮游植物植物名录如表 3-25 所示。

（1）西湖浮游植物

西湖的藻类季节变化显著，2010 年 8 月的优势种为铜绿微囊藻，10 月和 12 月的优势

种均为水华束丝藻；2011 年 1 月的优势种为水华束丝藻，10 月为游丝藻；2012 年 4 ~ 6 月的优势种分别为肾形藻；美丽星杆藻和直链藻。全年常见的藻类还有：转板藻、卵囊藻、小环藻、脆杆藻、角甲藻、锥囊藻等。藻类细胞年平均数为 $1507.18×10^4$ 个/L。

（2）海西海浮游植物

海西海的藻类季节变化不显著，全年优势种为小环藻、肾形藻、蓝隐藻，常见的藻类还有色球藻、席藻、纤维藻、盘星藻、锥囊藻。藻类细胞年平均数为 $375.52×10^4$ 个/L。

（3）茈碧湖浮游植物

茈碧湖的藻类季节变化不显著，全年优势种为小环藻，常见的藻类主要有水华束丝藻、色球藻、隐球藻、卵囊藻、肾形藻、实球藻、小环藻、蓝隐藻、隐藻和锥囊藻。藻类细胞年平均数为 $382.73×10^4$ 个/L。

表 3-25 北三湖浮游植物名录

浮游藻类	
蓝藻门 Cyanophyta	四角藻属 Tetraedron
微囊藻属 Microcystis	水绵属 Spirogyra
席藻属 Phorimidium	栅藻属 Scenedesmus
颤藻属 Oscillatoria	转板藻属 Mougeotia
鱼腥藻属 Anabaena	十字藻属 Crucigenia
鞘丝藻属 Lyngbya	丝藻属 Ulothrix
平裂藻属 Merismopedia	四角藻属 Tetraedron
蓝纤维藻属 Dactylococcopsis	肾形藻属 Nephrocytium
色球藻属 Chroococcus	顶棘藻属 Chodatella
隐球藻属 Aphanocapsa	纤维藻属 Ankistrodesmus
念珠藻属 Nostoc	卵囊藻属 Oocystis
隐杆藻属 Aphanothece	盘星藻属 Pediastrum
束丝藻属 Aphanizomenon	弓形藻属 Schroederia
硅藻门 Bacillariophyta	衣藻属 Chlamydomonas
直链藻属 Melosira	新月藻属 Nephrocytium
小环藻属 Cyclotella	纺锤藻属 Elakatothrix
脆杆藻属 Fragilaria	角星鼓藻属 Staurastrum
针杆藻属 Synedra	蹄形藻属 Kirchneriella
舟形藻属 Navicula	月牙藻属 Selenastrum
双眉藻属 Amphora	实球藻属 Pandorina
桥弯藻属 Cymbella	隐藻门 Cryptophyta
异极藻属 Gomphonema	蓝隐藻属 Chroomonas
弯楔藻属 Rhoicosphenia	隐藻属 Cryptomonas
等片藻属 Diatoma	甲藻门 Dinophyta

浮游藻类	
卵形藻属 *Cocconeis*	多甲藻属 *Peridinium*
曲壳藻属 *Achnanthes*	角甲藻属 *Ceratium*
冠盘藻属 *Stephanodiscus*	裸藻门 Euglenophyta
辐节藻属 *Stauroneis*	裸藻属 *Euglena*
窗纹藻属 *Epithemia*	金藻门 Chrysophyta
绿藻门 Chlorophyta	锥囊藻属 *Dinobryon*
刚毛藻属 *Cladophora*	

3.3.4 洱源西湖、海西海、茈碧湖浮游动物调查结果

洱海流域北三湖（西湖、海西海、茈碧湖）浮游动物名录如表3-26所示。

（1）西湖浮游动物

2010～2012年，在西湖共检到浮游动物15科41种，其中，原生动物有14属（种）；轮虫有8科15种；甲壳类7科12种。全湖浮游动物的平均丰度为1228.99个/L。

（2）海西海浮游动物

2010～2012年，在海西海共检到浮游动物15科37种，其中，原生动物有11属（种）；轮虫有8科15种；甲壳类7科11种。全湖浮游动物的平均丰度为1156.44个/L。

（3）茈碧湖浮游动物

2010～2012年，在茈碧湖共检到浮游动物16科38种，其中，原生动物有11属（种）；轮虫有10科17种；甲壳类6科10种。全湖浮游动物的平均丰度为1015.56个/L。

表3-26 北三湖浮游动物名录

原生动物 Protozoa	
变形虫属 *Amoeba* sp.	膜袋虫属 *Cyclidium*
表壳虫属 *Arcella*	银灰膜袋虫 *Cyclidium glaucoma*
普通表壳虫 *Arcella vulgaris*	筒壳虫属 *Tiulinnidium*
弯凸表壳虫 *Arcella gibbosa*	淡水筒壳虫 *Tintinnidium fluviatile*
砂壳虫属 *Difflugia*	似铃壳虫属 *Tintinnopsis*
球砂壳虫 *Difflugia globulosa*	王氏似铃壳虫 *Tintinnopsis wang*
匣壳虫属 *Centropyxis*	聚钟虫属 *Campanella*
针棘匣壳虫 *Centropyxis aculeata*	伞形聚钟虫 *Campanella umbellaria*
刺日虫属 *Raphidiophrys* sp.	钟虫属 *Vorticella* sp.
管叶虫属 *Trochelophyllum*	累枝虫属 *Epistylis* sp.
卑怯管叶虫 *Trachelophyllum pusillum*	喇叭虫属 *Stentor multiformis*
拟前管虫属 *Pseudoprorodon armatus*	急游虫属 *Strombidium*

续表

原生动物	Protozoa		
栉毛虫属 *Didinium*		绿急游虫 *Strombidium Viride*	
小单环栉毛虫 *Didinium balbianii* nanum		侠盗虫属 *Stribilidium gyrans*	
睥睨虫属 *Askenasia*		旋回侠盗虫 *Strobilidium gyrans*	
团睥睨虫 *Askenasia volvox*		靴纤虫属 *Cothurnia* sp.	
漫游虫属 *Litonotus* sp.		环靴纤虫 *Cothurnia annulata*	
前口虫属 *Frontonia* sp.		纤毛虫 *ciliate*	

轮虫	Rotatoria		
臂尾轮科 Brachionidae		月形腔轮虫 *Lecane luna*	
螺形龟甲轮虫 *Keratella cochlearis*		蹄形腔轮虫 *Lecane ungulata*	
曲腿龟甲轮虫 *Keratella valga*		四齿单趾轮虫 *Monostyla quadridentata*	
鞍甲轮科 *Lepadella*		钝齿单趾轮虫 *Monostyla crenata*	
盘状鞍甲轮虫 *Lepadella patella*		尖爪单趾轮虫 *Monostyla cornuta*	
须足轮科 Diplois daviesiae		单趾轮虫 *Monostyla* sp.	
大肚须足轮虫 *Euchlanis dilatata*		疣毛轮科 Synchaetidae	
腹尾轮科 Gastropodidae		广布多肢轮虫 *Polyarthra vulgaris*	
无柄轮虫 Ascomorpha ovalis		赫氏皱甲轮虫 *Ploesoma hudsoni*	
鼠轮科 Trichocercidae		六腕轮科 *Hexarthra*	
对棘异尾轮虫 *Trichocerca astylata*		奇异六腕轮虫 *Hexarthra mira*	
圆筒异尾轮虫 *Trichocerca cylindrica*		三肢轮科 Filinia	
刺盖异尾轮虫 *Trichocerca capucina*		胶鞘轮科 Filinia maior	
暗小异尾轮虫 *Trichocerca pusilla*		盘镜轮虫 *Testudinella patina*	
		聚花轮科 Conochilidae	
纵长异尾轮虫 *Trichocerca elongata*		晶囊轮科 Asplanchnidae	
腔轮科 Lecanidae		前节晶囊轮虫 *Asplanchna priodonta*	

枝角类	Cladoera		
溞科 Daphniidae		裸腹溞属 *Monia* sp.	
方形网纹溞 *Ceriodaphnia quadrangula*		盘肠溞科 Chydoridae	
长刺溞 *Daphnia longispina*		平直溞 *Pleuroxus* sp.	
蚤状溞 *Daphnia pulex*		盘肠溞亚科 Chydoridae Subfamily	
僧帽溞 *Daphnia cucullata*		卵形盘肠溞 *Chydorus ovalis*	
透明溞 *Daphnia hyalina*		尖额溞亚科 Aloninae Frey	
象鼻溞科 Bosmina longirostris		方形尖额溞 *Alona quadrangularis*	
长额象鼻溞 *Bosmina longirostris*		华南尖额溞 Alona milleri	
仙达溞科 Sididae			
多刺秀体溞 *Diaphanosoma sarsi*			

桡足类 Copepode	
镖水蚤科 Diaptomidae	小剑水蚤 *Microcyclops* sp.
长江新镖水蚤 *Neodiaptomus yangtsekiangensis*	真剑水蚤 *Encyclops* sp.
西南荡镖水蚤 *Neutrodiaptomus mariadviagae mariadviagae* (*Brohm*)	哲水蚤科 Calanidae
伪镖水蚤科 Pseudodiaptomidae	中华哲水蚤 *Sinocalanus sinensis*
许水蚤 *Schmackeria* sp.	胸刺水蚤科 Centropagidae
剑水蚤科 Yclopidae	猛水蚤科 Harpacticidae
温剑水蚤	

3.3.5 洱源西湖、海西海、茈碧湖底栖动物调查结果

洱海流域北三湖（西湖、海西海、茈碧海）底栖动物种类组成及种群数量，如表3-27所示。

表 3-27 北三湖底栖动物种类组成及种群数量现状

种类		西湖	茈碧湖	海西海
软体动物 Mollusca	平盘螺 *Valvata cristata*（Müller）	–	+	+
	铜锈环棱螺 *Bellamya aeruginosa*（Reeve）	++	++	++
	犁形环棱螺 *Bellamya purificata*（Heude）	++	+	+
	中华圆田螺 *Cipangopaludina cahayensis*	+++	+++	+++
	尖膀胱螺 *Physa acuta* Draparnaud	++	++	++
	椭圆萝卜螺 *Radix swinhoei*（H. Adams）	+++	+++	+++
	大脐圆扁螺 *Hippeutis umbilicalis*（Benson）	++	++	++
	福寿螺 *Ampullaria gigas* Spix	+++	–	–
	沼泽豆蚬 *Pisidium casertanum*（Poli）	–	±	–
	小土蜗 *Galba pervia*（Martens）	–	+	+
	凸旋螺 *Gyraulus convexiusculus*（Hütton）	±	+	+
	河蚬 *Corbicula fluminea*（Müller）	–	–	+
	湖球蚬 *Sphaerium lacustre*（Müller）	+		
	半球多脉扁螺 *Polypylis hemisphaerula*（Benson）	+	+	+
寡毛类 Oligochaeta	苏氏尾鳃蚓 *Branchiura sowerbryi*	++	++	++
	霍甫水丝蚓 *Limnodrilus hoffmeisteri*	+++	+	+
	克拉伯水丝蚓 *Limnodrilus clapareianus*	+++	–	–
	颤蚓 *Tubifex* sp.	++	–	+

种类		西湖	茈碧湖	海西海
水生昆虫 Insecta	粗腹摇蚊 *Pelopia* sp.	+++	+	++
	异腹鳃摇蚊 *Einfeldia insolita*	+++	+	+
	灰跗多足摇蚊 *Polypedilum leucopus*	+	–	–
甲壳类 Crustacean	小龙虾 *Procambarus clarkii*	++	+	+

注：+++为优势种；++为常见种；+为偶见种；±为稀有种；–表示未发现。

（1）西湖底栖动物种类组成

在西湖共检到软体动物 12 种，寡毛类 4 种，水生昆虫 3 种以及部分小龙虾。其中螺类以中华圆田螺、椭圆萝卜螺较多，另外还有铜锈环棱螺、尖膀胱螺和大脐圆扁螺等；出现了外来入侵种福寿螺；寡毛类（苏氏尾鳃蚓、霍甫水丝蚓、克拉伯水丝蚓）和水生昆虫（粗腹摇蚊、异腹鳃摇蚊和灰跗多足摇蚊）的耐污种类增加，存在一定的藻源性和草源性的有机污染。

（2）海西海底栖动物种类组成

在海西海共检到软体动物 9 种，寡毛类 3 种，水生昆虫 2 种以及少部分小龙虾。其中螺类以中华圆田螺、椭圆萝卜螺较多，寡毛类和水生昆虫以苏氏尾鳃蚓和粗腹摇蚊较为常见，其他种类不是很多。

（3）茈碧湖底栖动物种类组成

在茈碧湖共检到软体动物 11 种，寡毛类 2 种，水生昆虫 2 种以及少部分小龙虾。其中螺类以中华圆田螺、椭圆萝卜螺较多，耐污的寡毛类和水生昆虫不常见，水体清洁，水质良好。

3.3.6 洱源西湖、海西海、茈碧湖鱼类调查结果

洱海流域北三湖（西湖、海西湖、茈碧湖）鱼类种类组成及种群数量如表 3-28 所示。

（1）西湖鱼类调查

本次在西湖总共调查到鱼类 23 种，以鲫鱼、草鱼、鲢鱼、鳙鱼为主，另外，分布有大眼鲤、大头鲤、云南鲤等滇西高原湖泊特有濒危鱼类，有着较高的生物多样性保护价值，灰裂腹鱼、云南裂腹鱼、光唇裂腹鱼已基本消失不见。

（2）海西海鱼类调查

海西海鱼类资源不是很多，本次共调查到鱼类 21 种，以鲤鱼、鲢鱼、鳙鱼和鲫鱼较为常见，分布有土著鱼类西太公鱼、光唇裂腹鱼等，数量稀少。

（3）茈碧湖鱼类调查

茈碧湖鱼类资源较为丰富，本次共调查到鱼类 22 种，鲤鱼、鲫鱼、鲢鱼和鳙鱼仍为常见种，另外，还分布有团头鲂、麦穗鱼、鰕虎鱼等，土著鱼类云南裂腹鱼偶见，灰裂腹鱼已消失不见。

表 3-28 北三湖鱼类种类组成及种群数量现状

科名	种名	西湖	茈碧湖	海西海
鲤科 Cyprinidae	1. 鲤 *Cyprinus carpio rubrofuscus* Lacepede	++	++	++
	2. 青鱼 *Mylopharyngodon piceus*（Richardson）	+	+	+
	3. 草鱼 *Ctenopharyngodon idellus*	++	++	+
	4. 鲢 *Hypophthalmichthys molitrix*	++	++	++
	5. 鳙 *Aristichthys nobilis*（Richardson）	++	++	++
	6. 团头鲂 *Megalobrama amblycephala* Yih	++	++	+
	7. 麦穗鱼 *Pseudorasbora parva*	+	+ +	+
	8. 高体鳑鲏 *Rhodeus sinensis* Gunther	+	+	+
	9. 大头鲤 *Cyprinus*（C.）*pellegrini*	±	−	−
	10. 云南鲤 *Cyprinus yunnanensis*	±	−	−
	11. 大眼鲤 *Cyprinus*（cyprinus）*megalophthalmus*	±	+	−
	12. 鲫鱼 *C. auratus*（Linnaeus）	+ + +	+ +	+ +
	13. 灰裂腹鱼 *S. griseus* Pellegrin	−	−	−
	14. 云南裂腹鱼 *Schizothorax yunnanensis yunnanensis*	−	±	−
	15. 光唇裂腹鱼 *Schizothorax lissolabiatus* Tsao	−	−	−
塘鳢科 Eleotridae	16. 小黄黝鱼 *Hypseleotris swinhonis*（Gunther）	+ +	+	+
虾虎鱼科 Gobiidae	17. 子陵吻虾虎鱼 *Ctenogobius giurinus*（Rutter）	+ +	+ +	+
	18. 波氏吻虾虎鱼 *Ctenogobius cliffordpopei*（Nichols）	+ +	+ +	+
鳢科 Channidae	19. 乌鳢 *Channa argus*（Cantor）*	+	+	+
胎鳉科 Poeciliidae	20. 食蚊鱼 *Gambusia affinis*（Baird et Girard）*	+	±	±
斗鱼科 Belontiidae	21. 圆尾斗鱼 *Macropodus chinensis*（Bloch）*	+	+	+
胡瓜鱼科 Osmeridae	22. 池沼公鱼 *Hypomesus olidus* Pallas*	±	±	±
	23. 西太公鱼 *Hypomesus nipponensis*	−	±	+
鳅科 Cohitidae	24. 拟鳗副鳅 *Paracbitis anguillioides* Zhu et Wang	+	+	+
	25. 泥鳅 *M. anguilicaudatus*（Cantor）	+	+	+
	26. 云南侧纹鳅 *Yunnanilus pleurotaenia*（Regan）	+	+	+
合鳃科 Synbranchidae	27. 黄鳝 *M. albus*（Zuiew）	+	+	+

注：+++为优势种；++为常见种，+为偶见种，±为稀有种，−表示未发现。

3.3.7 洱海流域浮游微生物生物量调查

（1）调查方法

在 2010 年 10～11 月，采集洱海、茈碧湖、海西海的水样，其中洱海设置了两个采样点，一共采集了 4 个湖泊水样。用有机玻璃采样器采集水平面以下 30cm 处的水样于洁净的棕色玻璃瓶中，同时使用直径 20cm 的黑白盘测定透明度。

　　采样后，采用荧光显微直接计数法测定浮游病毒与浮游细菌生物量，采用叶绿素 a 法测定浮游植物生物量（具体为《水与废水监测（第四版）》中的丙酮法），总氮、总磷、高锰酸盐指数的测定依据《水与废水监测（第四版）》中的方法进行检测，使用过硫酸钾氧化-紫外分光光度法检测总氮含量，使用钼锑抗分光光度法检测总磷含量，使用高锰酸盐指数法检测 COD 的含量。

（2）调查结果

　　浮游病毒、浮游细菌、浮游植物生物量调查结果如图 3-35 ~ 图 3-37 所示。

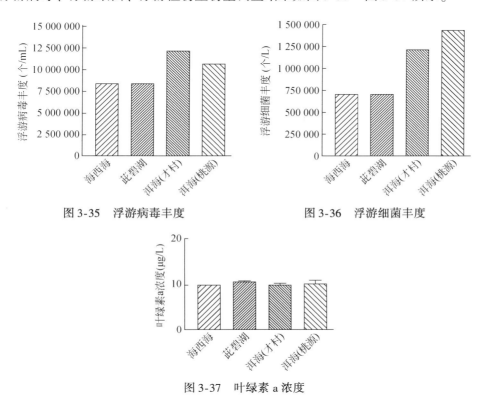

图 3-35　浮游病毒丰度　　　　　　　图 3-36　浮游细菌丰度

图 3-37　叶绿素 a 浓度

　　TN、TP 等水质指标的调查结果如图 3-38 ~ 图 3-41 所示。

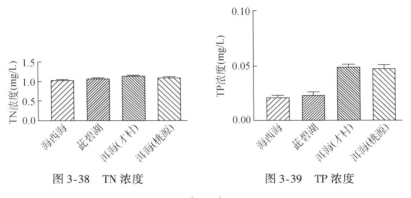

图 3-38　TN 浓度　　　　　　　　　图 3-39　TP 浓度

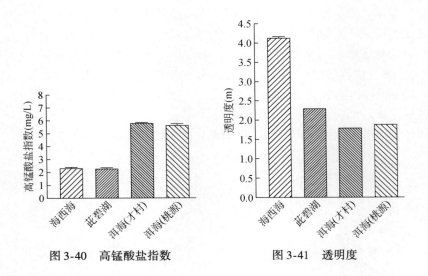

图 3-40　高锰酸盐指数　　　　　图 3-41　透明度

（3）结果分析

上述结果表明，洱海水质明显劣于海西海与茈碧湖，同时，其浮游病毒和浮游细菌生物量也明显较高，但三个湖泊的浮游植物生物量却相似，这一结果说明浮游病毒和浮游细菌生物量对水体富营养化的响应比浮游植物生物量（以叶绿素 a 计）更灵敏。

此外，为了方便数据的分析，我们同时选择了云南省的滇池、抚仙湖、杞麓湖、星云湖、异龙湖、阳宗海等 6 个不同营养水平的湖泊同步测定了上述各项参数，作为高原湖泊参照系，其结果如图 3-42 和图 3-43 所示。

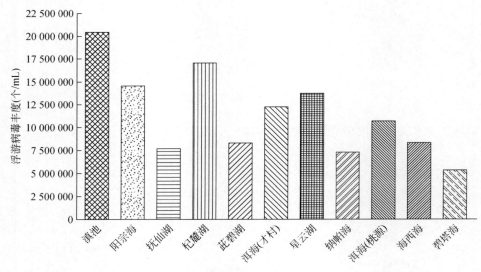

图 3-42　高原湖泊浮游病毒丰度

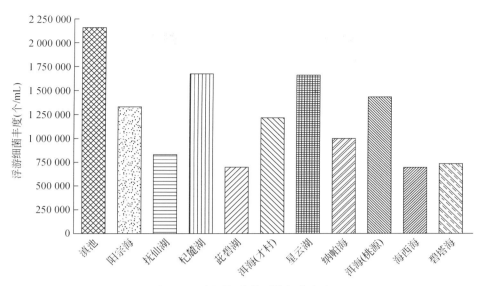

图3-43　高原湖泊的浮游细菌丰度

上述结果说明，海西海与茈碧湖的浮游病毒和浮游细菌生物量较接近抚仙湖、碧塔海等清洁湖泊，而洱海的浮游病毒和浮游细菌生物量较接近阳宗海、星云湖等湖泊，但与滇池、杞麓湖等重富营养化湖泊的差距较大。

3.3.8　洱海流域浮游微生物多样性调查

（1）调查方法

采样方法同3.1.3节洱海浮游动物采样，采集的水样经离心3500r/min，10min沉淀藻以及其他杂质，再经高速离心10 000rpm，20min沉淀浮游细菌，用存留的上清液反复吹打离心管底重悬细菌备用。上清液再经超速离心100 000g，离心2h，弃上清，利用仅存的水反复吹打离心管的底部重悬浮游病毒颗粒，得到病毒浓缩液；采用酚/氯仿法提取病毒浓缩液中的病毒核酸，以T4类浮游病毒的g23基因为目标片段，采用引物为MZIA1bis：5′-GATATTTGIG GIGTTCAGCCIATGA-3′，MZIA6：5′-CGCGGTTGATTTCCAGCATGATTTC-3′进行扩增，再经使用PMD18-T载体试剂盒，随机挑选40~100个阳性克隆子测序；测序结果使用DNAstar 5.0软件包进行序列分析、CLUSTALW排序以及MEGA 4.0建立进化树（NJ法）。

（2）调查结果

根据测序结果所构建的进化树及其进化树中的代码如表3-29、图3-44~图3-47所示。进化树中的代码含义如下。

表3-29　进化树中的代码说明

湖泊	缩写	湖泊	缩写
滇池	DC	抚仙湖	FX

湖泊	缩写	湖泊	缩写
杞麓湖	QL	海西海	HX
洱海（才村）	EH1	纳帕海	NP
星云湖	XY	碧塔湖	BT
洱海（桃源）	EH2	阳宗海	YZ
茈碧湖	CB		

注：其他代码为 Genebank 中的参照序列。

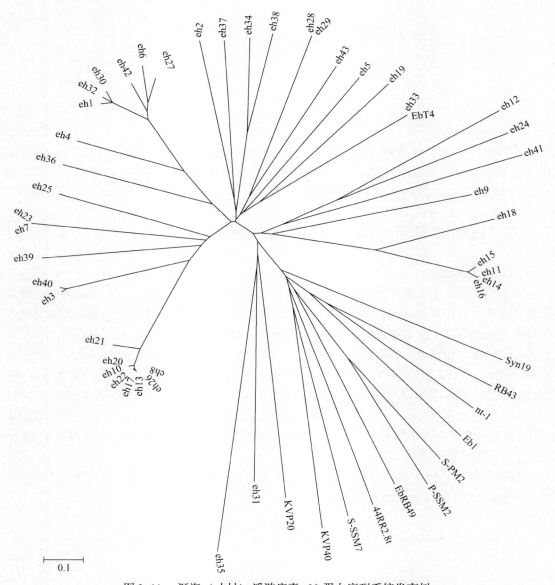

图 3-44　洱海（才村）浮游病毒 g23 蛋白序列系统发育树

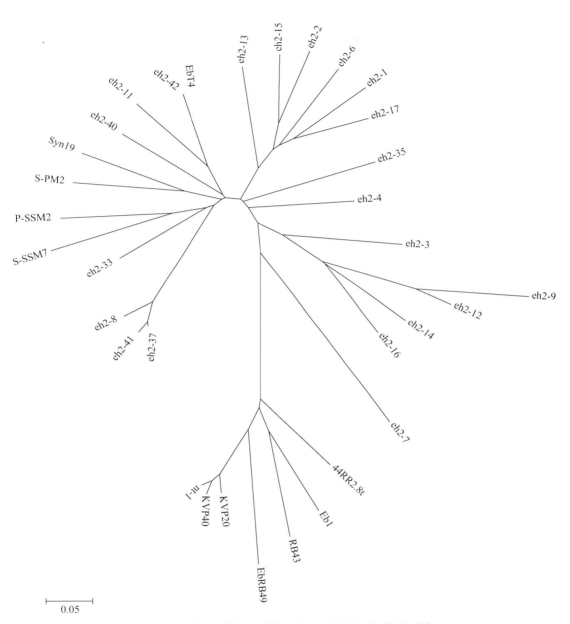

图 3-45 洱海（桃源）浮游病毒 g23 蛋白序列系统发育树

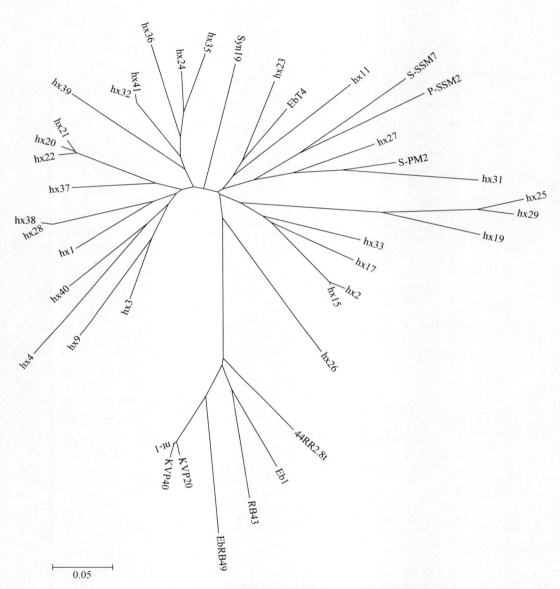

图 3-46　海西海浮游病毒 g23 蛋白序列系统发育树

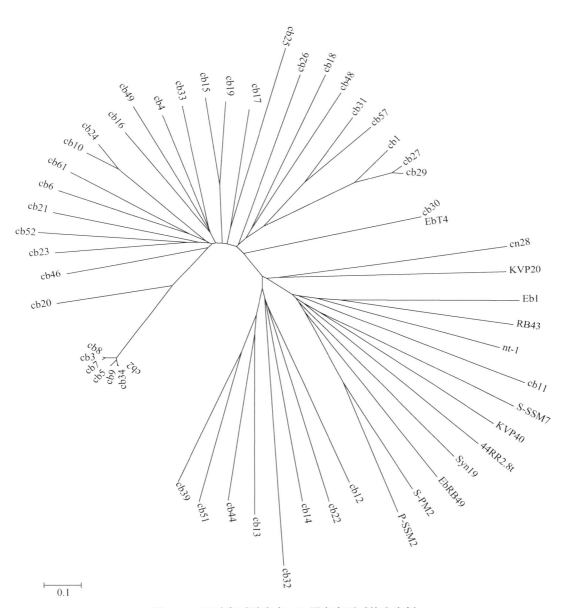

图 3-47　茈碧湖浮游病毒 g23 蛋白序列系统发育树

(3) 结果分析

为了方便数据的分析，我们同时选择了云南省的滇池、抚仙湖、杞麓湖、星云湖、异龙湖、阳宗海等6个不同营养水平的湖泊同步测定了上述各项参数，作为高原湖泊参照系，其结果如下。

由图3-48可见，除海西海与纳帕海的相似度较高（92%）外，洱海流域浮游病毒的多样性与其他高原湖泊的相似度均低于34%，说明该流域浮游病毒的种群结构明显不同于其他高原湖泊。

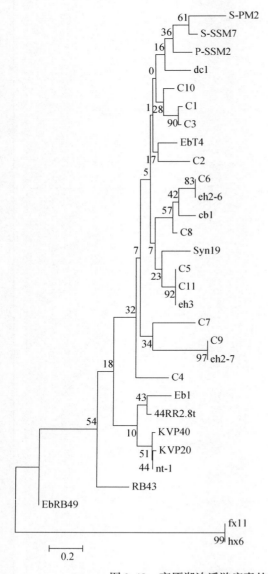

代码	来源
C1	茈碧湖
C2	碧塔海
C3	洱海(才村)
C4	抚仙湖
C5	纳帕海
C6	星云湖
C7	阳宗海
C8	滇池
C9	洱海(桃源)
C10	杞麓湖
C11	海西海

注：其他代码为Genebank中的参照序列

图3-48　高原湖泊浮游病毒的g23蛋白系统进化树

4 | 洱海流域社会经济调查

4.1 洱海流域社会发展现状和历史变迁

洱海流域属澜沧江—湄公河水系，流域面积 2565 km²，海拔 1974 m，位于云南省大理白族自治州（大理州）境内，地跨大理市和洱源县的 17 个乡镇，170 个行政村。其中大理市 11 个乡镇，包括下关镇、上关镇、大理镇、凤仪镇、喜洲镇、海东镇、挖色镇、湾桥镇、银桥镇、双廊镇、旅游度假区和开发区；洱源县辖 6 个乡镇，包括茈碧湖镇、邓川镇、右所镇、三营镇、凤羽镇和牛街镇。洱海是云南省第二大高原淡水湖泊，洱海是大理市主要饮用水源地，白族先民称之为"金月亮"，在古代文献中曾被称为"叶榆泽"、"昆弥川"、"西洱河"等，洱海属断层陷落湖泊，湖水清澈见底，透明度很高，自古以来一直被称作"群山间的无瑕美玉"。

洱海具有供水、农灌、发电、调节气候、渔业、航运、旅游等多种功能，具有优越的区位优势，显著的综合功能，厚重的历史文化，良好的发展环境，是大理政治、经济、文化的摇篮，是整个流域乃至大理州社会、经济可持续发展的重要基础，堪称大理人民的"母亲湖"。

4.1.1 人口数量与结构

4.1.1.1 人口数量与结构现状

地区人口的数量和类型是考量社会发展的两个基本要素，它与社会发展的方方面面，譬如收入获取、就业分布、消费决策、地区的医疗、教育以及人民生活的变化紧密相连。伴随着波澜壮阔的改革开放历程，洱海流域的人口数量和类型都经历着巨大的历史变迁。

流域 2010 年末总人口约 89.53 万，约占大理州人口的 1/4。流域人口结构中男性 44.68 万人，女性 44.85 万人，性别比例基本为 1∶1。全流域共有 26 个民族，其中占比最多的前八位分别是：白族、汉族、彝族、回族、纳西族、傈僳族、傣族、藏族，众多的民族聚集在同一地区体现出了大理州独有的"包容性"。

4.1.1.2 人口数量与结构发展变化

二十年间，流域人口由 1990 年的 73.48 万人增至 2010 年的 89.53 万人，呈线型趋势增加，增速比较平缓，如图 4-1 所示。二十年累计增加 16.77 万人，涨幅达 22.82%，年均增加 0.84 万人，年均上涨 1.14 个百分点。农业人口从 1990 年的 56.80 万人增加至 2010 年的 64.77 万人，二十年累计增加 7.97 万人，涨幅 14.03%，年均增加 0.3985 万人，年均上涨 0.70 个百分点。非农业人口增加较多，从 1990 年的 3.04 万人增加至 2010 年的 24.77 万人，二十年累计增加 21.73 万人，涨幅 715%，年均增加 1.08 万人，年均上涨 35.75 个百分点。由图 4-2～图 4-4 可见，在二十年的人口增长比例中，农业人口占总人口的比例逐渐减小，而非农业人口的占比从 1990 年的 3.04 万人上到 2010 年的 24.77 万人。从流域人口性别的角度统计，男性人口与女性人口的增长速度基本一致，二者之比变化不明显（表 4-1）。

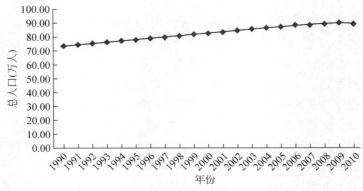

图 4-1　流域户籍总人口

a.洱海流域1990年农业人口占比　　b.洱海流域2000年农业人口占比　　c.洱海流域2010年农业人口占比

图 4-2　洱海流域农业人口占比

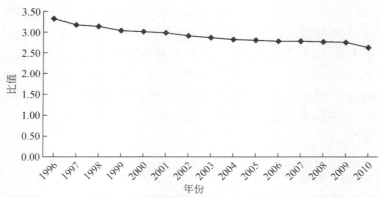

图 4-3　流域农业与非农业人口之比

| 162 |

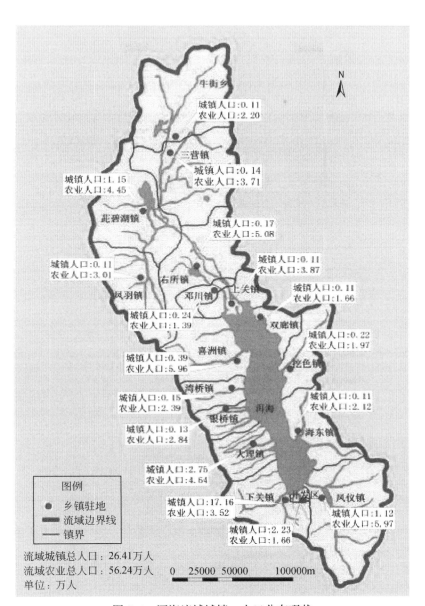

图 4-4 洱海流域城镇—人口分布现状

表 4-1 1990～2010 年全流域人口状况　　　　　　（单位：万人）

年份	户籍人口	男性人口	女性人口	农业人口	非农业人口
2010	89.54	44.68	44.85	64.77	24.77
2009	90.07	45.19	44.88	65.9	23.97
2008	89.20	44.84	44.38	65.49	23.72
2007	88.59	44.51	44.08	65.09	23.50

续表

年份	户籍人口	男性人口	女性人口	农业人口	非农业人口
2006	87.90	44.04	43.86	64.67	23.23
2005	87.10	44.25	42.85	64.15	22.95
2004	86.33	43.78	42.55	63.74	22.59
2003	85.54	43.29	42.25	63.42	22.12
2002	84.62	42.61	42.01	62.97	21.65
2001	83.54	42.08	41.46	62.51	21.03
2000	82.44	41.48	40.96	61.93	20.50
1999	81.68	41.17	40.51	61.30	20.16
1998	80.52	40.40	40.12	61.07	19.44
1997	79.59	39.89	39.70	60.58	19.01
1996	78.83	39.54	39.29	60.32	18.18
1995	77.97	39.11	38.86	58.70	3.54
1994	77.32	38.88	38.44	58.62	3.28
1993	76.37	38.49	37.88	58.48	3.10
1992	75.48	37.98	37.50	58.08	3.24
1991	74.54	37.42	37.12	57.52	3.12
1990	73.48	37.33	36.15	56.80	3.04

数据来源：历年大理州统计年鉴。

全流域少数民族众多，共由 26 个民族组成，其中占比最多的前八位分别是：白族、汉族、彝族、回族、纳西族、傈僳族、傣族、藏族。这也是构成流域地区民族风俗多样化的一个最主要原因。虽然流域少数民族众多，但主要是以白族和汉族为主，图 4-5 可以看出，在二十年的发展过程中，白族人口一直维持在 60% 以上的人口占有率，而剩下的 40% 中汉族占了约 30%。因此流域文化主要以白族文化和汉族文化为主。可见，洱海流域不仅是大理风景区的主要风景资源，也是白族祖先最主要的发祥地。有资料显示，迄今为止，在洱海及其周围的山坡台地上所发现的新石器时代遗址共达 30 多处。海东金梭岛就是一个著名的新石器遗址。而后又发现的双廊玉几岛也是新石器时代和青铜器时代的重要

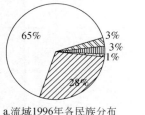

a.流域1996年各民族分布

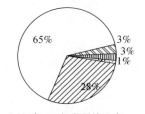

b.流域2000年各民族分布

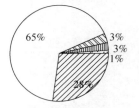

c.流域2010年各民族分布

图 4-5　洱海流域各民族分布

遗址，除了出土大量生产生活用的石器、陶器之外尚有青铜器山字形格剑、铜柄铁刃剑、以及铸造这些兵器的陶范。由此可推断它或许还是古代白族先民冶炼铸造青铜器乃至进入铁器时代的生产基地。在这里每个时代都有历史的遗留，我们似乎可以听到白族祖先从蒙昧时代步步走向文明的足音。因此说，洱海是白族文化的摇篮。

4.1.2 就业

二十年来洱海流域城镇和乡村家庭的就业状况发生了显著变化。20世纪90年代以来，伴随着经济的快速发展，城镇居民家庭的家庭就业面显著拓宽，就业观念逐渐由保守、单一、从一而终向开放、多元、灵活转变。就业的行业分布由物质生产部门逐步转向非物质生产部门。就业的产业结构由第一产业逐渐向第二、第三产业发展。

在农村居民家庭中，由于科技进步以及农村劳动生产率的提高，农村剩余劳动力逐年增加。城镇改革开放以来多种所有制的发展为农村剩余劳动力的向外转移创造了条件，农民脱离土地从事第二、第三产业的人数较以前有所增加。就业方式从体力型就业、离土不离乡，向技术型就业、离土又离乡转变。这些变化也伴随着就业观念的变化。老一辈农民就业目的单一，赚钱是他们的主要目的。他们往往选择发达的地区工作。新一代农民不仅想得到一份好工作，更重视生活的质量。

4.1.2.1 就业人数及结构现状

全流域现有就业人员57.07万人，占总人口的63.98%。其中城镇就业人数19.23万人，约占就业总人数的33.70%，乡村就业人数37.84万人，约占就业总人数的66.30%。第一产业从业人数为24.02万人，占三次产业的42.11%。第二产业人数为13.70万人，占三次从业人数的24%。第三产业从业人数为19.35万人，占三次从业人数的33.9%。可见，流域就业人员已经由第一产业逐渐向第二、第三产业发展。而且农村居民脱离土地从事第二、第三产业的人数较以前有所增加，但是第一产业仍是流域的主导产业，这主要是因为洱源县的第一产业所占比重过大而导致的。如表4-2所示，洱源县就业人员15.72万人，其中第一产业就业人数11.53万人，占三次产业的73.35%。第二产业人数1.27万人，占三次从业人数的8.07%。第三产业从业人数为2.9万人，占三次从业人数的18.45%。可见洱源县仅第一产业就业人数就超过二三产业就业人数总和的3倍，这也说明了农业污染是洱海污染的最主要来源。

4.1.2.2 就业人数及结构发展变化

(1) 就业人数变化

近二十年间，流域的劳动者人数持续小幅上涨，从1990年的40.35万人增加到2008年的57.07万人，涨幅41.44%，平均每年增加就业人数0.93万人，年增加2.30个百分点，见图4-6。其中，城镇就业人口由1990年的9.97万人增加到2008年的19.23万人，二十年累计增加9.26万人，涨幅92.88%。乡村就业人口在2008年达到37.84万人，比1990年的

30.38万人增加了7.46万人，年均增加0.42万人，以每年1.36个百分点的速度缓慢增长。增长缓慢的原因主要来自洱源县众多农业人口，洱源县1990年乡村就业人员14.19万人，2008年14.74万人，二十年间无明显变化。由图4-7可见，全流域无论是城镇就业人数还是乡村就业人数都有不同程度的上涨，2000年以后的上涨幅度和趋势都比较明显。

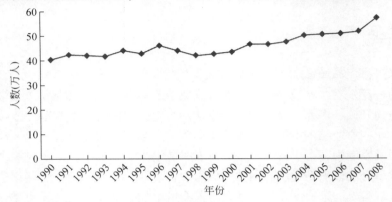

图4-6　洱源县就业人数变化

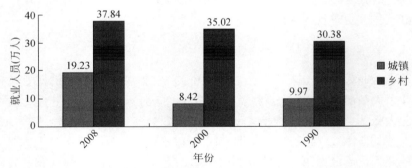

图4-7　洱源县就业人员在城乡间分布情况

（2）就业产业结构变化

　　1990年流域第一产业从业人数为25.65万人，占三次产业的63.57%，2008年第一产业从业人数为24.02万人，略有下降。近二十年来第一产业从业人数均维持在24万人左右，无明显变化。1990年第二产业从业人数为7.6万人，占三次从业人数的18.84%，经过近二十年的发展，到2008年，第二产业的就业人数已经达到13.7万人，累计增加6.1万人，上涨了约80个百分点，年均增加0.34万人，增长速度4.47%。1990年第三产业从业人数为7.1万人，占三次从业人数的17.60%，比2008年的19.35万人少了12.25万人，近二十年间，年均增加0.68万人，涨幅9.6%。1990年三个产业就业人数之比为63∶19∶18，2008年三个产业就业人数之比为42∶24∶34，可见第一产业人数在二十年间变化不大，但是所占总人数的比重却逐渐被第二三产业所替代，尤其是第三产业就业的人数占比比重增加的比较明显，如图4-8所示。

　　从三大产业就业人员的变化可以看出整个社会经济结构的变化。发达地区从事第一产

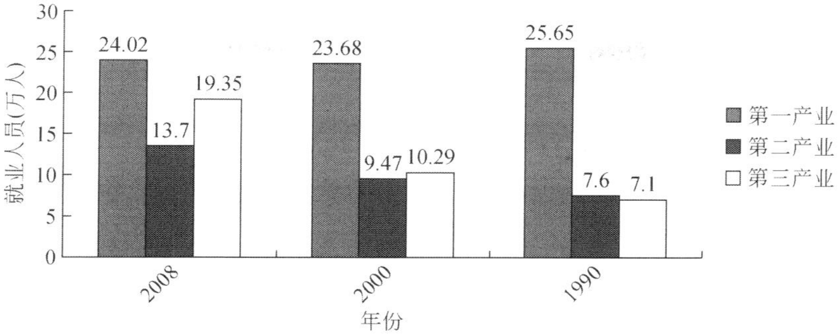

图 4-8 流域就业人员在产业间的分布情况

业的人往往只占很小的比例。洱海流域在近二十年里城市经济中尤其以第三产业发展迅速，第二产业略有上升，第一产业稳步发展。人们的生活水平伴随着生活品质的提高而提高（表4-2）。

表 4-2 全流域从业人员产业分布状况 （单位：万人）

年份	就业总数	城镇	乡村	第一产业	第二产业	第三产业
2008	57. 07	19. 23	37. 84	24. 02	13. 70	19. 35
2007	51. 71	14. 88	36. 84	23. 89	11. 41	16. 41
2006	50. 89	13. 96	36. 93	23. 76	10. 81	16. 32
2005	50. 54	13. 74	36. 8	24. 21	11. 16	15. 17
2004	50. 17	13. 67	36. 51	24. 19	10. 90	15. 08
2003	47. 42	11. 63	35. 79	24. 17	9. 20	14. 05
2002	46. 48	11. 26	35. 22	23. 86	9. 74	12. 87
2001	46. 53	11. 16	35. 37	24. 21	9. 84	12. 48
2000	43. 44	8. 42	35. 02	23. 68	9. 47	10. 29
1999	42. 54	7. 76	34. 78	23. 68	9. 50	9. 35
1998	42. 06	7. 63	34. 43	24. 11	9. 41	8. 54
1997	44. 02	9. 51	34. 51	24. 37	10. 34	9. 31
1996	45. 95	12. 36	33. 59	24. 93	9. 30	11. 72
1995	42. 73	9. 58	33. 16	25. 11	9. 38	8. 24
1994	43. 98	10. 85	33. 13	25. 91	9. 60	8. 47
1993	41. 72	8. 96	32. 75	26. 34	7. 82	7. 56
1992	42. 09	10. 02	32. 07	26. 73	8. 23	7. 13
1991	42. 38	10. 13	32. 25	26. 83	8. 03	7. 52
1990	40. 35	9. 97	30. 38	25. 65	7. 60	7. 10

数据来源：历年大理州统计年鉴。

（3）就业观念变化

20 世纪 80 年代末，城镇引入企业竞争机制，实行劳动合同制，竞争上岗。“饭碗”

是"瓷"的，不小心会打碎，时时有就业风险。就业者的观念从就业无风险向就业有风险进行了转变。市场经济体制逐渐建立，劳动者自主意识增强。90年代后，市场经济体制开始运行。人们开始认识到"失业"是市场经济的正常现象，职业生涯的暂时中断是单个劳动者的正常体验。劳动者就业观念发生一系列转变：从"从一而终"向"人才流动"转变，"续聘"、"解聘"、"跳槽"、"猎头"、"炒鱿鱼"等成为百姓的日常用语；等待"国家安排"到依靠"自主择业"转变，自主择业，"我想干啥就干啥"成为百姓思维常态；从"全日工作"观念到"非全日工作"观念的转变，劳动者可以一天在好几处打工挣钱，"非全日工作"逐步形成；从"贵族"意识到"平民意识"的转变，市场经济打破这种"身份"界限，今天是部长、厂长，明天就可能是普通劳动者；从"受人雇用"到"自我雇用"的转变，越来越多的劳动者包括下岗职工自己创业，自己雇用自己；从留在城市找门路到走向农村找门路的转变，很多城市职工走向乡村种植、养殖，提供技术服务、承包荒山，开发水流域等。可以说经济体制的改革造成了人们就业观念的变化。人们由保守、单一的就业观念转变成现在开放、多元的就业观念。

20世纪90年代以后，新一代农民的就业观念也开始有了巨大的转变，大体是"出来锻炼自己"、"学一门技术"、"在家乡没意思"、"羡慕城市生活"、"外出能够享受现代生活"。但是伴随着大量农民涌入城市，就业机会减少，城镇劳动力市场供求关系的进一步紧张，更难就业。多数农民工不愿意远离家门。越来越多的农民在选择就业地点时，改变了就业地点偏好，将目光投向自己家乡及周边地区经济相对发达的城镇，实现就业。与他们的父辈相比，这批农民工年龄小，受教育程度更高，对外部世界的向往更强，外出务工的动机除了谋生以外，还多了一份实现理想的诉求。面对他们长久生活的城镇，他们渴求融入其中，渴望获得更多。赚钱，不再是他们进城务工的主要目的。他们不太愿意到工厂当一线工人。他们更希望从事工资相差不大，但相对轻松、能够有发展空间的工作。他们不再满足于从事普通工人的职位，对工资以及对工作的环境和发展前途都有了更高的追求。因此，这批新生代农民的就业有体验性动机，即在不断选择职业中去寻找自己的生存与发展空间，所以其职业稳定性相对于第一代农民工要低得多。

4.1.3　地区财政

4.1.3.1　财政收入现状及历史发展

2010年洱海流域的一般财政预算收入总计154 175万元，相比1990年的11 243万元增加了142 932万元，二十年间翻了近14倍，年均增加6806.29万元，年均上涨60.54%。

2010年洱海流域人均财政收入12 235元，这项指标在1990年只有153.01元，在二十年的时间里增加了12 082元，累计增长率7896.21%，年均增加值575.33元，以每年将近376个百分点的速度增长。由图4-9可见，1990~2010年，一般财政预算收入的上涨趋势比较迅猛，这也体现出流域经济的快速发展。

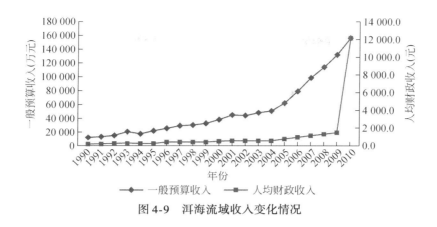

图 4-9　洱海流域收入变化情况

4.1.3.2　财政支出现状及历史发展

全流域 2010 年一般财政预算支出共 295 510 万元，而在 1990 年这项指标仅有 11 666 万元，二十一年增加了 283 844 万元，增加了 24.33 倍，年均增加 13 516.38 万元，年均上涨将近 116 个百分点。如图 4-10 所示，二十年间流域一般财政预算支出先是稳步增加，从 2000 年开始，上涨趋势有所增加。

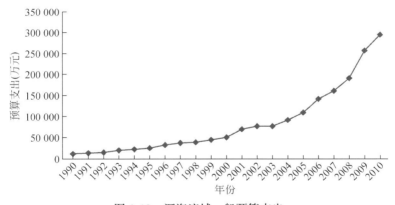

图 4-10　洱海流域一般预算支出

2010 年在流域总的财政一般预算支出中（表 4-3），教育支出 48 414 万元，占总支出的 16.38%；社会保障和就业支出约 37 682 万元，占总支出的 12.75%；环境保护支出 18 856 万元，占总支出的 6.38%；科学技术支出 2690 万元，占总支出的 0.91%；医疗卫生支出 27 726 万元，占总支出的 9.38%。在各分项中，占比由高到低依次是教育支出、社会保障和就业支出、医疗卫生支出、环境保护支出和科学技术支出，如图 4-11 所示。

1996 年一般财政预算支出中教育支出 7061 万元，占当年财政支出总数的 21.28%，到 2010 年的十五年间，教育支出的占比有所下降，但下降幅度不大。1999 年的社会保障和就业支出 1067 万元，到 2010 年该项支出已经增加到 37 682 万元，十二年累计增加了 36 615 万元，由 1999 年占财政支出总额的 2.38% 增加到 2010 年占比的 12.75%，能够看

表4-3　1990~2010年流域财政一般预算支出　　　　（单位：万元）

年份	一般预算支出	教育支出	社会保障和就业支出	环境保护支出	科学技术支出	医疗卫生支出	其他支出
2010	295 510	48 414	37 682	18 856	2 690	27 726	
2009	257 579	45 087		24 283	1 945	20 166	166 098
2008	190 464	33 761	28 691	9 586	2 028	16 578	99 820
2007	161 562	30 805	22 068	6 576	2 304	12 239	87 570
2006	142 271	20 547	6 027		139	9 072	106 486
2005	109 498	16 520	5 066		138	6 734	81 040
2004	91 087	16 584	3 247		140	5 390	65 726
2003	76 278	12 451	2 261		151	4 969	56 446
2002	76 553	11 787	5 013				59 753
2001	70 200	10 429	1 708				58 063
2000	50 329	8 170	1 826				40 333
1999	44 788	7 393	1 067				36 328
1998	39 472	6 410					33 062
1997	37 163	7 319					29 844
1996	33 178	7 061					26 117
1995	25 673						25 673
1994	22 645						22 645
1993	19 995						19 995
1992	15 284						15 284
1991	14 874						14 874
1990	11 666						11 666

数据来源：历年大理州统计年鉴。

　　出政府对社会保障的重视程度有了一个巨大的提高。流域环境保护支出状况仅能够统计到2007年以后的数据，说明国家在今年开始大力的解决环境污染问题，也相应地增加了财政支出的比例和数额。2007年流域的环保支出总计6576万元，2008年共支出9586万元，2009年共支出24 283万元，2010年这项数值达到了18 856万元，分别占当年一般财政预算支出的4.07%，5.03%，9.43%和6.38%，年均增加4093万元，年增长率62.25%。由此可见国家和地方政府对流域的环境状况越来越关注，并出资解决引起环境污染的问题。2003年全流域科学技术支出151万元，占当年一般财政支出的0.2%，比2010年的2690万元少了2539万元，年均增加362.7万元，其中2007年涨幅巨大，比前一年增加了近10倍。2003年洱海流域医疗卫生支出4969万元，占当年一般财政支出的

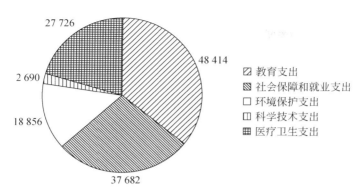

图 4-11　洱海流域 2010 年预算支出分布（单位：万元）

6.51%。该指标在 2010 年已经达到了 27 726 万元，占总支出的 9.38%，年均增加了 3251 万元，增长速度 65.4%。由此可见，全流域的财政预算支出中，环境保护支出、科学技术支出和教育支出的增加明显，反映出了政府对这几项发展的高度重视。

4.1.4　社会保障

社会保险保障模式是我国民政部于 1992 年提出的。这个模式"坚持资金个人交纳为主，集体补助为辅，国家予以政策扶持"，为"农村社会保险保障"开了先河。在方案中提出了个人、集体、国家三方共同支付，统筹解决农村养老问题的新思路。于 1994 年在一些农村经济发达和比较发达地区开始试点。其主要做法是，以县为单位，根据农民自愿在政府组织引导下，从农村和农民的实际出发，建立养老保险基金。保险资金以农民个人交纳为主，集体补充为辅，国家予以政策扶持，实行储备积累的模式，并根据积累的资金总额和预期的平均领取年限领取养老金。具体分为养老保险、医疗保险和失业保险。在政策起步阶段，地区居民对社会保障的信任度和认可度普遍较低，但 1995 年后，这几种养老模式越来越多地被农民所接受，在流域更广泛的发展和推广起来。

洱海流域 2010 年参加养老保险人数为 86 731 人，参加医疗保险人数为 106 077 人，参加失业保险人数为 54 343 人。同期大理州参加养老保险人数为 142 800 人，参加医疗保险人数为 228 031 人，参加失业保险人数为 105 800 人，分别占全州的 61.63%、47.47% 和 53.45%。从流域人口占全州人口 25.68% 的比例来看，无论是流域参加养老保险的人数、参加医疗保险的人数还是参加失业保险的人数占全州的比重都大大超出了人口占比。由此可见，流域贯彻了国家增加对养老保险和医疗保险的宣传和提倡，让居民意识到了社会保障的参与是有利于他们的，是国家政府给予他们的社会福利，也是他们作为国民而应该享有的待遇和权利。

1990 年洱海流域参加养老保险的人数为 47 700 人（表 4-4），2010 年增加到 86 731 人，累计增加了 39 031 人，增长幅度达到 81.83%，年均增加 1858 人，增长速度 4.76%。据统计，全流域失业保险人数在 1990 年时有 43 300 人，到 2010 年达到 54 343 人，累计增加了 11 043 人，增幅 25.50%，年均增加约 543 人，增长速度 4.92%。相对于前两项，全流域参加医疗保险人数的统计最早在 2000 年，当年流域参加医疗保险人数为 12 800 人，经过短短的十一年，该项指标已经 106 077 人，增加了 93 277 人，累计增幅约 729%，年均增加 8480 人，增长速度 66.25%。如图 4-12 所示，社会保障的三个项目里，医疗保险的起步是最晚的，说明是最晚被流域居民所接受的，但是却是发展速度最快，增加幅度最大的。

表 4-4　社会保障　　　　　　　　　　　　　　　　（单位：人）

年份	参加失业保险人数	参加医疗保险人数	参加养老保险人数
2010	86 731	106 077	54 343
2009	83 443	104 430	52 220
2008	75 535	102 809	50 180
2007	78 910	100 545	47 482
2006	67 661	97 596	48 952
2005	68 407	95 351	45 394
2004	66 993	93 563	36 501
2003	61 700	81 100	38 700
2002	56 100	74 900	42 000
2001	55 800	62 900	43 000
2000	55 200	12 800	47 500
1999	55 600		46 100
1998	54 900		49 000
1997	55 200		51 500
1996	54 600		48 400
1995	53 900		48 000
1994	52 700		47 600
1993	51 500		47 200
1992	49 300		46 700
1991	48 100		45 300
1990	47 700		43 300

数据来源：历年大理州统计年鉴。

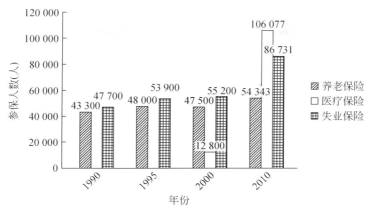

图 4-12　流域参保人数分布

4.1.5　居民收入

党的十一届三中全会以来，州政府和各地方政府抓住经济全面发展的大好时机，在大力发展生产的同时，采取一系列改善人民生活的措施，居民收入得到快速增长，居民的生活逐渐由温饱进入小康。由图 4-13 可见，1990～2010 年，洱海流域城乡居民储蓄存款经历了由 64 653 万元到 1 624 361 万元的发展过程，上涨趋势明显，且呈加速的趋势发展，说明洱海流域的人民收入实现了跨越式的增长，人民生活得到极大的改善。

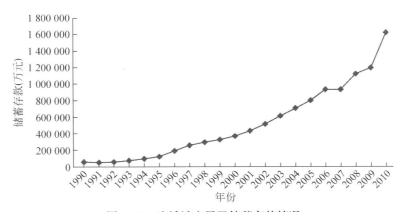

图 4-13　流域城乡居民储蓄存款情况

从居民收入构成来看，城镇居民的工薪收入占总收入的绝大比重，但随着经济的发展，财产性收入、其他劳动收入等非工薪收入增长迅速。农村居民收入构成中家庭经营纯收入成为重要的组成成分，工资性收入发展迅猛，已成为农村居民收入新的增长点。

从居民收入差距来看，随着经济的发展，不同群体、不同地区、不同行业之间以及城乡之间的居民收入差距开始拉大，差距主要从 20 世纪 90 年代开始尤其凸显。而到了 90 年代中后期，城镇职工下岗成为一种社会经济现象开始凸显。

4.1.5.1 城镇居民收入

2010 年洱海流域城镇居民全年人均可支配收入 15 801 元，与同年全州的城镇居民人均可支配收入 15 629 元相比，超出了 172 元，高于全州水平。1990～2010 年的二十一年间，洱海流域城镇居民人均可支配收入经历了由 1625 元到 15 801 元的发展过程，实现了跨越式的增长，人民生活得到极大的改善。二十一年累计增加 14 176 元，累计增长率872.37%，平均每年增加 675.05 元，每年上涨 41.54%。如图 4-14 所示，流域城镇居民的人均可支配收入呈上升趋势，且涨幅较大。

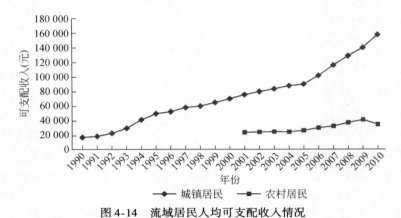

图 4-14　流域居民人均可支配收入情况

4.1.5.2 农村居民收入

20 世纪 90 年代初期，国家加大了农村改革的力度，给全州的农村注入了勃勃生机，农村经济迅速成长，农民收入水平上了新的台阶，生活发生了巨大变化。2001～2010 年的十年间，流域农村居民人均可支配收入从 2001 年的 2363.45 元到 2010 年的 3505.7 元。十年的时间里上涨了 1142.25 元，平均每年上涨 124.34 元。

流域农民人均纯收入逐年增长，如图 4-14 所示，全流域农民的人均纯收入从 1999 年的 2138 元增加到 2010 年的 3902 元。其中，大理市 2010 年农民人均纯收入达到 3902 元，较 1999 年增加 1764 元，年均增长 160.36 元；洱源县 2010 年农民人均纯收入为 3441 元，年均增长 172.45 元，见表 4-5。可以看出十年间，随着经济发展，人均收入的增加而提高，流域洱海农村居民家庭负担能力不断提高。过去连最基本的生活温饱都不能保证，现在的农民不仅吃饱、穿暖，也能够满足更高的需求了，真正实现了人的发展。

表 4-5　洱海流域农民人均纯收入　　　　　　　　（单位：元）

年份	大理市	洱源县
2010	3 902	3 441
2009	3 482	3 039
2008	4 416	2 684

续表

年份	大理市	洱源县
2007	4 010	2 394
2006	3 675	2 126
2005	3 457	1 896
2004	3 256	1 703
2003	3 291	1 595
2002	3 161	1 494
2001	3 011	1 490
2000	2 905	1 438
1999	2 754	1 544
1998	2 596	1 247
1997	2 279	1 179
1996	1 923	995
1995	1 597	588
1994	1 176	462
1993	964	459
1992	856	416
1991	867	373
1990	754	307

数据来源：历年大理州统计年鉴。

4.1.5.3 城乡居民收入差距

图 4-14 可以看出，2001～2010 年的十年间在流域农村居民个人可支配收入在稳步上涨的同时，城镇居民已经加快了其个人可支配收入的上涨速度。流域城乡收入差距比也在不断扩大。统计数据显示（表 4-6），2001～2010 年流域城乡收入差距比分别为 3.18∶1，3.24∶1，3.36∶1，3.63∶1，3.41∶1，3.50∶1，3.65∶1，3.51∶1，3.45∶1，4.51∶1。可见，随着流域居民生活水平不断提高的同时，城乡居民的收入差距也在不断的增加，如图 4-15 所示。考虑到城镇居民的可支配收入并不是其全部收入，像公费医疗、各种福利保险、单位内部的各种补贴都不包括在内，而农民的纯收入是指其全部的收入，既含有现金收入，又含有实物收入，还包括农民用于再生产的投入部分。

表 4-6 洱海流域居民人均可支配收入 （单位：元）

年份	洱海流域城镇	洱海流域农村	大理市城镇	大理市农村	洱源县农村
2010	15 801	3 505.7	11 644	3 505.7	3 441.00
2009	14 038	4 063.40	14 180	4 558.69	2 993.41
2008	12 866	3 662.43	12 866	4 118.85	2 655.95
2007	11 616	3 183.47	11 616	3 565.00	2 347.00
2006	10 176	2 908.03	10 176	3 288.00	2 077.00

续表

年份	洱海流域城镇	洱海流域农村	大理市城镇	大理市农村	洱源县农村
2005	8 974	2 635.07	8 974	2 983.00	1 881.00
2004	8 758	2 413.13	8 758	2 748.00	1 691.00
2003	8 339	2 481.61	8 339	3 053.00	1 571.00
2002	7 946	2 448.86	7 946	3 083.00	1 445.00
2001	7 519	2 363.45	7 519	2 960.00	1 428.00
2000	6 956		6 956		
1999	6 415		6 415		
1998	5 925		5 925		
1997	5 711		5 711		
1996	5 164		5 164		
1995	4 898		4 898		
1994	4 041		4 041		
1993	2 897		2 897		
1992	2 188		2 188		
1991	1 813		1 813		
1990	1 625		1 625		

数据来源：历年大理州统计年鉴。

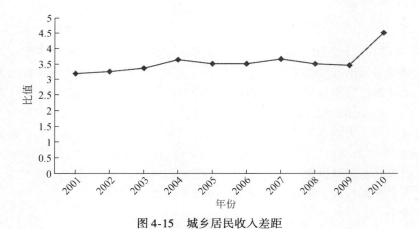

图 4-15 城乡居民收入差距

4.1.6 居民消费

随着 1990 年全国推广经济体制改革工作，使得改革开放进一步不断深入，逐步释放的生产力带动了经济的迅速发展，洱海流域的经济进入一个持续、稳定、协调发展的新时期，居民收入得到快速增长，居民生活水平大幅提高，逐渐由温饱进入小康阶段。随着居民收入的增长，1990~2010 年，居民的消费支出也稳步增长。同时，消费结构也出现新的变化，食品在消费支出中的比重逐渐降低，文教娱乐和交通通信消费支出中的比重出现大幅增长。

4.1.6.1 城镇居民消费

（1）生活消费支出

洱海流域城镇居民人均消费性支出的数据缺失较多，有记录的仅从 1996~2010 年及 2010 年数据。在这十五年间，流域城镇居民人均消费性支出经历了由 3912.62 元到 11 644 元的增长过程，累计增长 7731.381 元，上涨 197.6%。如图 4-16 所示，流域城镇居民人均消费性支出呈较快增长的态势，增加了近两倍。

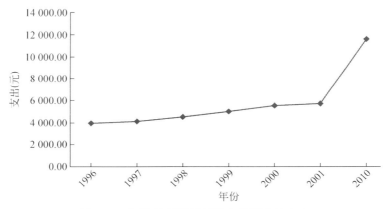

图 4-16　洱海流域城镇居民人均消费性支出

（2）消费结构

洱海流域城镇居民不仅消费水平迅猛提高，而且消费结构不断优化。如图 4-17 和表

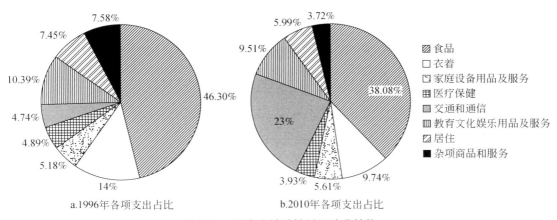

a.1996年各项支出占比　　b.2010年各项支出占比

图 4-17　洱海流域城镇居民消费结构

4-7 所示，1996 年全流域城镇居民各项消费支出中，占比由高到低依次是：食品、衣着、教育文化娱乐用品及服务、杂项商品和服务、居住、家庭设备用品及服务、医疗保健、交通和通信。经过六年的发展，到了 2010 年，各项支出占比由高到低依次是：食品、交通和通信、衣着、教育文化娱乐用品及服务、居住、家庭设备用品及服务、医疗保健、杂项商品和服务。可见，杂项商品及服务和医疗保健在消费支出中的比重逐渐降低，教育文化娱乐用品及服务与交通和通信消费支出中的比重出现大幅增长。

表 4-7　城镇居民家庭消费性支出结构　　　　　　　　（单位:%）

年份	食品	衣着	家庭设备用品及服务	医疗保健	交通和通信	教育文化娱乐用品及服务	居住	杂项商品和服务
2010	38.08	9.74	5.61	3.93	23.42	9.51	5.99	3.72
2001	33.06	11.49	7.57	4.38	10.91	18.01	8.19	6.90
2000	32.67	10.26	11.69	5.25	9.48	12.17	10.55	7.94
1999	35.22	11.00	9.52	5.29	7.02	14.43	7.63	9.90
1997	44.89	13.89	5.39	4.62	5.20	13.03	6.54	6.45
1996	46.30	13.48	5.18	4.74	10.39	7.45	7.58

食品　全流域城镇居民 1996 年人均消费性支出中用于食品支出 1833.16 元，占总人均消费性支出的 46.30%。2010 年城镇居民人均用于食品支出 4427 元，占当年流域消费性支出总额的 38.08%。可见虽然城镇居民每年用于食品支出的金额在不断增加，但是占总支出的比却有小幅下降，说明 21 世纪开始，城镇居民已经开始不单单将食品消费作为消费的重点，而是增加了其他项目的消费比重。食品消费已经由吃饱为主向注重饮食结构的调整和完善，向追求营养化、科学化、方便化的方向发展。随着社会生活节奏的加快和人们时间观念的增强，饮食方便化日趋明显。成品、半成品、速冻食品、包装食品大受欢迎，快餐、在外用餐日益为人们所接受。

衣着　全流域城镇居民人均消费性支出中用于衣着支出 1996 ~ 2010 年经历了由533.88 元到 1132 元的上涨过程，十五年间累计增加 598.12 元，增加幅度不大，在城镇总的消费性支出占比小幅下降，列居第三。虽然用于衣着消费的支出金额没有明显提高，但是消费的服装档次不断提高，更加注重个性化和衣着的整体配套，逐步向成衣化、个性化、高档名牌方向发展。

家庭设备用品及服务　洱海流域城镇居民人均家庭设备用品的支出金额由 1996 年的204.96 元增加到 2010 年的 652 元，十五年间增加了 447.04 元，翻了 1.18 倍。在这几年间，全流域城镇居民家庭设备用品支出大幅度增长，过去居民想都不敢想的高档耐用消费品现在已开始进入寻常百姓家。物质生活上追求高档次的速度加快，说明了城镇居民生活开始向小康的目标前进。

交通和通信　在 1996 ~ 2010 年，流域城镇居民在交通和通信消费支出由 187.68 元增加到 2723 元，累计增加 2535.32 元，累计上涨了 1351%，年均增加 169.02 元，上涨速度

90.06%。在流域城镇居民人均消费性支出的总额占比中由八项的最后一位上升到第二位，可见 1996~2010 年是洱海流域城镇居民交通和通信业起步并开始进入快速发展时期，同时随着人民生活水平提高，旅游业开始发展，也带动居民交通费用和通信费用支出的增长。

医疗保健　在医疗改革之前，洱海流域大部分城镇居民享受公费医疗，因此在药品及医疗用品的支出方面处于较低水平。由于医疗体制改革和居民健身意识增强，流域城镇居民医疗保健支出稳步增长。1996 年全流域城镇居民人均医疗保健支出 193.80 元，2010 年，人均医疗保健支出 457 元，累计增加 263.2 元，上涨 135.81%。医疗保健消费占总消费比重从 4.89% 降至 3.93%，占比变化幅度不大。

教育文化娱乐用品及服务　洱海流域城镇居民 1996~2010 年文教娱乐支出增加额较大。由人均支出 411.36 元增加到 1106 元，累计涨幅 168.86%，年均上涨 11.26%。教育文化娱乐用品及服务占总消费比重从 10.39% 下降至 9.51%，在流域城镇居民人均消费性支出的总额占比中略有下降，由第三位下降到第四位。

住房　洱海流域城镇居民的居住消费支出基本用于四个方面，即房屋及建筑材料消费支出，房租消费支出，水电费支出及燃料消费支出。随着住房制度改革，无房可住的问题逐步得到解决，城镇居民拥有全部或部分房屋产权后，居住条件明显改善，同时加大了对住房的装修投资，厨房、卫生间的装修也开始提到居民家庭的议事日程上，住房宽敞的户明显增多。1996 年，流域城镇居民人均住房支出 294.84 元，占消费性支出总额的 7.45%，2010 年，该项指标为 696 元，占消费性支出总额的 5.99%，十五年间，洱海流域城镇居民的人均住房支出占总消费性支出的占比变化不大。

（3）城镇居民消费观念的变化

吃　由追求吃饱，到追求吃好的转变。在 1996~2010 年的十五年里，城镇居民生活消费中，食品消费仍占据主导地位。但是居民的膳食结构有改善。根据"恩格尔定律"，居民消费支出中用于食物部分的数量可以作为衡量消费水平高低的标志，家庭贫困程度越强，则其收入用于食物支出的比重也越大。由图 4-17 可见，流域城镇居民人均消费性支出中用于食品支出占总人均消费性支出由 1996 年的 46.30% 降低到 2010 年的 38.08%。这说明居民的收入不断增加，生活水平不断提高的同时，在"吃饱"问题解决后，城镇居民食物消费以"吃好"为基本特征，人们更加注重了食品构成的合理性，增加对热量、蛋白质、脂肪等营养素的摄取，有益身心健康出发。

穿　由追求穿暖，到追求服饰多样化的转变。洱海流域城镇居民的衣着消费追求质量、款式、色彩、个性化，并渐次向高档化方向发展，"追求时尚"，"追求个性"，"追求式样"，"追求品牌"成为了城镇居民新的消费观念。人们从以棉布、混纺布为主转移到以毛料、呢绒、绸缎、真丝织品、皮革为主；从布鞋、球鞋进步到皮鞋、高级旅游鞋；从买布料制作发展到购买成衣服装；从清民族服装转向款式新颖、时髦的流行装。随着居民生活水平的提高和生活方式发生变化。与此同时，传统的习惯也起了变化，加之服装市场丰富多彩，一些款式时髦，质量优良的服装诱使消费者争相选购，使成衣销售量成倍增加。衣着消费的变化反映了人们对穿着的追求已由过去单纯为了保暖御寒向着美化生活的方向转化。

　　住　由追求单纯可住到追求住宽、住新、住得舒适的转变。住的问题，有史以来一直是与吃穿处于同等重要的地位。城镇居民中，无房户所占比重逐渐下降，使用自来水，配备浴室厕所，使用暖气或空调器调节室温，独用厨房，使用管道煤气或液化石油气的家庭越来越多。房屋配套设施逐渐完善，部分家庭特别是高收入户室内装饰华丽、美观，厨房逐步现代化，其家庭生活环境大为改观。

　　用　由追求简单家用电器，到追求高档、全方位使用家用电器的转变。在很长一段历史时期，流域城镇居民的消费以"吃、用、穿"为先后次序，首先考虑吃饱穿暖等生存基本需要，然后再顾及其他方面。20世纪90年代以后，这种次序逐渐被打破，追求享受观念成为城镇居民一种基本需要。随着消费品工业尤其是家用机电消费品工业的迅猛发展，许多以前不为众人所知晓的高档、时新家用电器如彩电、冰箱、洗衣机、空调器、高级音响、录像机等在短短的几年间以异乎寻常的速度涌进普通百姓家庭。消费对象发生的转移，还表现在对时新、高档次消费品的追逐。80年代初期，自行车、手表、缝纫机、收音机被人们称为"三转一响"的家庭贵重用品，先后转变为收录机、电风扇、彩电、冰箱、洗衣机，高级音响、录像机、摩托车、空调器，抽油烟机、电子打火灶、淋浴热水器等家庭用品。

4.1.6.2　农村居民消费

（1）生活消费支出

　　我国的经济体制改革首先从农村经济体制改革开始，改革开放后，随着农村家庭联产责任制在全省逐渐推行和普及，极大地提高了农民劳动积极性，农民收入快速增长，生活消费也开始出现稳步增长。流域农村居民人均消费性支出的数据从2001年开始。从2001年到2010年的十年间，流域农村居民人均消费性支出经历了由1628.55元到6504.13元的增长过程，累计增长4875.58元，上涨299.38%，年均上涨33.26%。如图4-18所示，流域农村居民人均消费性支出呈较快增长的态势。

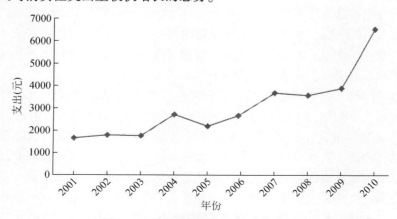

图4-18　流域农村居民人均消费支出

（2）消费结构

2001 年全流域农村居民各项消费支出中，占比由高到低依次是：食品、居住、教育文化娱乐用品及服务、医疗保健、衣着、家庭设备用品及服务、杂项商品和服务、交通和通信。经过十年的发展，到了 2010 年，各项支出占比由高到低依次是：食品、居住、教育文化娱乐、用品及服务、医疗保健、交通和通信、衣着、家庭设备用品及服务、杂项商品和服务。可见，食品和衣着在消费支出中的比重略有降低，居住、医疗保健和交通通信消费支出中的比重出现大幅增长，见图 4-19 和表 4-8。

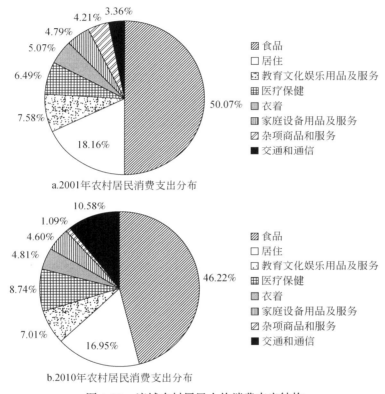

a.2001年农村居民消费支出分布

b.2010年农村居民消费支出分布

图 4-19　流域农村居民人均消费支出结构

表 4-8　农村居民人均消费性支出结构　　　　（单位:%）

年份	食品	衣着	家庭设备用品及服务	医疗保健	交通和通信	教育文化娱乐用品及服务	居住	居住杂项商品和服务
2010	46.22	4.81	4.60	8.74	10.58	7.01	16.95	1.09
2009	33.37	4.74	3.94	8.00	5.59	10.26	35.76	0.92
2008	40.29	7.91	2.40	5.01	6.35	7.23	30.33	0.71
2007	35.62	4.19	3.82	7.07	6.15	7.01	35.18	0.91
2006	40.64	5.20	1.04	5.60	7.56	9.07	25.40	1.19

年份	食品	衣着	家庭设备用品及服务	医疗保健	交通和通信	教育文化娱乐用品及服务	居住	居住杂项商品和服务
2005	46.06	4.98	3.73	6.54	5.96	8.51	22.56	1.71
2004	35.46	4.17	5.76	4.45	3.91	6.21	38.8	1.24
2003	49.70	6.16	4.16	9.49	4.51	10.03	14.15	1.79
2002	45.58	4.92	3.93	5.84	4.33	8.59	22.49	4.32
2001	50.07	5.07	4.79	6.49	3.36	7.85	18.16	4.21

食品　全流域农村居民 2001 年人均消费性支出中用于食品支出 815.38 元，占总人均消费性支出的 50.07%。2010 年农村居民人均用于食品支出 3006.45 元，占当年流域消费性支出总额的 46.22%。根据"恩格尔定律"，居民消费支出中用于食物部分的数量可以作为衡量消费水平高低的标志，家庭贫困程度越强，则其收入用于食物支出的比重也越大。可见，流域农村居民人均消费性支出中用于食品支出占总人均消费性支出逐渐降低到 2010 年的 46.22%。这说明农村居民的收入不断增加的同时，生活水平也不断提高。

衣着　全流域农村居民人均消费性支出中用于衣着支出 2001～2010 年经历了由 82.62 元到 312.37 元的上涨过程，九年间累计增加 229.75 元，增加幅度不大，在总的消费性支出中占比小幅下降，列居第六。可见流域农村居民对衣着消费的重视程度依然很低，也表明了农民工作的艰辛，并没有改变自己的消费观念，认为衣着和住房消费才是生活消费的重点。

家庭设备用品及服务　洱海流域农村居民人均家庭设备用品的支出金额由 2001 年的 77.98 元增加到 2010 年的 298.95 元，九年间增加了 220.97 元，累计涨幅 283.34%。与城镇家庭比较，涨幅明显小于城镇居民家庭。同时农村家庭主要耐用物品拥有数量仍然不多，城镇家庭高于农村家庭的几倍、十几倍、甚至几十倍。农村居民家庭中的大件物品拥有量逐渐增多。到了 2010 年电冰箱、摩托车、照相机、组合音响和组合家具进入农民家庭已不再是什么新鲜事。

交通和通信　2001～2010 年，流域农村居民在交通和通信消费支出由 54.75 元增加到 688.34 元，累计增加 633.59 元，增加了近十一倍，年均增加 63.359 元，上涨速度 115.7%。在流域农村居民人均消费性支出的总额占比中由八项的最后一位上升到第三位，这个结果与我国近年来出现的大量农村劳动力转移现象是密不可分的。

医疗保健　2001 年全流域农村居民人均医疗保健支出 105.64 元，2010 年，人均医疗保健支出 568.36 元，累计增加 462.72 元，累计上涨 438%。医疗保健消费占总消费比重从 6.49% 上涨至 9%，占比变化幅度不大。这说明国家和地方政府在近年来加大了农村居民医疗体制的改革，居民提高了健身意识。

教育文化娱乐用品及服务　洱海流域农村居民 2001～2010 年教育文化娱乐用品及服务支出增加额较大。由人均支出 127.87 元增加到 455.79 元，累计增加 327.92 元，累计涨幅 256.45%，年均上涨 25.6%。教育文化娱乐用品及服务占总消费比重从 7.85% 微降至 7%，在流域农村居民人均消费性支出的总额占比中由第三位下降到第五位，可见流域农村居民的文化生活服务水平得到提高。改革使农村的科学文化和生活服务有了较快的发展。农村居民的文化素质得到提高。农村居民学科学、学文化的热情增高，精神生活日益丰富，也使农民的生活消费逐渐朝着多样化、娱乐性方向发展。

住房 一直以来，居住在农村居民消费中都占有很大比重，是食品、衣着以外的第三大支出项目。2001 年，流域农村居民人均住房支出 295.73 元，占消费性支出总额的 18.16%。2010 年，该项指标为 1102.7 元，占消费性支出总额的 16.95%，九年间，洱海流域农村居民的人均住房支出占总消费性支出的比重仅次于人均食品消费支出，居第二位。说明在近年来国家的房地产开发与发展的热潮中，洱海流域农村居民也增加了对住房的消费热情，成为推动我国住房消费主力军的一员。

4.1.7 教育

教育对生产力、政治经济有着很大的促进作用，它在我国社会主义现代化建设中有着不可忽视的地位和作用，是考察社会发展的一个重要因素。通过考察洱海流域近 20 年来的学校教育情况，以学校的教育来估计整个流域的教育现状及发展前景。总体来看，不论是学生人数还是教师人数，都呈现出上升趋势，从教育程度来看，普通高等教育的发展速度最快，中等教育其次，低等教育由于人口数量减少等因素，没有呈现出较快的发展速度，但根据教育循序渐进的原则，可以推测低等教育不会落后。

4.1.7.1 教育人数及结构现状

全流域 2010 年末，拥有专任教师 7457 人，其中普通高校专任教师数为 913 人，占教师总数的 12.25%；普通中学专任教师数 3234 人，占教师总数的 43.37%；普通小学专任教师数 3310 人，占教师总数的 44.38%。拥有在校学生 14.1 万人，其中普通高校在校学生数为 1.58 万人，占在校学生总数的 11.21%；普通中学在校学生数 5.28 万人，占在校学生总数的 37.45%；普通小学在校学生数 7.24 万人，占在校学生总数的 51.35%。初、中等教育情况较好，考虑到普通高等学校都来自大理市，另外，完成普通中等教育后学生大多选择到外地接受高等教育，因此普通高等教育的现状比较乐观，见表 4-9。

表 4-9 洱海流域教育状况

年份	专任教师数（人）			在校学生数（万人）		
	普通高等学校	普通中学	普通小学	普通高等学校	普通中学	普通小学
2010	913	3 234	3 310	1.58	5.28	7.24
2009	885	3 165	3 283	1.48	5.27	7.30
2008	861	3 121	3 251	1.58	5.33	7.23
2007	729	3 048	3 224	1.25	5.37	7.07
2006	688	2 946	3 171	1.35	5.41	6.94
2005	591	2 565	3 160		5.41	6.96
2004	591	1 788	3 171	0.79	5.38	6.83

年份	专任教师数（人）			在校学生数（万人）		
	普通高等学校	普通中学	普通小学	普通高等学校	普通中学	普通小学
2003	518	2 414	3 396	0.87	5.29	7.43
2002	483	2 045	3 765	—	4.98	7.90
2001	483	2 344	3 779	—	5.03	8.38
2000	359	1 504	3 641	0.36	4.86	8.86
1999	350	1 441	3 634	0.32	4.38	9.17
1998	—	1 383	4 113	—	3.95	9.33
1997	—	1 356	3 431	—	3.56	9.31
1996	—	1 331	3 329	—	3.47	8.98
1995	—	1 311	3 315	—	3.29	8.56
1994	—	1 321	3 225	—	3.28	8.21
1993	—	1 493	3 190	—	3.53	8.11
1992	—	1 443	3 180	—	3.38	8.15
1991	—	1 370	3 079	—	3.24	8.28
1990	—	1 428	2 796	—	3.41	8.58

数据来源：历年大理州统计年鉴。

4.1.7.2　教育人数及结构发展变化

（1）专任教师结构变化

普通高等院校的专任教师数发生了巨大的变化，从 1999 年仅有的 350 人，仅十一年的时间，2010 年上升到 913 人，增幅达 152.86%，年均增加 49 人，年均上涨 14 个百分点；普通中学的专任教师数从 1990 年的 1428 人增加到 2010 年的 3234 人，增幅达 126.47%，年均增加 164 人，年均上涨 11.5 个百分点；普通小学教师人数从 1990 年的 2796 人增加到 2010 年的 3310 人，增幅达 18.38%，年均增加 47 人，年均上涨 1.67 个百分点。如图 4-20 显示，无论是初等教育、中等教育还是高等教育的教师人数都在稳步增加。

（2）在校学生结构变化

普通高等院校的在校学生数从 1999 年的 0.32 万人增加至 2010 年的 1.58 万人，增幅高达 394.8%，年均增加 0.11 万人，年均上涨 35.8 个百分点；普通中学的在校学生数从 1990 年的 3.41 万人增加至 2010 年的 5.28 万人，增幅达 54.84%，年均增加 890 人，年均上涨 7.37 个百分点；图 4-21 可以看出，全流域十一年来普通高校和普通中学的在校学生人数都在逐步增加，只有普通小学的在校学生人数呈下降趋势，普通小学的在校学生数从 1990 年的 8.58 万人减少至 2010 年的 7.24 万人，这与当地人口数量减少有很大的关系，并不说明初等教育出现弱化。

4.1.7.3　教育的地理因素

从专任教师数来看，1990 年大理市普通中学专任教师数为 1428 人，2001 年洱源县普

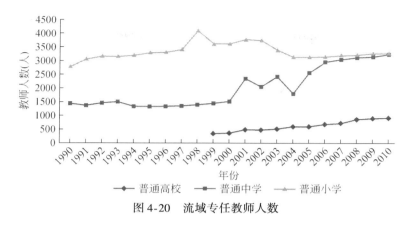

图4-20　流域专任教师人数

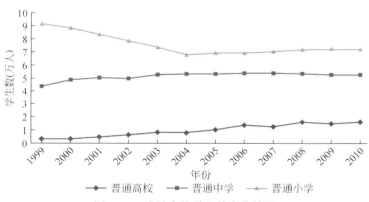

图4-21　流域在校学生数变化情况

通中学专任教师数为760人，截至2010年，大理市普通中学专任教师数为2379人，洱源县为855人；1990年大理市普通小学专任教师数为1920人，洱源县为876人，截至2010年，大理市普通小学专任教师数为2227人，洱源县为1083人。从在校学生人数来看，1990年大理市普通中学在校学生数为2.36万人，洱源县为1.05万人，截止到2010年，大理市普通中学在校学生数为3.86万人，洱源县为1.42万人；1990年大理市普通小学在校学生数为4.61万人，洱源县为3.97万人，截止到2010年，大理市普通小学在校学生数为4.76万人，洱源县为2.48万人（表4-10和表4-11）。

表4-10　大理市教育状况

年份	专任教师数（人）			在校学生数（万人）		
	普通高等学校	普通中学	普通小学	普通高等学校	普通中学	普通小学
2010	913	2 379	2 227	1.58	3.86	4.76
2009	885	2 326	2 233	1.48	3.86	4.81
2008	861	2 294	2 198	1.58	3.88	4.78
2007	729	2 241	2 174	1.25	3.85	4.71
2006	688	2 126	2 103	1.35	3.80	4.65

年份	专任教师数（人）			在校学生数（万人）		
	普通高等学校	普通中学	普通小学	普通高等学校	普通中学	普通小学
2005	591	1 953	2 063	—	3.69	4.66
2004	591	1 788	2 043	0.79	3.58	4.48
2003	518	1 564	2 027	0.87	3.18	4.34
2002	483	1 548	2 042	—	3.08	4.55
2001	483	1 584	2 138	—	2.97	4.75
2000	359	1 504	2 108	0.36	2.79	4.93
1999	350	1 441	2 077	0.32	2.60	5.05
1998	—	1 383	2 036	—	2.42	5.07
1997	—	1 356	2 126	—	2.31	5.02
1996	—	1 331	2 132	—	2.22	4.85
1995	—	1 311	2 140	—	2.07	4.63
1994	—	1 321	2 007	—	2.10	4.51
1993	—	1 493	1 994	—	2.45	4.42
1992	—	1 443	2 013	—	2.36	4.38
1991	—	1 370	1 992	—	2.27	4.40
1990	—	1 428	1 920	—	2.36	4.61

数据来源：历年大理州统计年鉴。

表 4-11　洱源县教育状况

年份	专任教师数（人）			在校学生数（万人）		
	普通高等学校	普通中学	普通小学	普通高等学校	普通中学	普通小学
2010	—	855	1 083	—	1.42	2.48
2009	—	839	1 050	—	1.41	2.49
2008	—	827	1 053	—	1.45	2.45
2007	—	807	1 050	—	1.52	2.36
2006	—	820	1 068	—	1.61	2.29
2005	—	612	1 097	—	1.72	2.30
2004	—	—	1 128	—	1.80	2.35
2003	—	850	1 369	—	2.11	3.09
2002	—	497	1 723	—	1.90	3.35
2001	—	760	1 641	—	2.06	3.63
2000	—	—	1 533	—	2.07	3.93
1999	—	—	1 557	—	1.78	4.12
1998	—	—	2 077	—	1.53	4.26

年份	专任教师数（人）			在校学生数（万人）		
	普通高等学校	普通中学	普通小学	普通高等学校	普通中学	普通小学
1997	—	—	1 305	—	1.25	4.29
1996	—	—	1 197	—	1.25	4.13
1995	—	—	1 175	—	1.22	3.93
1994	—	—	1 218	—	1.18	3.70
1993	—	—	1 196	—	1.08	3.69
1992	—	—	1 167	—	1.02	3.77
1991	—	—	1 087	—	0.97	3.88
1990	—	—	876	—	1.05	3.97

数据来源：历年大理州统计年鉴。

4.1.8　文化广播

文化广播作为文化产业中重要的一部分对当今社会全面发展具有很强的促进作用。随着人民生活水平不断提高，在逐渐满足了物质生活之后，人们对精神生活的水平要求也越来越高，其中最重要的途径就是阅读书籍、收听广播和收看电视节目。从图书馆数量、广播和电视人口覆盖率来看，洱海流域的文化广播发展较好，基本满足了人们对文化广播的需求。

4.1.8.1　文化广播发展现状

截至 2010 年年末，洱海流域共拥有公共图书馆 2 个，广播人口覆盖率达 92.67%，电视人口覆盖率达 99.24%。公共图书馆的数量相对较少，广播和电视人口覆盖率都很高，尤其是大理市，广播和电视人口覆盖率均达到 100%（表4-12）。

表4-12　全流域文化广播

年份	公共图书馆（个）	广播人口覆盖率（%）	电视人口覆盖率（%）
2010	2	92.67	99.24
2009	2	91.77	99.20
2008	2	91.77	99.16
2007	2	90.88	98.40
2006	2	90.86	98.40
2005	3	90.81	98.41
2004	2	90.77	98.40
2003	2	88.77	98.06

续表

年份	公共图书馆（个）	广播人口覆盖率（%）	电视人口覆盖率（%）
2002	2	88.73	98.05
2001	2	88.46	98.12
2000	3	88.28	98.01
1999	2	87.33	97.94
1998	2	—	—
1997	2	—	—
1996	2	—	—
1995	2	—	—
1994	2	—	—
1993	2	—	—
1992	2	—	—
1991	2	—	—
1990	2	—	—

数据来源：历年大理州统计年鉴。

4.1.8.2 文化广播发展变化

全流域的公共图书馆数量近二十一年来几乎没有变化，分别为大理市 1 个，洱源县 1 个；广播人口覆盖率从 1999 年的 87.33% 增长到 2010 年 92.67%，增幅为 5.34%，年均上涨 0.53 个百分点；电视人口覆盖率从 1999 年的 97.94% 增长到 2010 年的 99.24%，增幅为 1.3%，年均上涨 0.13 个百分点。由此来看，公共图书馆的数量还有待提升，以满足更多的市民享受阅读，提高自身的文化素养要求；由于广播电视的人口覆盖率一直处于高水平，虽然增幅不大，但依然能够说明当地的文化广播事业发展良好，在覆盖率已经达到高水平的情况下，可以考虑提升广播电视的质量，以优秀的广播和电视节目来提升人们的满足感，在网络技术发展迅猛的今天，这一点尤为重要。

4.1.9 医疗卫生

随着医疗卫生的发展，医疗技术人员就业人数，有着显著提高，为进一步增加就业提供了岗位，医疗技术人员的素质也有着大幅改善，从以前人人可以入行到现在门槛的明显提高，专业技术水准大幅提高，技术人员会进行专门的岗前培训，以提高专业技能，以建设一批新型的高技术专业型人才队伍。

随着医疗机构数目的增加，由以前的远城乡进城看病到现在不用多远就有医院，缓解了地域上的看病压力。突出解决了"不知上何处看病，看病一拖再拖"的棘手问题。同时，人们看病求医的意识也普遍增强，村医疗卫生状况也逐步总体改善。

4.1.9.1 医疗卫生现状

截至 2010 年年末，洱海流域共拥有卫生机构 252 个，专业卫生技术人员 4463 人。城市实行社会医疗保险保障体系，农村实行国家动员体制下的社群医疗保险（也就是"合作医疗"），而现在政府试图发展的是一种国家补贴下的公立自愿医疗保险（亦即"新型合作医疗"）。

4.1.9.2 医疗卫生发展变化

从卫生机构数和专业技术人员数量来看（表4-13），洱海流域卫生机构数从 1999 年的 60 个，迅速增加到 2010 年的 252 个，增幅为 320%，年均增长 16 个，年均上涨 26.7 个百分点，以 2007 年为转折点，国家对医疗卫生状况的重视度大幅提高，尤其是对少数民族地区；专业技术人员从 1999 年的 3675 人增加到 2010 年的 4463 人，增幅为 21.44%，年均增长 65.7 人，年均上涨 1.79 个百分点，如图 4-22 所示，近十年来，全流域无论是医疗卫生机构数还是专业技术人员数量都呈增加趋势，且在 2006 年左右增加迅猛，可见，近年来国家对少数民族地区的医疗卫生机构的改革力度是巨大的。由此看来，洱海流域的医疗卫生条件有了大幅提高，由以前的"看病难看病贵"到现在的医疗机构逐渐增多，全国医疗服务卫生机构达到 30 多万个，而在洱海流域就达到了 4000 多家，一个遍及城乡的卫生医疗服务网络基本建立起来，药物的生产能力基本能够满足国内民众的医疗卫生需要。

表 4-13　全流域医疗卫生情况

年份	卫生机构数（个）	专业卫生技术人员（人）
2010	252	4 463
2009	251	4 347
2008	269	4 343
2007	268	4 230
2006	60	3 775
2005	59	3 661
2004	46	3 394
2003	48	3 443
2002	51	3 506
2001	51	1 735
2000	59	3 765
1999	60	3 675

数据来源：历年大理州统计年鉴。

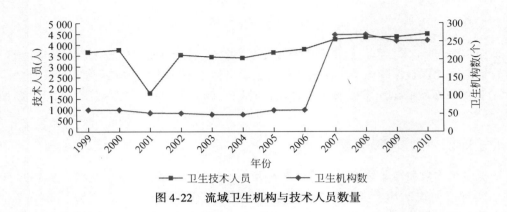

图 4-22 流域卫生机构与技术人员数量

4.2 流域农业发展变化分析

4.2.1 流域农业发展情况

4.2.1.1 农业发展总体状况

近二十年来,流域农业经济发展速度迅猛,第一产业总产值由 1999 年的 117 260 万元增长到 2010 年的 226 647 万元,年均增长 8.48% (图 4-23)。

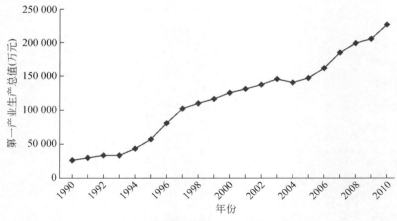

图 4-23 洱海流域第一产业产值变化图

流域第二、三产业逐渐发展壮大,第一产业占国民经济总产值的比重由 1999 年的 18.3% 下降为 2010 年的 11.05% (图 4-24)。

4.2.1.2 分区域发展状况分析

1990~2009 年大理市、洱源县第一产业发展变化见图 4-25 和图 4-26。

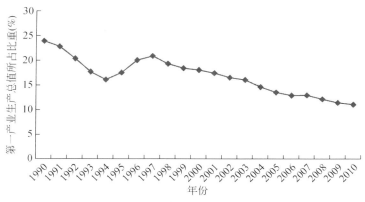

图 4-24   洱海流域第一产业发展情况变化图

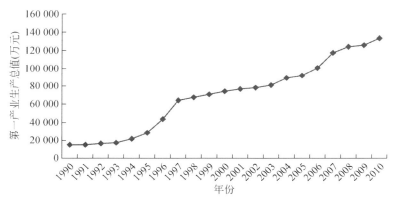

图 4-25   大理市第一产业产值变化图

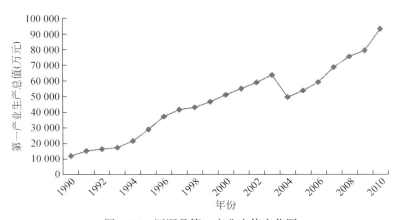

图 4-26   洱源县第一产业产值变化图

4.2.2 流域农业结构特征分析

4.2.2.1 农林牧渔业总体发展情况

流域农林牧渔业二十年来发展迅速，其总产值由 1990 年的 40 240 万元增长至 2010 年的 435 632 万元，增长了 10.83 倍（图 4-27）。

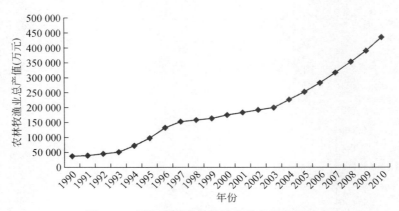

图 4-27 洱海流域农林牧渔业总产值变化图

流域种植业和畜牧养殖业是农业经济的主导产业，其产值比重占到了整个农业经济产值的 94%，而林业和渔业产值比重仅占 6%（图 4-28）。

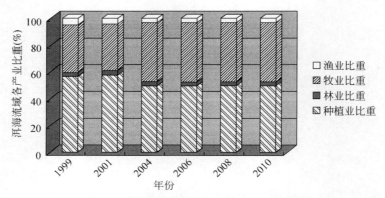

图 4-28 洱海流域农业各产业比重变化图

4.2.2.2 农林牧渔业各产业发展情况

（1）种植业

流域种植产业分为粮食作物和经济作物。其中，粮食作物主要包括水稻、小麦、豆类等；经济作物主要包括油料、烤烟、蔬菜等（表 4-14）。流域粮食作物种植规模明显减少，经济作物的种植规模明显增加。经济作物中蔬菜种植面积增加最为明显，尤其是早熟大蒜的种植。受商品大蒜高价影响，2010 年调入种蒜种价格较高（全州平均价 800～850 元/袋，每袋 40～45kg，折合 17～21 元/kg），但由于上一年大理独头大蒜供不应求，调入种的独头蒜率高，商品质量好，蒜农种植调入种的积极性比较高。2010 年调入种大蒜播种面积将达 10.443 万亩，增加 1.96 万亩，增幅 23.11%。其中大理市 2.18 万亩，比上一年 1.6 万亩增加 0.58 万亩，增幅为 36.25%；洱源县 2.82 万亩，增加 0.27 万亩，增幅为 10.59%。二年种播种面积减少最多的是洱源县，减少 0.633 万亩，减幅为 84.4%；2010 年大理市开始种植二年种，播种面积 0.03 万亩。白蒜出现大面积发展势头，其中洱源县增加白蒜播种面积 0.363 万亩，增幅达 181.5%；大理市白蒜播种面积为 0.1 万亩。

表 4-14　大理市与洱源县主要种植品种种植规模的变化情况　（单位：hm²）

年份	水稻	小麦	蚕豆	油料	烤烟
1997	19 808	7 943	12 984	1 328	4 867
1998	15 840	7 951	8 503	1 425	2 611
1999	19 721	8 202	11 259	1 390	2 716
2000	19 277	6 848	10 690	1 848	2 338
2001	19 008	3 406	11 884	2 030	2 957
2002	18 664	2 960	12 081	2 066	2 847
2003	17 635	2 315	10 544	2 074	2 708
2004	17 770	1 458	10 015	1 987	2 984
2005	17 955	1 139	9 949	2 136	3 268
2006	17 697	1 243	10 068	—	2 986
2007	17 604	1 088	9 755	—	3 076
2008	17 180	961	9 320	—	3 342
2009	17 358	1 138	10 670	2 178	3 326
2010	163 677	1 118	10 471	2 111	3 899

资料来源：历年大理州统计年鉴。

（2）畜牧养殖业

流域畜牧养殖业生产规模不断扩大，成为流域农业经济发展最快的产业。流域畜牧养殖业主要包括大牲畜养殖（牛马驴骡）、生猪养殖、羊养殖等。从表 4-15 可以看到，流域畜牧养殖品种中，大牲畜存栏量逐年递增。

表 4-15　大理市与洱源县主要养殖品种养殖规模的变化情况（单位：头、只）

年份	牛当年出栏数	羊年末存栏数	猪当年出栏数	猪年末存栏数
1997	120 000	141 200	370 000	420 000
1998	112 900	147 700	412 300	435 400

年份	牛当年出栏数	羊年末存栏数	猪当年出栏数	猪年末存栏数
1999	108 871	150 627	461 819	415 814
2000	114 900	151 200	482 200	437 800
2001	116 116	157 624	507 445	448 738
2002	129 291	165 861	551 365	477 294
2003	129 312	178 376	600 008	498 965
2004	131 073	189 212	659 559	—
2005	135 161	163 453	701 913	490 157
2006	152 351	158 127	748 674	492 520
2007	154 312	157 659	783 131	384 988
2008	164 013	175 511	—	—
2009	76 648	175 745	848 378	209 413
2010	83 117	174 837	918 206	440 274

(3) 林业和渔业

流域林业生产的主要品种有：花椒、松脂、油桐籽、油茶籽、核桃、板栗、棕片、木材、竹材等。其中，主要创收品种为核桃。渔业发展在洱海实施半年禁渔措施之后，产业受到了一定程度的限制，发展缓慢。总体来看，林业和渔业是流域农业经济中非主导产业。

4.2.3 流域农业产业 SWOT 分析

4.2.3.1 农业产业发展优势

1）自然资源丰富。一是耕地资源丰富。洱海流域面积 2565 km²，占全洲 8.7%，流域耕地面积 31 265hm²，占全洲 16.7%。

二是水资源充足。洱海流域集中了全州最大的 4 个淡水湖泊，其中洱海湖面积 251 km²，湖容量 27.4 亿 m³，南北长 42.5 km，最大水深 21.3 m，平均水深 10.6 m。流域大小河流共 117 条，其中最大的河流弥苴河汇水面积 1389km²，多年来平均水量为 $5.1×10^8 m^3$，占洱海入湖总径流量的 57.1%。

三是水生资源品种繁多。流域水生动植物资源丰富，水生植物有 27 科 46 属 64 种，有鱼类 6 科 31 种，洱海特有的大理裂腹鱼（弓鱼）、洱海鲤为国家二级重点保护鱼类，大理鲤、春鲤为云南省二级保护动物。

2）农业生产条件优越。洱海流域土壤肥沃，气候温和，年平均气温 15.7℃，最高气温为 34℃，最低气温为 -2.3℃，光照充足，流域受东南季风及西南季风影响，雨量充沛，年平均降水量 1000 ~ 1200 mm，年日照时数 2250 ~ 2480h，太阳总辐射 139.4 ~ 149.5kcal/

（cm²·a），相对湿度 66%，四季如春，适合农业发展，是大理州重要的农业生产基地，也是全州重要的粮食生产基地。粮食播种面积 46 237hm²，占全州的 17.9%，粮食产量 264 919t，占全州的 21.8%，不仅为流域人口提供充足的粮食供给，而且为全州的粮食安全提供有力的保障。洱海流域还是全州重要的畜牧养殖基地。流域畜牧养殖已经形成了一定规模的奶牛养殖、肉牛养殖、生猪养殖和家禽养殖四大养殖产业，畜牧养殖产值占到全州的 28.5%。其中，奶类产量占全州的 80%，肉猪出栏量和存栏量分别占全州的 25.5% 和 20.8%。

3）区位交通优势明显。洱海流域地处滇西中心位置，是大理经济带、怒江兰坪有色金属带和大香格里拉旅游经济圈的重要交通枢纽。流域公路、铁路等交通系统建设完善。公路系统有 214 国道、大丽公路、平甸公路穿境而过；铁路系统中大丽-昆明铁路运输，2006 年实现货物发送 3.8 万 t，货物到达 28.9 万 t，旅客发送 137.3 万人，旅客到达 141.7 万人，另外，已建成的大丽线，使流域的铁路运输系统更加完善。便利的交通拉近了流域与周边市县的距离，为农产品流通创造了有利条件。

4.2.3.2　农业产业发展劣势

1）水土流失严重、自然灾害频发。由于流域森林植被质量不高，蓄水保土的常绿阔叶林面积小，洱海流域水土流失较为严重，流域土壤侵蚀面积达 1709.05 km²，流域年泥沙流失量达 211 万 t，泥沙中固态氮、磷分别为 1.5 万 t 和 0.69 万 t，导致洱海泥沙淤积，营养盐增加。经过"十五"期间的治理，目前流域水土流失面积仍达 880.44 km²。同时，由于农业基础设施所需的资金长期投入不足，农业生产仍然处于技术较为脆弱的状况，农业抵御自然灾害的能力较弱，干旱一般 5～6 年一遇，低温、霜冻每两年半一遇，造成农业减产的情况频繁发生，给流域农业生产造成巨大的损失。

2）农业产业结构、布局与生产方式不合理。结构单一、布局不甚合理、抵抗市场风险能力弱是当前农业产业发展面临的突出问题，这不仅限制了洱海流域水污染治理的效果，也直接威胁到农业和农村经济的稳定和可持续发展。例如，洱源县坝区小春作物种植结构极为单一，大蒜种植面积达 50 600 亩，占坝区面积的 90% 以上，由于大蒜经济价值相对较高，连作问题突出，农民愿意投入，大量使用化肥，其施肥量相当于其他作物的 3～5 倍。单一的种植结构不仅破坏了农田生物多样性，削弱了农田自身抗御病虫灾害的能力，增加了农田氮、磷污染负荷，加剧了环境风险，而且农业增收也极易受到市场波动影响。例如 2005 年、2006 年大蒜销售价还可维持在 3～4 元/kg，而 2007 年、2008 年受到国内外市场影响，大蒜价格急速回落，一度跌至 1～1.5 元/kg。

4.2.3.3　农业产业发展机遇

1）农业政策环境宽松。中共十六大以来，国务院提出把解决好"三农"问题作为全党工作重中之重的基本要求，制定了工业反哺农业、城市支持农村和多予少取放活的基本方针，并采取了一系列诸如减免农业税、粮食补贴、农机具补贴、良种补贴等支农惠农的政策。云南省政府也十分重视农业工作，尤其是农业循环经济的发展工作，发布了《云南省人民政府关于大力推进我省循环经济工作的通知》（云政发〔2005〕63 号），将流域洱源县农业作为全省循环经济示范点。流域市县政府近年来制定了生态农业发展政策，大力推进无公害蔬菜种植基地建设、无公害畜禽养殖基地建设、生态农业示范区建设。中央及地方创造的良好政策环境，为流域农业经济的发展提供了有力的政策支持，同时也为流域的农业发展迎来了十分宝贵的机遇。

2）农业市场体系建设日趋完善。流域是滇西交通枢纽，也是滇西物资集散中心。流域农产品市场建设推进速度相当快，目前大理市拥有农副产品市场 38 个（小型农副产品综合市场 9 个，专业批发市场 29 个），乡村季节性农产品收购市场 40 个，形成了以城市为中心，集镇为纽带，乡村为依托，大中小结合，城乡协调发展的农产品市场网络体系。此外，经过流域农业相关部门的培训，能够掌握农产品市场信息、促进农产品交易顺畅进行的"农民经纪人"队伍也迅速壮大起来，为流域农产品市场交易提供了良好的人力基础。随着建设"1+6"滇西城市圈规划的提出，流域农产品流通将面临更大、更好的市场拓展机遇。

3）农产品加工业发展潜力大。目前流域已经形成一定规模的以牛奶、梅果、大蒜等农产品为主要原料的加工产业群。例如，奶制品加工形成了以大理东亚乳业、大理来思尔乳业、大理金花乳业、大理三塔乳业、邓川蝶泉乳业为主导的产业群，奶农收入突破 1.5 亿元；梅果加工形成了茈碧湖果品、云洱果脯、清源酒业为主导企业，600 多个个体加工户为辅的产业群，年加工鲜梅 0.8 万 t，生产产品 4.6 万 t，综合总产值达 9000 多万元。随着"生产基地—龙头企业—品牌—市场"产业链建设的完善和加工技术的提高，农产品加工业的加工能力将进一步提高，对加工原材料的需求增加，将进一步促进流域农业经济的发展。

4.2.3.4 农业产业发展风险

1）农业生产规模扩大带来水环境污染加重。洱海流域水体作为生产、生活污染的受纳水体，面临水质退化、富营养化程度加剧、生物多样性和生态功能下降等风险。据统计在各种污染源中，农业面源污染占河流、湖泊营养物负荷总量的 70% 以上，是洱海最主要的氮磷污染源。由于长期过量施用化肥，肥料利用率低，农田氮磷随排水进入洱海，造成洱海湖水氮磷含量超标。随着流域农业生产规模的扩大，农业面源污染的产生量急剧增加，如果这些农业面源污染得不到有效控制，洱海的富营养化趋势将无法扭转，水生态环境将受到极大的威胁。

2）农民组织化程度低带来的市场风险。近年来，洱海流域农业科技水平稳步提高，农业科技进步贡献率达到 47.6%，然而高质量、具有重大转化价值和市场前景的突破性科技成果不多。同时，因为目前流域农民组织化程度很低，基层农业技术服务机构很难将先进的农业技术和有效的农业信息传达到农户，一些先进实用的农业技术得不到及时推广，农户也难以及时掌握最新的农业市场信息，导致农民在农业品种的选择上存在很大的盲目性，农业发展仍存在很大的市场风险。

3）农业管理制度和体制的约束风险。目前，流域农村、农业管理制度和体制改革滞后，特别是集体土地流转制度、农村社会保障制度、城乡户籍制度、农业金融信贷政策、农产品流通体制、农村综合减灾体系和城乡协调发展等制度尚未完全建立，还不能完全适应农业经济发展的要求。

总而言之，农业为洱海流域基础产业，担负着为流域居民提供绝大部分基本生活资料以及为流域加工业提供基本原材料的重任，尽管在工业化进程中，其在三次产业中的占比还会继续下降，但随着绿色流域建设的推进，林果业等绿色产业异军突起为流域主导产业之一，其增加值还有较大增长空间。流域农业基础地位不可动摇。

4.2.3.5 流域农业发展 SWOT 矩阵分析

根据上述分析，构建农业 SWOT 矩阵如表 4-16 所示。

表 4-16　洱海流域农业产业 SWOT 分析表

优势（S）	(1) 自然资源丰富 (2) 农业生产条件优越 (3) 区位、交通优势	劣势（W）	(1) 水土流失严重、自然灾害频发 (2) 农业产业结构、布局与生产方式不合理
机遇（O）	(1) 农业政策环境宽松 (2) 农业市场体系建设日趋完善 (3) 农产品加工业发展潜力大	挑战（T）	(1) 农业生产规模扩大带来水环境污染加重 (2) 农民组织化程度低带来的市场风险大 (3) 农业管理制度和体制的约束风险

4.3　流域工业发展变化分析

4.3.1　流域工业发展总体情况

4.3.1.1　工业发展总体状况

近二十年来，洱海流域工业经济发展速度迅猛，工业总产值由 1996 年的 172 436 万元增加到 2009 年的 813 835 万元，年均增长 28.61%。

从图 4-29 可以看到，洱海流域工业发展大致经历了两个阶段。第一个阶段为 1996 年至 2004 年，这一阶段工业经济呈现一种相对平稳的增长态势，工业总产值年均增长率为 8.83%；第二个阶段为 2004 年至 2010 年，这一段时间工业增长速度明显加快，工业总产值年均增长率达到了 29.41%。

流域工业经济正在迅速发展，其增加值也在平稳增长中，且增长速度逐步加快（图 4-30）。

同时，流域工业经济在地区生产总值中所占比重经历了两个阶段，从 1996 年到 2004 年有所下降，又从 2004 年的 30.91% 上升到 2010 年的 39.68%（图 4-31）。

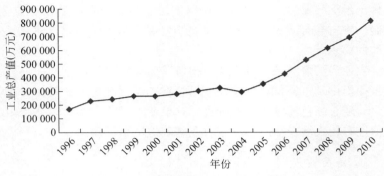

图 4-29 洱海流域工业总产值变化图

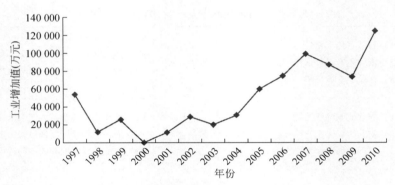

图 4-30 洱海流域工业增加值变化图

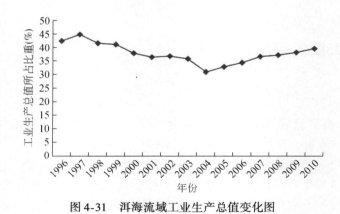

图 4-31 洱海流域工业生产总值变化图

4.3.1.2 分区域发展状况分析

流域工业经济发展过程中，大理市、洱源县工业总产值在流域工业总产值中所占比重如图 4-32 所示。大理市工业总产值占比高达 90% 以上，是流域工业经济的主要组成部分。

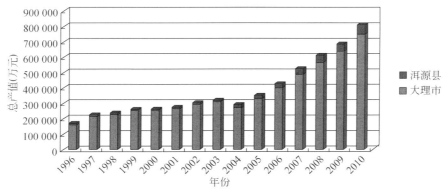

图 4-32   洱海流域大理市、洱源县工业总产值比重变化图

4.3.2   流域工业结构特征分析

4.3.2.1   轻重工业发展情况

近十年来，洱海流域工业产业结构中重工业占比持续上升，说明随着流域各类资源的有效利用和基础设施的完善，流域工业化和城镇化进程加快，对重工业产品的需求迅速提高，流域工业发展有向"重化工业"时代过渡的趋势（图4-33）。

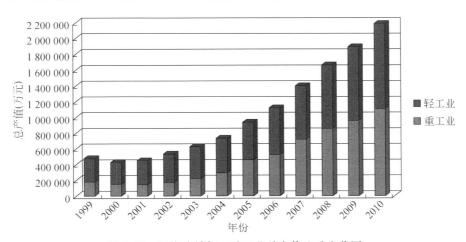

图 4-33   洱海流域轻、重工业总产值比重变化图

4.3.2.2   工业各产业发展状况

洱海流域的主要工业产品包括水泥、纸制品等，近几年来各工业产品的产量变化如表4-17所示。从表4-17中可以看出，近几年重化工业的产品产量迅速提高，尤其值得注意的是，高污染的行业如硫酸、塑料制品等，正在快速发展。

表 4-17　洱海流域主要工业产品产量统计表

产品产量	水泥（t）	发电量（kV·A）	纸制品（箱）	硫酸（t）	塑料制品（t）
2005 年	36 228	75 433	7 389	18 744	4 421
2008 年	37 374	95 729	8 415	52 423	5 916
2008 年比 2005 年增减	3.16%	26.91%	13.89%	179.67%	33.81%

4.3.2.3　工业分行业规模以上企业发展情况

洱海流域的主要工业行业，有烟草、交运设备、电力生产、非金属矿物（主要是水泥）、饮料制造等，2008 年各主要行业的规模以上企业经营总体情况如表 4-18 所示。

表 4-18　洱海流域工业分行业规模以上企业经营指标统计

指标	规模以上总计	有色金属矿业	农副食品加工	食品制造	饮料制造	烟草制品	纺织
流域企业数（户）	68	2	5	4	9	3	3
工业增加值合计（万元）	469 555	2 669	6 880	13 041	29 214	219 323	4 307
主营业务收入合计（万元）	1 016 791	5 652	26 122	35 304	82 728	319 356	16 116
利润总额合计（万元）	118 751	910	1 140	2 185	10 456	75 167	611
企业从业人数合计（人）	20 648	256	3 013	1 262	2 198	1 091	2 700

指标	造纸及纸制品	印刷	化学原料	医药制造	塑料制品	非金属矿物	金属制品
流域企业数（户）	5	5	3	4	3	9	1
工业增加值合计（万元）	10 567	7 120	1 203	17 708	1 823	40 244	165
主营业务收入合计（万元）	16 673	19 153	12 701	32 273	7 491	85 308	936
利润总额合计（万元）	1 353	6 307	484	7 335	−2	19 889	70
企业从业人数合计（人）	528	541	117	571	245	2 993	31

指标	通用设备制造	交运（专用）设备	电气机械	仪器仪表	电力热力生产	水生产供应
流域企业数（户）	2	3	2	1	3	1
工业增加值合计（万元）	1 129	74 654	437	89	36 705	2 280
主营业务收入合计（万元）	4 145	234 775	4 144	1 890	108 231	3 792
利润总额合计（万元）	532	23 358	473	44	−30 125	−1 480
企业从业人数合计（人）	703	4 364	157	92	2 081	271

从经营规模来看，烟草行业占重要地位，其工业增加值在工业总增加值中的比重接近50%。交运设备行业的销售收入，最近几年大幅增长，成为流域工业领域的两大龙头产业；从经济效益来看，烟草行业效益非常好，烟草行业在各行业利润总额占比达到了

63%，饮料制造行业、交运设备、非金属矿物制品等行业效益也较好。

4.3.3　工业产业发展 SWOT 分析

4.3.3.1　工业产业发展优势

1）良好的国际国内环境。

一是滇西地区及洱海流域处于中国和东南亚经济交流的主要通道之中，东亚和东南亚国家的经济增长和经济联系加深会给洱海流域的工业产业发展提供更大的市场和获利空间。

二是关系云南和滇西地区经济发展的一批重点建设项目如澜沧江中游水电资源开发、广大铁路、大丽铁路、楚大高速公路、滇西北旅游资源开发等已经完工或正在开工建设。所有大型建设项目的持续推进，也会给流域的工业发展注入新的生机和活力。

三是云南及滇西地区已成为中国开拓东南亚、南亚市场的主要阵地，这样的区域经济合作和区域协同开发不仅可以使分散的、潜存于区域内部的经济优势、区位优势结合起来形成整体的优势，而且能更好地发挥一个地区在全国经济发展、对外开放大格局中的战略作用。

四是滇西和洱海流域对区域环境具有很高的生态价值，其产业调整和社会经济发展的重要性是不言而喻的。

2）自然条件和资源优势。

第一，洱海流域地处低纬度高原地带，属北亚热带高原季风气候，特点是冬暖夏凉，四季如春，日照充足，雨热同季，干湿分明，风能丰富，这样的气候条件非常适合发展重化工业和一般的加工制造业。

第二，区域内矿产资源以非金属矿产资源为主，主要有用于建筑材料的大理石、石灰石、凝灰石、石英砂、麻石等，非金属矿制品行业也成了流域长期以来工业发展的支柱产业之一。

第三，洱海流域有着丰富多样的生态系统类型。大理苍山洱海自然保护区的主要生态系统包括：森林生态系统、草甸生态系统、荒漠生态系统、高原湖泊生态系统、湿地生态系统和农业生态系统，具有不可多得的景观欣赏价值和生态价值，这为流域发展农林产品加工和特色工业创造了良好的条件，烟草、食品饮料、制药等也成为推动流域工业发展的主要支柱。

3）产业基础条件优势。

在云南省 17 个设市城市中（包括省辖市和地州辖市），大理市长期以来都是经济比较发达的地区之一，相对于滇西其他各县市来讲，具有工业门类比较齐全、工业生产水平相对较高、商业繁荣、基础设施比较完备等优势。

4）区位与政策优势。

洱海流域地处云南省西部经济区，北面是中国铅锌储量最多的兰坪金顶地区，南面是澜沧江流域水能资源的重点开发区，西面是中国最有前景的内陆边境贸易区，东面是云南省经济最发达的滇中经济区。该区域地处中国西南部，毗邻越南、老挝、缅甸等国家，在中国对外经济交往中处于十分重要的地位。同时滇西经济区矿产资源、水能资源、旅游资源、农林业资源十分丰富，三线工业基础和技术力量较为雄厚，是比较典型的内陆地区。区域内产业结构总体偏重工业，能源、原材料工业所占比例较大。伴随国家产业政策的调整和倾斜，国家计委将澜沧江中游地区确定为水电、有色金属基地，列入全国19个重点开发地区之一，云南省政府也把大理市列为"滇西经济区"的中心城市。流域内一些国家和省级重点建设项目也逐步实施，整个滇西地区发展前景看好，这给流域的工业经济建设带来了极好的机遇。

4.3.3.2 工业产业发展劣势

1) 地域和土地规划制约。

流域中大理市域 1468km² 范围内，山地和水域面积占据了将近 85%，坝区面积仅有 15.7%，陆域面积极为有限。三片区可供发展的用地仅约 37km²，城市用地比较紧张，城市发展和产业扩张受到一定的限制。各产业发展的腹地相对狭小，同时土地利用集约化程度不高，用地规划不尽合理。

2) 环境制约。

下关地区风力大，对气体污染物有一定的疏散能力，但由于风向原因，大部分吹向洱海，对洱海有一定的影响；西洱河是洱海的出口之一，要保护整个流域不受污染，必须限制排入西洱河污水的排放量，因此，对下关地区人口规模和工业的发展要有一定的制约。

3) 区域经济协同发展制约。

洱海流域与滇西其他地市之间的区域协同发展速度缓慢，经济上缺乏合作，产业关联度不高，尚未形成完善的工业产业发展网络和协作市场。大理市作为滇西中心城市，其今后职能、规模的发展演变将在不断深化的区域协同开发过程中展开，这是一个长远的过程。如何积极谋求横向联系的区域协同开发，以实现优势互补、互相促进，并在此过程中承接因协同开发而增多的发展机会，将对其未来发展产生直接而深远的影响。

4) 产业配套方面的劣势。

长期以来，由于地形地貌条件所限，大理的铁路和机场建设相对落后，公路基础设施也不很发达，大多数公路级别低、通过能力差、抗灾能力弱、运输成本高，致使流域工业产品的对外运输受到极大的限制，很多资源优势不能转变为经济优势。交通不畅、运输能力严重不足在一定程度上成为了制约区域发展和工业产业增长的一大"瓶颈"。

4.3.3.3 工业产业发展机遇

1) 产业政策调整的机遇。

一是大力推进工业园区建设，以园区为平台，加大产业培植力度，不断壮大区域内机械制造、生物制药、食品饮料、烟草制品等特色支柱产业。

二是推行创新发展方式，着力实施工业发展的"三个转变"，即从扶持企业向扶持产业发展转变，从扶持具体项目向扶持产业发展平台转变，从要素投入型向政策激励型转变。

2）基础设施和工业大项目发展带来的机遇。

流域各级政府通过推行"项目带动"战略，从项目规划建设、土地利用、环境保护、林业、洱海保护等各个方面，全方位谋划项目、支持项目、发展项目。一方面以项目建设促进企业发展，以项目拉动流域工业经济增长；另一方面各级政府也积极开展招商引资，主动出击争取大的基础建设和产业发展项目，努力引进适合流域发展、节能减排的工业好项目、大项目，如风力发电等；三是实行"思路项目化、项目数字化、措施具体化、实施快速化、效益最大化"。

3）以农副产品加工业为代表的特色资源开发利用产业发展空间广阔。

依靠科技进步和清洁生产，洱海流域发展农产品加工等资源开发型产业，一方面可以带动第一产业的发展；另一方面也可以实现工业产业内部结构的调整，确保流域劳动力就业和居民收入增长。洱海良好的生态环境和自然气候条件为发展特色农业和特色资源开发产业创造了良好的条件。

4.3.3.4　工业产业发展风险

1）工业生产规模扩大带来水环境污染加重。

洱海环境保护是洱海经济发展和产业调整的根本出发点。从上面的流域工业调查可以看出，流域工业产业中重化工业占有一定比例且近几年呈快速扩张之势，一般认为，重化工业属于高污染、高消耗的产业门类，如果按照传统模式来发展重化工业，将可能对流域生态环境质量带来较大的破坏。当然在流域周边可以适度发展新型重化工业，发展高科技含量、高附加值、高投资密度、低污染、低消耗（"三高二低"）的重化工业，走新型工业化道路，这就需要对工业产业内部结构和生产方式、排污方式进行调整、革新和改进。

2）工业组织体系和管理制度的约束风险。

目前流域的工业组织体系相对分散、落后，产业管理手段和管理制度急需加强，给流域产业调整和环境保护带来了更大的挑战。流域工业发展需要围绕优化产业结构、提高产品质量、增加经济效益的目标，从企业改造入手调整工业内部结构，加速工业化进程向高级阶段转化的步伐。可以重点培育卷烟辅料、纺织、建材、机械和以食品为重点的生物资源加工工业，按照现代化的企业组织形式，以技术实力和经济实力最强的骨干企业为核心组建企业集团，推动工业行业内部结构的升级调整，最大限度地扩展关联企业之间的集聚规模优势，大幅度提高传统优势行业的区际地位和市场竞争能力。逐步控制和淘汰低层次、低水平的生产企业和高耗能、高污染和资源性（"两高一资"）产业，集中力量发展高层次、高技术含量的精品生产加工企业。

4.3.3.5　流域工业发展 SWOT 矩阵分析

根据上述分析，构建工业产业 SWOT 矩阵如表4-19 所示。

表 4-19　洱海流域工业产业 SWOT 矩阵表

优势（S）	(1) 良好的国际国内环境 (2) 自然条件和资源优势 (3) 产业基础条件优势 (4) 区位与政策优势	劣势（W）	(1) 土地规划制约因素 (2) 环境制约因素 (3) 区域协同发展的制约因素 (4) 产业配套劣势
机遇（O）	(1) 产业政策调整的机遇 (2) 基础设施等大项目建设带来的机遇 (3) 资源开发型产业的发展机遇	挑战（T）	(1) 环境污染风险 (2) 工业组织体系和管理制度的约束风险

4.4　洱海流域旅游业发展分析

4.4.1　洱海流域旅游业发展现状

近年来，洱海流域的旅游业获得了长足的发展，旅游收入、游客人数增长较快，在旅游资源开发、基础设施建设等公共产品的提供方面也有很大进展。但是，洱海流域旅游业的发展中存在许多问题，如管理不到位、资源整合不够、从业人员素质低等，这些问题亟待研究和解决，如何解决这些存在的问题，我们先从分析洱海旅游业的基本情况入手。

4.4.1.1　接待能力

到 2010 年年底，全市已拥有 22 家星级饭店和星级餐馆，客房 1177 间，床位总数已近 2217 张，餐位总数已达 6082 位。星级酒店及饭店设施设备完善，装修装饰精致，管理水平与服务质量一流，完全能够满足洱海旅游市场的需求。

全市拥有各类宾馆、饭店、招待所等社会宾馆共达 192 家，有客房约 10 075 间，提供床位约 25 400 张。只是设施档次和服务水平较差，不能适应旅游业的发展需要。现有社会旅馆至今没有形成统一的管理格局，旅游业的行业标准和服务规范在这些领域尚未推行。在管理水平、服务质量、设施标准等方面存在严重不足，今后应加强业务上的指导和监督。

洱海流域娱乐与休闲设施分为两类：一类是旅游饭店内附属的各种娱乐设施。另一类为专门化的社会娱乐企业。大理市古城休闲设施较为发达，有多处城市公园和城市休闲广场，建设了旅游购物一条街、旅游餐饮一条街、旅游一条街，有多处能在晚间为旅游者提供休闲娱乐和文艺表演的场所。另外据大理市文化局统计洱海流域还有很多夜总会、茶社、足浴等休闲场所，大大方便了市民的业余休闲生活，也为旅游者提供了方便。随着旅游业的持续升温，旅行社行业已获得越来越多的社会关注，预计今后一段时间，旅行社将呈加速发展。

4.4.1.2　接待游客情况

云南省大理州近四年旅游人数中 2007 年最高，2008 年由于经济危机的影响，人数急剧下降，但是从 2009 年起继续上升，截至 2010 年全州共接待旅游者 7 313 270 人，其中国内 6 905 787 人，入境 407 483 人（表4-20）。由图4-34可见，国内游客量明显高于入境游人数。

表4-20　大理州 2007～2010 年游客接待情况　　　　（单位：人）

项　　　目	2007 年	2008 年	2009 年	2010 年
国内旅游者人数	8 675 900	5 935 426	6 462 634	6 905 787
入境旅游者人数	268 524	316 691	353 003	407 483
人数合计	8 944 424	6 252 117	6 815 637	7 313 270

数据来源：大理州统计年鉴。

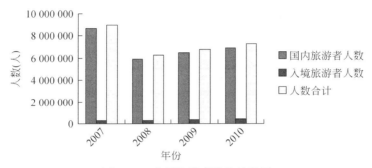

图 4-34　全州旅游者接待情况图

特别是"十一"黄金周，全州游客接待总量保持稳中有升，全州共接待海内外游客 78.43 万人次，其中，过夜游客 38.69 万人次，同比增长 18.38%；国内一日游游客 39.73 万人次，同比增长 19.36%。旅游总收入 54 688.4 万元，同比增长 46.16%。接待海外游客 2.48 万人次，同比减少 45.74%。10月1日至7日，崇圣寺三塔共接待 53 711 人次，蝴蝶泉景区共接待 19 665 人次，洱海游船共接待 19 771 人次，天龙八部影视城共接待 19 044 人次，感通索道共接待 18 583 人次，苍山索道共接待 1833 人次，南诏风情岛共接待 3997 人次。

4.4.1.3　旅游收入情况

洱海流域旅游业收入与全州接待情况走势一致，2007 年收入最高，2008 年急剧下降，2009 年起开始回升，截至 2010 年洱海流域旅游业收入为 556 864 万元，其中大理市 507 144 万元（表4-21和图4-35）。

表4-21　洱海流域 2007～2010 年旅游收入情况表　　　　（单位：万元）

地区	2007 年	2008 年	2009 年	2010 年
大理市	588 812	374 822	421 271	507 144
洱源县	73 549	40 648	57 716	49 720
洱海流域	662 361	415 470	478 987	556 864

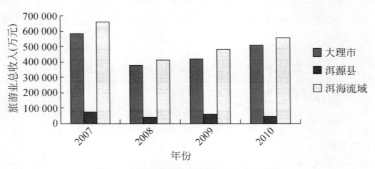

图 4-35　洱海流域旅游收入情况图

4.4.1.4　从业人员情况

全州旅游直接从业人员和间接从业人员截至 2010 年共 13 457 人。其中住宿和餐饮业从业人员 4855 人，交通运输、仓储及邮电业从业人员有 8309 人，居民服务及其他服务从业人员为 293 人。总的来看，从业人员增加较快，但还满足不了需要，人员素质亟待提高。

4.4.2　流域旅游业发展在洱海保护中的成就、经验和存在问题

从前述洱海旅游业的现状分析中，可以看出洱海旅游业的发展，既有有利条件，也有不利因素。具体研究影响洱海旅游发展的各种因素，可以明确洱海旅游业发展的前景，并据此制定旅游发展的战略规划，解决存在的一些问题。

4.4.2.1　主要成就和经验

洱海保护取得的成效是显著的，洱海生态良好的湖滨带、河口湿地和湖内植被，落户洱海的众多候鸟，以及恢复生机的鱼类资源，洱海生态系统总体上正向良性循环的方向转变。洱海环境在一段时间内曾急剧恶化，1996 年和 2003 年两次出现大规模藻类暴发。为治理湖泊富营养化，大理州各级党委政府采取了一系列果断措施，科学规划、重拳治污、创新机制，让洱海休养生息，使洱海这颗高原明珠逐步恢复了亮丽的风采，大理也走上了人与自然和谐发展的道路。认真总结并推广洱海保护的经验，对于全国湖泊水污染治理具有重要意义。

4.4.2.2　洱海旅游业发展中存在的问题分析

（1）旅游业整体开发不足

旅游产品仍以自然观光为主，品位不高，特色产品不多，新型产品更少，旅游商品档次低。

（2）部分旅游产品老化，品牌优势未得到充分发挥

尽管大理的旅游资源丰富，但部分旅游产品面对发展变化的旅游市场呈现老化的趋势，旅游产品结构有待升级转换。品牌意味着识别性和竞争优势。"风花雪月大理城"的

品牌价值和品牌优势尚未得到充分体现，通过强化品牌意识，并以丰富的内涵形式作为品牌牢固的支撑，这一品牌将会成为对抗竞争的有力武器。

（3）环境保护面临着巨大的压力

由于国家对洱海环境保护的重视，社区生态环境得到改善。如向阳村建立了污水处理厂，使向阳村入湖河道水质明显改善。面山绿化、景区绿化、环湖公路绿化、沼气池建设等都取得了较大进步。但由于人们盲目追求经济利益和受传统的不合理的生活习惯的影响，再加上政府管理部门的不重视，使旅游社区环境保护面临着巨大压力，并有进一步"恶化"的倾向。

（4）思想解放程度不够

全市各行业围绕大旅游发展和服务的思想不牢，整体联动不足，"小、弱、散"的问题比较突出，与大理的实际知名度、旅游地位不相协调。

（5）行业管理明显滞后于发展，管理手段落后

旅游规划的执行有待加强，市场秩序时好时坏，接待服务水平和服务质量亟待提高，旅游业的综合效益和规模效应不理想。

（6）交通通达能力有限

从航空运输来看，云南境内虽然有几个机场，但是与国内主要旅游城市之间的航线开通的较少；建立国际航空港、开通国际直飞航班的问题不能及时得到解决，制约了海外客源市场的拓展。从铁路运输来看，云南境内高铁虽已开工建设，但在近期内很难解决运输能力紧张的问题；从公路运输来看，云南境内高等级公路很少，相当一部分游客去各景点还需绕道，游客"难进难出"的问题仍然十分突出。

（7）旅游业人才队伍参差不齐

人才培养跟不上旅游业发展的需要，整体水平有待提高。宣传力度不够，对外的吸引力、辐射力不够强，旅游促销推介工作亟待加强。

4.4.3 洱海流域旅游业发展 SWOT 分析

4.4.3.1 洱海旅游业发展的优势

（1）区位优势

大理全称大理白族自治州地处云南省中部偏西，市境东巡洱海，西及点苍山脉。这里气候温和，土地肥沃，山水风光秀丽多姿，是我国西南边疆开发较早的地区之一，远在四千多年前，大理地区就有原始居民的活动。洱海流域作为大理市经济、政治和文化的发源地，自古以来就是南方古丝绸之路古道上的主要驿站，正在成为国内休闲度假旅游中心，同时为云南其他地区输送游客，提供旅游集散地的服务功能。连接滇西北旅游区、滇西旅游区、缅北旅游区，是滇西旅游区重要支撑地之一、滇西精品旅游线的重要节点。主要以苍山洱海国家级风景名胜区为首，同时周边有三江并流国家级风景名胜区、高黎贡山国家级自然保护区、腾冲火山热海旅游区、瑞丽江—大盈江国家风景名胜区、缅北旅游区以及博南古道等省级风景名胜区。同时，滇西旅游区位于东南亚、南亚与中国的结合，是构建中国—东盟自由贸易区和实现中印缅孟区域合作的前沿阵地，是构建中国—东盟、中国—南亚旅游双向通道的核心地带。区位优势明显，旅游发展前景较好。

（2）自然环境优势

总体来看，洱海流域冬无严寒、夏无酷暑的气候特点，尤其适合开展度假、观光、探险、科学考察等多种旅游项目；且气候的垂直差异和水平差异为多种旅游项目的开展提供了条件。林业资源丰富，生物多样性突出，不仅是国家级自然保护区，而且是世界生物圈保护区网的组成部分。该区生物成分新老兼备，南北混杂，珍稀、孑遗、特有种丰富，是世界上山茶花、红花油茶、杜鹃花等植物起源中心，是"哺乳动物祖先诞生分化的发源地"、"雀界雉类和鸟类乐园"、"原始动植物的避难所"等。优良的自然环境一方面为旅游业的发展提供了丰富的自然资源，同时这块美丽富饶的土地也孕育出了灿烂的历史文化，为文化之旅创造了条件。

（3）资源优势

旅游资源类型多样，种类齐全。按旅游资源的性质可以将洱海流域乡村旅游资源划分为两大类，一类是自然旅游资源；另一类是人文旅游资源。除了洱海之外，还有大理白族的爱情圣地——蝴蝶泉，和全国重点文物保护单位——崇圣寺三塔，大理古城、洋人街，云南特色银器店或玉石店等都是大理旅游业的重点关注对象。

（4）文化优势

洱海流域是中原汉文化、西南少数民族文化、东南亚文化、南亚文化等的交汇地，文化多元性特征突出明显，主要体现在民族文化、多宗教文化、抗战文化、丝路文化等方面，并演绎成颇具特色的地域文化，如哀牢文化、永昌文化、民族文化、知青文化和名人文化等。多元化、原生性和过渡性的文化环境，和谐的自然和人文本底，构成了洱海流域旅游各种优势的本底基础和旅游吸引力的核心。与底蕴深厚的传统文化有机组合、交相辉映、和谐发展，构成洱海流域旅游竞争力的基本要素。

4.4.3.2 洱海旅游业发展的劣势

1）起步较晚，发展缓慢。

2）旅游景区（点）散、小、差。

旅游区内景点分布相对分散，对团队游客的吸引力较弱。

3）区域竞争激烈。

地处滇西精品旅游区域的中心位置，是连接丽江、德宏、腾冲几大旅游区的重要节点，与周边四大旅游区相比，旅游业的发展相对滞后，旅游业发展潜力也有限。在不断扩大的旅游市场中，也在赢取自己的市场空间，但旅游业的发展，由于受发展历史及资源条件的限制，旅游业起点低、旅游基础设施差，旅游吸引力低等问题较突出，对外竞争力较弱，旅游业发展面临的竞争激烈。

4）区域经济落后，对旅游投入有限。

从大理地理位置来看，是我省经济较为贫困的地区之一，长期以来，由于交通不便，该地区长期处于"一元经济"的结构中。没有大的工业为区域发展积累资本，财政收入微薄，大部分地区长期处于国家重点扶贫区域。由于资源类型限制，第一产业发展基础薄弱，第二产业效益不高，第三产业发展滞后，再加之区内大量农业人口的存在，"三农"问题较突出，使洱海流域整体经济实力还较弱，社会发展现代化程度不高。相对落后的经济发展水平，进一步制约着政府及相关机构对旅游业的投入，旅游业发展长期面临资金短缺问题。

4.4.3.3 洱海流域旅游业发展的机遇

1）洱海流域旅游业的协同发展。

以德宏、腾冲、丽江等知名品牌旅游地旅游业发展的不断成熟，洱海流域旅游业的发展将会进入到新一轮的区域旅游整合区，区域联动发展，将加强旅游业的整体营销实力，同时旅游资源的有机整合，为旅游业的发展带来机遇。

2）各项开发政策的实施。

随着一系列相关政策的提出，为洱海流域旅游业的发展带来了新的机遇。这些政策主要包括以下几项：①西部大开发。西部大开发战略配套出台了很多有利于西部地区发展的优惠政策，西部大开发的实施将加快西部地区经济、社会的发展，旅游业在经济发展中的重要地位也会越来越重要，同时西部大开发的实施，将进一步提高人们出行旅游的可能性，创造更多的客源市场；②中国-东盟自由贸易区的建设。中国-东盟自由贸易区的建设将进一步加强洱海流域对外交流的力度，对洱海流域旅游业的发展开拓海外客源市场，加强与东盟地区的合作创造了机会；③大理市特色旅游重点产业发展的政策。大理市已将特色旅游业作为本土一项重点产业进行发展，这使得旅游业在洱海流域的发展得到了相关的政策支持与鼓励，洱海流域旅游业的发展必然加快。另外云南省政府提出的"建设民族文化大省、绿色经济强省和连接南亚、东南亚的国际大通道"、"建设旅游经济强省"等的宏伟战略目标也将为洱海流域旅游业的发展带来更多的机遇。

3）客源市场的分流。

从目前云南省各旅游景区（点）旅游业客源市场状况来看，每年黄金周涌入这些地区的游客在不断的增长，这些地区的旅游容量也还较大。但从长远发展来看，现有的丽江、德宏、腾冲的旅游容量将不断接近饱和，而其中的一些景区已开始老化。这将使游客选择其他旅游地区的可能性增加，洱海流域以其区位上的优势，成为游客出行目的地的机会也较大，目前关键的一点是洱海流域如何不断改善旅游接待环境来迎接这一机遇。

4）全面建设小康社会战略目标的实现。

全面建设小康社会将使更多的人富裕起来，特别是广大农村，全面建设小康社会进程的不断的推进，将使更多的人有机会去旅游，旅游活动也将变得越来越普遍，这将使得旅游市场不断扩大，洱海流域旅游业的发展也会有更多的机遇；同时，全面建设小康社会将使洱海流域广大农村地区加快发展，加快洱海流域乡村旅游业的发展，进一步增强旅游业的整体实力。

4.4.3.4 洱海流域旅游业发展面临的挑战

1）周边旅游景区带来的挑战。

从洱海流域所处的旅游区位来看，北面是世界文化遗产丽江，西面则有刚刚发展起来的腾冲及德宏，这样一种位置一方面使洱海流域在连接这几大旅游区上起到了重要的集散地及中转地作用，可视为一种优势；同时，这几大旅游景区的存在，使洱海流域旅游形象的树立难度加大，旅游市场扩展面临激烈竞争。洱海流域旅游业的发展是在众强林立中起步，面临的困难可想而知。

2）开发与保护的矛盾。

开发与保护之间的矛盾是旅游业发展中普遍存在的一个问题。洱海流域旅游业的发展中同样面临这一难题。随着全区旅游业的发展，一些景区旅游开发意识也得到了增强，但许多管理者、开发商以营利为目的对景区进行开发，不注重对资源、环境的保护，破坏了旅游资源，与此相反的是一些景区缺乏旅游开发意识或是开发意识不足，使得一些具备较好条件的人文旅游资源由于缺乏经费，年久失修，旅游功能大大下降，文物破坏较严重。

4.4.3.5 洱海流域旅游业未来发展趋势

在大理市已经将洱海流域旅游业确定为洱海经济新的增长点的政策背景下，洱海的旅游业必将进一步加快发展，有望成为地方新的支柱产业。

1）提升传统旅游，发展现代旅游。

就大理目前条件来分析，在发展现代旅游方面重点主要应该放在会展旅游。大理举办大型会展可以促进作为城市物质形象重要方面之城市环境的美化，并通过城市公共服务设施的进一步完善，提升了城市的吸引力。另外会展旅游还具有客人档次高、消费水平高、停留时间长、组团规模大、利润丰厚等特点，可以增加当地的旅游收入。大理可以考虑完善条件进而成为会展中心，形成一种会展—旅游—会展—旅游的良性循环。

2）延伸景区旅游，推进城乡旅游。

大理拥有丰富的自然、人文旅游资源，大理以苍洱景区为依托，形成以苍洱景区为中心，各县市景区互补的环大理旅游圈。大理将进一步提升宾川鸡足山景区，重点建设鹤庆新华村，保护提升巍山古城、巍宝山、剑川石宝山、寺登街、祥云水目山、云南驿，把上述景区建设为国家4A级景区，并保护开发云龙诺邓千年白族村，建设漾濞石门关光明核桃生态旅游区，此外温泉旅游度假村、花甸坝野营度假村、周城民俗旅游村、喜洲海舌游乐场、海滨娱乐中心、双廊南诏行宫也具较强吸引力。

3）改变单体发展，联合整体优势。

大理应该进行区域合作联动。州内要充分发挥大理市的辐射带动作用，以大理—巍山，大理—宾川，大理—剑川，大理—漾濞、云龙为重点的放射性开发。以祥云—宾川—永胜—丽江—香格里拉—维西—兰坪—六库—永平—南涧—弥渡为大外围环线的开发，积极促进各县市旅游产业的协调发展；州外要加强与昆明、丽江、迪庆、怒江、保山、德宏的交流与合作，与丽江、迪庆、怒江共同开发建设好老君山生态旅游景区；省外要加强与四川、西藏两省区的合作，共同打造"川、滇、藏大香格里拉黄金旅游圈"；积极参与"澜沧江、湄公河"次区域旅游合作，实现资源共享、优势互补、客源互送，推动旅游区域经济共同发展。

4）跳出规模扩张，立足质量内涵。

大理目前一日游游客与过夜游客之比大致为7：3，这是由于大理更多时候作为旅游者的旅游过境地而非旅游目的地所致，大多数的游客往往只在前往丽江、香格里拉时在大理逗留。要延长游客的逗留时间主要有两个思路，一是从旅游吸引角度着手，就需要增强景点活动内容、丰富游客的夜生活；二是从客源构成角度着手，即设法增加休闲度假、商务会议游客的比重，以达到延长总体逗留时间，增加旅游消费的目的。

5）突破狭隘经济，构建和谐社会。

大理在发展旅游经济的同时应从单一的经济目标向多元化的社会经济发展目标转型。①经济目标。到2015年，接待国内旅游者突破1900万人次，接待海外旅游者突破70万人次。实现旅游收入达万元。②社会目标。到2015年新增就业30万人，旅游直接就业将达54万人，拉动社会就业260万人次，出游率在目前基础上提高20%，城镇化率1%～2%，并提高城市发展水平。③文化目标。通过发展旅游，更好地保护和利用当地优秀传统民族文化。④品牌目标。实现两个层次的品牌目标：一是将旅游作为大理形象窗口和品牌载体，以旅游推进品牌的建设。二是培育和打造一批旅游品牌。⑤生态目标。实现两个层次的生态目标：一是通过发展旅游业，减少资源消耗、生态破坏和环境污染。二是为旅游产业发展创造更佳的生态环境，加大重点景区、重点旅游城市和旅游干道的生态建设与环境治理力度。⑥结构目标。实现两个层次的结构优化目标：一是发挥旅游业作为第三产业龙头带动作用和对工业、农业的促进作用。二是旅游产业自身结构的转变，从单一的门票经济迈向综合性的服务经济；建成复合型旅游目的地；实现国际、国内、省内和州四大旅游市场的协调发展，形成重点突出、辐射全国的旅游产业大格局；形成集团化的企业主体，提高市场化和组织化水平，解决散小弱的问题；改变技术和人力资本结构，增强旅游产业的创新能力。

4.4.3.6 流域旅游业发展 SWOT 矩阵分析

根据上述分析，构建旅游业产业 SWOT 矩阵如表 4-22 所示。

表 4-22 洱海流域旅游业产业 SWOT 矩阵图表

优势（S）	(1) 区位优势 (2) 自然环境优势 (3) 资源优势 (4) 文化优势	劣势（W）	(1) 起步晚，发展慢 (2) 景区小而散 (3) 区域竞争激烈 (4) 区域经济落后
机遇（O）	(1) 旅游业协同发展 (2) 各项开发政策的实施 (3) 客源市场分流 (4) 全面建设小康社会战略目标的实现	挑战（T）	(1) 周边旅游景区的挑战 (2) 开发与保护的矛盾

4.5 洱海流域土地利用情况

土地是人类赖以生存和发展的最基本的自然资源,是人类生存和发展的物质基础。土地利用不仅是人类最古老、最基本的生产活动,而且是关系到人类生存与发展的社会问题和生态环境问题。

洱海流域土地资源丰富,但由于自然条件限制,生态环境极其脆弱,近年来人口的持续增长和社会经济的快速发展,使得资源的利用强度不断增大,土地利用也发生了较大变化,由此导致生态系统服务价值也随之发生变化。

土地作为稀缺资源,其合理的利用是必然之路。分析研究洱海流域土地利用的合理性和可持续性,为新一轮土地利用总体规划修编、土地资源可持续利用和生态社会经济可持续发展可提供一定的决策支持。

洱海流域土地利用分为三大类,农用地、建设用地以及未利用地。其中,农用地包括耕地、园地、林地、部分水域及牧草地。建设用地包括城镇村庄、工矿用地、交通用地及部分水域。未利用地包括荒草地、盐碱地、沼泽地、沙地、裸土地、裸石砾岩地以及田坎。

4.5.1 洱海流域自然概况

4.5.1.1 地质概况

洱海是一个比较典型的内陆断陷盆地,是喜马拉雅山构造运动的产物。洱海盆地在构造上处于印度板块与欧亚板块结合带的北东段,元江—红河大断裂以西北—东南向穿越洱海盆地。洱海断陷盆地的形成、发展是地质板块剧烈运动的产物。新生代喜马拉雅山构造运动强烈活动,洱海西北—东南断裂带两侧引起褶皱突起形成高山或山丘台地,西高东低,沿断裂带断陷聚水形成山间湖泊。流域内地形起伏,海拔为 1743.2 ~ 4056.9m。不同区域坡度差异也较大,据有关资料显示,13°以上的面积占整个流域面积的51%,坡度较小的区域主要分布在海西、海南与海北坝区,海西苍山山脊、海北、海东与海南远山土地坡度较大。洱海流域从孕育、发展至今历经六千万年的沧桑。

4.5.1.2 地理概况

洱海位于大理州中部,纵贯大理、洱源两市县内。西有大理坝和苍山,北起大理市上关镇,东边玉案山依水盘绕,南止大理市凤仪坝和下关镇,呈北北西向南南东方向展布,南北长,而东西窄,形似耳状。当水位 1966m 时,湖面积 252.191km²,湖容量 27.94 亿 m³,湖周长 129.14km,岛屿面积 0.748km²,兴利库容 7.37 亿 m³。

4.5.1.3 土壤与植被

流域内的地带性土壤为红壤,随着海拔的变化,由低到高依次为红壤、黄红壤、黄棕壤、暗棕壤、亚高山草甸土及高山草甸土，另外还镶嵌分布有紫色土、漂灰土、石灰土和沼泽土。垂直分布的大致情况为：海拔 2600m 以下为红壤、紫色土和部分冲积土；2600～2800m 为红棕壤；2800～3300m 为棕壤和暗棕壤；3300～3900m 为亚高山草甸土；3900m 以上为高山草甸土。

由于复杂多样的地形和典型的山地立体气候，流域内植物垂直分布带谱十分明显，形成了区域内丰富多样的生态系统类型，包括森林生态系统、草甸生态系统、湿地生态系统和高原湖泊生态系统等。

4.5.2 土地利用结构现状

土地利用结构现状的分析是土地利用结构优化和强化土地管理的依据。以最新统计的数据来看，2010 年洱海流域土地统计的结果如下所述。

4.5.2.1 大理市土地利用结构分析

由表 4-23 可以看出，大理市 2010 年土地总面积为 163 757.7hm²，其中耕地面积为 20 800.87hm²，占土地总面积的 12.70%，园地面积为 4756.05hm²，占土地总面积的 2.90%；林地面积 77 789.54hm²，占土地总面积的 47.50%；牧草地面积 272.59hm²，占土地总面积的 2.96%；城镇村庄及工矿用地面积 8113.3hm²，占土地总面积的 4.95%；交通用地面积为 2180.33hm²，占土地总面积的 1.33%；水域面积为 21 769.82hm²，占土地总面积的 13.3%；未利用土地面积为 23 508.62hm²，占土地总面积的 14.36%。

表 4-23　1999～2010 年大理市土地利用面积结构表　　　　（单位：hm²）

年份	耕地	园地	林地	牧草地	城镇村庄及工矿用地	交通用地	水域	未利用土地
2010	20 800.87	4 756.05	77 789.54	272.59	8 113.30	2 180.33	21 769.82	23 508.62
2009	20 811.30	4 770.23	77 798.04	272.59	8 488.06	2 180.66	21 770.76	23 589.77
2008	20 800.57	4 775.67	77 800.89	272.59	8 810.73	2 182.55	21 767.19	23 628.25
2007	21 023.86	4 782.53	77 824.98	272.59	8 516.00	2 184.21	21 765.85	23 644.47
2006	21 253.15	4 782.53	77 852.89	272.59	8 206.60	2 188.06	21 768.82	23 665.63
2005	21 407.95	4 787.85	77 847.95	272.59	8 149.61	2 037.66	21 790.18	23 687.86
2004	21 607.16	4 791.23	77 884.68	272.59	8 031.10	1 858.62	21 794.10	23 723.30
2003	18 941.25	4 062.43	67 821.56	272.59	7 307.69	1 654.01	21 499.41	15 262.10
2002	19 123.68	4 102.36	67 028.75	272.59	7 149.54	2 018.92	21 887.26	18 932.47
2001	19 418.98	4 116.89	66 558.12	272.59	7 047.27	2 353.59	22 445.81	19 069.05
2000	19 469.59	4 123.74	66 566.61	272.59	6 999.79	2 317.27	22 447.65	19 085.34
1999	19 490.76	4 023.65	66 488.03	272.59	6 903.30	2 311.25	22 452.93	19 342.99

由图 4-36 可以直观看出，大理市在 2010 年林地所占土地总面积比例最大，接近 50%，这说明大理市林地的覆盖率很高；其次是未利用地，达到 14.36%，这说明大理市的土地开发潜力较大；水域和耕地分别占 13.3% 和 13%，大理市水资源丰富，除了洱海，还有湖泊、水库等，耕地随着政府出台的政策"退耕还林"，近年来相应减少；城镇村庄及工矿用地、园地和交通用地依次排序下来，所占面积并不大，牧草地近年来一直保持不变，维持在 272.59hm²。

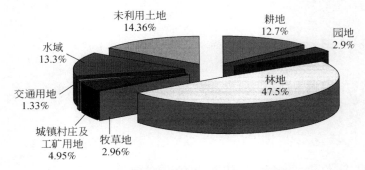

图 4-36   2010 年大理市土地利用结构图

4.5.2.2   洱源县土地利用结构分析

从表 4-24 中可以计算出洱源县 2010 年土地总面积为 263 127.9hm²，其中耕地面积为 18 102.00hm²，占土地总面积的 6.88%；园地面积为 7 400.91hm²，占土地总面积的 2.81%；林地面积 146 393.30hm²，占土地总面积的 55.64%；牧草地面积 20.20hm²，占

表 4-24   1999～2010 年洱源县土地利用面积结构表　　　　（单位：hm²）

年份	耕地	园地	林地	牧草地	城镇村庄及工矿用地	交通用地	水域	未利用土地
2010	18 102.00	7 400.91	146 393.30	20.20	5 677.03	1 973.56	9 755.89	65 201.87
2009	18 234.13	7 401.54	141 478.50	20.20	5 676.55	1 972.83	9 726.62	65 231.35
2008	29 115.49	7 400.98	137 948.20	20.20	5 677.09	1 970.57	9 722.98	65 234.51
2007	29 103.96	7 403.93	137 948.80	20.20	5 671.53	1967.93	9 672.24	65 305.63
2006	29 104.69	7 403.93	137 948.80	20.20	5 670.81	1 967.93	9 672.24	65 305.63
2005	29 128.70	7 403.93	137 948.80	20.20	5 647.79	1 965.56	9 672.24	65 305.63
2004	29 102.83	7 419.30	137 942.80	20.20	5 643.53	1 953.65	9 672.09	65 344.31
2003	32 289.51	8 162.32	146 581.00	20.20	6 232.35	2 152.49	9 970.12	74 735.23
2002	33 209.11	7 839.93	144 931.30	20.20	5 832.34	2 933.44	31 921.90	82 932.76
2001	33 129.24	7 404.45	144 261.40	20.20	5 552.49	3 781.62	11 382.12	83 557.27
2000	33 147.44	7 405.71	144 261.40	20.20	5 532.29	3 781.62	11 382.12	83 558.00
1999	33 037.49	7 386.9	144 261.50	20.20	5 502.84	3 781.62	11 443.73	83 685.33

土地总面积的0.01%；城镇村庄及工矿用地面积5677.03hm²，占土地总面积的2.16%；交通用地面积为1973.56hm²，占土地总面积的0.75%；水域面积为9 755.89hm²，占土地总面积的3.71%；未利用土地面积为65 201.87hm²，占土地总面积的24.78%。

由图4-37可直观分析到，洱源县在2010年里林地和未利用地所占比例分别排在前两位，其中林地所占比例超过一半，达到55.64%，说明洱源县过半的土地是林地覆盖，未利用地占24.78%的比例，说明当地具有一定的土地开发潜力；接下来是耕地、水域及园地，分别占6.88%、3.71%和2.81%，同大理市一样，洱源县的水资源丰富，河流、湖泊和水库等资源较多；居民点及工矿用地、交通用地所占比例较小，只有2.16%和0.75%；牧草地一直保持在20.20hm²。

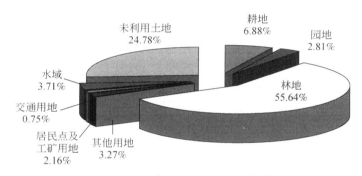

图4-37　2010年洱源县土地利用结构图

洱海流域主要经过大理市和洱源县。研究的土地面积只需要大理市和洱源县的数据，且数据分析主要以这两个地区为主。综合大理市和洱源县的土地利用数据，可以得出表4-25。

表4-25　2010年洱海流域土地利用结构现状表

用地	耕地	园地	林地	牧草地	城镇村庄及工矿用地	交通用地	水域	未利用土地	全流域土地总面积
面积（hm²）	38 903	12 157	224 183	293	13 790	4 154	31 526	88 710	426 886
占全流域比例（%）	9.11	3.85	52.54	0.07	3.23	0.97	7.39	30.78	100

由数据统计可以得出，在洱海流域内，林地和未利用地占土地总面积的比重较大，分别是52.54%和30.78%，耕地面积较小，所占比例不大，只有9.11%。由于未利用地比重较大，有待开垦开发的土地较多，所以目前看来整体土地利用率并不高。其中农用地内部结构和建设用地内部结构如下。

农用地内部结构。农用地内部包括耕地、园地、林地、牧草地。2010年全流域农用地面积为275 535.49hm²，占土地总面积的64.55%。其中耕地占总农用地面积的14.12%，园地占农用地总面积的4.41%，相应地，林地占农用地总面积的比例最大，达到

81.36%，最后牧草地占 0.11%。农用地结构饼状图如图 4-38 所示。由此看来，农用地占土地总面积的比例较大。其中，洱海流域中，林地占农用地的绝大部分面积，耕地次之，牧草地和园地占小部分比例。

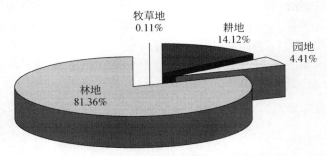

图 4-38 2010 年洱海流域农用地结构图

建设用地内部结构（图 4-39）。建设用地包括居民点及工矿用地和交通用地。2010 年全流域建设用地面积为 17 944.22hm²，占总土地面积的 4.20%。其中居民点及工矿用地占 76.85%，占建设用地的大部分比例，而交通用地占建设用地总面积的 23.15%。建设用地结构饼状图如图 4-39 所示。

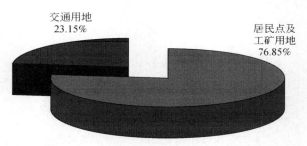

图 4-39 2010 年洱海流域建设用地结构图

未利用地内部结构。洱海流域未利用地 2010 年总面积为 88 710.49hm²，占土地总面积的 30.78%，比例较高。未利用地包括荒草地、盐碱地、沼泽、沙地、裸土地、裸石砾岩地和田坎。

从上分析可直观看出，三大地类的土地占地面积情况，农用地与建设用地的面积总和占总体面积的大部分，未利用地总面积比建设用地面积多，相对比较起来，未利用地所占土地总面积的比例比农用地所占的比例小，但比建设用地所占土地总面积的比例大。洱海流域在保护现有土地资源的同时，还需集约利用，高效利用各类土地，并对具有开发潜力的未利用土地进行科学开垦开发。

4.5.3 土地利用数量变化分析

图 4-40 反映的是 1999～2010 年洱海流域各地类的利用情况，在这个连续的时间段里，

各地类土地利用情况波动并不大，整体比较平稳。其中由于"退耕还林"政策的实施，林地面积总体表现为增长趋势，而耕地面积一直比较平稳但在 2008 年起开始减少。2002 年到 2003 年有比较明显的减小波动。

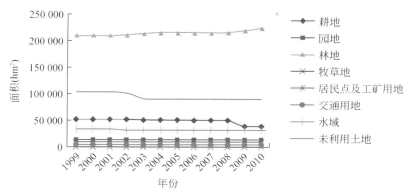

图 4-40　1990~2010 年洱海流域各类型土地利用变化图

4.5.3.1　三大地类用地变化

从图 4-41 可直接看出，1999~2010 年三大地类用地数量变化起伏波动不大，上下波动小，趋于平缓。但从近几年来看，未利用地的面积在减少，而建设用地的面积在缓慢增加。

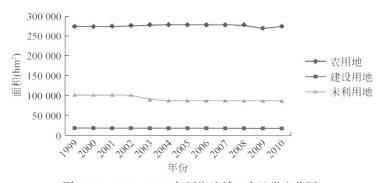

图 4-41　1999~2010 年洱海流域三大地类变化图

4.5.3.2　农用地变化情况

（1）农用地类别变化分析

从图 4-42 和图 4-43 中可从不同的角度直观看出农用地各地类变化关系。林地占地面积最大，各年面积均超过 200 000hm²，耕地面积次之，有缓慢减少趋势。接下来就是园地面积，平均在 50 000hm² 以下，其变化量曲线趋近一条平稳直线。占地面积最少的是牧草地。四种地类的变化都不大，1999~2010 年的数据显示，四类地类的变化趋于平缓，上下波动很小，稳中有升有降，用地类型基本稳定。

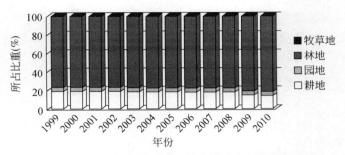

图 4-42 1999~2010 年洱海流域农用地结构图

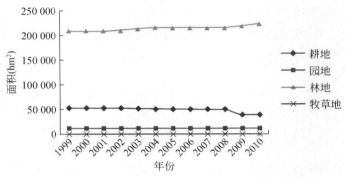

图 4-43 1999~2010 年洱海流域农用地结构变化图

由于农用地中，耕地和林地的面积占总农用地面积的比例较大，故将耕地与林地单独列出来再详细分析。

(2) 农用地耕地变化分析

由大理州提供的土地利用年鉴所提供的数据整理得出，洱海流域耕地的各地类土地利用变化如图 4-44 所示。

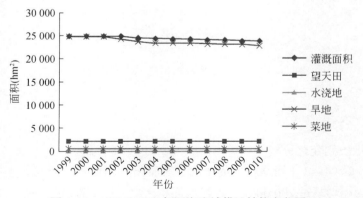

图 4-44 1999~2010 年洱海流域耕地结构变化图

由图 4-44 可直观看出，从 1999 年到 2010 年，各地类总体保持稳定。灌溉面积和旱地面积位居前列，两者占耕地的主要面积，而望天田、水浇地和菜地均在 5000hm² 以下波动。总体说来，洱海流域耕地面积中，占比例最大的属于灌溉面积，其次是旱地，望天田所占比例排第三，接着是菜地，占地最小的是水浇田。由图 4-44 可看出，洱海流域的旱地占地面积很大，仅次于灌溉面积，并且旱地的总面积比在耕地面积比例中排第三的望天田多 10 倍多。

将四类土地的年变化量图单独分析，如下所述。

a. 灌溉面积

由图 4-45 可看出，12 年间，洱海流域的灌溉面积呈减少趋势，1999 ~ 2010 年，减少幅度接近 1000hm²。

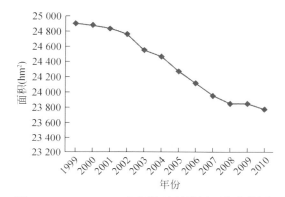

图 4-45 1999 ~ 2010 年洱海流域灌溉面积变化图

b. 望天田

由图 4-46 可直观看出，望天田面积变化在 1999 ~ 2010 年呈不规则 "Z" 字形，2001 ~ 2003 年面积减小的幅度显而易见，而在 2003 年后土地面积趋于平稳不变。

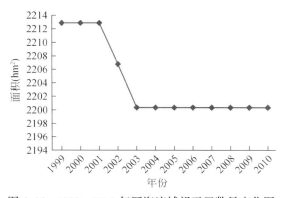

图 4-46 1999 ~ 2010 年洱海流域望天田数量变化图

c. 水浇地

由图 4-47 可分析出，水浇地在 12 年间的变化量图也呈现类似 "Z" 字形，变化表现为 2002 ~ 2003 年，2003 年趋近一条平稳的直线，维持 153 ~ 154hm²。

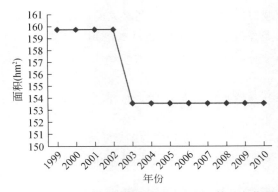

图 4-47　1999～2010 年洱海流域水浇地数量变化图

d. 旱地

由图 4-48 可以看出，1999～2010 年这一连续的时间段内，旱地的面积在 1999～2001 年还缓步增加，但在 2001～2010 年却持续在减少。

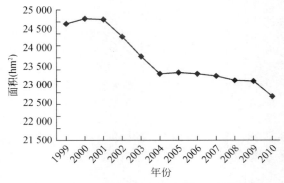

图 4-48　1999～2010 年洱海流域旱地数量变化图

e. 菜地

菜地从 1999 年开始到 2003 年，一直处于面积减少的状态，且减少的幅度较大，但在 2003～2004 年，却出现较小幅度的增加，此后又出现面积减少的趋势，但比 1999～2003 年的幅度小，减少幅度不大（图 4-49）。

（3）农用地林地变化

洱海流域农用地中，林地所占的面积大，甚至林地在总土地面积中所占的比例也较大。根据数据可得出林地各地类年间变化量的对比图（图 4-50）。

综合图 4-50 和图 4-51 可看出，洱海流域的林地中，有林地所占面积最大，一直高于 10 万 hm² 以上，11 年来从未低于这个值，排在第二的是灌木林，其一直保持在 6 万 hm² 以上。接下来依次是未成林造林地、疏林地、迹地和苗圃，所占比例额依次减小。

a. 有林地和灌木林

有林地的变化量图（图 4-52）类似于反过来的 "Z" 字形，2003～2004 年，有林地的

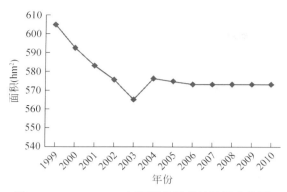

图 4-49　1999～2010 年洱海流域菜地数量变化图

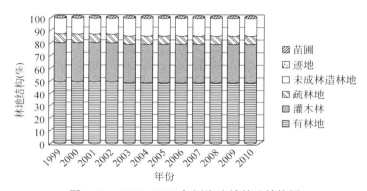

图 4-50　1999～2010 年洱海流域林地结构图

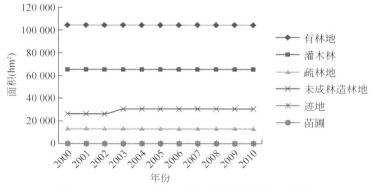

图 4-51　2000～2010 年洱海流域林地结构变化图

面积增长幅度较大，显而易见，2004 年后又有较缓慢的减少趋势。

由图 4-53 可以看出，洱海流域的灌木林 1999～2001 年基本保持不变，2001～2004 年有一个较大幅度的减少，减少速度也较快，但在 2004～2010 年却保持平稳。

b. 未成林造林地和疏林地

由图 4-54 可以看出，1999～2010 年，未成林造林地表现为 2002 年前缓慢增长，2002～

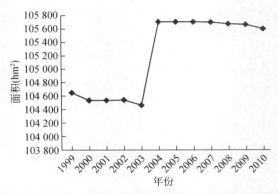

图 4-52　1999~2010 年洱海流域有林地数量变化图

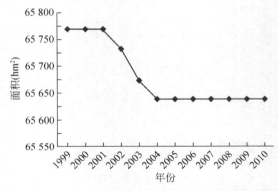

图 4-53　1999~2010 年洱海流域灌木林数量变化图

2003 年，面积突增到 3 万 hm² 以上，而后直到 2010 年，未成林造林地的面积稳中有减少的趋势。

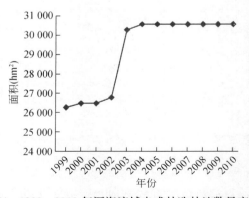

图 4-54　1999~2010 年洱海流域未成林造林地数量变化图

由图 4-55 可直观看出，疏林地从 1999 年的 13 820.55hm² 以上减少到 2005 年的 13 680.57hm² 后，就一直趋近这个值，平稳如一条直线。2003~2005 年，减少幅度将近 200hm^2。

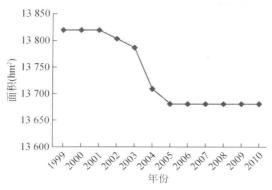

图 4-55 1999~2010 年洱海流域疏林地数量变化图

据有关资料显示，流域内虽然林地占土地总面积比例较大，但林地结构不合理，原有森林大部分成为灌丛，涵养水源的功能大大减弱，流域内森林植被的特点是：针叶林多、阔叶林少、中幼林多、成熟林少、且分布不均。由于森林的林龄、林种、林相单一，林分结构简单，呈现森林生态系统的数量型增长与质量型下降并存的局面，故而蓄水保土性能差，生态效益低下，亟待治理。

c. 迹地和苗圃

迹地从 1999 年来，直到 2010 年，面积一直保持在 171.66hm^2，从未增加或者减少，故年间变化量表现为一条直线（此处不再用图单独表示）。

洱海流域的苗圃的年间变化量图（图 4-56）也可以直观反映出 12 年间，苗圃在前 4 年维持在一个面积水平，接近 20hm^2，2002~2003 年，从 20hm^2 直接降到 4.22hm^2，此后一直维持在 4.22hm^2。

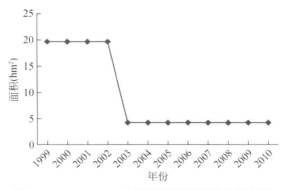

图 4-56 1999~2010 年洱海流域苗圃数量变化图

4.5.3.3 建设用地各地类变化分析

从图 4-57 和图 4-58 中可以分析出，居民点及工矿用地占建设用地的绝大比例，交通用地所占比例相对小。居民点及工矿用地在 12 年的时间段内，逐步增加其面积，2008 ~ 2010 年有所减少。交通用地则表现为 2001 ~ 2003 年减小的幅度较大，而在 2003 ~ 2010 年基本保持不变，面积维持的较为稳定。

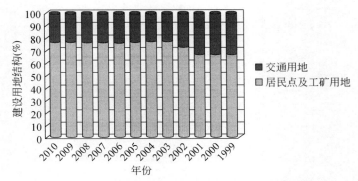

图 4-57　1999 ~ 2010 年洱海流域建设用地结构图

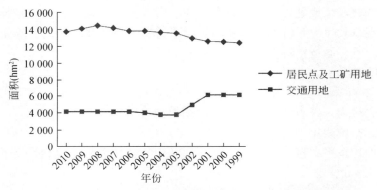

图 4-58　1999 ~ 2010 年洱海流域建设用地数量变化图

（1）居民点及工矿用地各地类年间变化量分析

由图 4-59 可以清楚看到，居民点及工矿用地在 1999 ~ 2010 年这一时间段内各地类的年间变化量的比较图。村庄在 1999 ~ 2001 年内维持在 8000hm² 以上的土地面积，2001 ~ 2002 年陡然下降到 5000hm² 以下，此后变化一直比较平稳，但稳中有降；农村居民点和村庄相反，2002 年前，其一直保持在 5000hm² 以下，但在 2002 ~ 2003 年陡然增加到 8000hm² 以上；城镇、独立工矿和特殊用地在这 12 年间面积大小虽有波动，但增幅或减幅并不大。

（2）交通用地各地类年间变化量对比分析

交通用地各地类中（图 4-60），农村道路所占比例最大，其次是公路，公路和铁路面积分别在 2004 ~ 2005 年和 2005 ~ 2006 年有较小幅度的增加，此后都趋近平稳；农村道路和民用机场在这 12 年间，面积大小一直保持稳定，图 4-60 中可看出起伏波动不大。

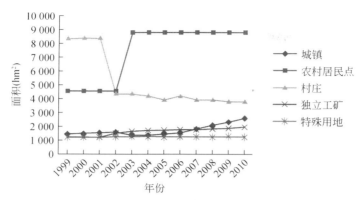

图4-59 1999～2010年洱海流域居民点及工矿用地变化图

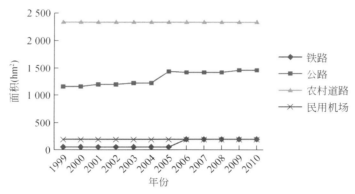

图4-60 1999～2010年洱海流域交通用地结构变化图

4.5.3.4 未利用地各地类变化分析

洱海流域的未利用地包括荒草地、盐碱地、沼泽、沙地、裸土地、裸石砾岩地和田坎。各地类变化量比较如图4-61所示。

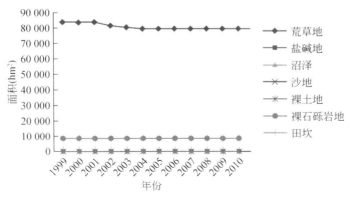

图4-61 1999～2010年洱海流域未利用土地数量变化图

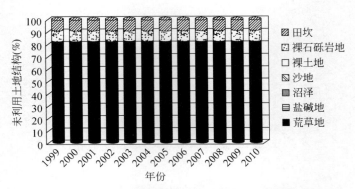

图 4-62　1999～2010 年洱海流域未利用土地结构图

　　图 4-61 和图 4-62 综合反映出在洱海流域内，未利用地中荒草地所占的比例最大，接近 80%，十二年内稳中有减少的趋势；田坎和裸石砾岩地分别排在第二和第三，接下来分别是裸土地、沙地、盐碱地和沼泽，其占未利用地面积比例依次排在第四、第五、第六和第七。除了荒草地在 1999～2010 年有比较明显的变化波动外，田坎、裸石砾岩地、裸土地、沙地、盐碱地和沼泽均无明显的增幅或减幅，变化不大，十二年来趋近为一条较为平稳的直线。

　　洱海流域土地利用结构中，林地面积占土地总面积比例最大，超过 50%，但林地条件远不及以前，各种不合理的土地资源开发频繁，加剧了土地石漠化进程，洱海面山的石漠化地区森林植被已被破坏，虽然采取了封山育林、人工造林等一系列措施，但东部面山仍有大面积的岩石裸露，水土保持和水涵养能力令人担忧；洱海流域中，未利用地所占比例较大，但从上面的分析来看，近年来，未利用地的总面积呈减少趋势，这说明，有关部门在积极开发开垦未利用地，洱海流域的未利用地开发潜力较大，值得深入研究，并有效开发开垦；耕地今年来也呈减小的趋势，但减小的趋势并不陡然，呈缓慢下降的状态，这与当地政府颁布的有关土地政策，如"退耕还林"有关；建设用地近年来有所增加，随着社会发展，旅游用地、住房用地、商业用地有所增加，顺应经济发展，建设用地的规模在渐渐扩大；水域面积十二年来有所减少，但总体保持较为稳定，保护洱海流域水域面积与水质量也是值得思考以及探讨的问题。

5 | 洱海流域调查结果综合分析与预测

5.1 单位产值的排污量核算

5.1.1 农业单位产值的排污量核算

5.1.1.1 种植业单位产值排污量总体核算

根据课题组对洱海流域农田面源污染源调查结果，核算流域内种植业的单位产值的肥料施用量如表5-1所述。

表5-1 主要作物品种单位产值及单位效益的肥料施用量 （单位：kg/万元）

作物种类	单位产值纯氮用量	单位产值纯磷用量	单位效益纯氮用量	单位效益纯磷用量
大蒜	34.80	19.00	54.72	29.69
水稻	150.40	49.51	251.72	80.96
蚕豆	80.43	85.30	116.82	120.61
玉米	209.84	54.17	359.34	87.24
大麦	128.13	59.15	196.93	97.37
小麦	257.76	61.11	431.26	93.57
烤烟	111.38	42.16	156.25	64.09
蔬菜	159.67	72.52	223.99	103.02

由表5-1可见，大蒜的单位产值和单位效益的肥料施用量明显低于其他作物，这是由于大蒜种植的经济效益较高所致（表5-2）。

表5-2 主要作物品种亩均产值及效益 （单位：元）

作物种类	亩均产值	亩均效益
大蒜	9 291	5 992
水稻	1 968	1 275
蚕豆	1 366	877
玉米	1 635	1 108
大麦	1 474	747

作物种类	亩均产值	亩均效益
小麦	1 309	772
烤烟	4 092	2 946
蔬菜	3 096	2 402
平均值	2 691	1 760

进一步核算流域内种植业的单位产值的排污量如表 5-3 所述。

表 5-3　主要作物品种单位产值及单位效益的排污量　（单位：kg/万元）

作物种类	单位产值的总氮流失量	单位产值的总磷流失量	单位效益的总氮流失量	单位效益的总磷流失量
大蒜	1.98	0.17	3.07	0.26
水稻	12.91	1.21	19.93	1.86
蚕豆	12.05	1.11	18.76	1.73
玉米	12.04	0.91	17.75	1.34
大麦	11.55	0.99	22.81	1.95
小麦	13.66	1.10	23.14	1.86
烤烟	5.18	0.40	7.19	0.56
蔬菜	7.24	0.55	9.32	0.71

出于同样的原因，大蒜的单位产值的排污量明显低于其他作物，而水稻、蚕豆、玉米、大麦、小麦等大田作物的单位产值的排污量普遍较高。

5.1.1.2　养殖业单位产值排污量总体核算

根据课题组对洱海流域畜禽养殖污染源调查结果，核算流域内养殖业的单位产值及流域年总产值如表 5-4 所述。

表 5-4　主要养殖品种的单位产值及流域年总产值

养殖品种	养殖数量（头、只）	单位年产值（元/头）	总产值（万元）
奶牛	110 938	6 170.00	68 449
其他大牲畜	41 043	4 590.00	18 839
猪	365 311	1 239.19	45 269
鸡	2 070 906	38.60	7 994

由表 5-4 可见，虽然奶牛的单位产值和总产值均为最高，但其总产值与养猪业的差距并不大，其主要原因是养猪业的生产规模远高于奶牛业（3.29 倍）。

根据表 5-4 及前述洱海流域畜禽养殖污染源调查结果，核算流域内养殖业单位产值所对应的畜禽粪便中污染物含量及排污量（未用作农肥的部分）如表 5-5 和表 5-6 所述。

表5-5　主要养殖品种单位产值所对应的粪便中的污染物量（单位：kg/万元）

养殖品种	COD	TN	TP
奶牛	273.38	63.06	12.74
其他大牲畜	140.67	32.45	6.56
猪	135.06	31.15	6.29
鸡	221.05	50.99	10.30

由表5-5和表5-6可见，单位产值的粪便污染物产量及排污量，均为奶牛最高，养鸡业次之，而养猪业最低。

表5-6　主要养殖品种单位产值的排污量（未用作农肥的部分）

（单位：kg/万元）

养殖品种	COD	TN	TP
奶牛	139.42	32.16	6.50
其他大牲畜	71.74	16.55	3.34
猪	68.88	15.89	3.21
鸡	112.74	26.01	5.25

5.1.2　工业行业单位产值的排污量核算

根据课题组对工业污染源及工业经济调查结果，核算流域内主要工业行业的单位产值及单位利润的排污量如表5-7所述。

表5-7　主要工业行业单位产值及单位效益的COD排放量（单位：kg/万元）

行业	单位产值排污量	单位效益排污量
食品加工与制造（含乳制品加工业）	13.43	248.08
造纸	9.13	112.55
饮料制造	2.32	18.38
医药制造	1.58	6.93
印刷	0.38	1.14
烟草制品	0.05	0.21
非金属矿物	0.01	0.05
交运设备	0.00	0.01
平均值	1.52	8.58

可见，食品加工与制造、造纸行业的单位产值排污量明显高于其他行业。

5.1.3 旅游业单位产值的排污量核算

5.1.3.1 流域旅游业单位产值排污量总体核算

根据课题组对旅游业污染源及旅游业经济调查结果，核算流域内旅游业的单位产值的排污量如表 5-8 所述。

表 5-8 旅游业总体的单位产值的排污量 （单位：kg／万元）

区域	COD	TN	TP
大理市	1.51	0.28	0.02
洱源县	1.67	0.31	0.03
洱海流域	1.53	0.28	0.02

5.1.3.2 流域内分散旅游业单位产值排污量核算

根据课题组对污染源调查报告中的"农村分散旅游污染源调查"，核算了流域内分散农村污染源的单位产值排污量如表 5-9 所述。

表 5-9 农村分散旅游业的单位产值和单位利润的排污量（单位：kg／万元）

旅游行业	单位产值排污量			单位利润排污量		
	COD	TN	TP	COD	TN	TP
餐饮业	54.89	1.91	0.35	112.13	3.91	0.72
住宿业	35.60	1.67	0.23	161.43	7.59	1.07
平均值	45.25	1.84	0.32	119.69	4.47	0.78

由表 5-9 可见，分散餐饮和住宿业的单位产值排污量远高于旅游业总体的单位产值的排污量，其对环境的影响不能忽视。2010 年，流域旅游业的总收入为 556 864 万元，其中农村分散餐饮和住宿业的产值仅为 11 881.9 万元，仅占旅游总收入的 2.1%，但却承担了 13.96% 的旅游业 TN 排放量，29.05% 的旅游业 TP 排放量和 68.98% 的旅游业 COD 排放量，值得引起我们的关注。

此外，由于住宿业的利润率仅为 22%，而餐饮业的利润率高达 49%，因此单位产值的餐饮业的排污量高于住宿业，而单位利润排污量的情况则正好相反。

5.2 洱海流域污染物发生量预测

5.2.1 预测方法

根据流域内社会经济发展总量的变化预测 2015～2030 年流域污染物发生量与入湖量

的变化，期间流域内社会经济发展总量的变化情况如表 5-10 所示。

表 5-10 2015～2030 年流域内主要社会经济发展总量的预期变化情况

指标	现状值		预期值	
	2010 年	2015 年	2020 年	2030 年
耕地面积（亩）	749 876	750 986	751 297	751 561
大牲畜当年存栏头数（头）	151 981	131 981	91 981	41 981
奶牛当年存栏头数（头）	110 938	90 938	60 938	20 938
猪年末存栏头数（头）	365 311	265 311	265 311	265 311
羊年末存栏头数（头）	79 301	69 301	74 301	84 301
城镇人口（万人）	27.68	28.14	28.39	28.75
乡村常住人口（人）	594 192	578 360	581 809	585 789
农村居民全年人均纯收入（元）	3 902	4 117	4 235	4 733
旅游总人数（万人次）	654	859.5	1461.15	3652.88
第二产业生产总值（亿元）	62	140	260	800

注：上述预测数据是根据《云南洱海绿色流域建设与水污染防治规划》测算得到。

5.2.2 2015 年污染物发生量的预测

2015 年污染物发生量的预测情况如表 5-11 所示。

表 5-11 2015 年不同污染源污染物发生量预测表 （单位：t/a）

污染源类型			发生量		
			COD	TN	TP
点源		工业废水	2 810.16	316.13	36.13
		城镇生活污水	6 676.74	1 232.65	102.78
面源	农村面源	农村生活污染源	14 528.50	2 065.92	239.13
		农村畜禽粪便（未用作农肥的部分）	11 685.66	2 695.62	544.65
	农业面源	农田径流污染（含畜禽粪便中用作农肥的部分）	11 123.93	1 357.95	99.41
	旅游面源	旅游污染	1 117.35	206.28	17.19
	大气沉降	大气沉降	—	218.20	17.70
	水土流失	水土流失	—	251.80	29.80
合计			47 942.35	8 344.55	1 086.78

注：污染源预测仅根据社会经济发展总量进行预测，未考虑科技进步及治污工程的影响。

5.2.3 2020 年污染物发生量的预测

2020 年污染物发生量的预测情况如表 5-12 所示。

表 5-12　2020 年不同污染源污染物发生量预测表　　　　（单位：t/a）

污染源类型			发生量		
			COD	TN	TP
点源		工业废水	2 810.16	316.13	36.13
		城镇生活污水	6 676.74	1 232.65	102.78
面源	农村面源	农村生活污染源	14 528.50	2 065.92	239.13
		农村畜禽粪便（未用作农肥的部分）	9 641.61	2 224.10	449.38
	农业面源	农田径流污染（含畜禽粪便中用作农肥的部分）	11 123.93	1 357.95	99.45
	旅游面源	旅游污染	1 117.35	206.28	17.19
	大气沉降	大气沉降	—	218.20	17.70
	水土流失	水土流失	—	251.80	29.80
合计			49 291.12	8 319.54	1 037.74

注：污染源预测仅根据社会经济发展总量进行预测，未考虑科技进步及治污工程的影响。

5.2.4　2030 年污染物发生量的预测

2030 年污染物发生量的预测情况如表 5-13 所示。

表 5-13　2030 年不同污染源污染物发生量预测表　　　　（单位：t/a）

污染源类型			发生量		
			COD	TN	TP
点源		工业废水	2 810.16	316.13	36.13
		城镇生活污水	6 676.74	1 232.65	102.78
面源	农村面源	农村生活污染源	14 528.50	2 065.92	239.13
		农村畜禽粪便（未用作农肥的部分）	6 916.22	1 595.42	322.35
	农业面源	农田径流污染（含畜禽粪便中用作农肥的部分）	11 123.93	1 357.95	99.48
	旅游面源	旅游污染	1 117.35	206.28	17.19
	大气沉降	大气沉降	—	218.20	17.70
	水土流失	水土流失	—	251.80	29.80
合计			60 662.18	9 497.78	1 100.50

注：污染源预测仅根据社会经济发展总量进行预测，未考虑科技进步及治污工程的影响。

研　究　篇

6 | 洱海三十年来水污染治理的回顾与前瞻

洱海是我国重要淡水湖泊、云南省第二大高原湖泊。位于云南省大理白族自治州境内，跨大理市和洱源县，湖泊面积 250km²，流域面积 2565km²，属澜沧江-湄公河水系。洱海集城市生活供水、农业灌溉、发电、水产养殖、航运、旅游和调节气候等多种功能为一体，对大理地区的经济发展起着举足轻重的作用。据资料表明，20 世纪 70 年代以前，洱海水量充沛，水质优良，水生态系统基本上处于良性循环状态[1]。而进入 70 年代以后，特别是近二十多年来，随着流域经济快速发展和人口的急剧增长，人类对其自然资源的开发不断加剧，使洱海生态环境发生了较大的变迁，主要表现是水质逐年变差及富营养化进程加剧、湖泊水位降低、湖滨带生态环境恶化和生物资源过度开发等一系列的生态环境问题[2]（表 6-1，图 6-1）。洱海先后于 1996 年 9 月、2003 年 7 月两次大面积暴发蓝藻，水质急剧恶化。尤其以 2003 年水质恶化严重，全年有 3 个月水质下降到Ⅳ类标准，严重影响流域城乡居民的生产和生活。因此，大理州、市等各级政府采取了一系列政策和措施对洱海水污染进行综合治理。

表 6-1　洱海水质逐年变化（1992～2007 年）

年份	透明度 SD（m）	高锰酸盐 CODMn(mg/L)	总磷 TP（μg/L）	总氮 TN（mg/L）	营养状态指数 TSI
1992	39.7	3.40	0.20	0.014	45
1993	3.36	1.65	0.30	0.017	45
1994	3.36	1.39	0.25	0.016	46
1995	3.00	1.39	0.29	0.015	46
1996	3.45	1.53	0.22	0.020	45
1997	3.22	1.64	0.28	0.020	48
1998	3.59	2.04	0.38	0.020	51
1999	3.34	2.53	0.30	0.030	52
2000	3.10	2.46	0.32	0.027	51
2001	3.63	2.59	0.34	0.025	52
2002	2.39	2.87	0.40	0.030	55
2003	1.53	3.51	0.61	0.034	62.4

---

[1] 杜宝汉. 1994. 洱海生态环境恶化及综合治理对策研究. 海洋与湖沼，3：312-318。

[2] 颜昌宙，金相灿，赵景柱，等. 2005. 云南洱海的生态保护及可持续利用对策. 环境科学，5：38-42.

续表

年份	透明度SD（m）	高锰酸盐 CODMn(mg/L)	总磷TP（μg/L）	总氮TN（mg/L）	营养状态指数TSI
2004	1.77	3.42	0.57	0.031	58
2005	1.87	3.46	0.54	0.026	58.2
2006	1.73	3.10	0.66	0.025	42.5
2007	1.83	2.85	0.54	0.021	41.4

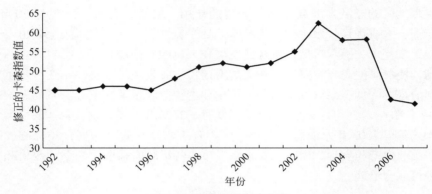

图 6-1　洱海水质卡森指数

资料来源：1992~1996年数据来自颜昌宙，金相灿，赵景柱，等.2005.云南洱海的生态保护及可持续利用对策，环境科学，5：38-42；2004~2007年数据来自柯高峰，丁烈云.2009.洱海流域城乡经济发展与洱海湖泊水环境保护的实证分析.经济地理，9：1546-1551

6.1　洱海流域水污染治理的主要措施

洱海流域水污染治理历程大致可分为三阶段。以2004年洱海流域实施的"六大工程"为标志，2004年以前，为洱海流域水污染防治阶段，即第一阶段；2004年及其后阶段应为洱海流域保护与治理阶段，即第二阶段；以2008年大理州委州政府将洱源县确立为生态文明建设试点县为标志，洱海流域已进入生态文明建设阶段，即第三阶段。

6.1.1　防治阶段

这一阶段的防治举措主要有：

第一，依法治理水污染。1984年2月大理州人民政府制定了《洱海管理暂行规定》，作为行政法规予以公布实施，实行洱海水费征收、入湖捕捞资源增殖费的征收、每年定期封湖禁渔等政策措施。1988年大理州人民代表大会通过了《大理白族自治州洱海管理条例》（以下简称"《洱海管理条例》"），取代《洱海管理暂行规定》，洱海的水环境政策进入了法制化的轨道，条例对水资源的开发和利用、洱海湖滨带的管理、工业和生活污染防治、生态环境保护等方面作了规定。

第二，控制内源污染。由于渔业生产是洱海生物资源开发的主体，一度洱海的机动捕鱼船达数千艘之多，据估算机动船只每年流入洱海的油污总量已达 30 多吨；20 世纪 80 年代后，人们开始在洱海进行网箱养殖，到 90 年代网箱养殖面积约有 10hm²，盲目扩大面积和网箱过于集中，造成水质恶化[①]。为了消除内源污染，大理州各级政府于 1996 年底开始实施"双取消"政策，即取消洱海湖区所有的机动捕鱼船和网箱养鱼，并禁止随意打捞水草。1997 年 11 月实施"禁磷"政策，在洱海汇入区内禁止生产、销售和使用含磷洗涤用品，削减了总磷的流入量。1999 年，大理州各级政府开始实施退耕还林/湖、退塘还湖、退房还湿地的"三退三还"政策。历年来，洱海 1974m 范围内的滩地被侵占面积为 12 334.98 亩，约占滩地总面积 21 000 亩的 58.7%。2001 年大理州政府投资 1300 万元，加大了实施"三退三还"政策的力度。到 2002 年，共实现"退塘还湖"4444.5 亩，"退耕还林"7274.52 亩，"退房还湿地"616.8 亩，还实现植树造林 5000 亩，种植柳树 48 万株。其中退耕还林还扩大到洱海流域，共退耕还林 16.2 万亩。

6.1.2 保护治理阶段

从 2004 年开始，随着对洱海保护治理的认识不断加深，"九五"、"十五"期间，确立起科学的、系统的综合治理思路，即：围绕"一个目标"即实现洱海Ⅱ类水质目标，体现"两个结合"即控源与生态修复相结合，工程措施与管理措施相结合，实现"三个转变"从湖内治理为主向全流域保护治理转变，从专项治理向系统的综合治理转变，以专业部门为主向上下结合、各级各部门密切配合协同治理转变，全面实施洱海保护治理"六大工程"即城镇垃圾收集污水处理系统建设、流域农业农村面源污染治理、流域水土保持、洱海湖滨带生态修复、洱海环境管理工程和主要入湖河道综合整治。

第一，狠抓点源污染。大理州的工业部门主要有建筑、金属、水泥、石灰、造纸、印染、化工、酿酒等，这些多数是高能耗、高污染的企业，特别是一些中小企业，设备简单、工艺落后，每年产生的工业废水多数直接排入了洱海，另外大理市市区和乡镇居民的生活污水的绝大部分也是直接排入洱海，成为洱海主要点源污染。为了控制点源污染，相继建成大理市大渔田污水处理厂、庆中污水处理厂，洱源县城污水处理厂，并建成与污水处理厂相配套截污干渠 18km，雨污分流截污管网超过 250km。由此，大理市重要集镇大理镇、下关镇和凤仪镇的生活污水统一收集到大渔田污水处理厂处理，洱源县县城的生活污水统一收集到洱源县城污水处理厂处理。大理开发区生活污水经登龙河进入到庆中污水处理厂处理后达标排放。与此同时，要求洱海流域工业全面实现污染源达标排放，对一批污染严重、治理无望的企业或关闭，或搬迁。

第二，狠抓面源污染。洱海流域包括大理市和洱源县，流域 2009 年年末总人口约为

① 潘红玺、王云飞、董云生.1999.洱海富营养化影响因素分析.湖泊科学，2：184-188。

91.85 万人，其中农村人口为 66.40 万，约占总人口的 72%[①]。村镇生活污水、农田径流、湖周山地的水土流失、生活垃圾和牲畜粪便是洱海污染的主要来源。为了全面治理面源污染，在大理市、洱源县完成生态家园"三改一池"建设 7984 户，建成单口沼气池 3.6 万户。到 2005 年年底全面取缔流域范围生产、销售和使用含磷洗涤用品。从 2006 年年底开始禁止生产、销售、使用一次性发泡塑料餐具和有毒有害不易降解塑料制品。到 2007 年年底聘请了 400 多名河道、滩地管理员，以及近千名农村垃圾收集员，对流域村庄及河流垃圾进行清理收集，沿湖建成 9 座乡镇垃圾中转站、706 个垃圾收集池和两个垃圾处理场，完成农村卫生、生态公厕试点示范项目，并建成农村旱厕 500 座。在洱海流域全面推广控氮、减磷、增施有机肥的科学施肥方式，5 年推广土壤磷活化剂 30.6 万亩。在蔬菜生产重点乡镇每年推广施用生石灰调酸改良土壤示范 5.2 万亩，举办中心示范样板 36 万亩。

第三，狠抓流域污染。据资料记载，新中国成立初期，洱海流域森林植被较好，覆盖率 50% 以上，入湖河溪清水长流，水源丰沛。经过 1958～1976 年的大砍伐，流域植被破坏相当严重，覆盖率下降到 10.8%，而且成林少，灌木幼林、疏林多；常绿阔叶林少，针叶林多，水土保持作用较差。入湖河流枯季断流，雨季洪水暴涨，水土流失严重。为了增加森林蓄水和防止水土流失，大理州按"生态优先、重点突出、集中治理"的要求，集中实施了退耕还林 16.2 万亩，封山育林 8.46 万亩，人工造林 1.8 万亩，飞播造林 3.84 万亩，森林管护 328.4 万亩，使洱海周边的森林覆盖率大大提高。

第四，狠抓洱海湖滨带生态恢复建设。大理州在实施了洱海"三退三还"、小关邑和洱海西区 10km 湖滨带生态恢复工程、洱海西区 48km、东区机场路 10km 的湖滨带生态建设工程等一系列重大措施的基础上，从 2004 年开始，先后完成了从大关邑至罗久邑约 10km 生态恢复、从罗久邑至罗时江河口约 38km 湖滨带建设、满江路—机场路 9.7km 湖滨带生态修复等工程。

第五，狠抓洱海流域环境管理。在全面巩固洱海"双取消"的基础上，同时取缔湖内挖沙船 9 艘、机动运输船 126 艘，对 103 艘小旅游船减量重组，保留了 52 艘并按环保要求进行了技术更新改造。从 2004 年开始，对洱海施行全湖半年封湖禁渔，并在环湖建立 10 个渔港，对环湖 4000 多艘渔船进行进港管理。州人民政府还先后完善颁布实施了洱海水污染防治、水政、渔政、航务、流域村镇及入湖河道垃圾污染物处置、滩地管理等实施办法，发布了加强洱海径流区内农药、化肥使用管理的通告等，为依法治海、规范管海提供了强有力的保障。

第六，狠抓入湖河道的综合整治。根据 2004 年洱海环湖河溪水质水量同步监测结果，入湖河流对洱海入湖 TN、TP 的贡献率分别高达 78% 和 87%，其中弥苴河、永安江、罗时江、十八溪和波罗江等主要入湖河流对洱海的入湖总氮贡献率为 63.0%，入湖总磷贡献率为 71%[②]（图 6-2）。

为了从源头扼制洱海入湖污染物，让每年流入洱海的 5.6 亿 m³ 河水保持优良水质，

---

① 大理白族自治州统计局：《大理统计年鉴（2010 年）》，大理地矿绘图印刷有限公司 2010 年印制。

② 大理州环保局 .2008. 像保护眼睛一样保护洱海 . http：//www. ynepb. gov. cn/color/DisplayPages/ContentDisplay_
367. aspx？contentid＝22203［2008-2-21］。

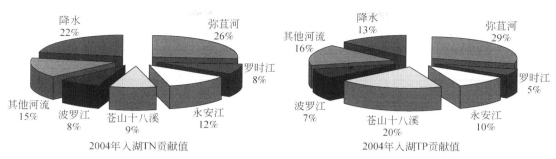

图 6-2　2004 年洱海环湖河溪水质水量同步监测结果

洱源县全面实施了弥苴河、永安江、罗时江等河流水环境综合治理。永安江按照东堤 3m、西堤 7m 建设绿化带，栽插柳树 6200 多株；罗时江按照东西两岸建设各 3m 宽的绿化带，栽插柳树 2200 多株，并对局部河道进行拓宽等①。流域内共计实施标准化小流域治理 15 条，治理水土流失面积 189.8km²，对洱海的保护治理产生了重要作用。

6.2　洱海水污染治理的主要经验

6.2.1　加强法制是保障

从立法入手，注重法律手段，真正依法治污。1988 年大理州人民代表大会通过了《大理白族自治州洱海管理条例》（以下简称"《洱海管理条例》"），取代《洱海管理暂行规定》，并在 1998 年和 2004 年分两次对《洱海管理条例》作了修订，将洱海保护与治理纳入了法制化的轨道。在《洱海管理条例》的指导下，大理州人民政府还先后颁布、实施了洱海水污染防治、水政、渔政、航务、流域村镇及入湖河道垃圾污染物处置、滩地管理等实施办法，为依法治海、管海提供了强有力的保障。

6.2.2　依靠科学是关键

洱海治理从一开始就在科学指导下，统筹规划，有序推进，标本兼治。将洱海治理列入国家水体污染控制与治理科技重大专项中，聘请全国一流湖泊治理专家亲临洱海流域进行科学考察、研究、制定科学的水污染治理方案。制定了《洱海流域水污染综合防治"十一五"规划》、《洱海流域保护治理规划（2003—2020）》等，为洱海的科学防治奠定了基础。为进一步加大洱海科研力度和科学保护治理水平，大理州人民政府还于 2007 年 4 月批准成立了"中国大理洱海湖泊研究中心"，建成了"数字洱海"信息管理系统。加大科

---

① 秦蒙琳 . 2009. 锁住洱海源头污染，洱源生态建设模式成典范 . http：//www. shidi. org/sf_ 9AB4D03A696B4C0DA940A576B266785B_ 151_ cnplph. html［2009-7-19］

技项目的试验、示范、应用。控氮减磷，优化平衡施肥等生态产业技术在洱海流域大面积推广应用，"仁里邑农村生活污水湿地处理技术"和"云南庆中污水处理厂利用硅藻土处理城市污水技术"等减排控污技术获得成功，切实提高保护治理的质量和水平。

6.2.3　行政管理是核心

为了保护洱海，大理州探索出一整套行之有效的管理机制。在行政机构设置上，1950年，设立了洱海分会和洱海派出所。1960年，成立了中国共产党洱海区委员会、洱海区人民政府。1984年成立大理州洱海管理局。2002年，将原为副处级的大理州洱海管理局升为正处级，使洱海管理机构不断得以完善和加强。2004年，大理州人民政府将洱海管理局整体下划给大理市。针对洱海多年来一直分属大理、洱源两市县，所带来的体制不顺、管理协调任务重的实际，将原来隶属洱源县的江尾、双廊两个乡镇划归大理市，整个洱海由大理市统一负责管理，理顺了管理体制。此外，州政府与大理市、洱源县和州级8个有关部门的主要领导签订了洱海保护目标责任书，建立河（段）长负责制管理模式，确保了各项治理任务的领导到位、措施到位、工作到位。

6.2.4　全面控源是重心

我国的一些湖泊污染治理中采取"头痛医头，脚痛治脚"的治理方法，治理效果不明显。而洱海水污染治理采用的是全面系统的治理方案。大理州按照"生态优先、重点突出、集中治理"的要求，通过取消网箱养鱼、机动渔船等措施有效控制了内源污染；通过结构调整和工业园区建设控制工业污染；通过环湖截污和集中处理控制城市生活污染；通过畜禽粪便产沼气控制畜禽养殖污染；通过垃圾集中收贮和污水土地处理等手段控制农村污染；通过湖滨带和湿地恢复建设，减轻面源污染等。坚持内源治理、点源治理和面源治理相结合，污染控源与生态修复相结合，工程措施与管理措施相结合。

6.2.5　全民参与是根本

洱海保护治理是一个区域性、社会化的系统工程，既需要政府部门的主导组织，更需要全社会的共同参与。2004年，大理启用了以洱海保护为重点的中、小学地方环保教材，从娃娃开始狠抓环保教育。同时，充分利用报刊、广播、电视、讲座、墙报、黑板报和宣传橱窗等多种形式和手段，广泛深入地开展环境保护宣传教育活动，不断增强了全州广大干部和各族群众的"洱海清、大理兴"意识，使洱海保护治理有了较广泛的群众基础。

6.3 洱海水污染治理的成效、问题及原因

经过多年艰苦、扎实的努力，洱海水污染的治理与保护取得了阶段性的成效，主要表现在：洱海水质向好的方向发展。从 2004 年至 2009 年，水质连续 6 年总体保持Ⅲ类标准，每年有 3 个月以上水质达到Ⅱ类水质标准，水质基本维持稳定，是目前全国城市近郊保护最好的湖泊之一。但是，洱海保护治理取得成效的同时，还面临许多问题。主要是：①从洱海流域水域系统看，洱海水质总体上离洱海水功能Ⅱ类水质的目标还有一段距离，而且主要入湖河流水质仍然没有得到较大改善。2009 年，弥苴河和罗时江属Ⅳ类水质，永安江、波罗江和万花溪属Ⅴ类水质[①]，给洱海的自净造成了严重负担。②从洱海流域陆域系统看，农业、农村面源污染尚未得到根本解决。如沿湖群众的生活垃圾、污水和人畜粪便等还不同程度地存在着向洱海倾倒和排放的现象；经农业污染由入湖河道汇水进入洱海的总磷和总氮还分别占 60% 和 70% 以上，洱海还面临着中度营养化向富营养化转变的危险。以上问题出现的本质原因有以下几点。

6.3.1 传统的农业生产方式未彻底改变

首先，从种植业看，产业结构单一，布局分散，生产方式不合理。洱海流域农业主要以家庭为单位进行生产，每个家庭生产规模小，存在规模不经济问题。2009 年洱海流域共有农村人口 66.40 万，耕地面积 31 265hm²[②]，人均不足 0.5hm²，人地矛盾十分突出。为了提高经济效益，农民选择大量种植（养殖）经济效益较高的产品，造成产品单一。例如，大蒜和奶牛是当地经济效益较好的产品，洱源县坝区小春作物大蒜种植面积达 50 600 亩，占坝区面积的 90% 以上。虽然当地政府在洱海流域全面推广控氮、减磷、增施有机肥的科学施肥方式，但为了提高大蒜产量，农民仍大量使用化肥，其施肥量相当于其他作物的 8~10 倍。单一的种植结构不仅破坏了农田生物多样性，削弱了农田自身抗御病虫灾害的能力，而且增加了农田氮、磷污染负荷，加剧了环境风险。另外，从养殖业看，2009 年洱海流域奶牛存栏为 102 681 头，比 2004 年增加 31 079 头，奶牛养殖基本以家庭为主。据调查，奶牛单位产值 TN、TP 排放量和 TN、TP 排放总量在洱海流域的养殖业中都是最高的。

6.3.2 传统的生活方式积重难返

环境污染不仅与人类的生产方式相关，也与人类的生活方式息息相关。由于洱海流域地处西南少数民族地区，当地交通不便，经济还比较落后，现代生活对当地的影响较小，

---

① 参见《2009 年大理州环境状况公报》。
② 华中师范大学课题组：《流域产业结构现状调查、问题诊断及结构调整减排方案》建议稿，2010 年 6 月。

居民生活方式多数仍属于传统的方式。

首先，城市化率低，居民区多处于自然状态。洱海流域非农业人口 25.45 万人，约占总人数的 28%，城市化率低。农村居民主要按自然村落分布，或靠山、或临河、或面湖，少则几户，多则几十户分散居住。村庄缺少统一规划，农民按照自己的意愿建房，东西纵横，高低交错。大部分是老房子没有厕所，少量新建的房屋有厕所。近几年虽然政府投资建立了一批公厕，但公厕没有专人专职管理，很长时间才会清理一次，卫生条件恶劣，在雨季的时候存在倒灌入田的现象，部分随农田水流入河中。奶牛养殖户基本为人、牛同院，这不仅影响了农民居住环境，也为奶牛粪尿的处理和利用带来极大障碍。村庄路边随处可见未经任何处理、裸露堆放的奶牛粪便，在雨季很容易随暴雨径流污染洱海。

其次，农村基础设施落后，农民生活习惯不良。近 10 年来，洱海流域农业经济发展速度迅猛，第一产业总产值由 1999 年的 113 734 万元增长到 2009 年的 193 363 万元，年均增长 6.36%。流域农民人均纯收入逐年增长。其中，大理市农民人均纯收入达到 4872 元较 2000 年增加 1662 元，年均增长 218 元；洱源县 2009 年农民人均纯收入为 3093 元较 2000 年增加 1719 元，年均增长 191 元。但同期全国农村家庭人均纯收入为 5153 元，年均增长 283.4 元[1]，相比可知无论是绝对值，还是增长幅度洱海流域都仍偏低。由于经济发展水平不高，农村的基础设施建设落后。从农村地区的用水来看，60% 的乡镇用自来水，而广大的农村村落都没有自来水，他们或用河水、或用湖水、或用井水。从排水来看，洱海流域村镇污水排放方式有两种：直接泼洒和排入沟渠。①直接泼洒。部分村庄中无沟渠或沟渠不完整，村民直接将污水泼洒在地上，污染物依照地势随地表径流进入附近水体。②排入沟渠。部分村镇沟渠较完善，村民生活污水排入沟渠，但沟渠里的水没有集中处理的地方，还是直接排入附近的水体[2]。政府投资在流域内建立了垃圾处理处置系统，对生活垃圾进行处置，生活垃圾带来的污染有所减轻，但部分村民由于长期养成的生活习惯，随地丢弃垃圾的现象还是时有发生。部分公厕实行收费，极少数人为了避免入厕缴费偷偷用桶把粪便倒入水沟中。

6.3.3 居民环保主体意识模糊，参与度不够

为了引导广大群众参与环保，大理州利用报刊、广播、电视、讲座、墙报、黑板报和宣传橱窗等多种形式和手段，广泛开展环境保护宣传教育活动，居民的环保意识增强，但参与环保的主体意识模糊，环保的参与度仍不高。主要表现为：①在对污染者的认识方面。居民都不认为洱海流域环境的恶化与自己的生产生活有关。例如，农村居民多数认为主要是工业产生的污染，而城镇居民多数认为主要是农业造成的污染。②在对环境治理的

---

① 历年《大理州统计年鉴》和《中国统计年鉴》。参见《中国环境报》2010 年 8 月 11 日报道：《生态文明概念和内涵的一些思考》。

② 杨小柳.2008. 参与式流域环境治理——以大理洱海流域为例. 广西民族大学学报（哲学社会科学版），5：64-69。

认识方面。流域内居民们虽然表现出了保护洱海环境的意识，但多数人认为环境治理工作应该主要是政府的工作。政府需要投入大量资金，建设环保设施，命令污染单位停止污染，而自己最多只是环境治理的参与者，要讲卫生，不乱丢垃圾。③在环境治理收费的问题上。环保设施建成后，常常要通过受益居民付费来维持这些设施的日常运作。但洱海流域内的很大一部分居民，尤其农村群众完全没有这种概念，他们提出谁污染谁交钱，自己没有带来什么污染，就可以不用交钱。

综上所述，洱海流域水污染问题正是人类违背自然规律，对自然资源的过度开发与攫取，破坏了人与自然的和谐关系的产物，因此，洱海流域水污染治理的根本出路在于推进流域生态文明建设，促进人与水的和谐。

6.4 洱海流域生态文明建设的思路

以 2008 年大理州委州政府将洱源县确立为生态文明建设试点县为标志，洱海流域进入生态文明建设阶段，即第三阶段。这一阶段，州委、州政府不断加大了洱海保护治理力度。2009 年，大理州启动实施洱海保护治理工程项目达到 36 项，其中，年内完成 17 项，2010 年组织实施 19 项，启动项目总投资达 8.17 亿元，到年底完成投资 3.1 亿元。全州逐步建立起洱海保护治理融资多元化机制，争取到环境保护部和省级相关部门的保护治理资金 9368 万元，州、县、市投入财政资金 3125 万元，政府信用合作贷款 2.3 亿元，同时，洱源县委、洱源县人民政府发布了《洱源县 2009 年生态文明试点县建设实施方案》。2010年制定了《云南大理洱海绿色流域建设与水污染防治规划（2010—2030）》，有关部门和专家一致认为该规划将成为今后 20 年洱海水污染综合防治与绿色流域建设的行动纲领。因此，在新的历史阶段，应根据洱海治理保护的实践经验，针对洱海的营养阶段特征与湖泊流域问题，以"湖泊休养生息"为指导思想，以"湖泊水环境承载力"为科学依据，以国家"水专项"洱海项目的实施为契机，以"保障Ⅱ类水质与健康水生态系统"为最终目标，在巩固、扩大保护与治理成果的基础上，重点做好三大转变：从工程治理为主向生物方法治理为主转变，从内源治理为主向面源治理为主转变，从湖区治理为主向流域治理为主转变，推动洱海水污染综合防治与生态文明流域建设。

6.4.1 建设生态农业，减少农业面源污染

生态农业是运用生态学原理和系统科学方法，把现代科技成果与传统农业精华结合起来而建立的具有高功能、高效益的农业体①。要切实将农业面源污染负荷减少到洱海水环境承受范围之内，必须走生态农业之路，具体地说：一是优化农业产业结构。改变洱海流域农业以种植业和畜牧养殖为主导产业的局面，大力发展林果业，提高林果业在农业中的比重；优化农业种植业和畜牧养殖业的产品结构。对大蒜和奶牛等单位面积（数量）污

---

① 李国莲，齐美富.2003. 我国农业问题与生态农业. 安徽农业科学，3：409-411。

染排放量和污染排放总量较大最大的农业品种进行规模消减、布局调整和种养方式优化，鼓励和引导农户多种植和养殖水稻、大麦、蚕豆、油菜和家禽等单位面积（数量）污染产生量相对较小的农畜产品。二是推广优化平衡施肥技术措施，逐步向测土施肥、因缺补缺的科学配方施肥方向发展。三是要改进农业生产方式。实行规模化经营，大力发展规模化生态型养殖场，大力推进无公害农产品基地建设，开发无公害优质农产品和绿色食品，全面促进农业向高产、优质、高效方向发展。

6.4.2 加快推进城市化，创建生态文明生活

城市化是指社会生产力的变革所引起的人类生产方式、生活方式和居住方式改变的过程①。目前洱海流域约有 72% 的人口是农民，流域城市化水平和全国城市化水平（46.59%）相比还较低②。要加强农民的技能培训，加快城市第二、三产业的发展，促进农村人口向城镇转移，这既可克服农村人口过多，居住分散的弊端，减轻环境压力和环境治理的难度，又可以提高人民的生活质量。另外，要加强农民居住地规划，促进村民相对集中居住，完善农村基础设施建设，特别是要加快村庄和农田的排水管网建设，对居民生活污水和农业生产污水进行处理，减轻农村面源污染。

6.4.3 开展参与式环境治理，培养居民环境主体意识

"参与式发展"是 20 世纪中叶西方国家在研究社区发展时提出来的，参与式发展就是让目标群体全面参与到发展项目和发展活动中的规划、实施、监测和评价的过程，通过让目标群体全程的参与，使目标群体认识到自己是项目的利益相关群体③。其于"参与式发展"的"参与式环境治理"强调居民的广泛参与是环境保护目标实现的有力保障。因此，在洱海水污染治理过程中，要以国家"水专项"洱海项目和其他"洱海保护治理"项目为契机，让流域广大居民参与到治理项目的全过程，通过亲身体验，使居民充分认识到他们既是洱海水污染的直接参与者和直接受害者，更是洱海水污染治理的受益主体，从而增强其环境主体意识，将洱海水污染保护治理工程转化为自觉行为。

---

① 谢文蕙，邓卫. 1996. 城市经济学，北京：清华大学出版社。
② 国家统计局. 2010. 中国统计年鉴。
③ 参阅张晨，李天祥，曹芹. 2010. "参与式发展"研究综述. 农村经济与科技，05：23-25。

7 | 流域当前社会经济发展模式的诊断与评估

首先对洱海流域改革开放以来，尤其是近 10 年来的社会经济结构发展变化状况进行分析，并运用 SWOT 法剖析流域社会经济结构的优势、劣势所在以及面临的机遇和挑战；然后从两个层面对流域当前三大产业中的主要产业进行分析。初级层面是基于流域的区位条件、资源环境本底条件以及社会经济条件，运用偏离–份额分析法定量研究流域在全国和全省范围内较具优势的产业。终极层面是根据初级层面确立的优势产业，明确流域优势产业对洱海水污染的影响程度，筛选基于水环境承载力的流域优势产业。最后对当前的产业规划做出系统、综合诊断，揭示产业规划的合理与不足成分，弄清当前社会经济发展模式突破流域水环境承载力的主要因素，为洱海流域"十二五"社会经济发展战略和发展政策的制定提供参考。

7.1 洱海流域社会经济发展状况

改革开放以来，特别是近 10 年来是洱海流域经济社会发展最迅速的时期，也是经济总量大幅增长，产业结构不断调整并取得显著成效，居民收入和生活质量明显提升的时期。

7.1.1 经济发展迅速，人民生活逐步改善，但总体水平还比较低

洱海流域属澜沧江–湄公河水系，流域面积为 2565 km^2，海拔为 1974m，位于大理白族自治州境内，地跨大理市和洱源县的 17 个乡镇，170 个行政村。其中大理市 11 个乡镇，包括下关镇、上关镇、大理镇、凤仪镇、喜洲镇、海东镇、挖色镇、湾桥镇、银桥镇、双廊镇、旅游度假区和开发区；洱源县辖 6 个乡镇，包括茈碧湖镇、邓川镇、右所镇、三营镇、凤羽镇和牛街镇。流域 2009 年年末总人口约 91.85 万人，其中农村人口 66.40 万，约占总人口的 72%[①]。

2009 年，全流域实现生产总值（GDP）180.97 亿元，经济总量是 1999 年的 2.88 倍。其中，第一产业增加值完成 20.57 亿元，是 1999 年的 1.81 倍；第二产业增加值完成 75.43 亿元，是 1999 年的 2.69 倍；第三产业增加值完成 77.78 亿元，是 1999 年的 3.76 倍（表 7-1 和表 7-2）。

---

① 大理白族自治州统计局：《大理统计年鉴（2010 年）》，大理地矿绘图印刷有限公司 2010 年印制。

表 7-1　洱海流域三次产业发展情况　　　　　　　（单位：万元）

产业	2000 年	2001 年	2002 年	2003 年	2004 年	2005 年	2006 年	2007 年	2008 年	2009 年	2010 年
第一产业	121 086	126 807	132 141	139 076	129 823	146 992	161 030	186 701	193 363	205 731	226 647
第二产业	315 244	332 511	367 792	405 769	375 263	456 317	541 238	647 636	754 256	825 963	968 382
第三产业	241 561	275 160	300 447	328 476	399 325	479 181	546 082	603 917	703 282	777 823	855 862
合计	677 891	734 478	800 380	873 321	904 411	1 234 312	1 248 350	1 438 254	1 650 901	1 809 717	2 050 891

资料来源：历年大理州统计年鉴。

表 7-2　洱海流域人均 GDP 和全国人均 GDP 比较　　　　　（单位：元）

地区	2000 年	2001 年	2002 年	2003 年	2004 年	2005 年	2006 年	2007 年	2008 年	2009 年	2010 年
洱海流域	8 358	8 846	9 412	9 940	10 031	11 971	14 331	16 319	18 507	20 092	22 907
全国	7 858	8 622	9 398	10 542	12 336	14 053	16 165	19 524	22 698	25 575	29 970

资料来源：历年大理州统计年鉴和中国统计年鉴整理而得。

流域农民人均纯收入逐年增长。2010 年全流域农民人均纯收入达 4417 元，较 2000 年增加 2278 元，年均增长 207 元。其中，大理市 2010 年农民人均纯收入达到 5407 元较 2000 年增加 2502 元，年均增长 227 元；洱源县 2010 年农民人均纯收入为 3428 元较 2000 年增加 2054 元，年均增长 186 元（表 7-3）。

表 7-3　洱海流域农民人均纯收入与全国农村居民人均纯收入比较　　（单位：元）

地区	2000 年	2001 年	2002 年	2003 年	2004 年	2005 年	2006 年	2007 年	2008 年	2009 年	2010 年
大理市	2905	3011	3161	3291	3256	3457	3695	4010	4416	4872	5407
洱源县	1374	1459	1488	1590	1698	1896	2130	2394	2684	3039	3428
流域合计	2139	2235	2324	2440	2477	2676	2912	3202	3550	3956	4417
全国	2253	2366	2475	2622	2936	3255	3587	4140	4761	5153	5919

资料来源：历年大理州统计年鉴和中国统计年鉴整理而得。

尽管近 10 年洱海流域经济发展较快，人民生活水平有了一定的提高，但总体经济发展水平不高，与全国平均水平比较还处于比较落后的状况，且城乡收入差距较大（图 7-1）。

7.1.2　产业结构不断调整，但结构性矛盾仍然存在

从三次产业结构看，洱海流域的产业结构层次已越过 I > II > III 和 II > I > III 的低级状态，到 2008 年、2009 年和 2010 年已经形成 II > III > I 的基本格局。根据工业化进程中产业结构演变的一般规律，当第一产业产值比重降低到 20% 以下，同时第二产业产值比重高于第三产业时，工业化进入了中期阶段。[①] 2010 年，洱海流域三次产业结构为 11.1：47.2：

———————————
① 参阅樊长科：《广东工业化的进程、特点与模式》，载张培刚发展经济学研究基金会组编《发展经济学与经济发展》，华中科技大学出版社 2009 年版第 281 页。

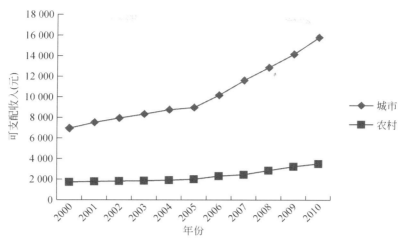

图 7-1　洱海流域城乡居民人均可支配收入比较

41.7，从产业结构看洱海流域的经济发展基本进入工业化中期阶段。

2010 年流域第一、二、三产业的比重分别为 11.1%、47.2%、41.7%，与 2000 年相比第一产业下降 6.8 个百分点，第二产业增加 0.7 个百分点，第三产业增加 6.1 个百分点，产业结构有了明显的改善（表 7-4），但产业结构性矛盾仍存在。

表 7-4　洱海流域三次产业结构变化情况　　　　　　　　　　（单位：%）

产业	2000 年	2001 年	2002 年	2003 年	2004 年	2005 年	2006 年	2007 年	2008 年	2009 年	2010 年
第一产业	17.9	17.3	16.5	15.9	14.4	13.6	12.9	13.0	11.7	11.3	11.1
第二产业	46.5	45.3	46.0	46.5	41.5	37.0	43.4	45.0	45.7	45.7	47.2
第三产业	35.6	37.4	37.5	37.6	44.1	39.4	43.7	42.0	42.6	43.0	41.7

资料来源：历年大理州统计年鉴整理而得。

从产业内部结构来看。第一产业以种植业和畜牧养殖业为主导产业，其产值比重占到了整个农业经济产值的 94%，而林业和渔业产值比重仅占 6%。在种植业方面，流域粮食作物种植规模明显减少，2006 年比 1999 年净减少 13.5 万亩，经济作物中蔬菜种植面积增加最为明显，尤其是早熟大蒜的种植，仅洱源县早熟大蒜的种植面积由 2002 年的 3.5 万亩增加到 2009 年的 7 万多亩，增长速度迅猛。在养殖业方面，规模不断扩大，成为流域农业经济发展最快的产业。流域畜牧养殖业主要包括大牲畜养殖（牛马驴骡）、生猪养殖、羊养殖等，流域畜牧养殖品种中，大牲畜存栏量逐年递增，尤其是奶牛存栏量增幅最为显著，2008 年奶牛存栏量比 2004 年增加 31 079 头，增长 43.4%。

洱海流域第二产业中工业增加值超过了 90%，工业是洱海流域第二产业的主体。洱海流域的主要工业行业有烟草、交运设备、电力生产、非金属矿物（主要是水泥）、饮料制造等，从经营规模来看，烟草行业一枝独秀，其工业增加值在工业总增加值中的占比接近 50%。2008 年各主要行业规模以上企业经营总体情况如表 7-5 所示。

表 7-5　洱海流域工业分行业规模以上企业经营指标统计表

指标	规模以上总计	有色金属矿业	农副食品加工	食品制造	饮料制造	烟草制品	纺织
流域企业数	68	2	5	4	9	3	3
工业增加值合计	525 902	2 989	7 706	14 606	32 720	245 642	4 824
主营业务收入合计	1 016 791	5 652	26 122	35 304	82 728	319 356	16 116
利润总额合计	118 751	910	1 140	2 185	10 456	75 167	611
企业从业人数合计	20 648	256	3 013	1 262	2 198	1 091	2 700

指标	造纸及纸制品	印刷	化学原料	医药制造	塑料制品	非金属矿物	金属制品
流域企业数	5	5	3	4	3	9	1
工业增加值合计	11 835	7 974	1 347	19 833	2 042	45 073	185
主营业务收入合计	16 673	19 153	12 701	32 273	7 491	85 308	936
利润总额合计	1 353	6 307	484	7 335	−2	19 889	70
企业从业人数合计	528	541	117	571	245	2 993	31

指标	通用设备制造	交运（专用）设备	电气机械	仪器仪表	电力热力生产	水生产供应
流域企业数	2	3	2	1	3	1
工业增加值合计	1 264	83 612	489	100	41 110	2 554
主营业务收入合计	4 145	234 775	4 144	1 890	108 231	3 792
利润总额合计	532	23 358	473	44	−30 125	−1 480
企业从业人数合计	703	4 364	157	92	2 081	271

资料来源：根据历年大理州统计年鉴整理而得。

　　流域第三产业以旅游业为主，旅游业收入占第三产业总收入近 59%。近年来，流域旅游业发展迅速，游客的规模不断扩大，旅游业收入增长较快（图 7-2 和图 7-3）。流域游客数量从 1983 年的 1 万人发展到 2009 年的 612 万人，20 多年内增加了 612 倍多，流域旅游年收入从 1983 年的 0.15 亿元增加到 2009 年的 47.38 亿元，20 多年内增加了 315 倍多。

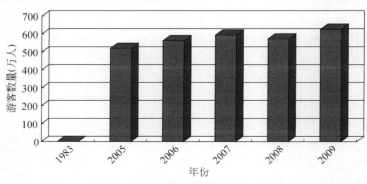

图 7-2　洱海流域游客数量变化
资料来源：历年大理州统计年鉴

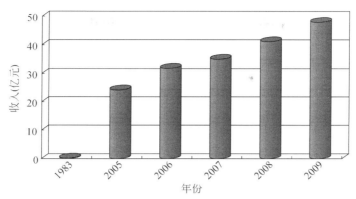

图 7-3　洱海流域旅游收入变化

资料来源：根据历年大理州统计年鉴整理而得

　　总的来看，洱海流域的产业结构已经形成Ⅱ>Ⅲ>Ⅰ的基本格局，扭转了以农业为主体，工业及服务业落后的局面。随着经济的发展，科技的进步，洱海流域的产业结构最终会形成Ⅲ>Ⅱ>Ⅰ更为高级、更加合理的格局。

7.2　洱海流域社会经济发展情况诊断

　　洱海流域经济社会发展取得了显著的成效，既得益于区域本身的自然和人文资源优势，也逐步形成了区域产业优势，同时，也存在着一些问题与劣势；洱海流域经济社会的进一步发展，既有政策、市场方面的机遇，同时，也面临着水环境压力大、市场竞争更加激烈的风险（表 7-6）。

表 7-6　洱海流域社会经济结构 SWOT 矩阵

项目	S	W
	(1) 自然资源丰富 (2) 民族文化资源丰富 (3) 产业优势 (4) 区位及交通优势	(1) 流域社会经济发展水平仍然较低 (2) 产业结构、布局与生产方式不合理
O	SO 战略	WO 战略
(1) 政策环境宽松 (2) 市场体系日趋完善	(1) 利用良好的政策支持以及充裕的自然资源，发展绿色农业、清洁资源型工业及生态旅游业，挖掘产业的最佳效益 (2) 利用良好的市场体系，大力发展外向型经济，以适应广大的市场需求；然后在区位及交通优势创造的巨大市场引导下，实现产品流通	(1) 在保护好环境的基础上，进一步加快经济发展，提高人民的生活水平 (2) 在政府优惠政策的引导下，各个产业实现合理规划，保证适应产业协调发展 (3) 按照洱海自身经济结构现状，大力发展外向型、环境友好型产业，同步实现产业发展与环境保护目标

项目	S	T
T	ST 战略	WT 战略
（1）环境污染严重 （2）产业组织及管理不完善	（1）优化产业空间布局及具体生产方式，淘汰对环境负担重的落后产业，保证自然资源得到优化利用 （2）建立和完善产业管理及信息传播机制，保证最新生产技术的推广及应用。在良好的交通运输条件下，使产业的经济成果快速有序地进入市场领域	（1）规划产业发展方式及目标，创新产业管理方式，保证产业内部结构调整，三大产业相互依赖、相互支持、相互促进 （2）推进农业清洁生产技术，发展生态旅游业并实现工业的清洁化生产，减少对环境的依赖及影响，保证产业经济与生态环境的和谐发展

7.2.1　洱海流域社会经济发展的优势

1）自然资源丰富。一是耕地资源丰富。洱海流域面积 2565 km²，占大理州面积的 8.7%，流域耕地面积 31 265hm²，占大理州耕地面积的 16.7%，土壤肥沃。二是水资源充足。洱海流域集中了全州最大的 4 个淡水湖泊，其中洱海湖面积 251 km²，湖容量 2.74×10⁹m³，南北长 42.5 km，最大水深 21.3 m，平均水深 10.6 m。流域大小河流共 117 条，其中最大的河流弥苴河汇水面积 1389km²，多年平均来水量为 5.1×10⁸m³，占洱海入湖总径流量的 57.1%。三是水生资源品种繁多。流域水生动植物资源丰富，水生植物有 27 科 46 属 64 种，有鱼类 6 科 31 种，洱海特有的大理裂腹鱼（弓鱼）、洱海鲤为国家二级重点保护鱼类，大理鲤、春鲤为云南省二级保护动物。四是矿物资源丰富。洱海流域硅酸盐矿物资源十分丰富，为水泥工业的发展提供了充足的矿物资源；洱海流域的大理石资源丰富、品质优良，闻名海内外。

2）民族文化资源优势。大理是国务院首批命名的历史文化名城，洱海流域是一个多民族聚集区，居住着白、汉、彝、回、纳西等多种少数民族，众多的民族创造了各自优秀的民族文化，各个民族的节日礼仪、民俗风情和歌舞音乐和宗教信仰，成为中外游客进行采风旅游、民俗旅游、人文旅游、宗教旅游等取之不竭的旅游资源。

3）产业优势。农业产业发展具有优势。洱海流域土壤肥沃，气候温和，年平均气温 15.7℃，最高气温为 34℃，最低气温为 -2.3℃，光照充足，流域受东南季风及西南季风影响，雨量充沛，年平均降水量 1000~1200 mm，年日照时数 2250~2480h，太阳总辐射 139.4~149.5kcal/（cm²·a），相对湿度 66%，四季如春，适合农业发展，是大理州重要的农业生产基地。通过前面对洱海流域农业产业结构偏离和竞争力偏离分析可知，洱海流域农业产业中油料、蔬菜、烤烟、生猪、奶牛在全国范围都是有比较优势的产业，稻谷虽然在全国范围比较并非处于优势地位，但在云南省也是具有比较优势的产业。因此，洱海流域是大理州重要的粮食生产基地。粮食播种面积 46 237hm²，占全州的 17.9%，粮食产量 264 919t，占全州的 21.8%，不仅为流域人口提供充足的粮食供给，而且可以为酿酒、饮料加工提供充足的材料。洱海流域也是全州重要的畜牧养殖基地。流域畜牧养殖已经形成了一定规模的奶牛养殖、肉牛养殖、生猪养殖和家禽养殖四大养殖产业，畜牧养殖产值占到全州的28.5%。其中，奶类产量占全州的80%，肉猪出栏量和存栏量分别占全州的25.5%和20.8%。此外，工业产业优势也比较明显。由于自然资源优势及农业发展给工业提供的大量原材料，洱海流域工业产业在全省乃至全国都有相当的优势，如前面分析得到的乳制品、饮料酒、啤酒、大理石板材、机制纸、水泥等产业都是洱海流域具有比较优势的产业。由于洱海流域独特的自然景观和人文景观条件，为洱海流域的旅游产业的发展提供了良好的基础，近年来，流域旅游业发展迅速，其发展速度和竞争力优势都超过云南省，甚至超过全国的平均水平。

4）区位、交通优势。洱海流域地处滇西中心位置，是大理经济带、怒江兰坪有色金属带和大香格里拉旅游经济圈的重要交通枢纽。流域公路、铁路等交通系统建设完善。公路系统有214国道、大丽公路、平甸公路穿境而过；铁路系统中大丽—昆明铁路运输，2006年实现货物发送3.8万t，货物到达28.9万t，旅客发送137.3万人，旅客到达141.7万人，另外，正在建设中的大丽线，估计2010年年底通车，届时流域的铁路运输系统将更加完善。便利的交通拉近了流域与周边省市的距离，为工农产品流通和旅游业的发展创造了有利条件。

7.2.2 洱海流域社会经济发展的劣势

洱海流域社会经济发展有自己的优势，但存在的劣势也十分明显。

1）流域社会经济发展水平仍然较低。首先，城市化程度不高。洱海流域非农业人口22.56万人，占总人数的26.4%，城市化程度低。其次，人民的生活水平较低。2009年全流域农民人均纯收入达3956元，较2000年增加181.7元，年均增长209元。但同期全国农村家庭人均纯收入为5153元，年均增长290元，相比可知无论是绝对值，还是增长幅度洱海流域都偏低。

2）产业结构和空间布局不尽合理。目前Ⅱ>Ⅲ>Ⅰ的产业结构仍不尽合理，一产大而不强，二产比重偏低，三产大而不优。农业结构中，种植业和养殖业比重偏高，而林业和渔业产值比重偏低。而种植业中又以蔬菜种植面积增加最为明显，尤其是早熟大蒜的种植，而蔬菜和大蒜的单位面积TN、TP排放量最高。养殖业中又以奶牛数量最多、增加最快，而奶牛单位数量TN、TP排放量最高的；工业结构中，轻重工业比例仍需进一步调整和优化，直接利用农业原料进行低加工、粗加工的轻工业又在轻工业中占有重要地位，整个工业基础比较薄弱，工业附加值和利润水平比较低，支柱产业单一，产业间关联度低；工业企业规模普遍较小，龙头企业少，传统企业占的比重大，工业企业主要有烟草、交运设备、电力生产、非金属矿物（主要是水泥）、饮料制造等，都是一些传统的劳动密集型企业，企业的技术含量不高，且污染较大，高新技术企业少，产业链较短。第三产业中的核心产业——旅游业目前实力不强，活力不够，就旅游业本身的发展而言，目前流域旅游业的发展仍然是在低端徘徊，效益不高，没有充分发掘其丰富旅游文化资源，没有明确大生态旅游的概念，丰富的旅游资源尚未得到充分整合和利用。同时由于现代服务业发展缓慢，城乡基础设施和公共服务不能适应居民消费升级的需要，使以旅游业为龙头的第三产业发展受到制约。

从产业空间布局看，农业生产主要集中在洱源县，经营方式以家庭为生产单位，经营分散，规模效益难以体现，导致粗放的土地利用方式和低下的生产经营方式，土地收益较低。而这对主要依托坝区发展、土地资源有限的洱海流域来说，无疑加剧了人地矛盾。洱海流域现有农村人口约 66.40 万人，耕地面积 31 265hm²，人均不足 0.05hm²[①]；奶牛养殖基本为家庭养殖，50 头以上的规模化奶牛养殖场仅有 16 个，奶牛饲养量仅 1431 头，仅占流域总量的 2.6%。工业和旅游业主要分布在大理市。洱海流域内共有工业企业 606 家，位于洱源县境内的工业企业 95 家，大理市境内工业企业 511 家。集中度高有利于做大做强大理市，提升大理的集聚程度和发展能级。但大理市的工业和旅游业的发展存在内在矛盾，大力发展工业特别是污染较大的工业势必破坏生态环境，制约旅游业的发展，而大力发展旅游业又势必要对工业发展设置各种约束和限制条件，二者的博弈关系需要审慎对待。

7.2.3 洱海流域社会经济发展的机遇

1）政策环境宽松。党的十五届五中全会提出西部大开发战略，国家加大对西部地区的政策倾斜、资金支持和技术转移，为洱海流域的经济社会发展提供了良好的机遇；党的十七大以来，国务院提出把解决好"三农"问题作为全党的工作重中之重，制订了工业反哺农业、城市支持农村和多予少取放活的基本方针，并采取了一系列，诸如取消农业税、粮食补贴、农机具补贴、良种补贴等支农惠农的政策。云南省政府也十分重视农业工作，尤其是农业循环经济的发展工作，发布了《云南省人民政府关于大力推进我省循环经济工作的通知》（云政发〔2005〕63 号），将流域洱源县农业作为全省循环经济示范点。流域市县政府近年来制定了生态农业发展政策，大力推进无公害蔬菜种植基地建设、无公害畜禽养殖基地建设、生态农业示范区建设。中央及地方创造的良好政策环境，为流域农业经济的发展提供了有力的政策支持，也为流域的农业发展迎来了十分宝贵的机遇。

2）市场体系日趋完善。流域是滇西交通枢纽，也是滇西物质集散中心。流域农产品市场建设推进速度相当快，目前大理市拥有农副产品市场 38 个（小型农副产品综合市场 9 个，专业批发市场 29 个），乡村季节性农产品收购市场 40 个，形成了以城市为中心，集镇为纽带，乡村为依托，大中小结合，城乡协调发展的农产品市场网络体系。此外，经过流域农业相关部门的培训，能够掌握农产品市场信息、促进农产品交易顺畅进行的"农民经纪人"队伍也迅速壮大起来，为流域农产品市场交易提供了良好的人力基础。随着建设"1+6"滇西城市圈规划的提出，流域农产品流通将面临更大、更好的市场拓展机遇。特

---

① 中国农业最突出的矛盾就是人多土少，人地关系高度紧张。中国人均耕地大约只有 0.1hm²，仅相当于世界平均水平的 40%。参阅林毅夫的《再论制度、技术与中国农业发展》，第 232 页。

别是 2010 年 1 月 1 日中国-东盟自由贸易区正式建成，将进一步降低关税，消除贸易壁垒，有利于洱海流域对外贸易的进一步发展。

7.2.4 洱海流域社会经济发展的风险

1）生产规模扩大带来水环境污染加重。洱海流域水体作为生产、生活污染的受纳水体，面临水质退化、富营养化程度加剧、生物多样性和生态功能下降70%以上，氮磷是洱海最主要的污染源。进入洱海的面源污染主要来自生活垃圾、畜禽粪便和化肥的流失：洱海流域村镇每年大约产生垃圾 15 万 t，污水 1036 万 t，粪便 291 万 t，其中由村落污染、牲畜粪便产生的污染负荷为 COD 33 889.4t/年，TN 为 7566.1t/年，TP 为 1552t/年。

2）生产企业组织化程度低带来的市场风险。目前流域农民组织化程度很低，基层农业技术服务机构很难将先进的农业技术和有效的农业信息传达到农户，一些先进实用的农业技术得不到及时推广，农户也难以及时掌握最新的农业市场信息，导致农民在农业品种的选择上存在很大的盲目性，农业发展仍存在很大的市场风险。工业企业规模小，龙头企业少，对洱海流域整体拉动力不强；产业链短，多为原材料的初级加工产品；产品的技术含量低，知名品牌不多，整体缺乏市场竞争力。

3）管理制度和体制的约束风险。目前，流域农村、农业管理制度和体制改革滞后，特别是集体土地流转制度、农村社会保障制度、城乡户籍制度、农业金融信贷政策、农产品流通体制、农村综合减灾体系和城乡协调发展等制度尚未完全建立，还不能完全适应农业经济发展的要求。

7.3 流域产业结构状况的偏离-份额分析法分析

偏离-份额分析法是美国经济学家丹尼尔·克雷默于 1942 年提出，此后，E. S. 邓恩和埃德加·胡佛在应用中对这种方法作了进一步的发展。

其基本思路是：将被研究区域的增长与标准区域的增长的差分解为两个变量：一个是产业结构分量，反映区域增长与标准区域的增长是因结构差异所造成的影响；另一个是竞争分量，它关注区域内各部门的增长是因不同于标准区域相应各部门的增长而引起的那部分增长分量，它反映了一个地区的区位优势与劣势、区域的相对竞争力。偏离-份额分析法不仅能够说明地区经济增长的决定因素，即结构因素与竞争力因素所起的作用程度，还可以进行地区间经济增长的结构决定因素差异的比较。

偏离-份额分析法认为区域经济增长与三个因素有关：份额分量、产业结构偏离分量、竞争力偏离分量，即区域经济增长＝份额分量＋产业结构偏离分量＋竞争力偏离分量。偏离-份额分析模型如下：

$$F_i(T) = \sum_{j=1}^{n} F_{ij}(T) \tag{7-1}$$

$$F(T) = \sum_{i=1}^{m} F_i(T) \tag{7-2}$$

式中，$F_i(T)$ 为标准区域 i 产业的经济活动水平；$F_{ij}(T)$ 为 T 时期 j 地区 i 产业经济活动水平（$j=1, 2, 3\cdots, n$；$i=1, 2, 3\cdots, m$）；$F(T)$ 为 T 时期标准区域所有产业经济活动水平之和，$T=t_0$ 为基期，$T=t$ 为研究期，将式 7-1 的定义分离出产业结构偏离分量和竞争力偏离分量。

$$\Delta F_{ij} = F_{ij}(t) - F_{ij}(t_0)$$

$$= F_{ij}(t_0)\left[\frac{F(t)}{F(t_0)} - 1\right] + F_{ij}(t_0)\left[\frac{F_i(t)}{F_i(t_0)} - \frac{F(t)}{F(t_0)}\right] + F_{ij}(t_0)\left[\frac{F_{ij}(t)}{F_{ij}(t_0)} - \frac{F_i(t)}{F_i(t_0)}\right] \qquad (7\text{-}3)$$

式中，$F_{ij}(t_0)\left[\dfrac{F(t)}{F(t_0)} - 1\right]$ 为 j 地区 i 产业的份额分量，即假定 j 地区 i 产业从 t_0 到 t 时期以标准区域总增长率增长而得到的增长量；$F_{ij}(t_0)\left[\dfrac{F_i(t)}{F_i(t_0)} - \dfrac{F(t)}{F(t_0)}\right]$ 为产业结构偏离分量，即假定 j 地区 i 产业以标准区 i 产业相同的速度增长与标准区域所有产业增长的差异，它反映了 j 地区以标准区域为标准产业结构的优劣程度；$F_{ij}(t_0)\left[\dfrac{F_{ij}(t)}{F_{ij}(t_0)} - \dfrac{F_i(t)}{F_i(t_0)}\right]$ 为竞争偏离分量，表示 j 地区 i 产业按标准区相同产业的比例发展，到期末应该达到的增长量与实际达到的增长量之差，该分量反映了 j 地区与标准区域相比，在发展 i 产业方面所具有的竞争优势或劣势，是偏离份额分析法的一个重要分量，可作为研究区域产业的优劣势提供数量依据。

对（7-3）式 j 地区所有产业求和，得到 j 地区的偏离份额增长量

$$\Delta F_j = \sum_{i=1}^{n} \Delta F_{ij}$$

$$= \sum_{i=1}^{n} F_{ij}(t_0)\left[\frac{F(t)}{F(t_0)} - 1\right] + \sum_{i=1}^{n} F_{ij}(t_0)\left[\frac{F_i(t)}{F_i(t_0)} - \frac{F(t)}{F(t_0)}\right] + \sum_{i=1}^{n} F_{ij}(t_0)\left[\frac{F_{ij}(t)}{F_{ij}(t_0)} - \frac{F_i(t)}{F_i(t_0)}\right]$$

$$(7\text{-}4)$$

式中，$\sum\limits_{i=1}^{n} F_{ij}(t_0)\left[\dfrac{F_i(t)}{F_i(t_0)} - \dfrac{F(t)}{F(t_0)}\right]$ 为 j 区域产业结构偏离分量，$\left[\dfrac{F_i(t)}{F_i(t_0)} - \dfrac{F(t)}{F(t_0)}\right]$ 为 i 产业偏离，即标准区域 i 产业增长率与标准区域所有产业总增长率之差，其值可能为正，也可能为负。若区域产业结构中主导产业为正结构偏离分量，而负结构偏离分量在区域经济结构中所占比重小，说明该区域产业结构较优。反之，主导产业为负结构偏离分量，而正结构偏离分量所占比重小，则说明该区域产业结构较差。可见，以标准区域经济为标准，$\sum\limits_{i=1}^{n} F_{ij}(t_0)\left[\dfrac{F_i(t)}{F_i(t_0)} - \dfrac{F(t)}{F(t_0)}\right]$ 反映了区域产业结构的优劣程度。由此可以得出结论：若产业结构偏离分量为正值，说明该区域的产业结构优于标准区域水平；若产业结构偏离分量为负值，则说明该区域的产业结构落后于标准区域水平。式（7-4）中的 $\sum\limits_{i=1}^{n} F_{ij}(t_0)\left[\dfrac{F_{ij}(t)}{F_{ij}(t_0)} - \dfrac{F_i(t)}{F_i(t_0)}\right]$ 为 j 区域竞争力偏离分量，当 $\left[\dfrac{F_{ij}(t)}{F_{ij}(t_0)} - \dfrac{F_i(t)}{F_i(t_0)}\right] > 0$ 时，$F_{ij}(t_0)$ 越大，即 j 区域 i 产业的基础雄厚，说明 j 区域竞争优势越大；当 $\left[\dfrac{F_{ij}(t)}{F_{ij}(t_0)} - \dfrac{F_i(t)}{F_i(t_0)}\right] < 0$ 时，$F_{ij}(t_0)$ 越大，说明 j 区域的竞争劣势越大，所以，该项反映区域总的竞争力的优劣程

度。竞争力偏离分量为正值，说明该区域产业的竞争力高于标准区域水平。反之，竞争力偏离分量为负值则不如标准区域水平。

将式（7-4）两端同时除以 $\sum_{i=1}^{n} F_{ij}(t_0)$，就可以得到以增长率形式表示的偏离份额方程。

7.3.1　流域农业产业结构偏离和竞争力偏离分析

本章选取了洱海流域（洱源县和大理市）的 7 个主要农业产业，以 2005 年为基期，2009 年为研究期，分别以全国和云南省作标准区，运用结构偏离、竞争力偏离分析法对各个产业的相关分量进行计算分析。

全国农业产业与洱海流域农业产业基本情况如表 7-7 所示。

表 7-7　洱海流域与全国农业产业基本情况表

产业	全国基期额（万 t）	全国研究期额（万 t）	增长倍数	流域基期额（万 t）	流域研究期额（万 t）	增长额倍数	增长量（万 t）
稻谷	18 058.80	19 510.30	1.08	14.58	15.23	1.04	0.65
油料	3 077.14	3 154.29	1.03	0.42	0.53	1.27	0.11
蔬菜	56 451.50	60 200.00	1.07	0.59	0.77	1.30	0.18
烤烟	243.50	281.42	1.16	20.13	25.10	1.25	4.97
水果	16 120.09	20 395.51	1.27	3.81	2.96	0.78	−0.85
猪肉	4 555.30	4 890.80	1.07	5.89	7.34	1.25	1.45
牛奶	2 753.40	3 518.80	1.28	14.02	33.22	2.37	19.20
合计	101 259.73	111 951.11	1.11	59.44	85.15	1.43	25.71

资料来源：根据《大理州统计年鉴（2006-2010）》、《云南省统计年鉴（2006-2010）》、《中国统计年鉴（2006-2010）》整理。

云南省农业产业与洱海流域农业产业基本情况如表 7-8 所示。

表 7-8　洱海流域与云南省农业产业基本情况表

产业	全省基期额（万 t）	全省研究期额（万 t）	增长倍数	流域基期额（万 t）	流域研究期额（万 t）	增长额倍数	增长额（万 t）
稻谷	646.34	636.23	0.98	14.58	15.23	1.04	0.65
油料	36.22	50.16	1.38	0.42	0.53	1.27	0.11
蔬菜	970.89	1238.24	1.28	0.59	0.77	1.30	0.18
烤烟	77.22	88.03	1.14	20.13	25.10	1.25	4.97
水果	169.69	342.74	2.02	3.81	2.96	0.78	−0.85
猪肉	244.96	230.82	0.94	5.89	7.34	1.25	1.45
牛奶	30.91	48.38	1.57	14.02	33.22	2.37	19.20
合计	2176.23	2634.6	1.21	59.44	85.15	1.43	25.71

资料来源：根据《大理州统计年鉴（2006-2010）》、《云南省统计年鉴（2006-2010）》、《中国统计年鉴（2006-2010）》整理。

7.3.1.1 农业产业总体发展情况

根据表7-7计算洱海流域农业产业与全国农业产业相比较所得到的产业份额分量、结构偏离分量和竞争力偏离分量如下：

份额分量：6.54万t；

结构偏离分量：3.27万t；

竞争力偏离分量：15.93万t。

从以上计算结果可以看出，洱海流域农业产业与全国农业产业发展相比较，结构偏离分量为正值，说明洱海流域农业产业结构较优，是产业结构中发展较快的兴旺部门，其发展速度高于全国平均水平；其竞争力偏离分量也为正值，说明洱海流域农业产业的竞争力大于全国的其他区域。

根据表7-8计算洱海流域农业产业与云南省农业产业相比较所得到的产业份额分量、结构偏离分量和竞争力偏离分量如下：

份额分量：12.48万t；

结构偏离分量：5.69万t；

竞争力偏离分量：9.79万t。

从以上计算结果可以看出，洱海流域农业产业与云南省农业产业发展相比较，结构偏离分量为正值，说明洱海流域农业产业结构较优，产业结构中发展较快的兴旺部门，其发展速度高于云南省平均水平；其竞争力偏离分量也为正值，说明洱海流域农业产业的竞争力大于云南省的竞争力。

7.3.1.2 农业分行业发展情况

根据表7-7、表7-8，分别计算农业产业各行业的结构偏离分量和竞争力偏离分量，结果如表7-9、表7-10所示。

表7-9　各产业偏离份额分析结果（洱海流域与全国）　　（单位：万t）

产业	流域增长额	份额分量	结构偏离分量	竞争力偏离分量
稻谷	0.65	1.60	−0.44	−0.58
油料	0.11	0.04	−0.03	0.10
蔬菜	0.18	0.06	−0.02	0.14
烤烟	4.97	2.21	1.01	1.81
水果	−0.85	0.42	0.61	−1.87
猪肉	1.45	0.65	−0.24	1.06
牛奶	19.20	1.54	2.38	15.28

资料来源：根据《大理州统计年鉴（2006-2010）》、《云南省统计年鉴（2006-2010）》、《中国统计年鉴（2006-2010）》整理。

表7-10 各产业偏离份额分析结果（洱海流域与云南省）   （单位：万t）

产业	流域增长额	份额分量	结构偏离分量	竞争力偏离分量
稻谷	0.65	3.06	−3.35	0.87
油料	0.11	0.09	0.07	−0.05
蔬菜	0.18	0.12	0.04	0.01
烤烟	4.97	4.23	−1.41	2.21
水果	−0.85	0.80	3.091	−4.72
猪肉	1.45	1.24	−1.59	1.83
牛奶	19.20	2.94	5.05	11.22

由表7-9可以看出，以全国为标准区域，其相应农业产业比较，从结构偏离分量看，洱海流域产业为正值的有烤烟、水果和牛奶，说明这三个产业的发展速度超过全国整个农业产业的平均发展速度，是发展比较快的产业。从竞争力偏离分量看，除稻谷、水果产业为负外，其他产业都为正，说明洱海流域除稻谷、水果产业外，其他产业与全国相同产业相比具有较强的竞争优势，特别是牛奶、烤烟、猪肉的竞争优势明显。奶牛养殖是经济效益比较高的产业，洱海流域水、草资源丰富，气候温润，适合奶牛生长，是农民增收创富的好渠道，近年来奶牛养殖发展很快；云南省土地、气候条件十分适合烟草生长，是我国传统的烟草生产大省，"云烟"享誉全国。洱海流域是"云烟"的重要产地之一，烟草有悠久的种植历史；生猪养殖的竞争力偏离分量值也较大，这与大理州农业历史养殖有关，生猪依然是重要的畜牧产品。油料、蔬菜虽然竞争力偏离也为正值，但偏离值较小，主要是因为这两个产业在洱海流域种植面积较小，近年来虽然发展较快，但总的竞争力还不够强。与全国相比，结构偏离和竞争力偏离都为正值的只有烤烟、奶牛养殖两个产业，说明这两个产业在全国都是发展较快的产业，并且在洱海流域这两个产业更具有比较优势。结构偏离和竞争力偏离都是负值的只有稻谷一个产业，说明全国稻谷生产近年来都有下降的趋势，而洱海流域稻谷生产的下降更为明显，主要是洱海流域近年来稻谷种植面积大量减少，增加了经济作物的种植面积。

从以上分析可以看出，以全国为标准区，洱海流域农业产业中油料、蔬菜、烤烟、生猪、奶牛产业都是优势产业。

由表7-10可以看出，以云南省为标准区域，与其相应农业产业比较，从结构偏离分量看，洱海流域产业为正值的有油料、蔬菜、水果和牛奶，说明这四个产业的发展速度超过云南省整个农业产业的平均发展速度，是发展比较快的产业，但蔬菜和油料产业的结构偏离值较小，主要是洱海流域蔬菜、油料产业所占的基数太小。烤烟、生猪产业结构偏离分量为负值，主要是因为近年来其他省份烤烟产业发展较快，竞争更加激烈，云南省烟草生产的霸主地位逐渐消失，烟草生产受到影响，增长速度放慢，而近年来生猪养殖，由于生猪价格波动较大，市场风险增加，影响了生猪生产的增长速度。从竞争力偏离分量看，除油料、水果产业为负外，其他产业都为正，说明洱海流域除油料作物、水果产业外，其他产业与云南省相同产业相比具有较强的竞争优势，特别是牛奶、烤烟、猪肉的竞争优势明显。奶牛养殖是经济效益比较高的产业，洱海流域水、草资源丰富，气候温润，适合奶牛生长，是农民增收创富的好渠道，近年来奶牛养殖发展很快；洱海流域是云南省烤烟的重要产地之一，烟草有悠久的种植历史；生猪养殖的竞争力偏离值较大，这与大理农业历史养殖有关，生猪依然是重要的畜牧产品，尽管云南省生猪生产受价格波动的影响总体增长减缓，但洱海流域的生猪养殖仍保持着较快的增长速度。油料、蔬菜虽然竞争力偏离也为正值，但偏离值较小，主要是因为这两个产业在洱海流域种植面积较小，近年来虽然发展较快，但总的竞争力还不够强。与云南省相比，结构偏离和竞争力偏离都为正值的只有蔬菜、奶牛养殖两个产业，说明这两个产业在全省都是发展较快的产业，并且全省这两个产业更具有比较优势。

综上所述，洱海流域农业产业中油料、蔬菜、烤烟、生猪、奶牛在全国范围都是有比较优势的产业；稻谷虽然在全国范围比较，处于劣势地位，但在云南省是具有比较优势的产业，仅水果产业无论是在全国范围，还是在云南省范围都是缺乏竞争力的产业。

7.3.2 洱海流域工业产业结构偏离和竞争力偏离分析

洱海工业在洱海整体经济中属于发展速度较快的产业，2005~2009 年的工业总产值年增长率超过了 20%，主要产业产量也实现了不同程度的增长。像乳制品产业和机制纸及纸板产业，2005 年和 2009 年增长率分别达到了 282%、269%，而其他产业也基本都出现了不同程度的增长（表 7-11）。但是综合考虑产业竞争力，各种产业表现却有较大的差异。

表 7-11　洱海流域主要工业产品产量增长情况统计表

项　　目	2005 年流域总产量	2009 年流域总产量	2009 年/2005 年增长率
精制茶	4 588t	2 256t	0.49
卷烟	402 010 箱	416 000 箱	1.03
啤酒	87 720 万 L	133 475 万 L	1.52
水泥	36 228t	40 205t	1.11
发电量	75 433kW·h	99 475kW·h	1.32
纱	3 538t	3 138t	0.89
布	502 万/m	250 万/m	0.50
机制纸及纸板	13 101.7t	35 267t	2.69
硫酸	20 860t	15 541t	0.74
大理石板材	73 805m²	89 800m²	1.22
混合饲料	73 848t	83 165t	1.13
饮料酒	75 422 万 L	134 400 万 L	1.78
乳制品	59 842t	168 792t	2.82

资料来源：根据《大理州统计年鉴（2006-2010）》整理得出。

本部分采用洱海流域各工业产量或者剔除了价格变动影响的产值数据，以 2005 年为基期，2009 年为研究期，在全国及云南省内利用偏离−份额分析法对洱海流域的工业产业的各细分产业结构和竞争能力进行计算分析，得到洱海流域工业各细分产业的具体经济表现（表 7-12）。

表 7-12　洱海流域主要工业产品与全国相应新产品基本情况表

产业	全国 2005 年	全国 2009 年	全国 增长倍数	流域 2005 年	流域 2009 年	流域 增长倍数	流域 增长额
乳制品	28 648 000t	19 362 200t	0.68	59 842t	168 792t	2.82	108 950t
饮料酒	38 220 000 万 L	51 880 000 万 L	1.36	75 422 万 L	134 400 万 L	1.78	58 978 万 L
啤酒	25 103 500 万 L	41 030 900 万 L	1.63	72 459 万 L	133 475 万 L	1.84	61 016 万 L
精制茶	550 000t	1 193 236t	2.17	4 588t	2 256t	0.49	−2 332t
纱	141 204 000t	24 056 200t	0.17	3 170t	3 138t	0.99	−32t
布	4 845 800 万 m	5 674 400 万 m	1.17	500 万 m	250 万 m	0.50	−250 万 m
大理石板材	63 888 763m²	33 625 665m²	0.53	73 625m²	89 800m²	1.22	16 175m²
机制纸及纸板	3 378 000t	2 775 000t	0.82	13 102t	35 267t	2.69	22 165.3t
硫酸	52 570 000t	59 583 656t	1.13	20 860t	15 541t	0.75	−5 319t
水泥	19 891 000t	15 918 000t	0.80	1 893 900t	4 020 500t	2.12	2 126 600t
全国工业生产指数 （2006 年=100）	95.5	97.3	1.02	—	—	—	—

资料来源：根据《大理州统计年鉴（2006-2010）》、《中国统计年鉴（2006-2010）》整理。

从表 7-13 可以看出，乳制品、纺纱、大理石板材、纸制产品及水泥的结构偏离值为负，说明这几个产业在全国的发展速度未达到工业产业平均发展速度，是发展比较慢的产业部门，洱海流域这样的部门所占的比例不大，说明洱海流域工业总体结构是比较好的。从竞争力偏离来看，除精制茶、布和硫酸的偏离值为负外，其他产品的竞争力偏离值都为正，说明洱海流域工业的总体竞争力是比较强的。特别是水泥、乳制品、大理石和饮料酒的竞争力偏离值都很大，说明这些产业在全国都具有较强的竞争力。虽然精制茶、布和硫酸的偏离值为负，但这三种产品在洱海流域整体工业中所占的份额很小，其竞争力不强，对流域整体经济发展的影响较小。饮料酒、啤酒两种产品的结构偏离和竞争力偏离值都为正，说明这两个产业在全国发展都比较快，而洱海流域发展速度更快。

表 7-13　洱海流域工业明细偏离份额分析结果（全国比较）

产业	全国份额分量	结构分量	竞争分量
乳制品（t）	1 197	−20 346	128 062
饮料酒（万 L）	150.8	2 564.3	3 167.7
啤酒（万 L）	144.9	4 420	1 521.6
精制茶（t）	92	5 276	−7 707

产业	全国份额分量	结构分量	竞争分量
纱（t）	63	−2 695	2 599
布（万 m）	10	75	−335
大理石板材（m²）	1 473	−36 076	50 801
机制纸及纸板（t）	262	−2 620	24 501
硫酸（t）	417	2 294	−7 927
水泥（t）	37 878	−416 658	2 499 948

从以上分析可以看出，洱海流域工业产业中，乳制品、饮料酒、啤酒、大理石板材、机制纸、水泥等产业都是优势产业。

由表 7-14 可以看出，洱海流域的乳制品、啤酒、大理石板材和水泥产业结构分量为正值，可见这几个产业在全省工业之中属于增速较快的产业，处于扩张期，而这几个产业在洱海流域的产量都是比较大的，而饮料酒、精制茶、纺纱、织布、机制纸和硫酸等产业的结构偏离值为负，说明这几个产业在全省增长速度都是比较慢的，但这几个产业的产量在洱海流域都不大，因此，从总体上看，洱海流域工业产业的结构状况是比较好的。同时从竞争偏离分量来看，乳制品、饮料酒、纺纱、织布、机制纸、水泥等产业的竞争力偏离值都为正，说明洱海流域这几个产业的发展速度快于全省工业的平均发展速度，是具有竞争力的产业，但纺纱、织布产业在洱海流域的产量很小，虽然发展较快，但对洱海流域整体工业的影响不大，所以不是优势产业。啤酒、精制茶、硫酸和大理石板材的竞争力偏离值为负，说明这几个产业发展相对较慢，竞争力不强，但洱海流域的大理石板材的产量很大，并且大理石材质优良，声誉极佳，也应该是流域的优势产业。就是相比全云南省的整体乳制品及大理石板材业，洱海流域的这两种产业很有相对区位竞争优势。饮料酒、纱、布、机制纸及纸板在产业结构分量表现为负值，这可能是其增速比较平缓，生产进程稳步推进的结果。然而，这五种产业的竞争分量都是正值，说明它们的增速虽然不够大，无法与整体工业的扩张速度相抗衡，但也在整个云南省的同类产业中占据了一定的区位优势，处于增长前列。以云南省的纱产业为例，洱海特色纱制品以民族特色浓厚而占据国内一定的市场。乳制品和水泥两个产业的结构偏离和竞争力偏离都为正，说明这两个产业在全省发展得比较快，属于扩张性产业，且在洱海流域这两个产业发展的速度比全省更快，具有很强的竞争力。而洱海流域精制茶和硫酸产业的产业结构分量和竞争分量均为负值，说明这两个产业全省的发展速度都较慢，且洱海流域这两个产业发展更慢。

表 7-14　洱海流域主要工业产品与云南省相应产品基本情况表

产业	全省 2005 年	全省 2009 年	全省增 长倍数	全省 份额分量	全省 结构偏离分量	全省 竞争偏离分量
乳制品	133 071t	289 259t	2.17	43 685t	26 330t	38 897t
饮料酒	491 475 万 L	732 282 万 L	1.49	55 058 万 L	−18 101 万 L	21 872 万 L

产业	全省 2005 年	全省 2009 年	全省增 长倍数	全省 份额分量	全省 结构偏离分量	全省 竞争偏离分量
啤酒	246 114 万 L	481 697 万 L	1.96	52 895 万 L	16 666 万 L	−8 695 万 L
精制茶	60 407t	98 329t	1.63	3 349t	−459t	−5 230t
纱	14 389t	6 729t	0.47	2 314t	−3 994t	1 648t
布	1 385 万 m	365 万 m	0.26	365 万 m	−735 万 m	120 万 m
大理石板材	776 900m²	4 747 000m²	6.11	53 746m²	322 478m²	−360 026m²
机制纸及纸板	288 849t	460 231t	1.59	9 564t	−1 834t	14 412t
硫酸	6 005 459t	9 392 000t	1.56	15 228t	−3 546t	−16 897t
水泥	28 326 200t	50 464 500t	1.78	1 382 547t	94 695t	643 926t
全省工业发展指数 （2000 年＝100）	157.5	272.9	1.73			

资料来源：根据《大理州统计年鉴（2006-2010）》、《云南省统计年鉴（2006-2010）》整理。

综上所述，洱海流域工业产业中，乳制品、饮料酒、啤酒、大理石板材、机制纸、水泥等产业都是优势产业。虽然啤酒、大理石相对云南省的竞争力偏离为负，但这两个产业都是云南省发展较快的产业，只是洱海流域这两种产业的发展速度未达到全省相应产业的平均发展速度，也是优势产业，所以，乳制品、饮料酒、啤酒、大理石板材、机制纸、水泥等产业都是洱海流域具有比较优势的产业。

7.3.3　洱海流域旅游业结构偏离和竞争力偏离分析

洱海地区的苍山洱海享誉海内外，旅游业是洱海流域第三产业的重要支柱，其产值约占洱海流域第三产业的近 60%。近年来，洱海流域旅游业发展迅速，其产值从 2005 年到 2010 年从 241 566 万元增长到了 556 864 万元，增长了近两倍多，但洱海流域的旅游业在全省，乃至全国的竞争力如何？还有待分析论证。

全国第一、二、三产业生产总值由 2005 年 182 321 亿元增加到 2010 年的 397 983 亿元，增加了 2.18 倍。由表 7-15 的数据，计算洱海流域旅游业结构偏离分量和竞争力偏离分量如表 7-16 所示。

表 7-15　全国及洱海流域旅游业收入基本情况表

产业	全国 2005 年	全国 2010 年	全国 增长倍数	流域 2005 年	流域 2010 年	流域 增长倍数	流域 增长额
旅游业	7 680 亿元	15 700 亿元	2.04	24.156 6 亿元	55.686 4 亿元	2.30	31.53 亿元

资料来源：根据《大理州统计年鉴（2006-2011）》、《中国统计年鉴（2006-2011）》整理。

表 7-16 洱海流域旅游业的全国偏离份额分析表 （单位：亿元）

产业	份额分量	结构分量	竞争分量
旅游业	21.02	-5.56	8.24

云南省第一、二、三产业生产总值由 2005 年 3472 亿元增加到 2009 年的 6168 亿元，增加了 1.78 倍。洱海流域旅游业结构偏离分量和竞争力偏离分量如表 7-17 所示。

表 7-17 洱海流域旅游业的全省偏离份额分析表

产业	全省 2005 年	全省 2009 年	全省 增长倍数	份额分量	结构分量	竞争分量
旅游业	430 亿元	811 亿元	1.88	18.84 亿元	2.42 亿元	2.42 亿元

资料来源：根据《大理州统计年鉴（2006-2010）》、《云南省统计年鉴（2006-2010）》整理得出。

从表 7-17 可以看出，在全国范围内旅游业的结构偏离分量为负，而竞争力偏离分量为正值，说明全国旅游业发展速度比其他产业总增长速度慢，不是扩张性产业，但洱海流域旅游业发展迅速，其增长速度快于全国旅游业的增长速度，其竞争力较强。从表 7-17 中的数据可知，在云南省范围内旅游业的结构偏离分量和竞争力偏离分量均为正值，说明云南省近年来旅游业发展迅速，其发展速度超过其他产业的平均增长速度，属于扩张性产业。而且洱海流域的旅游业因为其特殊的地理位置及独特的人文气息，享有很大的竞争优势。从以上分析可以看出，旅游业属于洱海流域的优势产业。

7.4 基于水环境承载力的流域优势产业分析

所谓水环境承载力，就是水环境对人类排放的污染物的容纳及自净能力，这种承载力是有限度的，一旦超过环境承载临界值，环境就会遭到破坏，甚至造成不可恢复的破坏，使生态系统处于不安全状态。人类生产、生活排放的污染物包括固、气和液态污染物，本节主要基于水环境承载力方面考虑产业的优劣，因此主要考虑的是液态污染物因素。

7.4.1 农业产业污染状况分析及优势产业评估

7.4.1.1 农业分行业污染源分析

(1) 粮食作物污染源分布及特征

流域各乡镇粮食作物 TN、TP（化肥）排放总量见表 7-18。TN 排放总量由大到小依次为水稻、玉米、大麦、蚕豆、马铃薯、小麦；TP 排放总量由大到小依次为水稻、蚕豆、玉米、大麦、马铃薯、小麦。

表 7-18　洱海流域各乡镇粮食作物 TN、TP（化肥）排放总量　　　（单位：t）

县（市）	水稻		小麦		大麦		玉米		马铃薯		蚕豆	
	TN	TP	TN	TP	TN	TP	TN	TP	TN	TP	TN	TP
大理市	156.72	8.75	7.63	0.46	17.94	1.35	136.69	4.06	29.06	1.52	29.69	6.66
洱源县	157.75	8.81	4.13	0.25	38.48	2.90	124.05	3.69	18.28	0.95	25.96	5.82
合计	314.47	17.56	11.76	0.71	56.42	4.25	260.74	7.75	47.34	2.47	55.65	12.48

　　流域粮食作物单位面积 TN、TP（化肥）排放量见表 7-19。单位面积 TN 排放量最多的是玉米，最少的是蚕豆；单位面积 TP 排放量最多的是马铃薯，最少的是水稻。

表 7-19　洱海流域粮食作物单位面积 TN、TP（化肥）排放量（单位：kg/亩）

水稻		小麦		大麦		玉米		马铃薯		蚕豆	
TN	TP	TN	TP	TN	TP	TN	TP	TN	TP	TN	TP
1.34	0.07	1.41	0.08	1.06	0.080	2.94	0.09	2.20	0.12	0.41	0.09

　　流域粮食作物单位产值 TN、TP（化肥）排放量见表 7-20。单位产值 TN 排放量最多的是玉米，最少的是蚕豆。单位产值 TP 排放量最多的是小麦，最少的是大麦。

表 7-20　洱海流域粮食作物单位产值 TN、TP（化肥）排放量　　　（单位：kg/万元）

水稻		小麦		大麦		玉米		马铃薯		蚕豆	
TN	TP	TN	TP	TN	TP	TN	TP	TN	TP	TN	TP
13.00	0.70	26.20	1.60	8.30	0.60	39.50	0.12	29.70	1.50	5.90	1.30

（2）经济作物污染源分布及特征

　　流域各乡镇经济作物 TN、TP（化肥）排放总量见表 7-21。大蒜和蔬菜的 TN、TP 排放量最多，油料和烤烟相对较少。

表 7-21　洱海流域经济作物 TN、TP（化肥）排放总量　　　（单位：t）

县（市）	油料		烤烟		蔬菜（不含大蒜）		大蒜	
	TN	TP	TN	TP	TN	TP	TN	TP
大理市	8.30	0.59	36.54	1.99	238.83	12.71	148.67	7.12
洱源县	17.75	1.27	59.38	3.24	39.96	2.13	211.32	10.12
合计	26.05	1.86	95.92	5.23	278.79	14.84	359.99	17.24

　　流域经济作物单位面积 TN、TP（化肥）排放量见表 7-22。蔬菜和大蒜的单位面积 TN、TP 排放量最高，油料和烤烟相对较小。

表 7-22　洱海流域经济作物单位面积 TN、TP（化肥）排放量（单位：kg/亩）

油料		烤烟		蔬菜（不含大蒜）		大蒜	
TN	TP	TN	TP	TN	TP	TN	TP
1.22	0.09	2.38	0.13	4.57	0.24	4.13	0.20

流域经济作物单位产值 TN、TP（化肥）排放量见表 7-23。烤烟和油料的产值较低，单位产值的 TN、TP 排放量相对较高；蔬菜和大蒜的产值较高，单位产值的 TN、TP 排放量相对较低。

表 7-23　洱海流域经济作物单位产值 TN、TP（化肥）排放量

（单位：kg/万元）

油料		烤烟		蔬菜（不含大蒜）		大蒜	
TN	TP	TN	TP	TN	TP	TN	TP
16.80	1.20	13.30	0.70	10.40	0.60	9.20	0.40

（3）养殖品种污染源分布及特征

流域各乡镇养殖品种 TN、TP 排放总量见表 7-24 和表 7-25。奶牛 TN、TP 排放总量最大，其余依次为猪、黄牛、羊、家禽。

表 7-24　洱海流域各县市养殖品种 TN 排放总量　　（单位：t）

县（市）	黄牛	奶牛	猪	羊	肉禽	蛋禽
大理市	314.20	568.39	667.17	18.96	33.41	31.99
洱源县	75.58	1111.01	257.64	45.28	5.26	5.49
合计	389.78	1679.4	924.81	64.24	38.67	37.48

表 7-25　洱海流域各县市养殖品种 TP 排放总量　　（单位：t）

县（市）	黄牛	奶牛	猪	羊	肉禽	蛋禽
大理市	53.93	93.63	185.41	2.75	10.27	9.84
洱源县	12.97	183.01	71.60	6.57	1.62	1.69
合计	66.9	276.64	257.01	9.32	11.89	11.53

流域养殖品种单位数量 TN、TP 排放量见表 7-26。奶牛单位数量 TN、TP 排放量最高，其次是黄牛，猪羊相对较少，家禽最少。

表 7-26　洱海流域养殖品种单位数量 TN、TP 排放量（单位：kg/头、只）

黄牛		奶牛		猪		羊		肉禽		蛋禽	
TN	TP	TN	TP	TN	TP	TN	TP	TN	TP	TN	TP
13.19	2.26	18.13	2.99	1.35	0.38	0.69	0.10	0.01	0.004	0.083	0.026

流域养殖品种单位产值 TN、TP 排放量见表 7-27。奶牛单位产值 TN、TP 排放量最高，其次是羊、黄牛和猪，家禽最少。

表 7-27　洱海流域养殖品种单位产值 TN、TP 排放量　　（单位：kg/万元）

黄牛		奶牛		猪		羊		肉禽		蛋禽	
TN	TP	TN	TP	TN	TP	TN	TP	TN	TP	TN	TP
24.0	4.1	46.6	7.7	19.2	5.3	25.8	3.7	6.7	2.1	0.0065	2.0

7.4.1.2　流域农业总体污染源分析

流域农业产业 TN 排放量最多的是奶牛，其后依次是猪、黄牛、大蒜、蔬菜等；流域农业产业 TP 排放量最多的也是奶牛，其后依次是猪、黄牛、大蒜、蔬菜等（图 7-4 和图 7-5）。说明流域农业产业中奶牛、大蒜、蔬菜、猪是流域氮磷污染的主要来源。

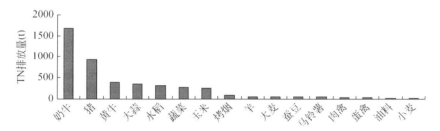

图 7-4　洱海流域各农业产业 TN 排放量排序

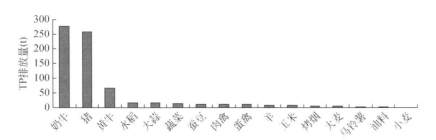

图 7-5　洱海流域各农业产业 TP 排放量排序

总体来看，流域农业各产业中经济作物种植和畜禽养殖对农业经济发展的贡献最高，相应产生的氮磷污染源也最高，尤其是奶牛、大蒜、蔬菜在带来大量经济产出的同时，也带来了大量的农业污染。

全流域各农业产业单位面积（数量）TN、TP 排放量、全流域各农业产业单位产值 TN、TP 排放量见图 7-6 和图 7-7（皆按 TN 从高至低排序）。

如图 7-6 所示，全流域各农业产业单位面积（数量）TN 排放量从高至低依次为奶牛、黄牛、蔬菜、大蒜、玉米、烤烟、马铃薯、小麦、猪、水稻、油料、大麦、羊、蚕豆、蛋

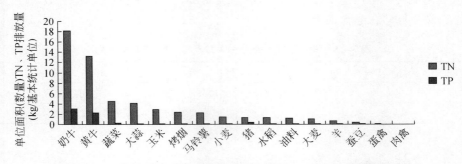

图 7-6 洱海流域农业产业单位面积（数量）TN、TP 排放量排序

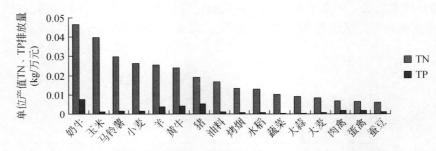

图 7-7 洱海流域各农业产业单位产值 TN、TP 排放量排序

禽、肉禽。可以发现，经济作物中大蒜、蔬菜，牲畜中的奶牛、黄牛的排序最靠前，说明经济作物和大牲畜的单位面积（数量）TN 排放量较大，而粮食作物、小牲畜和家禽的单位面积（数量）TN 排放量相对较小。

如图 7-7 所示，全流域各农业产业单位产值 TN 排放量从高至低依次为奶牛、玉米、马铃薯、小麦、羊、黄牛、猪、油料、烤烟、水稻、蔬菜、大蒜、大麦、肉禽、蛋禽、蚕豆。可以发现，由于各农业产业单位产值大小存在差异，与单位面积（数量）TN 排放量排序情况相比，单位产值 TN 排放量排序靠前的农业产业既有牲畜养殖、经济作物，也有粮食作物。粮食作物中的玉米和马铃薯排序最前，畜禽中奶牛排序仍然最前。

7.4.1.3 分区域的农业污染源分析

根据以上调查数据，得到流域各乡镇农业产业总氮、总磷排放量排序图如图 7-8 和图 7-9 所示。

由图 7-8 和图 7-9 可以看出，洱海北部洱源县农业 TN、TP 的排放量最高，这与洱源县各乡镇的农业人口众多，农业产业规模大，是流域传统农业县的特点相一致，对洱海水系污染威胁最大。洱海西部和南部乡镇农业 TN、TP 排放量仅次于北部，农业氮磷排放量也较大，不容忽视。洱海东部乡镇农业 TN、TP 排放量相较而言最低。

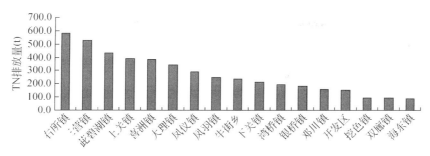

图 7-8　洱海流域各乡镇农业 TN 排放量排序

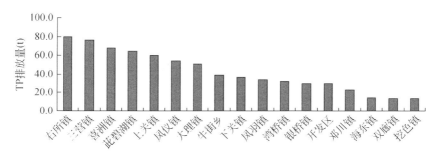

图 7-9　洱海流域各乡镇农业 TP 排放量排序

7.4.1.4　基于水环境承载力的农业优势产业分析

从前面通过结构偏离和竞争力偏离分析知道，洱海流域农业产业中油料、蔬菜、烤烟、生猪、奶牛在全国范围都是有比较优势的产业，稻谷虽然在全国范围处于比较劣势地位，但在云南省是具有比较优势的产业，仅水果产业无论是在全国范围，还是在云南省范围都是缺乏竞争力的产业。但其中奶牛、生猪无论是 TN、TP 排放总量，还是单位数量 TN、TP 排放量都是很大的，如果将其作为优势产业发展，必然给水环境造成巨大压力，而油料、蔬菜、烤烟、水稻无论是 TN、TP 排放总量，还是单位面积 TN、TP 排放量都是相对较小的。而从污染源区域分布来看，洱海北部洱源县农业 TN、TP 的排放量最高，对洱海水系污染威胁最大。洱海西部和南部乡镇农业 TN、TP 排放量仅次于北部，农业氮磷排放量也较大。洱海东部乡镇农业 TN、TP 排放量相较而言最低。因此，洱海流域应将油料、蔬菜、烤烟、水稻等种植业作为主要的优势产业发展，蔬菜虽然单位面积 TN、TP 排放量相对较大，但单位产值 TN、TP 排放量相对较小，并且蔬菜产业无论相对于全国，还是相对于云南省其竞争力偏离值都为正，虽然其偏离值很小，主要是由于洱海流域蔬菜种植面积小，产量太少的缘故。因此，洱海流域应该将无公害蔬菜产业作为优势产业来发展。对于奶牛、生猪如果要作为优势产业发展，一定要科学合理规划，实行集约化生产，加强污染物的处理设施建设，确保其污染物达标排放。

7.4.2 洱海流域工业污染情况分析及优势产业评估

7.4.2.1 洱海流域工业污染情况分析

洱海流域内共有工业企业 606 家，位于洱源县境内的工业企业 95 家，大理市境内工业企业 511 家。工业重点污染源有 41 家企业，分布在 10 个行业和 11 个乡镇。其中，云南新希望邓川蝶泉乳业有限公司、大理天滋实业有限责任公司、云南下关沱茶（集团）股份有限公司等几家企业污染排放量相对较大。2008 年洱海流域主要工业产业污染物化学需养量（COD）情况见表 7-28。

表 7-28　洱海流域各乡镇重点工业企业排污量统计表

镇（乡、区）	企业户数	污水排放量（t/a）	COD 排放量（t/a）
上关镇	1	2 555	63.88
海东镇	1	18 000	5.42
挖色镇	1	47 500	2.66
茈碧湖	6	63 208.82	28.51
右所	2	109 467	182.35
凤仪镇	4	142 300	7.65
大理镇	2	188 000	70.12
银桥镇	6	215 738	33.92
邓　川	4	446 232	240.66
开发区	7	649 303.5	146.88
下关镇	7	1 775 313	462.6
合　计	41	3 657 617	1 244.5

按产业类型分，不同产业产生的 COD 见表 7-29。

表 7-29　2008 年洱海流域主要工业产业产生的 COD

所属产业	COD（t/a）
电力生产产业	0
高新技术产业	0
非金属产业	2.12
交运、机械设备产业	5.29
烟草制品产业	15.82
医药生物开发产业	50.86
纺织、造纸、印刷产业	148.91
食品饮料、农副食品产业	1 017
主要产业合计	1 240

从各乡镇的 COD、TN、TP 的排放量来看，下关、开发区、邓川等工业污染排放量较大。其中，下关饮料制造企业集中；开发区生产企业多，食品加工、医药企业集中；邓川食品制造企业较多。

从流域工业内部各行业总体排污量水平来看，饮料制造、食品制造、农副食品、医药制造是流域内污染排放相对较多的四个行业。而从各行业单位销售收入的污染排放量来看，食品制造、饮料制造和农副食品三个行业是流域污染排放强度最大的行业。

7.4.2.2 基于水环境承载力的工业优势产业分析

考察前文分析得到的优势产业，其中乳制品、饮料酒和纱及纸板行业属于污染排放强度最大的产业，对环境造成的压力较大。其中乳制品和饮料酒带来巨大的经济效益同时，COD 也较大，属于工业产业污染的重点。而纱和纸板的 COD 指标仅次于饮料产业，相比其他产业对环境影响较大。但是总体而言，洱海流域的工业产业水体污染已经基本得到了控制，下关镇的污水处理系统已经全面纳入使用。因此，这些产业的发展都在洱海的水环境承载力控制之下，只要进行产业的合理区域规划，都属于洱海流域基于水环境承载力的优势产业。除此之外，水泥产业对环境影响相对较小，COD 值相对很小，当然属于洱海流域基于水环境承载力的优势产业。因此长远来看，如果能保证降污措施跟踪到位，这些产业能纳入流域优势产业的行列。

7.4.3 旅游业污染情况及优势产业评估

近年来，洱海流域旅游业发展迅速，旅游业在带来巨大的经济效益的同时，也带来了巨大的环境污染。旅游业带来的旅客入住及餐饮，以及垃圾的排放，都给洱海流域带来不少的外来污染物。其中相当大一部分无法自然分解，便以各种形式进入洱海流域。表 7-30 为洱海旅游污染物入湖量的数据。

表 7-30 洱海流域旅游业污染物年入湖量总表

污染物类型	流域总量（t）	按游客均量（t/万人）	按旅游业收入均量（kg/万元）
COD	286.21	0.5	0.7
TN	52.86	0.09	0.13
TP	4.33	0.007	0.01

然而考虑到洱海旅游业的潜在污染，有必要对旅游业的各相关细分产业进行分析。但旅游业作为涉及交通、住宿、饮食、购物、娱乐等行业的新兴产业，本身的产业链比较固定，无法就各细分产业进行分离，因此就旅游业作为一个整体，属于洱海流域的优势产业。要提高其水环境承载力的威胁程度，则应该对其各个环节进行修整，以减少入湖污染量。

根据统计，洱海流域的旅游业污染主要来自餐饮业和住宿业（表 7-31 和表 7-32）。根据 COD 数据来看，污染的重头在于餐饮业。该产业每提供 1 万元的 GDP，就带来 1.16kg

的 COD 污染。其数值远远高于流域的平均水平值0.7。

表7-31　洱海流域旅游住宿业污染物年污染量表

污染物类型	流域总量（t）	按游客均量（t/万人）	按旅游业收入均量（kg/万元）
COD	124.39	0.22	0.3
TN	51.94	0.09	0.13
TP	3.03	0.005	0.007

表7-32　洱海流域旅游餐饮业污染物年污染量表

污染物类型	流域总量（t）	按游客均量（t/万人）	按旅游业收入均量（kg/万元）
COD	476.03	0.83	1.16
TN	76.05	0.13	0.19
TP	7.68	0.013	0.019

　　由于洱海流域旅游点和游客接待区位于不同区域，因此，不同乡镇旅游污染物排放量也存在很大差异，有关乡镇旅游污染物排放情况如表7-33所示。

表7-33　洱海流域旅游业污染物年排放量分布表

镇（乡、区）	N 总量（t）	P 总量（t）
下关镇	56.20	4.72
大理镇	54.34	4.39
银桥镇	1.66	0.17
湾桥镇	1.26	0.13
喜洲镇	3.45	0.32
上关镇	0.92	0.09
双廊镇	2.34	0.22
挖色镇	0.44	0.04
海东镇	0.52	0.05
开发区	20.25	1.64
此碧湖镇	1.71	0.11
右所镇	0.80	0.07
合计（约等于）	144	12

　　餐饮业中的具体污染来源较广，洱海流域的主要污染已经通过污水收集管得到一定程度的控制。但洱海沿线分布着众多的农家乐，这部分污染源数量众多、位置临海、缺乏管理，而且污水没有被收集处理，这些农家乐成为旅游业污染的隐患区域。这在大理镇、上关、洱海东部表现最为明显。因此对于旅游业，必须对农家乐进行规范处理，以减轻旅游业对环境的污染。

除此，旅游业是一个对自然禀赋和社会遗赠依赖很强的产业。相对于很多其他产业而言，维护自然生态环境不受破坏，对于旅游业的长期生存尤其具有重大意义。对于旅游主体，我们可以通过对旅游者人数及类型的研究，认识不同类型旅游者的需求特点和行为方式，从而得出旅游者在时间和地域上的集中程度，对症下药以降低负面影响。对于旅游的客体即旅游业本身而言，通过对生态旅游的倡导，引导旅游业走上环境友好型的道路，解决长期以来因旅游业的发展而不断加剧的旅游与环境的紧张关系，最终实现旅游可持续发展。

7.5 基于水环境承载力的洱海流域社会经济发展情况诊断

7.5.1 农业产业问题

近年来洱海流域在稳定粮食发展的同时，力图发展经济作物，以求增加农民收入，发展当地经济。但是，在保证经济效益的同时，不容忽视的是给洱海带来了比较大的污染。具体原因如下。

7.5.1.1 流域农业产业结构问题

从前面通过结构偏离和竞争力偏离分析知道，洱海流域农业产业中油料、蔬菜、烤烟、生猪、奶牛在全国范围都是有比较优势的产业。稻谷虽然在全国范围比较，处于劣势地位，但在云南省是具有比较优势的产业，仅水果产业无论是在全国范围，还是在云南省范围都是缺乏竞争力的产业。但其中奶牛、生猪无论是 TN、TP 排放总量，还是单位数量 TN、TP 排放量都是很大的，如果将其作为优势产业发展，必然给水环境造成巨大压力，而油料、蔬菜、烤烟、水稻无论是 TN、TP 排放总量，还是单位面积 TN、TP 排放量都是相对较小的。油料、蔬菜在洱海流域的发展虽然较快，但产量很小。蔬菜虽然单位面积 TN、TP 排放量相对较大，但单位产值 TN、TP 排放量相对较小，并且蔬菜产业无论相对于全国，还是相对于云南省其竞争力偏离值都为正，虽然其偏离值很小，主要是由于洱海流域蔬菜种植面积小，产量太少的缘故。因此，洱海流域应该将无公害蔬菜产业作为优势产业来发展。特别是水果产业在洱海流域处于劣势地位，是极不合理的。当前，国家对西部地区积极倡导退耕还林，而洱海流域正处西部山林地带，土地、气候又适合果树生长，发展林果业正是洱海流域农业发展的主要方向，但洱海流域的林果业、渔业占整个农业的比重仅为6%左右，实在是不合理。

7.5.1.2 农业生产方式问题

洱海流域的农业仍然以家庭承包生产为主，具有分散生产、粗放经营、生产规模小、劳动生产率低的特征。农民为了增加收入，就依靠大量使用化肥、农药，以增加农业产量。养殖业户均养殖奶牛不足 2 头，如此分散、粗放的养殖，一方面在产业链衔接方面有很大的困难，牛奶收购比较麻烦，很多因为不能按时收购而影响了牛奶的质量；另一方面也造成了污染相对分散，比较难以管理，分散的污染超过了流域环境的承载能力，带来了"公地的悲剧"。

7.5.1.3 农业生产布局问题

从洱海流域农业污染源区域分布来看，洱海北部洱源县农业 TN、TP 的排放量最高，对洱海水系污染威胁最大。洱海西部和南部乡镇农业 TN、TP 排放量仅次于北部，农业氮磷排放量也较大。洱海东部乡镇农业 TN、TP 排放量相较而言最低。这一问题主要与洱源县坝上地区大量种植大蒜相关，由于大蒜的施肥量与产量和品质有直接关系，所以农户在种植的时候经常是超量施肥，缺乏合理的安排和研究，虽然产量增加了，但是也带来了成本的提高。据环保部门的监测，洱海流域区内农田每年流失的氮肥约 0.5 万 t，磷肥约 0.4万 t，其中洱海之源——弥苴河流域的洱源县三营、牛街、玉湖、右所等 7 个乡镇和江尾、双廊二镇东北湖滨区的流失化肥量约 0.26 万 t/年，凤仪、海东、挖色三镇的东南湖滨区年流失量约 506t，其他约占总量 65.56% 的 0.59 万 t 氮磷化肥流失量，主要来源湖西片区的喜洲、七里桥等 6 镇，通过气流和农田径流流失到大气和江河、沟渠、湖塘或地下水中，进而造成一系列污染的链式反应。

7.5.1.4 农民生活质量问题

农业效益低、农业就业人口多，导致农业人口人均收入低，流域绝大多数农村居民生活水平刚刚越过温饱线。

除了农业生产污染，农民的生活废弃物的污染也不容忽视，由于农民生活水平不高，农村的卫生条件较差，缺乏统一的处理设施，同时人口众多造成了污染排放总量比较大。据调查和保守估算，洱海流域年产农村生产、生活垃圾在 10 万 t 以上，仅沿湖 11 个镇，70 个村庄的垃圾年产出量就达 4.95 万 t；在入湖的 27 条河流流经的 114 个村庄的沿河及河道内，每年排放的垃圾量就达 7899t[①]。

7.5.2 工业产业问题

洱海流域的工业产业通过达标排放，使水体污染得到了一定的控制，工业污染不再是洱海水污染的主要污染源，但是，工业产业对洱海水环境的影响也不容忽视。

（1）工业产业结构问题

通过前面的工业产业结构偏离、竞争力偏离分析知道，乳制品、饮料酒、啤酒、大理石板材、机制纸、水泥等产业是洱海流域工业产业中的优势产业。首先，这些优势产业都属于传统的劳动密集型产业，缺少现代高新技术企业，企业技术含量低，产品附加值也不高。其次，这些优势产业中，乳制品、饮料酒、纱及纸板行业属于污染排放强度最大的产

---

① 杨曙辉，宋天庆 . 2006. 洱海湖滨区的农业面源污染问题及对策 . 农业现代化研究，(6)：29-31。

业，COD 值相对很高，对环境造成的压力较大。另外，流域整体工业技术装备水平不高，进一步加重了工业的污染和排放。水泥产业虽然产生的 COD 值相对不高，但是，水泥产业所产生的灰尘，落回地面后，随雨水注入湖泊，对湖泊的污染程度也很大。

（2）工业产业组织结构落后

工业企业普遍规模小而散，行业中的龙头企业对产业发展的带动能力有限；企业结构单一，管理水平不高，低端、低附加值产品占比较大，产业经营整体效益不理想；工业产业竞争力不强，可持续发展能力较差，新兴工业的资源欠缺，产业基础薄弱，节能减排型工业发展不足，高新技术企业较少，循环经济模式尚待构建。

（3）工业产业布局分散

洱海流域内共有工业企业 606 家，位于洱源县境内的工业企业 95 家，大理市境内工业企业 511 家。工业重点污染源有 41 家企业，分布在 10 个行业和 11 个乡镇。其中，云南新希望邓川蝶泉乳业有限公司、大理天滋实业有限责任公司、云南下关沱茶（集团）股份有限公司等几家企业污染排放量相对较大。产业资源特别是优势资源分散，一方面，不能产生聚集效应；另一方面，工业排污面广，给治理污染带来很大的难度。

7.5.3　旅游业问题

首先，餐饮业占旅游业排污量的重头。在 COD、TN 和 TP 产生量中，餐饮业分别占旅游业产生总量的 61.03%、52.81% 和 64.01%，而餐饮业在旅游总收入中只占 8.6%。其次，下关镇、大理镇和开发区的 TN 发生量远远高出其他区域的发生量。再次，临湖农家乐应是当前管理和整治的重点。大丽路以东至洱海的海西沿线散布着大量的农家乐，由于数量众多、位置临海、缺乏管理，而且污水没有被收集处理，这些农家乐成为旅游业污染的隐患区域。最后，流域旅游业结构和效益尚待提升。目前洱海流域周边地区旅游业竞争力强劲。如丽江、香格里拉旅游产业发展迅速，其游客人均消费也超过了大理。

7.6　结　　语

洱海流域的产业结构经过近 10 年的发展和调整，已经形成了"Ⅱ>Ⅲ>Ⅰ"较为合理、较为高级的格局，产业结构得到明显改善。但从洱海流域与全省和全国发展的对比来看，有些产业与全省差距较大，有些产业还不及全国同产业的平均水平。因此，应对洱海流域产业结构进行调整优化。在产业结构调整优化过程中，应从洱海流域产业发展的实际情况出发，主要从洱海流域水环境承载力方面考虑，遵循客观经济规律和自然规律，科学合理地调整洱海流域产业结构，促进洱海流域产业结构优化，不断提高洱海流域经济发展的整体水平。

8 | 洱海流域社会经济发展战略与发展模式选择与设计

生态文明是人类文明史上，继农业文明、工业文明之后的高级文明形式，也是与物质文明、政治文明和精神文明相并列的现实文明形式之一。生态文明着重强调人类在处理与自然关系时所达到的文明程度。生态文明内涵涵盖生态环境优美、生态经济繁荣、城乡结构合理、人民富裕安康、社会和谐进步，涉及生态经济、生态环境和生态社会三个层面。结合地方建设洱源生态文明县和大理市宜居城市的实际需求，洱海流域社会经济发展战略定位，以及社会经济发展模式的选择，必须从生态文明高度提出、规范并设计。

8.1 生态文明流域发展理论创新与评价技术构建

8.1.1 洱海保护及洱源生态文明试点县建设评价体系研究

8.1.1.1 生态文明建设与生态文明评价体系概述

生态文明是指人们在改造物质世界，积极改善和优化人与自然、人与人、人与社会关系，建设人类社会生态运行机制和良好生态环境的过程中，所取得的物质、精神、制度等方面成果的总和。这是实现人类社会可持续发展所必然要求的社会进步状态，是人类社会继工业文明之后出现的一种新型文明形态，是人类文明发展的新阶段。它涵盖了全部人与人、人与社会和人与自然关系以及人与社会和谐、人与自然和谐的全部内容。

（1）生态文明建设概述

1）生态文明建设的提出。改革开放初期，以经济建设为中心一直是我国的主要目标。随着经济的快速增长，资源、生态、环境的问题逐步显现。人与自然的关系矛盾突出，表现为资源短缺和生态环境恶化。严酷的现实告诉我们，人与自然都是生态系统中不可或缺的重要组成部分。人与自然不存在统治与被统治、征服与被征服的关系，而是相互依存、和谐共处、共同促进的关系。人类的发展应该是人与社会、人与环境、当代人与后代人的协调发展。鉴于此，1994年，我国率先制定出台《中国21世纪议程——中国人口、资源、环境发展白皮书》。1996年，在"九五计划"中，提出转变经济增长方式、实施可持续发展战略的主张。2002年，党的十六大将"可持续发展能力不断增强，生态环境得到改善，资源利用效率显著提高，促进人与自然的和谐，推动整个社会走上生产发展、生活富裕、生态良好的文明发展道路"，确定为全面建设小康社会的四大目标之一。2003年，党的十六届三中全会提出以人为本，全面、协调、可持续的科学发展观。2006年，党的十六届六中全会提出构建和谐社会，建设资源节约型和环境友好型社会的战略主张。2007年，党的十七大报告提出："建设生态文明，基本形成节约能源资源和保护生态环境的产业结构、增长方式、消费模式。循环经济形成较大规模，可再生能源比重显著上升。主要污染物排放得到有效控制，生态环境质量明显改善。生态文明观念在全社会牢固树立。"生态文明建设的提出，是人们对可持续发展问题认识深化的必然结果。

2）生态文明建设的意义。生态文明建设是实现生态文明社会的前提。人类社会发展到今天，生态文明观念已经超越原始文明、农业文明和工业文明，代表了一种更为高级的人类文明形态，成为一种普世的价值观。生态环保运动也早已超越主义之争和国家界限，成为全人类最具号召力凝聚力的"共同语言"。生态文明建设应成为人类社会文明体系的基础。社会主义物质文明、政治文明和精神文明建设同样离不开生态文明建设，没有良好的生态条件，人不可能有高度的物质享受、政治享受和精神享受，没有生态安全，人类自身就会陷入不可逆转的生存危机。因此，强调生态文明建设实际上就是采取措施努力超越传统工业文明的发展逻辑，摆脱先污染后治理的老路，走一条新型发展道路，实现从工业文明社会向生态文明社会的转变。

生态文明建设是贯彻落实科学发展观的基本要求。党的十七大报告明确提出"建设中国特色社会主义理论体系"概念，并且把科学发展观与邓小平理论、"三个代表"重要思想等一起纳入建设中国特色社会主义理论体系之中，作为新世纪新阶段我国经济社会发展的重要指导思想。在当代中国，坚持科学发展观就是真正坚持马克思主义与中国特色社会主义。科学发展观的本质是坚持以人为本原则，把人民群众利益（包括物质利益、政治利益、经济利益和生态利益）作为经济社会发展的目的和归宿，科学发展观的基本内涵之一是坚持可持续发展。因此，可以说，注重环境保护和建设，提高资源能源利用效率，努力建设生态文明，促进人与自然和谐发展，是我们贯彻落实科学发展观的基本要求。

生态文明建设是实现"和谐社会"与"和谐世界"的基本途径。党的十六大以来，以胡锦涛为总书记的中央领导集体提出建设"和谐社会"与"和谐世界"的重要战略任务。树立生态文明观，建设生态文明，对于构建"和谐社会"与"和谐世界"具有积极的促动作用。构建社会主义和谐社会是中国共产党的"和谐理念"在内政上的重要体现。它不仅包括人与人、人与社会的和谐，也包括人与自然的和谐。"人与自然和谐发展"是社会主义和谐社会的基本特征之一。在现代化建设过程中，努力建设生态文明，不仅能够保证人类有个舒心的生活环境与良好的生活质量，促进人与自然的和谐相处，而且能够保证一代接一代地永续发展，实现代际公平与代际和谐。构建"和谐世界"是中国共产党的"和谐理念"在外交上的重要体现。它既可以保证为中国现代化建设创造和平的国际环境，也是我国作为一个大国应该承担的国际责任。在推进构建和谐世界过程中，建设生态文明是个重要条件。和谐世界应该是一个不同民族国家或地区（不论社会制度）既和平共处而又互利共赢的世界。我国只有走新型工业化道路，建设生态文明，回应国际社会在资源能源和环境等问题上的关切，致力于与国际社会一起通过协商与合作解决共同面临的（如，发展和环境关系等）问题，才能建设一个和谐的世界。

（2）生态文明评价体系概述

1）生态文明评价体系的内涵与作用。生态文明评价体系是量化生态文明建设最有效的手段，是满足领导需要和社会需要的必要工作。建设生态文明是一个动态、综合的社会实践过程。我们不能把生态文明简单地停留在理论层面，而要把科学理论转化为具体的实践，急需把生态文明的美好蓝图向社会实践拉近拉实。因此，必须通过对生态文明建设的重点任务进行量化，使人们对生态文明城市建设看得见摸得着，从而把生态文明城市建设与经济工作具体实践相结合，不断使科学理论逐步拓展为具体的现实体现。

生态文明评价体系是对生态文明建设过程的监控、测评、考核的客观需要。生态文明的内涵深刻、内容丰富，涉及政治、经济、文化、社会等方方面面，把关于生态文明建设中的各项任务进行主体指标化，使主体指标明确，才能使党政领导及相关部门能够各负其责，结合各自职能职责，才能做到个体责任明确。因而，紧紧围绕生态文明建设过程中涉及的重大任务、重要问题、重点环节，选准生态文明建设的着力点和切入点，使其具有较强的针对性、客观性，就必须建立一套指标体系作为评价与监控标准。提供这种评价与监控标准，可以把生态文明建设摆在更加突出的地位，同时也为组织和领导生态文明建设以及考核各级党政领导班子绩效状况提供客观真实的评价依据，并着力实现生态文明建设的指标化、制度化、自觉化、长效化。

2）生态文明评价体系的系统构成。从系统论的角度来看，生态文明社会包含众多相互联系的子系统，并由这些子系统综合作用而共同构成的。这种综合作用不是各个子系统的简单相加，而是通过各子系统，以及对各子系统进行科学的组合与协作以达到整体效应的最优化。生态文明评价体系就是提炼出具有代表性地能够反映生态文明社会特征的系统。生态文明评价体系通常包括：经济发展、环境保护、社会进步、生态城市等四个系统。

经济发展。经济发展为生态文明的实现提供物质基础，它无疑是评价生态文明社会的重要系统之一。满足生态文明的经济发展方式与传统工业文明的经济发展方式具有本质性的区别，它不是资源掠夺性和环境破坏性的单纯追求经济产出最大化的发展方式，而是一种资源节约、环境良好的可持续发展方式，因此，生态文明的经济发展评价体系反映的重点不应单指经济总量，而应是评价节约资源、节约能源、高效发展为基础的生态经济、绿色经济、循环经济等符合生态文明要求的经济发展能力。

环境保护。自然环境包括水、大气、生物、岩石、土壤等五大要素，为人类的生存和发展提供基本的空间和资源条件。生态文明的发展要求需要我们合理地利用自然环境，一切生产生活行为必须在自然环境的承载能力范围内进行，超过了这个范围不仅会破坏环境，也会使人类社会的发展受到阻碍，甚至会导致社会倒退。因此，在生态文明建设中，必须强调对自然环境的保护。生态文明的环境保护评价就是对与环境保护密切相关的人类行为的环境影响进行评估。其内容应该包括环境修复、环境再造、环境破坏约束、环境质量等方面。

社会进步。生态文明社会本身就是超越原始文明社会、农业文明社会、工业文明社会，处于更高层次的社会形态。生态文明建设的目标就是促进生态文明社会的发展，为人民谋幸福，最终实现生态文明社会。其建设发展的过程就是社会进步的过程。因此，必须把社会进步纳入生态文明建设评价体系当中。生态文明社会进步评价主要涉及社会发展的人口发展、生活质量、安定团结、文化教育等方面。

生态城市。从实现生态与经济的协调发展、城市人口与城市资源环境相适应的角度来看，可将生态城市定义为：以可持续发展战略为指导，充分发挥区域生态环境与资源的优势，科学运作城市生态资本，用生态环保型效益经济的全新模式发展城市经济，建设城市环境，创建城市生态文明，在加快城市经济发展的同时，实现城市经济、社会、人口、资源与环境有机结合、协调发展，把区域城市建设成为生态环境优良、经济繁荣发达、城市功能完备、社会和谐文明的生态城市。

3）生态文明评价体系的构建原则。科学性原则。整个评价指标体系从构成到结构，从每一个指标计算内容到计算方法都必须科学、合理、准确。指标体系一定要建立在对系统充分认识、充分研究的科学基础上，要能比较客观和真实地反映生态文明建设状况，并能较好地量度生态文明建设水平。每个指标的名称、定义要有科学依据，每个指标的解释、计算方法、分类等都要讲究科学、规范。

整体性原则。指标体系是对生态文明社会的总体描述和抽象概括，要求所选择的各个指标能够作为一个有机整体在其相互配合中比较全面、科学、准确地反映和描述生态文明社会的内涵和特征。即评价指标体系必须是反映被评价生态文明建设的各个方面，要能真实、全面反映现状和未来可能发展状况，不能遗漏重要方面或有所偏颇，更不能"扬长避短"。否则，将影响评价结果的公平性，不能真实、全面的评价生态文明建设。同时，由于构成生态文明建设的要素较多，应按照其层次的高低和作用的大小进行细分和分级，各自形成一个子系统。

可操作性原则。构建生态文明建设指标体系和评价标准，必须具有可操作性，即要求：一是指标数据必须易于收集和计算，尽可能利用已有的信息资源，尽可能选择有统计资料可查的指标；二是适宜于经常性动态监测；三是指标体系简单明了，指标不能太多，换算不能太复杂，以保证评价判定及其结果交流的准确性和高效性。

相对独立性原则。在测度生态文明上，选取的指标并非越多越好，一套指标体系囊括数百个指标之多，看似全面，实际上在指标的取舍过程中忽视了指标的重复性及相互间关联的机理，造成部分指标的作用因素过度加大，反而使测评结果失真。因此，所选择的各个指标必须相互独立，不应存在交叉及相互关联现象，要互不重叠、互不取代，尽量避免信息上的重复。

可引导原则。对生态文明建设进行评价的目的，不单单在于评价目前生态文明建设水平的高低，更重要的还在于引导、帮助被评价对象实现其战略目标以及检验其生态文明建设目标实现的程度。在确立各项评价指标时，既要能综合地反映出比原有水平的明显进步与全面发展，又能反映生态文明建设的努力方向，引导各级领导和广大群众提高生态文明意识，从而更好地引导政府和群众积极投身于生态文明的建设中。

定性指标与定量指标相结合原则。选取指标应能量化，生态文明的许多指标不易量化，这些指标的获取对评价又比较重要，应采用定性指标进行描述，在实际评价时再用一定方法进行量化处理。

8.1.1.2 洱海保护及洱源生态文明试点县建设现状及问题解析

(1) 洱海保护及洱源生态文明试点县建设现状

新中国成立以来，大理州人民政府十分重视洱海保护。在行政机构设置上，1950 年，以军事形式接管了民国时期的洱海船舶管理所，设立了洱海分会和洱海派出所。1960 年，成立了中共洱海区委员会、洱海区人民政府。1984 年成立大理州洱海管理局。2002 年，将原为副处级的大理州洱海管理局升为正处级，使洱海管理机构不断得以完善和加强。2003 年，大理州人民政府批准建立洱海滩地协管员队伍和在环湖乡镇设立洱海管理专职干部，形成了法律保障、统一管理、综合执法、群众参与、科学决策的管理体系。2004 年，大理州人民政府将洱海管理局整体下划给大理市，之后又在环湖乡镇、开发区成立洱海管理所，使洱海保护管理更利于上下协调、相互配合。

在投入和实施行动上，从 20 世纪 80 年代起，各级政府投入了数亿元资金对入湖河道进行整治，建立了数十座缓冲、拦污闸坝，建成了引洱入宾隧道工程，每年进行封湖禁渔，设立幼鱼保护区，保护水生植被，扼制外来物种的侵袭，建设洱海湖滨带，进行生态农业园区建设，在洱海汇水区内禁用含磷洗涤用品，建设环湖排污干管和垃圾处理场和污水处理厂，并进行持之以恒的环保宣传教育。规模较大的洱海保护行动有：1997 年大理州人民政府实施"双取消"，1997 年进行"三退三还"工作，2000 年进行洱海机动捕捞专项治理，2004 年实施洱海保护治理"六大工程"，2005 年实施完善了排污、截污和污水处理、垃圾清理设施及管网建设①。2008 年大理州委州政府还将洱源县确立为生态文明建设试点县。2009 年，大理州启动实施洱海保护治理工程项目达到 36 项，其中，年内完成 17 项，2010 年组织实施 19 项，启动项目总投资达 8.17 亿元，到年底完成投资 3.1 亿元。全州逐步建立起洱海保护治理融资多元化机制，争取到国家环境保护部和省级相关部门的保护治理资金 9368 万元，州县市投入财政资金 3125 万元，政府信用合作贷款 2.3 亿元，同时，洱源县委、洱源县人民政府发布了《洱源县 2009 年生态文明试点县建设实施方案》。洱源县生态文明试点县建设工作走在了全国的前列，是全国范围内确定的第二批生态文明试点县之一。

通过多年科学、扎实、卓有成效的保护与治理，洱海水质趋于稳定，2004 年至 2007 年，水质连续四年保持Ⅲ类标准；2008 年，水质有 8 个月达到Ⅱ类水质标准，4 个月为Ⅲ类水质标准，洱海水质创 20 年来最好水平。洱海保护治理工作得到党和国家领导人以及有关国家部委的充分肯定，也得到国内外专家学者的高度评价，认为洱海经验值得借鉴和推广。国家环境保护部称赞洱海是"全国城市近郊保护最好的湖泊之一"，并在全国推广

---

① 大理市洱海保护管理局 . 2006. 洱海管理志大理：大理市洱海保护管理局。

"洱海保护模式"和"洱海经验"①。

综上所述，洱海保护与洱源生态文明试点县建设，可大致分为三个阶段。以 2003 年洱海流域进行的"三退三还"工作为标志，2003 年以前，应为洱海流域水污染综合治理阶段，是为第一阶段；2003 年及其后阶段应为洱海流域保护与治理阶段，是为第二阶段；以 2008 年大理州委、州政府将洱源县确立为生态文明建设试点县为标志，洱海流域已进入生态文明建设阶段，是为第三阶段。

（2）洱海保护及洱源生态文明试点县建设存在问题解析

洱海保护及洱源生态文明试点县建设，目前存在的主要问题是，需要更进一步拓展相关工作的思路、完善体系、机制建设。表现在以下四方面。

第一，亟待建立一套系统、科学、有效的生态文明建设评价体系，以此来评估和指导包括洱源县在内的洱海流域生态文明建设。以该生态文明建设评价体系为参照，可以清楚而全面地评测工作中取得的成绩和存在的不足，同时，还会使流域内的经济发展、环境保护、社会和谐等，有具体的协调和评价体系。在构建该生态文明评价体系时，要特别注意结合洱海流域的特点和目前工作的现状，有针对性、可操作性地加以确立。

第二，需要建设以生态补偿机制为代表的生态文明建设保障体系。如果没有相关保障体系和补偿机制，则一方面会难以协调各方面利益，导致工作无法切实有效地开展，另一方面会难以做到洱海流域经济、环境、社会的全面进步。只有建立可靠有效的生态文明建设保障体系和补偿机制，才能解决具体工作面临的现实问题，真正做到调动各方面积极性，将生态文明建设落到实处，体现和谐社会中的公平性。

第三，流域监测评价的基础设施投入尚待加强。对洱海水质和流域环境的监测和评价工作将是长期的、制度化的。目前环保设施方面的投入是巨大的，但监测评价设施还需进一步加大建设力度。要争取监测、监管基础设施覆盖全流域，重点不遗漏、全年不停顿。

第四，流域相关体制、机制还需继续理顺，加以创新。包括完善法律法规体系、建设综合决策机制、推进生态补偿进程、强化科技有力支撑、创建道德文化体系等，工作重点是要解决"谁考评、谁监测"的问题，以做到责、权、利分明，进一步厘清相关工作的思路、提高评价效益。

8.1.1.3　国内外生态文明建设评价体系探索与借鉴

（1）国外生态文明建设评价体系研究概述

国外对生态文明建设评价体系的研究有一定的基础。20 世纪 70 年代以来，随着经济的发展和城市化的进程，一系列生态安全问题，如人口膨胀、资源短缺、环境恶化等开始严重危及人类的健康和发展，这使人们逐渐认识到生态系统和谐、完整的重要性。着眼于可持续化的城市发展，西方学者开始以现代生态学的观点和方法来研究城市，逐渐形成了现代生态城市理论体系。1971 年，联合国教科文组织第 16 届会议发布了"关于人类居住

---

① 顾伯平. 2009. 洱海保护治理的启示. 大理环境动态（1）：8-14。

地的生态综合研究",正式确定了"生态城市"的概念。20 世纪后期,"生态城市"已经被公认为 21 世纪城市建设模式。国外许多城市把生态城市确立为城市发展的目标,如德国法兰克福市、意大利罗马市、俄罗斯莫斯科市、美国华盛顿市、澳大利亚悉尼市等,这些城市由于具有不同经济基础、自然环境和地理位置,采取的措施既有相似之处,也各有侧重、各具特点。

20 世纪 90 年代初以来,各国际组织、国家、地区从不同角度、国情特点出发,相继开展了区域可持续发展指标体系研究与设计,提出了各种类型的指标体系与框架。较早有成果的是加拿大政府提出的"压力–状态"体系,在此基础上,经济合作与发展组织(OECD)和联合国环境规划署又发展成为"压力–状态–响应"(PSR)框架模型,PSR 概念模型中使用了"原因–效应–响应"这一思维逻辑来构造指标,力求建立压力指标与状态指标的因果关系,以便作出有效影响的响应。即人类活动对环境施加压力,使环境状态发生变化,社会对环境变化作出响应,以恢复环境质量或防止环境退化。这种概念框架本身是一种创新的思维逻辑,随后不少国际组织对其进行扩充并提出相应的概念框架模型,如联合国可持续发展委员会(UNCSD)的可持续发展指标体系,英国、美国的可持续发展指标体系、世界银行的真实储蓄率指标、绿色核算(GNNP)等一些有影响的指标体系[1]。总之,国外研究主要集中在发达国家和国际组织中,主要是从经济、环境和社会层面建立生态文明评价体系。

(2) 国内生态文明建设评价体系研究概述

就国内而言,在著名生态学家马世骏先生的倡导下,也进行了生态城市理论研究。在借鉴国外研究基础上,中国学者对生态城市指标体系的研究逐渐变得活跃,近年来运用层次分析法、GIS(地理信息系统)技术等,取得了不少有益的成果。

在学者研究层面上,1991 年王发曾提出了初步的城市生态系统的"经济–社会–生态"评价指标体系。设有经济发展水平、社会生活水平、生态环境质量三类共 36 个指标。中国科学院新疆生态与地理研究所的周华荣在 2000 年以新疆 87 个县(市)为评价单元,建立了简易合理、具可操作性的新疆生态环境质量评价指标体系,并确定了各指标的权值和相对的分级标准,为新疆生态环境现状的准确评价提供了可靠依据。盛周君等在 2007 年采用层次分析法构建生态环境质量评价指标体系,确定各指标的权重,利用环境质量综合指数模型对安徽省生态环境质量进行了综合评价。2008 年,申振东等在贵州省贵阳市以国际公认的生态文明城市的内涵、特征为标准,以贵阳市经济社会发展的实际为出发点,从生态经济、生态环境、民生改善、基础设施、生态文化、廉洁高效 6 个方面,选取反映生态文明城市建设情况的 33 项指标,提出了贵阳市建设生态文明城市指标体系及监测方法。与国外发达国家常见的评价体系不同的是,我国的生态文明建设评价体系中,有时会加入政府行政状况类的评价因子。

在政府管理层面上,我国各地,如大连、厦门、杭州、苏州、威海、扬州、贵阳、安徽、云南等,相继确立了生态省(市、县)等生态文明建设评价体系。2009 年,云南省

---

① 申振东课题组 . 2008. 贵阳市建设生态文明城市指标体系及监测方法研究。

审议通过了《中共云南省委 云南省人民政府关于加强生态文明建设的决定》（简称《决定》）。根据《决定》，云南将坚持生态立省、环境优先，经济建设与生态建设一起推进，物质文明与生态文明一起发展，树立云南省生态环境最好、生态环境保护得最好、经济社会与生态环境协调发展得最好的形象，努力争当全国生态文明建设排头兵。《决定》明确了努力构建生态文明产业支撑体系、生态文明环境安全体系、生态文明道德文化体系、生态文明保障体系等四大体系的目标任务，要求力争在"十一五"末形成争当全国生态文明建设排头兵的良好氛围，到"十二五"末奠定争当全国生态文明建设排头兵的良好基础，到 2020 年实现争当全国生态文明建设排头兵的目标，让彩云之南天更蓝、地更绿、水更清，人与自然更加和谐，各族人民共享生态文明建设成果。《决定》还提出，要从推进循环经济和低碳经济发展、加快发展生态林产业等六个方面构建生态文明产业支撑体系；从加强自然生态环境保护与建设等五个方面构建生态文明环境安全体系；从牢固树立生态文明观念、建立生态文明道德规范等三个方面构建生态文明道德文化体系；从加强生态文明建设的科技支撑、建立健全生态文明建设的综合评价体系等五个方面构建生态文明保障体系。这为云南省内的生态文明建设评价体系指明了方向。

（3）国内外生态文明建设评价体系构建借鉴

总体而言，目前国内外就生态文明建设评价体系的研究，主要集中在对可持续发展指标体系、生态安全指标体系、生态环境质量综合评价体系、生态区指标体系等的研究上。但是，就生态文明中的"文明"研究程度不够，"文明"类评价指标体系研究尚属空白。不仅如此，国内外的生态文明建设评价体系都是以量化评价为特征的。对于一些难以量化而又实际需要的指标，也可以通过建立新的统计方法来获取数据，以达到最大限度地反映客观实际的目的。

8.1.1.4 洱海流域生态文明建设指标体系构建及评价

（1）洱海流域生态文明建设指标体系构建的指导思想

在新的历史阶段，开展洱海保护与流域生态文明建设有着重大的现实意义：一是贯彻国务院确立洱源县为生态文明试点县和云南省人民政府大理专题会议精神的迫切要求；二是落实大理州委、州政府关于"十一五"期间发展县域经济重大部署的紧迫任务；三是落实州委六届六次全会和州十二届二次人代会提出的"生态优先、农业稳州、工业强州、文化立州、旅游兴州、和谐安州"战略思路的重点工作；四是努力打造洱海保护与流域生态建设示范样板的一项重点工作。因此，构建洱海流域生态文明建设指标体系有其重要性和紧迫性。表现在：一是有利于形成明确的导向和工作目标，并有利于宣传群众、教育群众和凝聚人心；二是有利于建立科学规范、切合实际的管理考评体系，建立导向正确、运转高效的工作机制，进而推动工作健康、和谐发展；三是有利于调动县乡村各级干部工作的积极性和创造性。有鉴于此，新的历史阶段，洱海流域生态文明建设指标体系构建必须以建设流域生态文明，实现流域科学发展为核心价值理念和目标指向，以国家"水专项"洱海项目的实施为契机，以流域水环境保护为纽带，以有效改善洱海水质为目标，以削减入湖污染物总量为核心，在州委、州政府领导下，遵循客观规律，立足总体规划，采取综合措施，巩固、扩大保护与治理成果，加快推进洱海流域生态文明建设进程。

（2） 洱海流域生态文明建设指标体系构建的基本框架

在遵循生态文明建设原则的基础上，根据"循法自然、科学规划、全面控源、行政问责、全民参与"的洱海保护经验和针对洱海科学的、系统的综合治理思路，分别侧重洱海流域水域系统、洱海流域陆域污染源系统、洱海流域环境经济系统、洱海流域环境社会系统四个方面，构建水质规划调控指标、陆域污染源调控指标、环境经济调控指标和环境社会调控指标，即以洱海保护的"四大子系统"的协调平衡为宗旨，构建洱海保护与流域生态文明建设指标体系。

洱海流域水域系统：侧重构建水质规划指标，反映围绕实现"洱海清"，即Ⅱ类水质的功能需求，满足主要入湖河流水质达到相应的规划目标，保证流域居民饮用水的卫生安全，这是调控促进人与水关系和谐的根本。

洱海流域陆域系统：侧重构建陆域污染源调控指标，反映在流域尺度上陆域层面，有效控制各类污染源。反映"污染源控制、陆域生态环境和水质改善、控源与生态建设相结合、工程措施与管理措施相结合"的清水理念。

洱海流域环境经济系统：侧重构建流域环境经济系统调控指标，总体反映洱海流域资源环境与流域经济发展的速度、规模、产业结构、投资结构之间的协调平衡。

洱海流域环境社会系统：侧重构建流域环境社会系统调控指标，总体反映洱海流域生态环境保护与社会发展之间的协调平衡，同时反映生态文明建设是包括物质文明建设、精神文明建设和制度文明建设以及满足社会公平正义基础上全民积极参与的人类社会高级文明形态。

（3） 洱海流域生态文明建设指标体系具体指标及指标衡量方法

a. 具体指标设计

在指标体系基本框架的基础上，结合流域生态文明建设现状及问题，通过召开部门及专家咨询座谈会，课题组成员对各个预选指标进行反复讨论，分析判断，筛选出18项具体指标（表8-1）。

表8-1 洱海流域生态文明建设指标体系

目标层	准则层	指标层	单位	指标类别
洱海流域生态文明建设指标体系	水域系统	1. 洱海水质达标率	%	正指标
		2. 入湖河流水质达标率	%	正指标
		3. 流域村镇饮用水卫生合格率	%	正指标
	陆域系统	4. 城镇、村庄污水集中处理率	%	正指标
		5. 城镇、村庄生活垃圾无害化处理率	%	正指标
		6. 工业固体废物处置利用率	%	正指标
		7. 林草覆盖率	%	正指标
		8. 化肥施用强度	kg/hm^2	逆指标
		9. 畜禽粪便综合利用率	%	正指标

目标层	准则层	指标层	单位	指标类别
洱海流域生态文明建设指标体系	环境经济系统	10. 流域财政收入增长率	%	正指标
		11. 第三产业占 GDP 比重	%	正指标
		12. 流域环境保护投资占 GDP 比重	%	正指标
		13. 流域万元 GDP 能耗	tce/万元	逆指标
	环境社会系统	14. 流域农村居民年人均纯收入	元	正指标
		15. 流域城镇居民年人均可支配收入	元	正指标
		16. 生态文明教育普及率和参与率	%	正指标
		17. 生态乡镇创建的比率	%	正指标
		18. 公众对环境及社会公平正义的满意度	%	正指标

注：指标类别中"正指标"是指指标值越大，发展越好；"逆指标"是指指标值越小，发展越好。

b. 指标的衡量方法

洱海水质达标率：通过水质监测，洱海每年水质达到规划的 Ⅱ 类水质的月份数占全年 12 个月的百分比。数据来源：环保与水质监测部门。

主要入湖河流水质达标率：通过水质监测，洱海主要入湖河流每年水质达到规划的水质的月份数占全年 12 个月的百分比。数据来源：环保与水质监测部门。

流域村镇饮用水卫生合格率：指以自来水厂或手压井形式取得饮用水的农村人口占农村总人口的百分率，雨水收集系统和其他饮水形式的合格与否需经检测确定。饮用水水质符合国家生活饮用水卫生标准的规定，且连续三年未发生饮用水污染事故。计算公式为：村镇饮用水卫生合格率=取得合格饮用水农村人口数÷农村人口总数×100% 。数据来源：环保、卫生、建设等部门。

城镇、村庄污水集中处理率：指城镇、村庄经过污水处理厂二级或二级以上处理，或其他处理设施处理（相当于二级处理），且达到排放标准的生活污水量与城镇、村庄建成区生活污水排放总量的百分比。计算公式为：城镇、村庄污水集中处理率=（二级污水处理厂处理量+一级污水处理厂、排江、排海工程处理量×0.7+氧化塘、氧化沟、沼气池及湿地系统处理量×0.5）÷城镇、村庄污水排放总量×100% 。数据来源：建设、环保部门。

城镇、村庄生活垃圾无害化处理率：城镇、村庄生活垃圾资源化量占垃圾清运量的比值。数据来源：环保、建设、卫生部门。

工业固体废物处置利用率：工业固体废物处置利用率指工业固体废物处置及综合利用量占工业固体废物产生量的比值，且无危险废物排放。有关标准采用 GB18599—2001 《一般工业固体废弃物储存、处置场污染控制标准》、GB18485—2001 《生活垃圾焚烧污染控制标准》、GB16889—1997 《生活垃圾填埋污染控制标准》。数据来源：环保、建设、卫生部门。

林草覆盖率：林草覆盖率指流域内林草类植被面积，包括森林、草地、湿地、湖滨带面积之和（含天然和人工）占土地总面积的百分比。计算公式为：林草覆盖率=林草地面积总和÷土地总面积×100% 。数据来源：统计、林业、农业、国土资源部门。

化肥施用强度（折纯）：指本年内单位面积耕地实际用于农业生产的化肥数量。化肥施用量要求按折纯量计算。折纯量是指将氮肥、磷肥、钾肥分别按含氮、含五氧化二磷、含氧化钾的百分之百成分进行折算后的数量。复合肥按其所含主要成分折算。计算公式为：化肥使用强度＝化肥施用量（kg）÷耕地面积（hm^2）。数据来源为农业、统计、环保部门。

畜禽养粪便综合利用率：畜禽粪便通过还田、沼气、堆肥、培养料等方式利用的畜禽粪便量与畜禽粪便产生总量的比例。有关标准按照GB18596—2001《畜禽养殖业污染物排放标准》和《畜禽养殖污染防治管理办法》执行。数据来源为环保、农业部门。

流域财政收入增长率：指流域本年度财政收入较上年度的增加值与上年度财政收入的比值。数据来源为财政部门。

第三产业占GDP比重：大理市和洱源县第三产业产值占全部产业总产值的百分比。数据来源为统计部门。

流域环境保护投资占GDP的比重：指流域大理市和洱源县用于环境污染防治、生态环境保护和建设投资占当年国内生产总值（GDP）的百分比。数据来源为统计、发展改革、建设、环保部门。

流域万元GDP能耗：指流域总能耗（吨标煤）与流域国内生产总值（万元）的比值。数据来源为统计、经济综合管理、能源管理等部门。

流域农村居民年人均纯收入：指流域内农村常住居民家庭总收入中，扣除从事生产和非生产经营费用支出、缴纳税款、上交承包集体任务金额以后剩余的，可直接用于进行生产性、非生产性建设投资、生活消费和积蓄的那一部分收入。数据来源为统计部门。

流域城镇居民年人均可支配收入：指流域城镇居民家庭在支付个人所得税、财产税及其他经常性转移支出后所余下的人均实际收入。数据来源为统计部门。

生态文明教育的普及率与参与率：指公众对生态文明建设的知晓、参与意愿、生态环境的支付意愿、生态文明生活习惯的培养和参与生态文明建设和环境保护的主动性、积极性的自我评价。数据来源为现场问卷调查。

生态乡镇创建的比率：政府通过制度建设，评比出的生态乡镇创建的数量占流域全部乡镇的百分比。数据来源为政府相关部门。

公众对环境和社会公平正义满意度：指公众对环境保护工作、环境质量状况以及社会公平正义的满意程度。数据来源为现场问卷调查。

（4）洱海保护与流域生态文明建设评价方法

a. 指标标准值的确定

指标标准值是指18个单项指标各自的目标值或理想值，以"洱海水质达标率"为例，根据洱海保护规划，目标是全年每个月都达到Ⅱ类水质，指标标准值应为100%。而2008年，5月、10月和11月、12月等4个月为Ⅲ类水质未达到规划目标，全年Ⅱ类水质水质达标月份为8个月，全年水质达标率为66.7%，还有较大差距。这里实际上是根据洱海保护规划确定"洱海水质达标率"的标准值。对于当地还没有具体规划的指标标准值主要通过两个途径确定：一是参考当地已有的历史统计数据确定；二是借鉴国家标准或发达地区标准，如国家环境保护部发布的《生态市、生态县建设指标》。标准值的最终确定见表8-2。

表 8-2　洱海流域生态文明建设指标体系权重、规划值、目标值

目标层	系统层	指标层	单位	权重	现状值	规划值(2009~2010年)	规划值(2011~2015年)	规划值(2016~2020年)	目标值	指标类别
洱海流域生态文明建设评价体系	水域系统(25%)	1. 洱海水质达标率(40%)	%	0.100	66.7	70	84	100	100	正指标
		2. 入湖河流流水质达标率(30%)	%	0.075	60	70	80	100	100	正指标
		3. 流域村镇饮用水卫生合格率(30%)	%	0.075	90	92	95	100	100	正指标
		4. 城镇、村庄污水集中处理率(15%)	%	0.032 5	90	92	95	100	100	正指标
		5. 城镇、村庄生活垃圾无害化处理率(15%)	%	0.032 5	33.64	50	65	90	≥90	正指标
	陆域系统(25%)	6. 工业固体废物处置利用率(10%)	%	0.025	89	92	95	100	100	正指标
		7. 林草覆盖率(20%)	%	0.050	58.12	60	72	75	≥75	正指标
		8. 化肥施用强度(20%)	kg/hm²	0.050	280	280	265	248	<250	逆指标
		9. 畜禽粪便综合利用率(20%)	%	0.050	83	85	90	95	≥95	正指标
		10. 流域财政收入增长率(20%)	%	0.050	21.6	10	10	10	≥10	正指标
	环境经济系统(25%)	11. 第三产业占 GDP 比重(20%)	%	0.050	37.2	38	39	40	≥40	正指标
		12. 流域环境保护投资占 GDP 比重(30%)	%	0.075	3.5	3.6	3.8	4	≥4	正指标
		13. 流域万元 GDP 能耗(30%)	吨标煤/万元	0.075	1.44	1.3	1.2	0.9	≤0.9	逆指标
		14. 流域农村居民年人均纯收入(20%)	元	0.050	3 078	3 200	4 600	6 000	≥6 000	正指标
	环境社会系统(25%)	15. 流域城镇居民年人均可支配收入(20%)	元	0.050	12 865	13 000	14 500	16 000	≥16 000	正指标
		16. 生态文明教育普及率和参与率(20%)	%	0.050	80	82	85	91	>90	正指标
		17. 生态乡镇创建的比率(20%)	%	0.050	30	35	60	90	≥90	正指标
		18. 公众对环境及社会公平正义的满意度(20%)	%	0.050	90	94	95	95	>90	正指标

b. 综合评价指数的确定

综合评价指数是由单项指标经过无量纲化处理之后综合而成的，其合成方法较多，如：线性加权综合法、乘法合成法、加乘混合合成法、代换法等。因线性加权综合法是使用广泛、操作简明且含义明确的方法，因此，这里选择线性加权综合法。

指标的无量纲化处理。所谓无量纲化，就是结合上述单项指标标准值的确定建立指标的实际值和标准值之间的关系，从而得到无量纲化值，达到消除量纲（不同指标的计量单位）进行综合的目的，本指标体系中有正指标（实际值与标准值呈正比例关系）、逆指标（实际值与标准值呈反比例关系）两类。其无量纲化处理的具体方法各不相同：

正指标无量纲化公式为

$$\bar{S} = \frac{S}{S_0} \qquad (8\text{-}1)$$

逆指标的无量纲化公式为

$$\bar{S} = \frac{S_0}{S} \qquad (8\text{-}2)$$

上述式（8-1）和式（8-2）。中，$\bar{S}$ 为 S 的无量纲化值；S 为实际值；S_0 为标准值。

指标权重系数的确定。由于指标体系中 18 个指标在评价者心目中的地位、重要性有很大差别，因此综合指数的计算必须确定 18 个单项指标在指标体系中的权重系数。这里按规范的方法用 W_j 表示第 j 个指标的权重系数，W_j 满足式（8-3）：

$$\sum_{j=1}^{n} W_j = 1 \qquad (0 < W_j < 1，j = 1，2，\cdots，n) \qquad (8\text{-}3)$$

同时，由于在指标体系的构建和指标选择的阶段实际上已经采用了层次分析和德尔菲法（综合不同专家意见）相结合的方法，期间做了比较细致的指标鉴别与筛选工作，为了减少主观性，这里采用上述同样的方法确定指标的权重系数。总体原则是某个指标比较符合代表性、可比性和数据可获得性则赋予较多的权重，同时政府有明确规划指标的也将赋予更多的权重，否则少赋权重。获得权重系数的过程实际上也是一个评价的过程。具体方法是先确定系统的总权重系数为 100%，每个子系统的权重系数为 25%。但为了方便对四个子系统进行单独评价，先确定单项指标在子系统中的权重系数 W_{ji}，这样单项指标在整个大系统总的权重系数 $W_j = 25\% \ W_{ji}$。

综合评价标准的确定。按惯例，综合评价标准可以取值 0~1，也可以取 0~100。这里将综合评价等级分 Ⅰ、Ⅱ、Ⅲ、Ⅳ、Ⅴ 5 个等级，综合定性评价分别对应为优、良、中、差、劣，综合定量评价即综合指数对应（0，100）之内的五个区间，如表 8-3 所示。

表 8-3　洱海流域生态文明建设综合评价标准

等级	综合定性评价	综合指数（S_i）标准
Ⅰ	优	$90 \leqslant S_i < 100$
Ⅱ	良	$80 \leqslant S_i < 90$
Ⅲ	中	$60 \leqslant S_i < 80$

等级	综合定性评价	综合指数（S_i）标准
IV	差	$40 \leqslant S_i < 60$
V	劣	$0 < S_i < 40$

综合评价指数的计算。根据上述式（8-1）~式（8-3）和综合评价标准的设定，运用线性加权综合法和构建的指标体系最终可以算出综合评价指数 S_i。

$$S_i = 100 \sum_{j=1}^{n} W_j \bar{S}(i = 1, 2, \cdots, m)(0 < W_j < 1, j = 1, 2, \cdots, n) \quad (8-4)$$

由此可以看出，线性加权综合法操作简明、含义明确。并且，研究还表明运用该方法计算结果比较符合评价对象的实际情况。因此，该方法具有比较广泛的应用价值。

c. 综合评价指数的运用

计算结果。运用 2008 年的数据通过计算最终得到的评价结果见表 8-4。

表 8-4　洱海流域生态文明建设综合评价结果

指标系统	评价等级	定性评价	评价指数
水域系统	III	中	74.68
陆域系统	III	中	76.39
环境经济	III	良	83.60
环境社会	II	中	75.72
综合评价	III	中	77.59

1）水域系统评价。按洱海 II 类水质的规划目标标准，2008 年洱海流域水域系统的评价指数为 74.68，综合定性评价为"中"等水平，虽然洱海流域村镇饮用水合格率达到100%，但其中主要问题表现为洱海全年 II 类水质的达标率和入湖河流水质达标的比率偏低，拉低了评价指数。

2）陆域系统评价。流域陆域污染源系统的控制状况的指数为 76.39，综合定性评价为"中"等水平，其中主要表现为工业生产类点源控制措施得力。主要问题表现为农业化肥施用强度较高，生活垃圾和畜禽粪便综合处理率有待提高。

3）环境经济系统评价。流域环境经济系统的状况指数为 83.60，综合定性评价为"良"，主要表现为 2008 年流域政府财政收入增长强劲，环境保护投资比例达到较高水平。主要问题表现为第三产业比例偏低，万元 GDP 能耗偏高。

4）环境社会系统评价。流域环境社会系统的状况指数为 75.72，综合定性评价为"中"等水平，突出表现在：生活宽裕的程度不高，流域农民人均纯收入和城镇居民人均可支配收入偏低，此外，生态文明社会建设的措施有待进一步加强。

5）综合评价。对洱海流域生态文明建设状况进行综合评价的指数为 77.59，定性综合评价为"中"等偏上水平。

分析与讨论。具体为：

1）水域系统。当前洱海保护的主要压力在于洱海水质的改善，全年能否达到规划的Ⅱ类水质目标，并长期保持Ⅱ类水质目标存在着很多的不确定因素。2008年，5月、10月、11月、12月为Ⅲ类水质外，其余各月均为Ⅱ类水质，全年水质达标月份为66.7%，说明洱海总体还处于Ⅲ类水质的状态，离Ⅱ类水质目标还有一段距离，并且改善和保持的难度越来越大，从上述评价结果看，洱海入湖河流的治理和水质达标对洱海保护具有决定性的意义，洱海水域系统的调控空间将主要来自入湖河流的治理。

2）陆域系统。流域陆域污染源系统尚有一定的调控空间，主要措施将是对农业种植、养殖业的面源污染和城乡生活面源污染进行治理与控制，但陆域系统以及入湖河流的治理都有赖于关键技术的创新和工程措施，包括产业结构调整控源等。

3）环境经济系统。从评价结果看流域环境经济系统调控的空间比较有限，已经达到良好状态。但根据统计资料显示，洱海流域三次产业结构的比例一度近似于1：1：1的状况，三次产业结构的调整，仍然有较大空间；针对近期洱海流域农业产值比例较高、工业尚不发达的情况，近期应着眼于农业内部产业结构的调整，中远期应着眼于三次产业结构的优化升级。

4）环境社会系统。环境社会系统的生态文明建设包括物质、精神和制度建设将对流域生态文明建设具有长远意义，并且环境社会系统各项指标与水域系统、陆域系统、环境经济系统的诸多指标都有着直接和间接的正相关关系，但环境社会系统的改善要着眼于生态文明制度的构建，生态乡镇创建在近期无疑具有积极意义。

5）总体情况的讨论。对上述四个方面的情况进行评价、分析与讨论后，我们得出的初步结论为：2008年洱海流域生态文明建设综合评价的指数比较符合洱海及其流域的实际情况，较好反映了长期以来洱海流域生态文明建设所取得的成效。需要注意的：一是综合评价的结果尽管比较乐观，尤其是综合指数趋向"良好"水平，但明显处于爬坡状态，要越过"中等"与"良好"状态的临界值，综合指数达到并保持"80"并非易事。因为越往后，容易调控的空间越来越小，调控的难度越来越大，如：入湖河流的治理、面源污染治理、产业结构调整等项目基本上都需要"攻坚"才能突破。二是要看到评价标准总体上还比较低，如第三产业比例，国家总体上在2004年就达到了40%的水平，但这里将洱海流域2020年的目标才定位不低于40%（表8-2）。

综合评价指数运用。表现在：

1）近期与中长期的调控空间与考核评价的重点。为了更好地理解和应用评价的结果，这里对表8-2指标体系中18个单项指标按指标实际值与标准值的差距大小对应未来政府调控空间的大小进行了分类，目的是进一步明确未来洱海流域生态文明建设的调控空间以及考核评价的重点（表8-5）。从表8-5中可以看出，未来实际上只要狠抓诸如：入湖河流水质达标率、城镇、村庄生活垃圾无害化处理率、化肥施用强度、畜禽粪便综合利用率、第三产业占GDP比重、农村居民年人均纯收入、城镇居民年人均可支配收入等几项关键指标，就等于抓住了"牛鼻子"。

表 8-5　洱海流域近期与中长期的调控空间与考核评价的重点

系统类别	调控空间较小的领域	调控空间较大的领域	考核评价的重点
水域系统	1. 城镇饮用水	1. 洱海水质 2. 入湖河流水质	1. 入湖河流水质
陆域系统	2. 城镇、村庄污水集中处理 3. 工业固体废物处置	3. 城镇、村庄生活垃圾无害化处理率 4. 林草覆盖率 5. 化肥施用强度 6. 畜禽粪便综合利用率	2. 城镇、村庄生活垃圾无害化处理 3. 化肥施用强度 4. 畜禽粪便综合利用率
环境经济系统	4. 流域财政收入增长 5. 环境保护投资 6. 流域万元 GDP 能耗	7. 产业结构 （第三产业占 GDP 比重）	5. 产业结构
环境社会系统	7. 公众环境满意度 8. 生态文明教育普及率与参与率	8. 流域农村居民年人均纯收入 9. 流域城镇居民年人均可支配收入 10. 生态乡镇创建的比率	6. 流域农村居民年人均纯收入 7. 流域城镇居民年人均可支配收入

2）近期与中长期考核评价的目标与调控策略选择。根据综合评价的结果和未来总体调控空间与考核评价重点的选择，研究提出洱海流域生态文明建设近期和中长期的考核评价目标如下：近期"十一五"时期总体稳定并保持Ⅲ级即"中等"水平，综合指数不小于 77；中期"十二五"时期达到并保持Ⅱ级即"良好"状态，综合指数等于或超过 80；远期"十三五"时期争取达到Ⅰ级即"优质"水平，综合指数不小于 90。不同规划期限内考核评价的目标与调控策略的选择详见表 8-6。

表 8-6　洱海流域近期与中长期考核评价的目标与调控策略选择

规划年限	2008～2010 年 （近期）	2011～2015 年 （中期）	2016～2020 年 （远期）
考核评价目标	≥77	≥80	≥90
	中	良	优
	Ⅲ	Ⅱ	Ⅰ
考核评价的重点与调控策略的选择	1. 入湖河流治理 2. 农业面源污染治理 3. 农业产业结构调整升级 4. 推进生态文明试点建设	1. 三次产业结构调整升级 2. 提高第三产业产值比例 3. 农业面源及生活源污染治理 4. 总结完善生态文明制度建设	1. 生态文明建设瞄准更高目标，达到更高标准 2. 社会生产、生活、消费、投资、贸易各个环节生态化和绿色化，全社会生态文明观念牢固树立

3）近期与中长期的考核评价指标。结合表 8-1，以 2008 年为规划起点，以 2020 年为规划期限，假设 2020 年达到标准值，按 2009～2010 年，2011～2015 年，2016～2020 年三个阶段也可以对 18 项单项指标进行规划，见表 8-2。具体方法是假设指标每个阶段以平均

速度递增或递减，则中期规划值=远期规划值与近期规划值差的绝对值的算术平均数+近期规划值，按同样的方法依次可得到每个年度的规划评价值。但研究认为，洱海保护与流域生态文明建设考核评价指标从中长期来看宜粗不宜细，在近期仍然要着眼于"打基础、管长远、抓重点"，避免急功近利，要按《洱海流域保护与治理规划》的蓝图着力推进洱海流域保护与治理的"六大工程"，并通过目前业已启动的生态文明试点建设逐步构建起日益完善的生态文明制度。

8.1.1.5　洱源生态文明试点县建设指标体系构建及评价

（1）洱源生态文明试点县建设指标体系的基本框架

在深入考察洱源生态文明试点县建设实际的基础上，根据前述的生态文明评价体系的系统构成和构建原则，以及对国内外生态文明评价体系的现状分析与借鉴，确定了4个指标系统：生态安全、环境友好、经济发展、社会进步，共同构成洱源生态文明试点县建设指标体系的总体框架。

生态安全。主要从环保投入、环境管理、环保宣传等方面突出反映重要水源源头区生态环境保护的状况。

环境友好。主要从环境质量、污染治理、污染源控制等方面反映生态环境及环境质量状况。

经济发展。主要从财政收入、环保产业、人民生活等方面反映经济发展状况。

社会进步。主要从生态文明村建设、城镇发展、传染病控制等方面反映生态文明社会和谐发展状况。

（2）洱源生态文明试点县建设指标体系具体指标及指标衡量方法

a. 具体指标设计

在指标体系基本框架的基础上，结合洱海保护及洱源生态文明试点县建设现状及问题，通过召开部门及专家咨询座谈会，课题组成员对各个预选指标进行反复讨论，分析判断，筛选出18项具体指标（表8-7）。

表8-7　洱源生态文明试点县建设指标体系

目标层	系统层	指标层	单位	指标类别
洱源生态文明试点县建设评价体系	生态安全	1. 大气环境质量	%	正指标
		2. 受保护地区占国土面积比例	%	正指标
		3. 林草覆盖率	%	正指标
	环境友好	4. 主要河流水质达标率	%	正指标
		5. 城镇污水处理率	%	正指标
		6. 村庄污水处理率	%	正指标
		7. 城镇垃圾无害化处理率	%	正指标
		8. 村庄垃圾无害化处理率	%	正指标
		9. 畜禽粪便综合利用率	%	正指标
		10. 化肥施用强度（折纯）	kg/hm²	逆指标

目标层	系统层	指标层	单位	指标类别
洱源生态文明试点县建设评价体系	经济发展	11. 有机、绿色及无公害农产品种植面积比重	%	正指标
		12. 环境保护投资占 GDP 的比重	%	正指标
		13. 农村居民年人均纯收入	元	正指标
		14. 城镇居民年人均可支配收入	元	正指标
		15. 万元 GDP 能耗	tce/万元	逆指标
	社会进步	16. 生态文明教育普及率和参与率	%	正指标
		17. 公众对环境及社会公平正义的满意度	%	正指标
		18. 生态乡镇创建的比率	%	正指标

注：指标类别中"正指标"是指指标值越大，发展越好；"逆指标"是指指标值越小，发展越好。

b. 指标的衡量方法

大气环境质量。指标解释：指空气环境质量基本符合二级标准（适用于城镇规划中确定的居住区、商业交通居民混居区、文化区、一般工业区和农村地区），空气污染指数API 可以在 90 以内，属于清洁，空气质量状况良好。即：空气环境质量达到国家有关功能区标准要求，目前执行 GB3095—1996《环境空气质量标准》和 HJ14—1996《环境空气质量功能区划分原则与技术方法》。数据来源为气象、环保部门。

受保护地区占国土面积比例。指标解释：指辖区内各类（级）自然保护区、风景名胜区、森林公园、地质公园、生态功能保护区、水源保护区、封山育林地等面积占全部陆地（湿地）面积的百分比。数据来源为统计部门。

林草覆盖率：林草覆盖率指流域内林草类植被面积，包括森林、草地、湿地、湖滨带面积之和（含天然和人工）占土地总面积的百分比。计算公式为：林草覆盖率＝林草地面积总和÷土地总面积×100%。数据来源为统计、林业、农业、国土资源部门。

主要河流水质达标率。指标解释：指主要河流弥苴河、永安江、罗时江水质每年实际水质达到规划水质的程度。计算公式：（弥苴河达到Ⅲ类水质的实际月数×0.3＋永安江达到Ⅳ类水质的实际月数×0.3＋罗时江达到Ⅴ类水质的实际月数×0.4）÷（弥苴河达到Ⅲ类水质的规划目标月数×0.3＋永安江达到Ⅴ类水质的规划目标月数×0.3＋罗时江达到Ⅳ类水质的规划目标月数×0.4）×100%。数据来源为环保与环境监测部门。

城镇污水处理率。指标解释：指城镇生产和生活污水处理量占产生量的百分比。数据来源为建设、环保部门。

村庄污水处理率。指标解释：指村庄生产和生活污水处理量占产生量的百分比。数据来源为建设、环保部门。

城镇垃圾无害化处理率。指标解释：指城镇垃圾无害化处理量占产生量的百分比。数据来源为建设、环保部门。

村庄垃圾无害化处理率。指标解释：指村庄垃圾无害化处理量占产生量的百分比。数据来源为建设、环保部门。

畜禽粪便综合利用率。指标解释：畜禽粪便通过还田、沼气、堆肥、培养料等方式利用的畜禽粪便量与畜禽粪便产生总量的比例。有关标准按照 GB18596—2001《畜禽养殖业污染物排放标准》和《畜禽养殖污染防治管理办法》执行。数据来源为环保、农业部门。

化肥施用强度（折纯）。指标解释：指本年内农作物单位播种面积实际用于农业生产的化肥数量。化肥施用量要求按折纯量计算。折纯量是指将氮肥、磷肥、钾肥分别按含氮、含五氧化二磷、含氧化钾的百分之百成分进行折算后的数量。复合肥按其所含主要成分折算。计算公式为：化肥施用强度＝化肥施用总量（kg）÷农作物总播种面积（hm^2）。数据来源为农业、统计、环保部门。

有机、绿色及无公害农产品种植面积比重。指标解释：指农业生产中有机、绿色及无公害农产品种植面积占农作物种植总面积的百分比。数据来源为农业部门。

环境保护投资占 GDP 的比重：指洱源县用于环境污染防治、生态环境保护和建设投资占当年国内生产总值（GDP）的百分比。数据来源为统计、发展改革、建设、环保部门。

农村居民年人均纯收入。指标解释：指辖区农村常住居民家庭总收入中，扣除从事生产和非生产经营费用支出、缴纳税款、上交承包集体任务金额以后剩余的，可直接用于进行生产性、非生产性建设投资、生活消费和积蓄的那一部分收入。数据来源为统计部门。

城镇居民年人均可支配收入。指标解释：指辖区城镇居民家庭在支付个人所得税、财产税及其他经常性转移支出后所余下的人均实际收入。数据来源为统计部门。

万元 GDP 能耗。指标解释：指辖区总能耗（吨标准煤）与流域国内生产总值（万元）的比值。数据来源为统计、经济综合管理、能源管理等部门。

生态文明教育的普及率与参与率：指公众对生态文明建设的知晓、参与意愿、生态环境的支付意愿、生态文明生活习惯的培养和参与生态文明建设和环境保护的主动性、积极性的自我评价。数据来源为现场问卷调查。

公众对环境和社会公平正义满意度：指公众对环境保护工作、环境质量状况以及社会公平正义的满意程度。数据来源为现场问卷调查。

生态乡镇创建的比率。生态乡镇创新的数量占洱源县全部乡镇的百分比。数据来源为政府相关部门。

（3）洱源生态文明试点县建设评价方法

a. 规划值的确定

规划值的确定要充分体现洱源生态试点县建设的标准，通过生态文明县的建设，要在生态安全、环境友好、经济发展、社会进步等方面有较大提升，突出水源地源头水体保护，使洱源县经济发展与环境保护更趋协调。根据洱源生态文明试点县建设的分期奋斗目标，分别制定 2009～2010 年、2011～2015 年、2016～2020 年各个分项规划目标见表 8-8。

b. 指标权重的确定

建设洱源生态文明试点县建设指标权重的确定，采用分层构权法和德尔菲法相结合。对生态安全、环境友好、经济发展、社会进步四个方面给予不同权重，对于四个方面的组成指标，区别重要程度给与不同权重。各指标权重分配详见表 8-8。

c. 综合评价指数的确定方法

综合评价指数是由单指标综合而成的，其合成方法较多，如：线性加权综合法、乘法

表 8-8 洱源生态文明试点县建设指标体系权重、规划值、目标值

目标层	系统层	指标层	单位	权重	2008年现状值	规划值(2009~2010年)	规划值(2011~2015年)	规划值(2016~2020年)	生态县目标值	指标类别
洱海流域生态文明建设评价体系	生态安全(20%)	1. 大气环境质量(30%)	%	0.06	2级	2级	2级	2级	2级	正指标
		2. 受保护地区占国土面积比例(30%)	%	0.06	14.2	15	18	20	≥20	正指标
		3. 林草覆盖率(40%)	%	0.08	57.9	58.5	70	75	≥75	正指标
	环境友好(20%)	4. 主要河流水质达标率(30%)	%	0.06	33	57	78	100	100	正指标
		5. 城镇污水处理率(10%)	%	0.02	30	45	60	85	≥85	正指标
		6. 村庄污水处理率(10%)	%	0.02	20	20	25	30	≥30	正指标
		7. 城镇垃圾无害化处理率(10%)	%	0.02	50	60	80	90	≥90	正指标
		8. 村庄垃圾无害化处理率(10%)	%	0.02	53	56	68	80	≥80	正指标
		9. 畜禽粪便综合利用率(10%)	%	0.02	89	90	95	100	≥95	正指标
		10. 化肥施用强度(20%)	kg/hm²	0.04	384.7	350	250	200	<250	逆指标
		11. 有机、绿色及无公害农产品种植面积比重(20%)	%	0.08	40.5	43	50	60	≥60	正指标
	经济发展(40%)	12. 环境保护投资占GDP的比重(20%)	%	0.08	2.0	2.1	2.5	3.5	≥3.5	正指标
		13. 农村居民年人均纯收入(20%)	元	0.08	2688	2800	4000	4500	≥4500	正指标
		14. 城镇居民年人均可支配收入(20%)	元	0.08	12000	13000	14500	16000	≥16000	正指标
		15. 万元GDP能耗(20%)	吨标煤/万元	0.08	1.728	1.65	1.3	0.9	≤0.9	逆指标
	社会进步(20%)	16. 生态文明教育普及率和参与率(40%)	%	0.08	80	82	85	91	>90	正指标
		17. 公众对环境及社会公平正义的满意度(30%)	%	0.06	90	94	95	95	>90	正指标
		18. 生态乡镇创建的比率(30%)	%	0.06	30	35	60	90	≥90	逆指标

注:括号内数值为各层级权重。主要流域水质达标率2009~2010年规划弥渡河Ⅲ类水8个月,永安江Ⅴ类水8个月以上和罗时江Ⅲ类水4个月以上;2011~2015年规划弥渡河Ⅲ类水10个月,永安江Ⅴ类水10个月以上和罗时江Ⅴ类水8个月以上;罗时江Ⅴ类水8个月以上,永安江Ⅴ类水12个月,弥渡河Ⅲ类水12个月;2016~2020年规划弥渡河且河Ⅲ类水12个月,永安江Ⅴ类水12个月和罗时江Ⅴ类水12个月。

合成法、加乘混合合成法、代换法等。因线性加权综合法是使用广泛、操作简明且含义明确的方法，因此，这里选择线性加权综合法。

指标的无量纲化处理。洱源生态文明试点县建设评价体系有正指标 16 个，逆指标 2 个，其无量纲化处理的具体方法有所不同。单项指标的无量纲化值为实际值除以目标值再乘以 100，各项指标的无量纲化值通过加权算术平均，首先得到四个分项评价结果，最终得到流域规划目标实现程度。指标体系中有正指标、逆指标、区间指标及其他指标。其无量纲化处理的具体方法各不相同：①正指标的无量纲化公式为 $Z_i = \dfrac{x_i}{x_{il}} \times 100$。其中 Z_i 为 x_i 的无量纲化值；x_i 为实际值；x_a 为规划值。②逆指标的无量纲化公式为 $Z_i = \dfrac{x_{il}}{x_i} \times 100$，其中 Z_i 为 x_i 的无量纲化值；x_i 为实际值；x_{il} 为规划值。

综合评价指数的计算。在对指标进行无量纲化处理之后，就可以运用线性加权综合法计算是综合评价指数。其计算公式为

$$S_i = \sum_{i=1}^{n} Z_i W_i \, (i = 1, \ 2, \ \cdots, \ n) \tag{8-5}$$

式中，S_i 为综合评价指数；Z_i 为指标的无量纲化值；W_i 为指标的权重值。计算时需要将百分数换成小数。

d. 综合评价标准的确定

按惯例，综合评价标准可以取值 0 ~ 1，也可以取 0 ~ 100。这里将综合评价等级分 Ⅰ、Ⅱ、Ⅲ、Ⅳ、Ⅴ 5 个等级，综合定性评价分对应为优、良、中、差、劣，综合定量评价即综合指数对应（0，100）之内的五个区间。如表 8-9 所示。

表 8-9　洱源生态文明县建设综合评价标准

等级	综合定性评价	综合指数（S_i）标准
Ⅰ	优	$90 \leqslant S_i < 100$
Ⅱ	良	$80 \leqslant S_i < 90$
Ⅲ	中	$60 \leqslant S_i < 80$
Ⅳ	差	$40 \leqslant S_i < 60$
Ⅴ	劣	$0 < S_i < 40$

（4）洱源生态文明试点县建设现状、规划期综合指数分析

根据上述生态文明县评价指标和评价方法，以生态文明县建设指标的现状值、规划值和最终目标值为依据，我们分别对洱源生态文明县建设现状、各规划期的综合指数的进行测算，结果见表 8-10。

表 8-10   洱源生态文明县建设综合指数现状及阶段目标评价

指标系统	2008 年	2009~2010 年	2011~2015 年	2015~2020 年
生态安全指数	15.60	16.86	18.53	20
环境友好指数	10.82	12.63	16.34	20
经济发展指数	24.87	27.02	33.19	40
社会进步指数	9.57	10.37	14.45	20
综合指数	60.86	66.88	82.51	100
评价等级	Ⅲ	Ⅲ	Ⅱ	Ⅰ
定性评价	中	中	良	优

在表 8-10 中，2008 年综合指数是以洱源 2008 年生态文明县各评价指标的现状值为依据，结合各生态文明县建设评价指标最终目标值（即 2020 年目标值）测算的结果，反映目前洱源生态文明县建设的现状。结果显示，2008 年综合指数为 60.86，说明目前洱源县具备生态文明县建设的基础，但是距离最终实现生态文明县建设的目标还有一定差距，尤其需要加强环境友好系统、经济发展系统、社会进步系统方面的建设力度。

2009~2010 年、2011~2015 年、2016~2020 年规划期综合指数分别是以洱源 2009~2010 年、2011~2015 年、2016~2020 年三个规划期生态文明县各评价指标的规划值为依据，结合各生态文明县建设评价指标最终目标值（即 2020 年目标值）测算的结果，反映各规划期洱源生态文明县建设的阶段目标。即经过三个规划期的努力建设，2009~2010 年规划期综合指数将达到 66.88，2011~2015 年规划期综合指数将达到 82.51，2016~2020 年规划期综合指数将达到 100，到 2020 年实现洱源生态文明县建设的最终目标。

8.1.1.6   洱海保护及洱源生态文明试点县建设保障体系研究

1）完善法律法规体系。

洱海流域地方政府已经制定并实施了一系列有利于生态文明建设的法律法规，今后则要进一步贯彻十七大提出的"完善有利于节约能源资源和保护生态环境的法律和政策，加快形成可持续发展体制机制"的基本方略，积极完善有利于节约能源资源和保护生态环境的法律和政策，加快形成可持续发展的体制机制，把生态文明建设彻底纳入依法治理轨道，运用法律手段规范治理生态环境，充分发挥环境和资源立法在经济和社会生活中的约束作用，为建设生态文明提供有力保障。要进一步完善由政府调控、市场引导、公众参与等构成的较完整的法律法规制度。建立科学、合理、有效的执法机制，坚持依法行政，规范执法行为，严格执行环境保护和资源管理的法律、法规，严厉打击破坏生态环境的犯罪行为。加大执法力度，提高执法效果，实行重大环境事故责任追究制度，避免出现有法不依、执法不严、违法不究的情况，以法律法规体系建设来充分保障生态文明建设。

2）建设综合决策机制。

洱海流域地方政府应建立社会、经济发展与生态环境保护综合决策机制，把环境保护规划纳入各级政府经济和社会发展的计划体系，以此增强地方政府在经济发展、资源利用和环境保护等方面的综合决策和协调能力。地方政府应将综合决策做到规范化、制度化,建立系统、稳定、开放的环境影响评价体系,以对经济、技术政策和发展规划等进行制度化测评,并健全环境评价指标体系,开展环境污染和生态破坏损失及环境保护投资效益的统计与分析,进行环境资源与经济综合核算试点,深入研究和试行可持续发展指标体系,逐步建立覆盖全社会的资源循环利用机制,处理好经济建设与人口、资源、环境之间的关系。在综合决策机制建设中,尤其要注意引入以公众参与为核心内容的社会机制,始终将当地各族人民的根本利益放在首位,在健全和完善环境保护协调机制中体现出全心全意为人民服务的宗旨,建立法律、经济手段配合使用的利益导向机制,健全有利于体现公众利益和环境保护的决策体系,确保生态效益、经济效益与社会效益的统一。当地政府还应建立行之有效的生态环境保护监管体系,明确资源开发者的生态环境保护义务与责任,把"各级政府对本辖区生态环境质量负责"、"各部门对本行业和本系统生态环境保护负责"的责任制落到实处,实行严格的考核、奖罚制度,提高环境政策实施的政府绩效。①

3)建立生态补偿机制。

中国共产党的十七大报告明确提出要"实行有利于科学发展的财税制度,建立健全资源有偿使用制度和生态环境补偿机制"。在洱海流域生态文明建设中,地方政府要根据"谁开发谁保护,谁破坏谁恢复,谁受益谁补偿"的原则,建立科学、有效、合理的生态补偿机制,形成一套利用经济杠杆促进生态系统功能恢复和重建的制度。在生态补偿机制建设中,要注意在财政转移支付项目中增加生态补偿项目,实施项目保障。要探索资金横向转移补偿模式,通过横向转移实现流域内公共服务水平的均衡。建立生态环境补偿机制还需处理好上、中、下游的关系,流域内与流域外的关系,近期与长期或者是当代与后代的关系,以及市场作用与政府职能的关系。地方政府可以建立生态环境补偿费用机制,大力促进洱海流域符合生态文明要求的循环经济和环保产业的发展。要在流域内外树立资源有偿、生态有价的价值观念,通过生态文明理念价值观让保护者得到补偿,让破坏者得到惩罚,让占有者付出成本,让受益者分担成本,这样才能真正做到良性循环、可持续发展。

4)强化科技支撑作用。

生态文明建设离不开科学技术力量的强大支持。不仅在制度上、组织上、理念上、法律上需要提供生态文明建设的保障,而且要注意加大生态文明建设中的科技含量,要致力于以科学技术作为生态文明建设的有力支撑。加快流域可再生资源保护与利用程度的研究进程,加大流域生产力的空间布局的研究力度,重视科技的推广应用,正确处理环境保护与发展经济的关系。总之,凡事讲科学,遵循客观规律,尊重知识、尊重人才,通过科学技术落实科学发展观,使生态文明建设走上科学发展、可持续发展的道路。

5)创建道德文化体系。

生态文明建设需要全社会的自觉参与。在建设过程中,要遵照党的十七大报告中提出的"生态文明观念在全社会牢固树立"的要求,进行广泛、深入、细致的宣传,以各种方

---

① 刘国军. 2008. 完善生态文明建设保障体系的基本对策. 人民网理论频道 http://theory.people.com.cn/BIG5/40537/6883783.html.〔2008-2-15〕。

式和手段将科学发展、人与自然和谐相处的思想理念充分展示。要在全社会树立良好的生态文明道德风气，使热爱环保、和谐发展的思想深入人心，成为全社会的共识。营造良好的保护环境、生态文明的社会舆论氛围。有了生态文明道德文化体系的建设，才能真正做到全民参与、全民自觉，这是生态文明建设不可或缺的部分。

8.1.2 构建洱海流域生态补偿机制研究

8.1.2.1 充分认识构建洱海流域生态补偿机制的重要性和必要性

生态补偿机制是以保护生态环境、促进人与自然和谐为目的，根据生态系统服务价值、生态保护成本、发展机会成本，综合运用行政和市场手段，调整生态环境保护和建设相关各方之间利益关系的环境经济政策，对于洱海流域的环境保护和生态文明建设具有极其重要的现实意义。

（1）建立生态补偿机制有利于洱海的保护与治理

按照《国务院关于落实科学发展观加强环境保护的决定》要求："要完善生态补偿政策，尽快建立生态补偿机制"。中央和地方财政转移支付应考虑生态补偿因素，国家和地方可分别开展生态补偿试点。建立生态补偿机制是落实新时期环保工作任务的迫切要求。洱海的保护与治理，是大理州全面建设小康社会和发展先进生产力的需要，是建设云南民族文化旅游大州，以及建设投资环境、人居环境最好地区之一的关键举措，是维护最广大人民群众根本利益的具体体现，也是建设滇西中心城市的基础和前提。

（2）建立生态补偿机制有利于洱海流域的可持续发展

环境污染的外部性是造成环境污染泛滥的主要原因，解决这一问题的有效对策是使外部性内部化。在洱海流域建立生态补偿机制很大程度上能实现经济行为的外部性内在化，以此可以逐步改变各行为主体片面追求自身效益而引发的生态问题，是贯彻落实科学发展观的重要举措，它有利于从根本上推动环境保护工作，实现从以行政手段为主向综合运用法律、经济、技术和行政手段的转变，有利于推进洱海水资源的合理利用，有效保障区域可持续发展。

（3）建立生态补偿机制有利于洱海流域和谐社会构建

构建洱海流域和谐社会，必须实现经济与环境协同发展、互动双赢，一方面要充分依靠科技进步，大力发展生态经济；另一方面还必须根据环境承载力与资源分布情况来调整优化生产力布局。在经济发展和产业调整中，基于生态和环境的要求，流域内各区域的发展可能是不均衡的，部分地区需要牺牲一部分发展权。洱海流域内任何一个居民享有水资源的权利是平等的，洱海上游地区为水资源保护区，承担着给下游供水、保证下游地区用水安全的生态保育任务。通过市场调节机制，采取合理的方式对上游水资源保护区居民水资源使用权和产业发展权的损失给予补偿，以使其公平地享有水资源效益，这是十分必要的。流域内不同区域应当确保出界水质达到考核目标，并根据出入境水质状况确定横向补偿标准，搭建有助于建立流域生态保护共建共享机制的政府管理平台。

8.1.2.2 洱海流域生态补偿的理论、计量与机制构建

生态补偿是主要通过经济手段，保护并可持续地利用生态系统服务、调整不同参与者和利益相关方的成本分摊和效益分配的一种制度。生态补偿的基础是生态系统服务的价值、生态保护成本和机会成本。生态补偿的手段包括政府干预及市场机制，它包括对生态系统和自然资源保护的经济激励以及对生态系统和自然资源破坏所造成环境损害的补偿。

（1）生态补偿的理论基础

理论上有多种不同的学说对生态补偿加以解释，包括公共产品理论、外部性理论、产权理论、生态资本理论、可持续发展理论等，这些理论从不同的角度论述了对环境资源利用进行生态补偿的合理性。其基本思路是通过恰当的制度设计使环境资源的外部性成本内部化，由环境资源的开发利用者来承担由此带来的社会成本和生态环境成本，使其在经济学上具有正当性、在可持续发展上具有公平性和公正性，从而促使其做出对社会和环境最有利的行动选择，这为人们探索代际补偿与代内补偿、国家和地区之间的补偿以及区域之间的补偿新途径提供了理论依据。

（2）生态补偿的指导思想和基本原则

坚持以"三个代表"重要思想为指导，认真落实科学发展观，以推进生态市建设、统筹区域发展为主线，以保护和改善生态环境质量为根本出发点，以体制创新、政策创新、科技创新和管理创新为动力，不断完善政府对生态补偿的调控手段和政策措施，促进社会参与和市场运作，逐步建立公平公正、权责统一、积极有效的生态补偿机制。在实际工作中，应当遵循以下原则。

坚持保护者受益、损害者付费、受益者补偿的原则。生态环境是公共资源，环境保护者有权利得到投资回报，使生态效益与经济效益、社会效益相统一；环境开发者要为其开发、利用资源环境的行为支付代价；环境损害者要对所造成的生态破坏和环境污染损失作出赔偿；环境受益者有责任和义务向提供优良生态环境的地区和人们进行适当的补偿。

坚持统筹协调、共同发展的原则。按照统筹区域协调发展的要求，依据生态补偿原理，多渠道多形式支持江河水系源头地区、重要生态功能区和欠发达地区经济社会发展，促进保护地区与受益地区共同发展，努力实现经济社会发展与生态环境保护的双赢。

坚持循序渐进、重点突出的原则。建立生态补偿机制既要立足当前，突出重点，解决实际问题，在充分总结现有生态补偿实践经验的基础上，形成适合当前的补偿模式进行推广；又要着眼将来，循序渐进、先易后难地逐步解决理论支撑和制度设计的问题，深入探索和研究生态补偿的内在发展规律，使生态补偿机制发挥出最佳的整体效益。

坚持政府主导、市场参与的原则。要充分发挥各级政府在生态补偿机制建立过程中的主导作用，努力增加公共财政投入，完善政策调控措施；同时又要积极引导社会各方参与，逐步建立多元化的筹资渠道和市场化的运作方式。

坚持公平公开、权责一致的原则。生态补偿机制必须在公平公开的层面上运行，科学核算生态补偿的标准体系，建立阳光运作的补偿程序和监督机制，同时又要建立责、权、利相统一的行政激励机制和责任追究制度，形成"应补则补，该补则补，公众监督，奖惩

分明"的有效运转体系。

（3）洱海流域生态补偿机制构建的要求和目的

生态补偿机制构建的基本要求是：其一，生态保护属公共产品，保护生态环境的责任理应归属于公共部门；其二，生态保护为社会提供的生态效益具有正的外部性，需要通过一定的政策手段实行生态保护外部性的内部化，让生态保护成果的"受益者"支付相应的费用；其三，生态补偿的背后反映的是人与人的利益关系，需要建立利益相关者责任机制，才能真正体现"谁受益谁付费"的原则；其四，生态补偿标准需要科学量化，而相关的生态系统服务价值评估方法为生态补偿提供了量化标准，有利于制定合理的生态补偿价格。因此，建立生态补偿机制关键是要解决四个核心问题：一是谁是责任主体；二是谁来补偿；三是如何补偿；四是补偿多少。

（4）洱海流域生态补偿标准的计量方法和计算依据

补偿标准是生态补偿机制建立的核心内容之一，关系到补偿的效果和可行性，其内容包括标准上下限、补偿等级划分、等级幅度选择、补偿期限选择、补偿空间分配等。生态补偿标准是生态效益、社会接受性、经济可行性的协调与统一，标准决定因子应是多元化的，是成本估算、生态服务价值增加量、支付意愿、支付能力等多方面要素的综合，还需要把握社会心理、道德习惯等影响因素。目前，国内主要依据对生态系统服务价值的评估作为补偿标准的依据，采取机会成本法、市场价格法、影子价格法、碳税法、重置成本法等对生态系统服务价值进行评估，并据此确定补偿额度。

洱海流域水资源生态补偿可以分两个层面来确立依据。

1）从洱海全流域与其他区域之间的环境关系和生态作用来看，可以采用生态系统服务价值来全面度量洱海流域环境保护和生态资源的价值，以此来计算洱海全流域应得的生态补偿金额。这是生态补偿主体——国家和生态环境受益地区，对特定生态补偿对象——洱海全流域，为其获得的环境收益进行的补偿。按照1997年Robot Costanza等对全球生态系统服务价值的测算经验值——国民生产总值的1.8倍，根据大理市2008年全市生产总值（GDP）145.5亿元和洱源县2008年全县生产总值19.5亿元的统计数据，可以测算出洱海全流域的年生态系统服务价值为（145.5+19.5）×1.8＝297亿元。

2）从洱海流域内各区域之间的环境关系和生态作用来看，可以采用机会成本法来测算流域不同区域对特定区域的生态补偿额度。从流域水源区居民角度来看，因保护水资源投入的成本以及限制高耗水、高排污的工业和农业的发展而使其发展权受到了较大的影响，这些损失的直接成本和间接成本必须得到补偿，这样才能使保护和治理工作持续下去。直接成本是指为保护水资源水质水量而投入的成本，包括为改善水量的退耕还林、封山育林、水土流失治理的投入和改善水质的控制农业面源污染投入、城乡污水处理设施建设投入、水质监测站的投入。间接成本主要是退耕还林、调整工业和农业品种结构从而失去了部分发展权而形成的机会成本（损失）。可以用下面的公式来表示。

$$TC = DC + IC \tag{8-6}$$

$$DC = TDC + FDC + XDC + SDC + KDC + WDC + JDC \tag{8-7}$$

$$IC = TIC + LIC + GIC \tag{8-8}$$

式中，TC 为总成本；DC 为直接成本；IC 为间接成本；TDC 为退耕还林直接成本；FDC 为封山育林直接成本；XDC 为新造林投入；SDC 为水土流失治理的投入；KDC 为控制农业面源污染投入；WDC 为城乡污水处理设施建设投入；JDC 为水质监测站的投入；TIC 为退耕地损失的机会成本；LIC 为限制特定农业发展损失的机会成本；GIC 为限制特定工业发展损失的机会成本。

依照上述方法计算出的生态补偿额度是单从水源区角度、评估机会成本测定的补偿总额。基于保证保护者和受益者双方利益的原则，确立最终补偿标准时需要对这一计算结果进行必要的调整，结合对水源区与受益区的具体情况的综合考量，考虑受益区对水量水质的需求、支付意愿与支付能力以及水资源市场价格水平，得出补偿分配系数。补偿分配系数可由式（8-9）计算得出。

$$B_i = (0.2L_i + 0.4Q_i + 0.4W_i) / \sum_{i=1}^{3} (0.2L_i + 0.4Q_i + 0.4W_i) \times 100\% \qquad (8-9)$$

式（8-9）中，B_i 为补偿分配系数；L_i 为经济发展水平分配系数，可用皮尔生长曲线推导得出；Q_i 为取水比例系数，可由统计数据算出；W_i 为污水排放比例系数，可由统计数据算出。

按照大理市洱海保护管理局编纂的《洱海管理志》的相关数据，我们采用机会成本法大致测算了洱海流域不同区域对特定区域的生态补偿额度。近几年洱海流域每年的生态直接成本为 0.89 亿元，采用类比的方法来分析洱海全流域限制工业、农业发展带来的机会成本每年约在 300 亿元，由上述直接成本和间接成本来估算，按照机会成本测算洱海流域每年的生态补偿总额超过 300 亿元，与按照生态系统服务价值测算出的洱海全流域年生态系统服务价值 297 亿元的结果大体是一致的。

（5）洱海流域生态补偿机制构建的总体框架

1）补偿主体、受偿主体与实施主体。生态补偿主体即生态补偿权利的享有者和义务的承担者，包括补偿主体、受偿主体、实施主体。①补偿主体，生态补偿主体一般以国家为主，也包括有补偿能力和可能的生态受益地区、企业和个人，即明确"由谁补偿"的问题。②受偿主体。生态受偿主体是生态补偿的接受主体，即明确"补偿给谁"的问题。资源开发活动中和环境污染治理过程中因资源耗损或环境质量退化而直接受害者是生态补偿的受偿主体；生态建设过程中，因创造社会效益和生态效益而牺牲自身利益的主体者也是生态补偿的受偿主体。生态受损主体为了实现生态环境价值而造成了利益减损，生态受益主体对其进行经济补偿体现了"公平"原则。③实施主体，即明确"由谁出面施行补偿"的问题。由于生态补偿自身的特殊性，在生态补偿主体难以对生态受偿主体直接补偿的情况下，生态补偿需要形成并依靠实施主体，而生态补偿的最佳实施主体一般是政府。

2）补偿方式。生态补偿方式是指生态补偿主体承担生态补偿责任的具体形式，从补偿的运作模式可以大体划分为政府补偿和市场补偿两类方式。政府补偿是指政府以非市场途径对生态系统进行的补偿，包括财政转移支付、专项基金、优惠政策、对综合利用和优化环境予以奖励等，主要的形式是资金补偿、政策补偿和智力补偿。市场补偿是由市场交易主体在法律法规的范围内，利用经济手段，通过市场行为改善行为生态环境的活动的总称。可以采用收取生态环境费、实行环境产权市场交易以及发展环保产业、推行环境责任保险等形式。

3）补偿途径。结合政府补偿和市场补偿两类不同的方式，洱海流域可以通过多种途径来实现有效的生态补偿：一是征收流域生态补偿费与生态补偿税，二是建立流域水资源生态补偿基金，三是实行生态补偿保证金制度，四是开展各级财政生态专项补偿，五是推行优惠信贷。此外还可以通过建立排污权交易市场、组建生态补偿捐助机构、发行生态补偿彩票等形式来多方筹措资金。

一般来说，生态补偿规模越大，涉及的利益相关方就越多，协调他们共同行动的成本也就越高，开发和实施的难度和复杂性就越高。没有任何一种策略对所有地区都有效，真正起作用的补偿机制和补偿途径应该是因地制宜的，需要发挥多种补偿机制的优势综合进行。

8.1.2.3 洱海流域构建生态补偿机制的政策措施

在洱海流域健全和完善生态资源补偿机制，将会进一步强化流域生态环境保护，培育区域造血功能，让流域人民很充分地分享全国经济社会发展的成果，有利于在科学发展观的指导下构建洱海流域和谐社会。为此，需要形成洱海流域生态补偿机制构建的强有力政策保障，并制定实施有效的政策措施。

(1) 强化政府主导作用，完善生态补偿主体责任机制

生态补偿机制的构建，需要首先解决"谁是责任主体"的问题。按照生态补偿原则的要求："谁开发谁保护，谁破坏谁恢复，谁受益谁补偿，谁污染谁付费"，谁来付费的问题其实是利益相关者之间的责任问题。"生态补偿"的本质内涵是生态服务功能受益者对生态服务功能提供者付费的行为，付费的主体可以是政府，也可以是个体、企业或者区域。

在现阶段建立生态补偿机制中，要进一步完善政府在流域生态领域公共服务的主体责任。只有政府重视并有一定的财力，生态补偿机制才能迅速建立并不断完善。洱海流域生态效益的获益者向流域各级政府缴纳补偿费用，共同委托其所在地区的政府购买生态效益（形式上表现为支付流域不同种类的生态补偿金）；接受补偿地区的政府负责将补偿金分配给实际为流域保护做出贡献或是因流域保护牺牲利益的单位和个人，完成流域生态补偿的全过程。可以按照国家统一安排，以全国主体功能区划为依据，明确各生态功能的定位、保护的责任和补偿的义务，在生态效益的提供者和受益者的范围界定清楚的基础上，建立起有效的"利益相关者补偿"机制，从而真正实现生态链和产业链上不同区域之间的补偿。

(2) 争取政策、利用资源，多渠道筹措生态补偿资金

结合国家相关政策和洱海实际情况，不断改进公共财政对生态保护的投入机制，同时要研究并利用各级各类政策，引导建立多元化的筹资渠道和市场化的运作方式。

1）争取各项政策与利用各类资源。第一，原国家环保总局《关于开展生态补偿试点工作的指导意见》（环发〔2007〕130号）。力争流域生态补偿机制构建工作纳入国家"重要生态功能区生态补偿机制和流域水环境保护的生态补偿机制"的范围。

第二，财政部、国家林业局《中央财政森林生态效益补偿基金管理办法》（财农〔2007〕7 号）。

第三，云南省财政厅、云南省林业厅《云南省森林生态效益补偿基金管理实施细则》（云财农〔2005〕47 号）。

第四，洱海流域涵养林和其他林地力争纳入财农〔2007〕7 号和云财农〔2005〕47号的中央补偿基金和云南省森林生态效益补偿基金的补偿范围。

第五，洱海流域治理要在纳入"国家水体污染控制与治理科技重大专项"的基础上，力争列入国家或省级生态补偿试点。

第六，洱海流域生态补偿项目在纳入中国—欧盟农业生态补偿合作项目示范点的基础上，争取获得更多的中国—欧盟政策对话支持项目。

第七，洱源工业区和滇西中心城市的区域和产业发展也要力争进入国家和云南省的产业扶持计划。

此外，还要争取更多的环保和产业项目获得各级政府的倾斜政策，如湿地建设、三退三还、矿区复垦、农村面源污染治理、农村污水收集和垃圾的无害化处理等项目。

2）多方筹措生态补偿资金。第一，健全财政转移支付制度。实施积极的财政政策，增加对生态保护地区环境治理和保护的专项财政拨款、财政贴息和税收优惠等政策支持；建立生态补偿专项基金，在现有 1500 万元专项资金的基础上，力争每年增加 20%。

第二，进一步完善洱海水费管理办法，试点开展水权交易。严格落实《国务院办公厅关于推进水价改革促进节约用水保护水资源的通知》，加快推进水价改革，适时开征洱海水资源费，逐步提高水资源费的征收标准，并将部分水资源费划归环保部门管理和使用。

第三，逐步开征生态税费。在条件成熟的情况下可以在洱海流域内试点开征新的统一的生态环境保护税，建立以保护环境为目的的专门税种，消除部门交叉、重叠收费现象，完善现行保护环境的税收支出政策。"生态税"在内容上需要设置具有典型区域差异的税收体制，补偿生态保护与建设，体现"分区指导、调整利益"的要求。在"生态税"推广中，还可以根据区域实际，采取各种灵活手段逐步推行。在部分区域可以考虑先推出"生态附加税"，采用类似城建税或教育费附加的形式，附在三种主要税种（增值税、营业税、企业所得税）上同步收取；也可以在开征综合"生态税"之前，暂时先开征水资源税和森林资源税，对破坏生态环境的生产、生活方式利用税收手段予以限制，如对木材制品、野生动植物产品、高污染高能耗产品等的生产和销售征税；对环境友好、有利于生态环境恢复的生产、生活方式给予税收上的优惠等。

第四，探索建立生态环境补偿基金。生态环境补偿基金可由政府拨出一笔专项资金，除优化原有支出项目和新增财力充实以外，还可以通过各种形式的资助及援助，逐步构建以政府财政为主导，社会捐助、市场运作为辅助的生态补偿基金来源体系。筹集的生态补偿基金可用于生态保护区生态建设、移民、脱贫等项目的资助、信贷、信贷担保和信贷贴息等方面。

（3）确立合适的补偿标准，制定有效的补偿措施，采取多种方式落实生态补偿政策

1）进一步完善生态补偿的财政支持体系。探索建立横向财政转移支付制度，有选择地将横向补偿纵向化，采用机会成本法测算流域不同区域对特定区域的生态补偿额度，通过建立省级政府与地方政府间，以及地方政府间的这一横向制度，实行下游地区对上游地区、开发地区对保护地区、受益区对生态保护区的财政转移支付，以横向财政转移改变流域不同区域之间的利益格局，实现地区间公共服务水平的均衡，提高生态保护区人民的生活水平，缩小流域内区域间的经济差距。

2）贯彻落实洱海流域"三退三还"政策。对已退并纳入退耕还林政策的农田，继续按照退耕还林政策由林业部门逐年补助，州、市政府在中央退耕还林政策每年每亩补贴 250kg 原粮的基础上再每年每亩补助 100kg 原粮，拟定 8 年政策已兑现到 2007 年，剩余两年一次性足额补助。还可以考虑对于其后 8 年继续实行补贴政策和进一步扩大实施洱海"三退三还"政策的区域。

3）推进洱海流域产业的地域调整。在洱海流域外规划建设产业发展园区，引导"两高一资"工业和面源污染严重的农业产业（如奶牛养殖等）外移到这些产业发展区，并对外迁的产业和企业给予相应的补偿，对因生态环保造成的企业和相关人员的损失进行适当补偿与合理安置。为促进乳业提质增效、加快奶牛外迁，可以考虑对外迁奶牛按照每头补贴 2000 元标准给予补偿。

4）制定实施产业发展政策。在上级财政扶持和生态补偿资金的支持下，洱海流域可以有选择地推行各种奖励制度等政策手段，鼓励"两高一资"产业主动调整产业结构和发展方向，既实现节能减排与低碳经营，又力争做到产业结构优化与升级，并力图按照大理州"1+6"城市圈的总部经济与制造中心的产业规划实现产业的区域优化分布，借助产业政策和项目建设推进洱海流域产业结构优化与调整。

（4）加强组织领导和政策宣传，不断提高生态补偿的综合效益

1）加强组织领导。各级政府要把建立健全生态补偿机制作为大理生态州建设的有机组成部分，切实加强组织领导，搞好部门之间、区域之间、城乡之间的协调，整合优化政策措施，统筹安排补偿资金。各级生态办和财政部门要切实做好生态补偿各项措施的督促落实，各有关部门要根据生态市建设的职责分工，各司其职，相互配合，形成合力，共同推进生态补偿机制的建立。要加强对生态补偿资金的使用和管理，充分发挥生态补偿机制的积极效应，提高生态补偿的综合效益。

2）建立生态环境评估体系，强化责任考核。科学测度洱海流域和各区域的生态环境价值，研究形成合理有效的生态环境价值评估体系和相关责任人考核办法，完善生态环境补偿基金使用效益评价体系，提高补偿资金使用效率和效益。在流域保护区，要明确各级政府与管理部门获得和使用生态补偿资金应该履行的职能与责任，改革和完善领导干部政绩考核机制，将万元 GDP 能耗、万元 GDP 水耗、万元 GDP 排污强度、交接断面水质达标率和群众满意度等指标纳入考核指标并逐步增加其在考核体系中的权重，将落实生态补偿工作作为考核各级各部门领导干部政绩的重要内容。

3）强化各类监督。自觉接受人大的工作监督和政协的民主监督，实行生态补偿实施情况年度审计制度；实行信息公开，定期公布生态补偿资金使用情况及相关工程进展情况。切实保障人民群众的知情权、参与权和监督权，促进生态补偿机制建立决策的科学化、民主化。及时总结经验，创新建立健全生态补偿的机制、思路和方法，为进一步完善生态补偿机制提供技术、政策保障。

8.2　洱海流域社会经济发展战略分析与定位

8.2.1　洱海流域社会经济发展背景

近几年来，洱海流域发展的时代背景、政策环境、基础条件、区域责任都在发生新的变化，地区发展呈现新的阶段特征，也出现了新的矛盾和问题。洱海流域正处于经济社会快速发展时期，一方面，城市要抓住机遇，为经济社会快速发展提供空间和支撑体系；另一方面，又要应对快速发展所产生的历史文化保护、基础设施、交通等方面大量而普遍的冲突，城市总体规划有必要对这些经济社会发展的深层次变化做出相应的准备。这就需要根据洱海流域的新形势和情况进行局部的深化和调整，以更好地指导和统领洱海流域社会经济的全面协调发展。

8.2.1.1　发展背景

1）贯彻科学发展观与城乡区域统筹发展。面对复杂多变的国际国内发展形势，党中央提出了以人为本、全面、协调、可持续的科学发展观，引导国家进行发展模式的根本转变。统筹城乡发展、统筹区域发展、统筹经济社会发展、统筹人与自然和谐发展已经成为地区发展的理念与指导思想。科学发展观强调发展要由单纯的经济文明向经济、社会、生态文明协调发展转变。洱海流域总体规划以科学发展观为指导，以区域与城乡统筹和协调发展、增强区域竞争力为核心，以区域资源协调利用、基础设施共建共享、生态环境的协调保护等方面，推进流域经济又好又快发展，促性滇西区域的整体协调发展，为洱海流域落实科学发展观、统筹城乡区域发展提供科学依据和行动纲领。

2）金融危机与国家扩大内需刺激发展。金融危机在经济全球化下引发了全球性的经济衰退和危机。中国作为庞大的外向型经济体，当前发展的重要背景之一就是国内经济下行压力加大，未来一段时期将是中国逐步应对全球性经济危机带来的困难与国内发展变革转型带来挑战的关键时期。国家提出通过扩大内需、促进经济增长来应对这场经济危机。作为主要依托资源型产业发展的云南省，外需市场的疲软，整体经济也由于资源型产业的下降而呈现下行的趋势。为此，在国家集中出台一系列扩大内需、保持经济较快发展政策措施的机遇下，洱海流域应该抓住国家扩大内需的机遇，认清金融危机之时经济发展周期中的低潮时期，通过深入贯彻科学发展观，转变发展思路，改变发展模式，着力推进"两保护、两开发"做大做强中心城市，为云南省乃至西部地区的可持续发展做出示范。

3）宏观战略地位的重新认识。从国家层面看，随着西部大开发的纵深推进和中国多边贸易格局的形成，大理市已不再只是定位于我国著名的文化、旅游特色浓郁的现代城市，而更多地与宏观区域经济发展的大格局联系在一起。科学合理而又富有前瞻性地对大理进行规划建设，加快推进大理市乃至大理州的发展步伐，从而使大理成为推进西部大开发和民族自治地区发展的重要引擎，又使大理成为连接中国珠江三角洲、北部湾经济区、昆明城市群和缅甸、印度等国家的一个枢纽环节。

4）新时期发展环境的变化。随着国际大通道的建设、区域多边协作的深化以及泛珠三角协作的持续推进，云南省正在进入新一轮的发展时期，为各州市的发展创造了前所未有的机遇条件。随着国际资本流动的加速、产业组织的变化以及省域重大基础设施的建设，滇西地区的发展格局也在发生改变，在国家政策理念的转型背景下，从地区社会经济和生态环境上看，统筹、协调、集约、和谐、发展仍然是大理州空间发展的关键词和必然要求。在传统城镇体系规划模式指导下的大理州，同样不可避免地存在各自发展和行政经济的弊端，县域经济向都市区经济的转型成为大理州内聚外联，对接区域发展的战略出路，而构建高效、持续而具有强竞争力的滇西中心城市成为大理州必须承担的区域责任。

8.2.1.2 体系结构

在云南省城镇体系指导下，根据大理州城镇体系现状基础和发展潜力，以大理市区为全州域中心城市，形成"单核、一圈、三环、四轴"的城镇体系格局。

1）单核：大理滇西中心城市。大理州城镇体系格局是单核心城镇体系，其核心即为规划期末的大理滇西中心城市，以大理镇、下关镇、凤仪镇、海东镇为其城市核心区，同时也是大理州的政治、经济、文化中心。

2）一圈：一个大理都市圈。以大理、下关、凤仪、海东为核心，以约50km距离和1h通勤范围为半径向外扩散，形成一个大理都市圈。

3）三环：三个城镇密集环。全州形成环洱海城镇密集环、宾川—祥云—弥渡城镇密集环和鹤庆—剑川—洱源城镇密集环三个城镇发展密集环，各环之间、环的内部形成快捷高效的交通体系。

4）四轴：四条城镇发展轴线。以大理滇西中心城市为核心，向外放射形成四条城镇发展轴线。

规划实施以来，大理州城镇体系基本按照单核（大理主城）、一圈（大理都市圈）、三环（三个城镇密集环）和四轴（四条城镇发展轴线）的总体结构发展。大理仍然是城镇体系的绝对且唯一核心，大理城市圈所包含的祥云、弥渡、宾川、巍山、洱源和漾濞六县紧紧围绕着大理核心区发展，但是产业分工协作仍然不够。三个城镇密集环中，环洱海城镇密集环和宾川—祥云—弥渡城镇密集环发展较快，内部快速交通网的构建也逐步完善，北部鹤庆—剑川—洱源城镇密集环由于距离大理核心较远，发展相对缓慢。

8.2.1.3 大理滇西中心城市规划

综合上述分析，本次规划确定大理滇西中心城市的功能定位为：国际知名的休闲旅游胜地，中国通往东南亚、南亚陆路通道的枢纽节点，面向南亚、联系川藏的教育培训与科研基地，多元文化融合、山水生态宜居的文化绿都，国家湖泊治理示范区与民族自治地区科学发展示范区，云南省副中心、先进制造业基地与滇西现代服务中心。

1）国际知名的休闲旅游胜地。把大理滇西中心城市建成国际知名的休闲旅游胜地，必须把创新作为发展的生命线和灵魂，立足自身的历史文化与自然生态资源，依托国家批准的旅游综合改革实验区的建设，抓住云南省旅游二次创业的机会，进一步发挥改革开放的窗口和试验田的作用，不断创新旅游开发模式；全面推动政府、市场、企业和社会方面的基础改革，努力为中国旅游发展改革的纵深推进探索新的方向与道路。

2）向国际型旅游城市迈进。大理滇西中心城市拥有众多国内外知名的风景名胜区、旅游度假区等资源，但是以国内旅游业发展的成功范例表明，只靠景区带动整个旅游业的发展是远远不够的。城市才是旅游发展的主体，旅游生产力凝聚的区域。与国际性旅游城市相比，大理滇西中心城市应该朝着提供更为便捷的交通可进入性、健康舒适的旅游环境、体系合理的住宿酒店、高水准的旅游服务、有吸引力的城市和高质量的城市生态环境与景观品质等方向进行努力与突破。

3）旅游创新改革的领域与方向。大理滇西中心城市的旅游发展不能仅仅着眼于国际市场对接和旅游产品结构的开发上，而更应当从深化改革、制度创新的目标去发挥旅游综合改革实验区的标杆作用。具体而言，可以从旅游管理制度改革、旅游投融资体制改革、旅游发展空间模式创新、旅游产品创新改革、旅游产业组织创新改革、旅游法律规范创新改革、旅游诚信体系建设创新和旅游行业标准创新等方向进行。

4）面向南亚、联系川藏的教育培训与科研基地。教育资源是战略性资源，东南亚、南亚国家的教育尤其是高等教育市场潜力十分巨大。加强高校与东南亚、南亚国家的教育合作与交流，是云南省"开放强省"的战略需要，更是我国落实"睦邻、安邻与富邻"的外交方针和政策的需要。随着中国与东盟各国交往的增加，中国-东盟自由贸易区的建立，以及今后全方位，多层次，宽领域的合作与交流，面向东盟的人才需要量将快速增加。

定位大理滇西中心城市是面向南亚、联系川藏的教育培训和科研基地，有利于大理滇西中心城市拓展教育优势，培养人才，扩大区域与国际影响力。今后大理滇西中心城市应以此为目标，争取国家和省教育厅在政策、资金上的支持，设立专项经费，积极培育面向南亚和川藏的教育市场。

5）多元文化融合、山水生态宜居的文化绿都。大理滇西中心城市是汉文化、青藏文化、海洋文化以及印度文化交汇叠合的地带，是历史上著名的"茶马古道"与"蜀身毒道"的交汇地，同时曾经建立过南诏国、大理国，较早开创了我国西南少数民族地区与中原地区、周边国家经济交流和文化交往的历史。几大文化的交汇、多元民族的融合、宗教之间的和谐以及神与人之间的和谐铸就了大理滇西中心城市独有的历史文化底蕴，也使白族文化成为具有世界价值的民族文化。大理滇西中心城市应发挥历史文化资源优势，彰显地区文化特色与交流功能，也为增强中国同周边国家的文化交流做出贡献。

大理滇西中心城市生态环境的功能和优势铸就了其独一无二的地理区位。顺应世界城市化发展新阶段中日益显现出来的生态化趋势，立足于生态环境的可持续发展，以山水生态为基底，以人地和谐为根本，把大理滇西中心城市建成生态环境维护、生态产业升级、生态文化培育和生态环境居住以及彰显大理南诏国韵，多元民族文化的文化绿都。

8.2.2 洱海流域战略分析、定位

8.2.2.1 大理市发展战略分析与定位

（1）发展战略分析

大理市作为滇西中心城市的核心区域，是云南省的高新技术基地，也是国内外著名的休闲、旅游胜地和适宜居住地。预计2025年总人口93万，城镇化率72.4%，城镇人口67万；2020年总人口105万，城镇化率80%，城镇人口84万。在经济全球化的今天，大理市在云南要建设成辐射面广、带动力强、吸引力大的滇西中心城市，在全国要建成我国著名的文化、旅游特色浓郁的现代城市，在世界要建成世界上适宜人类居住和发展的城市，需要走的路还有很多。在国家实施西部大开发战略和云南省积极加入大湄公河流域次区域经济合作的政策发展背景下，大理市应进一步抓住云南省生产力布局变革的机遇，在省域经济发展战略棋盘上走好大理的棋子，明确自身定位，寻求更好途径，带动云南全省，特别是滇西区域的社会经济可持续发展。

大理市在区域发展中的定位有以下两个层面：其一是在云南省发展战略棋盘上走好大理的棋子，其二是在大理州形成紧密圈层（大理都市圈）的城市群，促进全州经济一体化，加快全州城市化的步伐，扩大大理州在云南省的影响力。通过生态农业、机械制造业、卷烟及辅料业、建材业、生物医药和绿色食品制造业、旅游业、现代服务业等主导产业，使大理市成为辐射面广、带动力强、吸引力大的滇西中心城市；成为我国著名的文化、旅游特色浓郁的现代城市；成为世界上特别适宜人类居住和发展的生态园林城市。

1）大理市在云南省发展战略中将担负重要角色。首先，大理市是云南省生产力布局调整的"推进器"。从云南省城镇体系结构上看，区域性的大城市缺位，全省除昆明为特大城市外，从规模上看没有第二个大城市，由于缺乏"推动器"的推动作用，经济发展呈散状点式发展，各个城市各自为政，区域经济一体化难于实现，从而导致区域经济整体发展较为缓慢，并最终影响到全省区域经济的进一步发展。很显然，将大理建成滇西中心城市是促进云南省生产力布局调整顺利进行的必然，大理将肩负起带动滇西地区经济发展"推动器"作用，滇西地区在产业结构调整升级、开发利用腹地资源，加速推进城市化，吸引国内外资金、技术管理信息方面需要大理发挥中心城市的吸引、聚集作用，大理要从振兴滇西区域经济的高度提升自身的发展定位，坚持"以点促面"，带动滇西广大地区进入快速发展阶段。其次，大理市是带动滇西区域工业化进程加速的"火车头"。产业发展将是滇西地区下一步发展的主体，只有基础设施建设的推进，没有较大力度的产业开发，将始终停留在"万事俱备，只欠东风"的层面上。滇西地区工业化的推进，应当是滇西地区经济发展能否取得成功的关键之一。面对优越的资源条件和区域发展背景，只有通过提高资源产品加工的深度，根据区域市场变化提升产业、产品层次，以此带动滇西区域资源的开发，促进滇西地区产业链的形成，从而引领滇西区域工业化的全面发展。大理市城市建设为滇西八地州之首，大理市最有条件成为带动滇西区域工业产业化进程的"火车头"。

最后，大理是滇西区域城市化进程的"示范区"。推进城市化、促进城乡协调发展是大理担负促进滇西经济发展重要作用的又一个主要方面。滇西地区多为山地，同时人口又较多，经济发展相对落后，除了体制障碍外，城镇产业发展不快形成的制约仍然比较严重。因此对于广大滇西地区而言，农村富余劳动力转移的压力较大，城市产业发展较弱、小城镇数量和发展质量较低、就业岗位有效供给不足是制约城市化发展的主要问题。大理城市发展对于整个滇西意义重大。大理城市化水平的提高可以极大的带动滇西区域城市化的进程，同时也可以探索出一条相对成功的城市化发展模式，对云南省欠发达地区更具现实意义。

2）大理综合发展水平对大理州具有决定性作用。大理对于大理州的意义是"牵一发而动全身"。从某种意义讲，大理州的发展主要取决于大理市的发展水平，其发展核心是以洱海为中心的大理都市圈，大理市区又是这一区域的核心城市。因此大理的发展对于大理州区域经济的发展影响重大，大理肩负了环洱海都市圈建设的重任。

第一，引领大理州经济发展的龙头。"做大、做强"大理，通过大理强大城市核心的聚集和有机辐射，带动以环洱海都市圈为主要发展区域的城镇轴向发展，是大理州经济发展的主导思路，也是大理作为大理州经济核心理应发挥的主要职能。大理市的发展要超前，目标不应仅限于大城市，而是要强调以"都市化"为主要战略，力争尽快形成一个发展快、质量高的经济强核心——环洱海都市圈。即要充实大理作为大城市应有的金融商贸中心、旅游中心、交通与通信枢纽、信息中心、科技中心等功能，扩大辐射和带动范围，也要利用市场的力量，优化资源配置，使城市与区域在市场机制作用下自主发展，带动和促进全州经济的全面发展。

第二，肩负大理州城市化发展的重任。大理州人口众多，整体经济发展薄弱，工业化与城市化进程偏低。如何带领300多万人口全面走向小康之路任重道远。以环洱海都市圈为主的城镇群在发展过程中将会有效强化人口的聚集，从而为农村富裕人口向城市化转移提供就业机会。同时城镇群发展规模的扩大也会为中小城镇的发展带来机遇，进而促进全州城镇化进程。

第三，滇西中心城市核心圈层发展的重中之重。按照大理州城镇体系规划的要求，根据大理州城镇体系现状基础和发展潜力，拟以大理市区为州域中心城市，并结合自然地形，总体上形成"单核、一圈、三环、四轴"的城镇体系格局。

（2）发展职能定位

大理市作为滇西中心城市的核心区和动力极核，是全区域的政治、经济、文化中心，是区域金融、信息、科教文卫服务中心，是区域先进制造业和高新技术产业核心区，是区域文化创意和休闲产业中心，是区域旅游集散地，以总部经济、金融、商贸、科研、教育、医疗、信息、综合管理和服务职能为主。要通过生态农业、机械制造业、卷烟及辅料业、建材业、生物医药和绿色食品制造业、旅游业、现代服务业等主导产业，使大理市成为辐射面广、带动力强、吸引力大的滇西中心城市；我国著名的文化、旅游特色浓郁的现代城市；世界上特别适宜人类居住和发展的生态园林城市。

（3）总体布局："一心、一环、四组团"

结合发展重心的东移，整合海东片区的发展，重点发展海东、开发凤仪、更新下关，提升大理主城区的综合实力。通过环状交通，结合行政中心东移，规划确定大理主城形成"一心、一环、四组团"的空间结构："一心"为依托行政中心搬迁而形成下关满江城市综合中心；"四团组"分别为下关、古城、凤仪、海西发展组团；依托快速交通干线形成环状发展轴圈，形成空间疏密有序、交通快速便捷、"绿廊水心"开敞空间的环状组团空间结构。

8.2.2.2 洱源县发展战略分析与定位

(1) 发展战略分析

洱源县是洱海的发源地，位于云南省西北部，县辖6镇3乡，2009年全县总人口28.49万，生产总值完成21.78亿元，同比增长10%，全县国民经济呈现出蓬勃发展的势头。根据大理滇西中心城市总体规划（2009~2030年）和洱源生态县建设规划，洱源县社会经济发展的总体思路应是：抓住市场机遇，紧跟21世纪科技进步的步伐，开发资源优势和新兴产业，大力发展第二、三产业，做强第一产业；加强县域中心城市的核心作用，扩大规模效应，带动全县区域经济发展；推动城市化进程，建立高效、协调发展的县域城镇体系；创造富裕、繁荣、文明的县域环境；建立可持续发展的经济、社会与生态环境。将洱源县建成经济科技强县、民族文化旅游名县、最适宜发展和居住的城市。要逐步发展成为以生态农业、农副产品精深加工、制乳业、机械装配、冶炼、旅游业、物流业和商业为主导产业，以发展地热资源开发为主的旅游业和农副产品精深加工为主的山水田园生态城市。

1）自然资源丰富，区位优势明显。洱源县境内自然资源丰富，水资源、矿产资源丰富，全县矿产资源潜在经济价值达300亿元，为发展工农业提供了丰富的资源禀赋。同时由于区内地形复杂，立体气候和区域性小气候特征明显，依托水网密布的天然优势、森林资源和地热资源等，赋予洱海优质的旅游资源和生物资源。丰富的资源自然为洱海生态县建设目标的实现提供了重要的资源和生态条件。

洱源区位优势明显，交通区位上县城东距省府昆明市380km，南距州府大理市下关73km，北距丽江120km，距香格里拉250km。经济区位上，洱源县属于滇西经济区范围，处于滇西经济区和滇西北经济区的交界，可以受到大理市、丽江两个中等城市的经济辐射。文化区位上，洱源为"亚洲文化十字路口"的咽喉地带，其深厚的历史文化内涵和多元性的文化特征反映出洱源县瑰丽的文化氛围。旅游区位上，洱源所在滇西旅游区旅游资源品味较高，洱源又位于"川、滇、藏结合部大旅游圈"，位于黄金旅游线之上，旅游区位优势明显。

2）基础设施不断完善，人才优势明显。近年来洱源加快了基础设施建设，实施了农业综合开发项目、洱海大型灌区项目、洱海保护治理"六大"工程、人畜饮水工程、县乡公路弹石化、油路化工程、县城道路改扩建、县城及乡镇供排水管网工程、城市污水处理厂工程、洱海源头环境保护治理等一大批基础设施建设项目。通过实施以上一批工程，全县地区生产总值、财政收入等重要经济指标连续实现了两位数增长，发展后劲增强，势头良好，步入了良性发展的轨道，为洱源加快县域经济发展奠定了坚实的物质基础。同时，洱源教育事业发达，每年都为国家输送大量的人才，由于洱源城市作为县域中心，具备了吸引大量的人才和建设资金的条件，随着以大理为中心的洱海城市群建设和中国与东盟关系的进一步加强，洱源需要大量的技术人才作为城市建设的支撑，因此洱源目前的人才储备将是洱源城市迅速发展的保障。

3）特色经济活跃，生态经济已见雏形。产业结构调整取得显著成效，产品科技含量不断提高，经济运行质量和效益得到改善，通过创品牌、建支柱、拓市场、兴市场，努力培育强势企业群，使全县工业经济得到快速发展。

第一，生态农业稳步推进。农业结构调整加快，适量减少了大蒜种植面积，扩大了蚕豆、油菜、啤大麦、烤烟等农作物面积。劳动力培训和转移力度加大，农村富余劳动力有计划地向第二、第三产业以及无公害农产品生产和乳畜业转移。

第二，生态工业健康发展。按照节能减排和清洁生产的要求，坚持严把企业准入关，积极推广中水回用节水技术，提高生产过程中资源再利用、再循环水平，全县万元生产总值能耗下降5.5%。第二轮工业发展"倍增计划"稳步实施，重点工业企业进一步做强做大。

第三，生态旅游迅速升温。以改善旅游基础设施建设为重点，坚持"一手抓保护、一手抓开发"，启动西湖景区建设项目和下山口度假村改扩建项目，大理地热国景区功能不断完善，全县旅游总量越来越大，客源越来越广，旅游产业的龙头作用日益凸显，直接拉动了第三产业的快速发展。以上种种发展趋势为建设生态县扩宽了发展空间。

（2）发展职能定位

基于洱源是全国生态文明建设试点县和对洱海保护的重大意义，规划确定洱源副城的发展目标为建设成为西部地区生态环保技术的策源之地和引领可持续发展的生态示范区，川滇藏旅游区知名的温泉疗养休闲胜地，面向南亚、东南亚的国际商务休闲中心，发展以绿色无污染生态农业、旅游休闲、温泉养生疗养、商住会务和绿色风电能源为主的山水田园生态城镇。要逐步发展成为以生态农业、农副产品精深加工、制乳业、机械装配、冶炼、旅游业、物流业和商业为主导产业，以发展地热资源开发为主的旅游业和农副产品精深加工为主的山水田园生态城市。

（3）总体布局："一心一轴三廊五区"

"一心"是指依托行政中心形成的副城综合服务中心；"一轴"是指南北向串联各个片区的城市景观轴线；"三廊"是指沿凤羽河、海尾河和弥苴河南北贯穿整个城区形成的生态绿化廊道，根据各自沿岸景观特质形成生态文化走廊、生态旅游走廊以及生态景观走廊，营造丰富宜人的滨水公共空间；"五区"是指北部的休闲度假旅游区、南部的综合服务区、西部的老城综合发展区、东部的居住综合功能区和生态工业区。

8.3 洱海流域社会经济发展模式选择与设计

8.3.1 社会经济发展模式的优化

8.3.1.1 背景和意义

20世纪60年代后，全球化环境污染日益严重，给人类生产生活带来了极大的困扰，人类在关注经济发展的同时，对环境的保护也是越来越重视，而怎样优化经济发展模式，达到协调环境、经济和生态发展的目的，已经成为目前环境—经济研究的重要课题。

经济发展与环境保护的矛盾在湖泊流域显的更为突出。湖泊流域是人类重要的生存环境之一，是人类的聚居地，一般人口都比较密集。流域给人类的生存和发展提供了必需的水、土地、生物、气候及矿产等资源，维系着人类的生产生活以及其他生物的多样性。但是随着社会经济的快速发展，人类生产生活给流域内生态环境带来了巨大压力，可利用资源也十分紧张，导致了湖泊污染和生态环境退化，反过来在一定程度限制了流域经济的发展，影响了人类的正常生产生活甚至危害到人体健康。

目前研究区域洱海流域主要存在的问题是流域农业产业仍在低位发展、粗放经营，而且农业排污强度大，总量高，农产品结构单一，高污染、高市场风险的农业产业链业已形成，效益低、就业人口多，导致农业人口人均收入低，流域绝大多数农村生活居民水平刚刚越过温饱线。在工业方面，流域部分工业行业污染相对严重，产业组织结构落后。工业企业普遍规模小而散。目前，水质的严重污染和生态环境的破坏目前已经严重制约了洱海流域社会经济发展。改善生态环境，保护可利用资源，协调环境经济发展已成为流域规划管理的当务之急。

仅仅片面地强调污染治理或者经济发展，都会给流域的经济或者环境带来很大的压力，甚至引发一系列的社会问题，因此需要深入剖析流域发展中生态环境变迁的历史根源和社会经济原因，研究经济发展模式与生态环境保护之间的关系，化对立为统一，最终探索出环境经济协调可持续的发展思路。

8.3.1.2 环境与经济社会协调发展的生态经济模式

"环境—经济"系统是一个涉及面十分广泛、具有很强综合性以及复杂性的巨系统，这一系统中交叉着人类再生产过程和自然再生产过程，是联系人类与大自然的重要系统。在环境—经济系统中，环境保护与经济发展既相互促进，又相互制约。一定区域经济发展一旦超过本身环境承载力和环境容量，环境将制约经济发展。环境承受压力过大时，容易爆发许多环境生态问题。目前太湖、滇池的"蓝藻暴发事件"就是外界压力远远大于环境承载力的真实案例，这些事件威胁到了居民身体健康，对人类的生产活动产生负面影响，极大地阻碍了社会经济的发展。

生态经济发展模式是以合理利用可再生资源，避免在使用过程中由于不合理开发过程中对资源造成的不必要的浪费和破坏，回收可更新资源，进行二次利用，并大力开发利用清洁能源的方式，为经济发展提供一定物质基础，大力发展"绿色经济"。目前环境保护的实质关乎人类的生存和发展，更关系到社会生产力的提高。在这一层面上，环境保护又能促进经济的发展。

同时，加快经济发展反过来也可以为环境保护提供一定的资金基础，同样也能促进环保事业的进一步发展，加大环境基础设施建设，更有利于普及全民环保意识。经济发展不起来，对环境的投入自然也不会太大，不能够勉强一个欠发达地区不顾经济的发展单纯的保护环境。根据目前研究表明，发达国家对环境重视度和环境投入都远远大于发展中国家，我国目前还处于发展中阶段，环境和经济协调发展显得更为重要。

总之，环境保护和经济社会发展是一对矛盾统一体，统一中存在矛盾，矛盾中达成统一，就这样相互制约相互促进存在于人类社会发展中。当前环境与经济社会的协调关系是可持续发展关注的重要内容，特别是对于发展中国家来说，建立两者间的协调关系尤为重要。

8.3.2 洱海流域环境概况

8.3.2.1 湖泊生态状况

（1）湖泊概况

洱海是云南省第二大高原淡水湖泊，是苍山洱海国家级自然保护区和苍山洱海国家级风景名胜区的核心部分，又是大理市主要饮用水源地，具有自然保护、景观旅游、城市用水以及气候调节和维护水生生物多样性等多种功能，是大理州乃至整个流域社会经济可持续发展的基础。

洱海为南北狭长如耳，海拔为1974m（海防高程，同下），地处东经100°0′~100°11′，北纬25°36′~25°55′，湖面积为251km²，湖容量为27.4亿m³，南北长42.5km，岛屿面积为0.748km²，最大水深为21.3m，平均水深为10.6m。主要入湖河流有23条，承纳了流域内的所有来水，多年平均入湖量为8.25亿m³。洱海唯一的出湖河流为西洱河，多年平均出湖水量为8.63亿m³；自1992年西洱河完工"引洱济宾"工程后，每年调蓄放水约0.5亿m³。

（2）湖泊生态

洱海位于元江、金沙江和澜沧江流域的分水岭，处于复杂的生物区系，孕育出了丰富的物种。20世纪70年代前，洱海保持较高水位，水量充沛，水质清洁，生态环境优良，生物多样性丰度较高，现有水生微管束植物27科46属64种，藻类42科195种属，鱼类6科31种；洱海土著鱼类有17种，洱海特有的大理裂腹鱼（弓鱼）、洱海鲤为国家二级重点保护鱼类，大理鲤、春鲤为云南省二级保护动物。

洱海曾经拥有完整、健全的天然草藻型水生植物生态系统，其水生植物垂直分布带谱十分明显，湖滨带的湿地、水陆交错带的挺水植物，浅水带的浮叶植物和深水带的沉水植物组成结构合理的不同群落，共同维系着良好的湖泊水质。20世纪70年代中后期，洱海流域生态环境发生变迁，生物多样性遭到破坏。

8.3.2.2 水资源现状

（1）入湖河流概况

洱海流域内共有大小河流117条，其中弥苴河、罗时江、永安江、苍山十八溪是洱海流域内的主要入湖河流。弥苴河、罗时江、永安江位于洱海北部洱源县境内，称为"北三江"。苍山十八溪位于洱海西岸的苍山，是洱海主要的水源之一，流经大理坝子，灌溉着肥沃的土地，最后注入洱海。波罗江是洱海东南部的重要河流。

（2）水质类别变化趋势

根据大理州环境监测站数据，对洱海水质类别进行评价，1992～1998年，洱海水体水质总体处于Ⅱ类；1999年之后，由于 TN 或 TP 超标，洱海水体水质下降为Ⅲ类；之后不同年份之间水质在Ⅱ类与Ⅲ类之间进行波动性变化，如 2008 年水质好转为Ⅱ类，但 2009 年又下降为Ⅲ类。从 1992～2009 年的 17 年间，洱海水体富营养化综合指数 TLIc 呈波动性增加趋势。与水质 TN、TP 指标变化相一致，洱海水体富营养化的发展也分为两个阶段，第一阶段是 1992～2002 年，洱海 TLIc 值基本处于 30～40，处于中营养化水平；2002～2003 年由于水质污染，洱海 TLIc 值急剧增加，于 2003 年达到 49.7，几乎处于富营养化状态；由于及时采取了治理措施，2004 年之后洱海水体有所好转，但从 TLIc 值来看，虽有波动性变化但基本处于 42～46，接近富营养化水平。目前洱海水体处于富营养化初期水平，在局部湖湾、下风带岸边每年可见藻类水华发生。

8.3.2.3　社会经济发展状况

（1）基本情况

2009 年，洱海流域总人口约为 90.07 万人，其中非农业人口为 23.67 万人，占总人数的 26.3%，人口密度为 351 人/km²。流域国内生产总值为 180.971 7 亿元，人均国内生产总值为 32 792 元。流域耕地面积 41.88 万亩。大理市是大理白族自治州政府所在地，是全州的政治、经济、文化中心。

（2）产业结构

流域的产业结构，经过几十年的努力，已经扭转了以农业为主体，工业十分落后的局面，基本形成了以加工工业、商业为主的产业结构。2009 年，国内生产总值三产业比例为11.3：45.7：43.0，但从总体上看，其产业结构还不合理，资源优势尚未充分发挥。具体表现在：第一产业在国民生产总值的比重虽有所下降，但农业所占的比重还较大；第二产业在国民生产总值的比重虽明显上升，但产业加工层次和技术水平还较低，吸收现代科技成果的能力还很有限；第三产业虽已加速发展，但市场发育还很不完善，服务能力有待提高。

8.3.3　洱海流域污染源排放状况

8.3.3.1　农业污染源分析

流域农业产业仍在低位发展、粗放经营，而且农业排污强度大，总量高，超过入湖总量的一半；农产品结构单一，高污染、高市场风险的农业产业链业已形成；农业效益低、农业就业人口多，导致农业人口人均收入低，流域绝大多数农村生活居民水平刚刚越过温饱线。就农业产业结构而言，洱海绿色流域建设的出路在于，亟待构建低污染、低市场风险的农业产业链；积极利用资源环境优势，推进生态农业、循环农业、设施农业建设，走内涵发展之路，以期农业增效、农民增收，且收强力控源之效。

8.3.3.2 工业污染源分析

从各乡镇的 COD、TN、TP 的排放量来看，下关、大理开发区、邓川等镇（乡、开发区）工业污染排放量较大。其中，下关饮料制造企业集中；大理开发区生产企业多，食品加工、医药企业集中；邓川食品制造企业较多。从流域工业内部各行业总体排污量水平来看，饮料制造、食品制造、农副食品、医药制造是流域内污染排放相对较多的四个行业。而从各行业单位销售收入的污染排放量来看，食品制造、饮料制造和农副食品三个行业是流域污染排放强度最大的行业。

首先，流域部分工业行业污染相对严重。其中，饮料制造、食品制造、农副食品、医药制造等传统优势行业是流域污染排放量最大的行业，这些行业今后的发展必然会面临流域的资源供给和环境保护的限制。其次，流域工业产业组织结构落后。工业企业普遍规模小而散，行业中的龙头企业对产业发展的带动能力有限；企业结构单一，管理水平不高，产品档次低，缺少品牌，产业经营整体效益不理想；产业资源特别是优势资源分散，工业排污面广且污染治理水平低。最后，流域整体工业技术装备水平不高，进一步加重了工业的污染和排放。工业产业竞争力不强，可持续发展能力较差，新兴工业的资源欠缺，产业基础薄弱，节能减排型工业发展不足，高新技术企业较少，循环经济模式尚待构建。

8.3.3.3 旅游业污染源分析

流域旅游业产污主要来自住宿业和餐饮业，首先，餐饮业占旅游业排污量的重头。在 TN 和 TP 发生量中，餐饮业均占旅游业产生总量的 50% 以上，而餐饮业在旅游总收入中只占 8.6%。下关镇、大理镇和开发区的 TN 发生量远远高出其他区域的发生量。其次，临湖农家乐应是当前管理和整治重点。大丽路以东至洱海的海西沿线散布着大量的农家乐，由于数量众多、位置临海、缺乏管理，而且污水没有被收集处理，这些农家乐成为旅游业污染的隐患区域。最后，流域旅游业结构和效益尚待提升。目前洱海流域周边地区旅游业竞争力强劲。如丽江、香格里拉旅游产业发展迅速，其游客人均消费也超过了大理。

8.3.4 洱海流域生态经济发展模式选择

针对目前洱海流域社会经济发展现状及问题，面对机遇与挑战、优势与劣势，洱海流域需要的社会经济发展模式既不是以牺牲生态环境为代价的经济发展模式，也不是以牺牲经济增长为代价的生态平衡模式，而是生态系统与经济系统相互适应，相互促进和相互协调的生态经济发展模式。其生态环境效益目标、经济效益目标和社会效益目标如下所述。

8.3.4.1 生态环境效益目标

生态经济模式所能产生的生态环境效益是最主要的效益，也是最直接的效益。通过规划方案的实施，实现了洱海水质保护、流域生态系统保护和改善、污染物排放负荷削减、水土保持等效益；全面改善了洱海流域的生态环境；初步构建与Ⅱ类水质相适应的清洁、绿色、少污染的洱海流域，确保洱海水质达到并稳定维持 Ⅱ 类水质，实现水生态健康、安全，在洱海流域内实现生态文明，构建社会、经济、环境和谐稳定可持续发展的流域。

1）洱海流域污染物负荷削减。洱海流域的污染物入湖量得到大幅削减，入湖污染负荷被控制在洱海水环境承载力的范围内，使洱海水质可以长期保持在 Ⅱ 类标准，改变其营养盐增加趋势，保持湖泊生态健康。目前洱海流域污染物 COD、TN、TP 的入湖量分别为 9864.1t/a、2591.3t/a、173.8t/a，其中，TN、TP 入湖量已超过地表水 Ⅱ 类标准限值的水环境承载力所允许的污染物排放量，而且随着社会经济的发展，各种入湖污染负荷量还有上升趋势。其中，由农田径流污染、农村生活污染、家畜养殖组成的面源是流域最主要的污染源。污染物排放量与入湖负荷量的降低不仅减轻流域生态环境的压力，遏制洱海水质下降的趋势，而且改善洱海流域的生态环境健康，有利于社会经济的长期可持续发展。

2）湖水水质保持 Ⅱ 类水平。产业结构调整、污染源系统控制、清水产流机制生态修复、湖泊生境改善、流域环境管理等诸多工程措施的实施，大量削减入湖污染物，有效遏制水质下降趋势，维持洱海 Ⅱ 类水质，控制营养状态增加趋势，实现流域环境质量的保持和提高，使洱海防洪、灌溉、工业用水、渔业、生活用水及旅游等各种效能得到更大的发挥。

3）流域生态环境改善。各项工程措施，尤其是通过流域清水产流机制修复方案与洱海水体生境改善方案的实施，在内外污染源得到控制的前提下，使洱海湖泊生态系统更加健康稳定，生态功能得到恢复和加强，生态资源得到循环发展、有效利用，洱海流域成为一个清洁与可持续发展的流域。主要表现为水生生态系统得到一定程度的恢复，陆生生态系统恢复多样性和稳定性，增加一定区域的野生动物和鸟类栖息地，物种多样性得到保护。

4）水土保持效益。生态经济模式实施前洱海流域的水土流失问题严重，且仍在加剧。实施后各项工程措施的治理，尤其是通过一系列面山绿化、水源涵养林建设，使洱海流域的水土流失问题得到控制，增加流域森林植被覆盖率，提高了流域水源涵养能力，减少入湖泥沙量，工程实施后，每年减少泥沙入湖量 23 万 t。

5）环境管理能力大幅度提高。相关法规、管理部门设置和管理机制得到完善，流域内居民自发的参与到洱海的保护工作中；重点污染源将被在线监控，湖泊水质和水生生物的实时观测系统得到建立，湖泊形成了一套有效的监测预警系统；环境管理和执法人员得到培训；流域内环境管理能力将得到大幅度提高。

8.3.4.2 经济效益目标

洱海流域的生态经济模式的经济效益主要是间接的经济效益，体现在以下三个方面：一是水质恢复的经济效益；二是生态恢复与水土保持的经济效益；三是综合经济效益。

1）水质恢复的经济效益。水资源是一种十分重要、有限的自然资源，一般可以通过水资源成本分析来计算水质保持带来的经济效益（水资源的机会成本：由于水资源受到污染或其他原因，不能发挥其资源特性用途时所牺牲的效益或造成的损失）。生态经济模式的实施将有效控制洱海流域的水环境污染，逐步恢复洱海流域的 Ⅱ 类水体水质，大大降低或消除水污染造成的经济损失的风险，充分实现水资源价值，促进社会经济快速发展。

2）生态恢复和水土保持的经济效益。提高洱海流域的森林覆盖率，对于森林的保水、保肥、涵养水源能力将得到大幅提高，减少氮、磷、钾等营养物质流失，增加农作物产出，控制面山生态破坏，有利于促进林业经济可持续发展；改善旅游景观和生态环境，对洱海流域的一、三产业都起到促进作用，增加洱海经济产出，因此累计的、逐年增加的经济效益是巨大的。同时由于生态环境的改善，生物多样性的提高，使洱海水生生物数量增加，动植物种类丰富，生物量增加，增加渔民和政府的经济收入。

3）综合经济效益。洱海生态环境得到改善，对洱海流域整体经济产生推动和促进。良好的生态环境将增加城市魅力，从而拉动投资，激活经济活动。宜人的生态环境将推动旅游业的发展，增加洱海流域的旅游收入，同时带动第三产业发展，进而拉动消费，增加就业。

8.3.4.3 社会效益目标

洱海流域生态经济模式的一个重要特征是具有十分明显的社会效益。社会效益一般是潜在的无形的，主要表现在促进绿色流域建设、提高公众健康水平与公众环境保护意识等方面。

1）促进洱海绿色流域建设。流域范围内的生态环境得到恢复，能源结构得到改善，绿色村落、绿色农业得以推广，流域可持续发展道路将越走越宽。通过产业政策与结构优化调整方案的实施，使洱海流域各产业告别了粗放式发展模式，解决经济发展和环境保护之间的矛盾，提高资源利用率，促进绿色流域建设。

2）保护独特的科学价值，促进湖泊治理研究。洱海具有较大的科学研究价值，生态经济模式将成功控制洱海流域的污染，实现湖泊水质保持的目标，保护洱海的科学研究价值。同时本规划的实施，可以积累大量的技术和运行管理经验，将为我国湖泊水环境保护与综合治理提供宝贵的经验和技术、运行、管理支持，为我国湖泊的科学治理和保护做出贡献。

3）提升当地形象。洱海流域的生态环境得到改善，洱海将以其完善的生态系统，丰富的物种，宜人的景观，为大理市增光添彩，提升大理形象。

4）改善卫生条件，提高公众健康水平。

随着洱海流域内自然环境质量及村落污水、垃圾收集处理等基础设施的逐步完善，提高流域居民卫生环境质量，减少疾病传播，对公众健康是极为有利的。居住环境的改善，将提高水、大气等环境因子的质量，减少疾病诱因，全方位提高公众健康水平。

5）提高环境保护意识。生态经济模式的实施过程就是一次深刻、生动的环境保护宣传过程。通过具体的工程实施，使人们能够体会到环境保护的重要性和环境效益。随着人们生活质量的提高，人们的环境意识会随之增强，将使流域环境保护产生质的飞跃，保护环境、节约资源将成为居民的自觉行为。环保意识的增强，将使人们生活的方方面面发生潜移默化的改变，以人与自然的和谐促进人与人的和谐，用环境的美学价值提升人们的整体素质，缓解社会矛盾，促进社会和谐发展。

6）改善人居环境，提高生活品质。洱海流域的生态环境得到大幅改善，洱海流域的居民生活环境也得到改善。宜人的自然生态环境可以改善居民的活动空间，提高居民的生活质量，为人们提供独特的娱乐、美学、教育和科研价值。

7）增加就业和当地农民劳务收入。无论在工程建设期，还是运营管理期间，宜尽量使用农民劳务工，增加地方农民劳务收入。这些就业人员可获得一份稳定的收入，同时又不影响其农业收入。环境改善将带动旅游行业发展，增加第三产业的需求，多方位增加就业机会，增加当地农民收入，促进经济增长。

参 考 文 献

安瓦尔·买买提明, 张小雷, 杨德刚. 2001. 阿图什市城市化过程的大气污染环境效应. 干旱区地理, (4): 635-641

白金丹. 2007. 景观生态学与土地可持续利用. 煤炭加工与综合利用, (2): 54-56

毕宝德. 2001. 土地经济学 (第四版). 北京: 中国人民大学出版社

蔡守秋. 2003. 可持续发展与环境资源法制建设. 北京: 中国法制出版社

蔡银莺, 张安录. 2005. 耕地资源流失与经济发展的关系分析. 中国人口·资源与环境, 15 (5): 52-57

曹宝, 李兴武, 李丹. 2004. 美国土地管理局概况及其战略规划. 中国土地资源经济, 17 (8): 37-39

曹洪军, 赵芳. 2007. 解析宏观经济政策对环境可持续发展的影响. 学术交流, (4): 72-75

曹蕾. 2007. 协调土地利用与生态环境关系研究: 以上海市为例. 上海: 华东师范大学硕士学位论文

潮洛濛, 翟继武, 韩倩倩. 2010. 西部快速城市化地区近 20 年土地利用变化及驱动因素分析——以呼和浩特市为例. 经济地理, 30 (2): 239-243

车凤善, 张迪. 2004. 美国农地保护政策演变及对我国的借鉴. 国土资源情报, (3): 21-26

陈成, 郭贯成, 王楠君. 2005. 循环经济与土地资源的可持续利用. 国土资源科技管理, (6): 93-96

陈冬梅. 2006. 村域循环农业结构分析, 评价与优化——以江苏省姜堰市河横村为例. 南京: 南京农业大学硕士学位论文

陈红. 2003. 资源型城市经济转型研究. 吉林: 吉林大学硕士学位论文

陈宏民. 2006. 系统工程导论. 北京: 高等教育出版社

陈珏, 雷国平. 2011. 大庆市土地利用与生态环境协调度评价. 水土保持研究, 3: 116-120

陈俊合, 江涛, 陈建耀. 2007. 环境水文学. 北京: 科学出版社

陈琨, 姚中杰, 姚光. 2003. 我国实施水资源循环经济模式的途径. 中国人口·资源与环境, 13 (5): 120

陈守煜. 2001. 可持续发展系统模糊识别评价理论、模型与应用. 水电能源科学, 01: 32-35

陈兴雷, 李淑杰, 郭忠杰. 2009. 吉林省延边朝鲜自治州土地利用与生态环境协调度分析. 中国土地科学, 07: 66-70, 78

陈英姿. 2004. 实施可持续发展战略对我国环境政策体系的影响分析. 人口学刊, 06: 55-60

陈正虎. 2006. 沿江区域水资源可持续利用评价研究. 南京: 河海大学硕士学位论文

成德宁. 2004. 城市化与经济发展——理论、模式与政策. 北京: 科学出版社

成洪山. 2007. 广州市水资源可持续利用的系统动力学研究. 广州: 华南师范大学硕士学位论文

成升魁, 封志明. 2007. 中国可持续发展总纲——中国土地资源与可持续发展. 北京: 社会出版社

程乖梅, 何士华. 2006. 基于改进层次分析法的云南省水资源可持续利用评价. 云南水力发电, 22 (4): 3-7

程莲. 2007. 城市边缘区土地利用结构研究——以乌鲁木齐市东山区为例. 乌鲁木齐: 新疆农业大学硕士学位论文

程瑶, 孙倩, 马建琴, 等. 2008. 区域水资源可持续利用系统评价的模糊对向传播神经网络模型. 水文, 28 (1): 28-31

程志光. 2006. 中国土地可持续利用与人土系统调控. 北京: 科学出版社

崔东文, 郭荣. 2012. 基于 GRNN 模型的区域水资源可持续利用评价——以云南文山州为例. 人民长江, 43 (5): 26-31

崔婷婷, 欧向军, 赵清, 等. 2008. 基于主成分分析法的江苏省土地利用综合分区研究. 地理研究,

27 （3）:574-582

戴天晟，孙绍荣，赵文会，等.2009.区域水资源可持续利用评价的 FAHP-PP 模型.长江流域资源与环境，18（5）：421-426

但承龙.2005.可持续土地利用规划理论与方法研究.南京：南京农业大学博士学位论文

邓波，洪跋曾，龙瑞军.2003.区域生态承载力量化方法研究评述.甘肃农业大学学报，38（3）：281-289

邓春光.2007.三峡库区富营养化研究.北京：中国环境科学出版社

邓聚龙.2002.灰理论基础.武汉：华中科技大学出版社

邓可祝.2008.论我国流域管理法律制度的完善.科技与法律，5：28-32

丁敏.2007.哥斯达黎加的森林生态补偿制度.世界环境，（6）：66-69

丁四保，等.2010.区域生态补偿的方式探讨.北京：科学出版社

杜欢政，张旭军.2006.循环经济的理论与实践.近期讨论综述.统计研究，（2）：63-67

方创琳.2001.河西地区可持续发展能力评价及地域分异规律.地理学报，56（5）：561-569

封志明.2003.资源科学道论.北京：科学出版社

冯达，黄华明，张毅，等.2007.湖南省城市土地利用效率 DEA 分析.国土资源科技管理，22（1）：51-54

付强.2005.农业水土资源系统分析与综合评价.北京：中国水利水电出版社

傅伯杰，陈利顶，蔡运龙，等.2004.环渤海地区土地利用变化及可持续利用研究.北京：科学出版社

盖美，田成诗.2003.大连市水资源可持续利用的模糊模式识别及对策研究.资源科学，25（2）：44-50

高吉喜，黄钦，聂忆黄，等.2010.生态文明建设区域实践与探索.北京：中国环境科学出版社

高佩义.2004.中外城市化比较研究.天津：南开大学出版社

高铁梅.2006.计量经济分析方法与建模：Eviews 应用及实例.北京：清华大学出版社

高彤，杨姝影.2006.国际生态补偿政策对中国的借鉴意义.环境保护，（10-A）：71-76

高雪，任学慧.2010.城市化进程中土地利用结构的时序变化及驱动力——以辽宁省为例.资源开发与市场，26（10）：921-923

高正文，于德勇，付晓.2008.云南省普者黑循环经济型旅游业景观生态规划.产业观察，（9）：104

郜彗，金辉.2007.基于 AHP 和模糊综合评价的区域水资源可持续利用评价——以广东省江门市为例.水资源与水工程学报，18（3）：50-55

顾康康，刘景双，窦晶鑫.2007.资源型城市生态承载力对土地利用变化影响.生态与农村环境报，23（2）:7-11

关劲峤，黄贤金，刘红明，等.2003.太湖流域水环境变化的货币化成本及环境治理政策实施效果分析——以江苏省为例.湖泊科学，3：275-279

郭笃发.2006.利用马尔科夫过程预测黄河三角洲新生湿地土地利用/覆盖格局的变化.土壤，38（1）：42-47

国家环境保护总局问题控制办公室.2008.主要污染物总量减排管理实用手册.北京：中国环境科学出版社

何蓓蓓，刘友兆，张健.2008.中国经济增长与耕地非农流失量的计量分析：耕地库兹涅兹曲线的检验与修正.干旱区资源与环境，22（6）：21-26

何格，欧名豪.2007.城镇建设用地效率时空分析研究.商业研究，366（10）：123-126

贺缠生，傅伯杰，陈利顶.1998.非点源污染的管理及控制.环境科学，（5）：87-91

后立胜，蔡运龙.2004.土地利用/覆盖变化研究的实质分析与进展评述.地理科学进展，06：96-104

胡建民，石亿邵．2008．略论耕地库兹涅兹曲线在我国的适用性．长江流域资源与环境，17（4）：589-592

胡健，徐向阳，刘勇．2009．南京市水资源可持续利用综合评价方法研究．水电能源科学，27（3）：25-27

胡振琪，赵艳玲，毕银丽．2001．美国矿区土地复垦．中国土地，（6）：43-44

华贲．2004．经济与资源、环境协调的全方位评价法．华北电力大学学报，（6）：1-4

黄初龙，邓伟，卢晓宁．2009．区域农业水资源可持续利用模糊综合评价．安徽农业科学，37（5）：2174-2177

黄初龙，章光新，杨建锋．2006．中国水资源可持续利用评价指标体系研究进展．资源科学，28（2）：33-40

黄娟．2007．江津市土地可持续利用评价研究．重庆：西南大学硕士学位论文

黄利军，胡同泽．2006．基于数据包络法（DEA）的中国西部地区农业效率分析．农业现代化研究，23（6）：420-423

黄砺，王佑辉，吴艳．2012．中国建设用地扩张的路径识别．中国人口．资源与环境，22（9）：54-60

黄贤金，陈龙乾，王洪卫，等．1998．土地政策学．北京：社会科学文献出版社

黄一绥，黄玲芬．2009．福建省城市化与工业污染的关系研究．生态环境学报，（4）：1342-1345

惠泱河，蒋晓辉，黄强，等．2001．水资源承载力评价指标体系研究．水土保持通报，21（1）：30-34

纪昌明．1999．区域水资源承载力综合评价．长江流域资源与环境，8（2）：168-173

贾绍凤，张军岩．2003．日本城市化中的耕地变动与经验．中国人口资源与环境，13（1）：31-34

简新华，彭善枝．2003．中国环境政策矩阵的构建与分析．中国人口资源与环境，06：32-37

江福秀．2008．基于土地利用安全的城乡地优化配置．北京：中国地质大学博士学位论文

姜仁荣，李满春．2006．区域土地资源集约利用及其评价指标体系构建研究．地域研究与开发，25（4）：117-119，124

姜硕．2008．基于生态足迹方法的临湘土地利用结构优化研究．北京：中国地质大学硕士学位论文

金菊良，丁晶，魏一鸣，等．2002．区域水资源可持续利用系统评价的插值模型．自然资源学报，17（5）：610-615

金菊良，洪天求，王文圣．2007．基于熵和FAHP的水资源可持续利用模糊综合评价模型．水力发电学报，26（4）：22-28

金菊良，张礼兵，魏一鸣．2004．水资源可持续利用评价的改进层次分析法．水科学进展，15（2）：227-232

S. 库兹涅兹．1989．现代经济增长．戴睿，易诚译．北京：北京经济学院出版社

郎一环，王礼茂．2003．实现可持续发展的资源与环境政策．中国人口资源与环境，06：38-42

雷·巴洛维．1989．土地资源经济学——不动产经济学．北京：中国农业大学出版社

李边疆．2004．土地利用与生态环境关系研究．南京：南京农业大学博士学位论文

李大全．2007．黑龙江省发展循环经济战略研究．哈尔滨：东北林业大学硕士学位论文

李芳．2008．黑龙江省水资源管理问题研究．哈尔滨：东北林业大学博士学位论文

李海鹏，叶慧，张俊飚．2006．中国收入差距与耕地非农化关系的实证研究：基于对耕地库兹涅兹曲线的扩展．中国土地科学，20（5）：7-12

李晖，庞效民，傅晖．2002．洞庭湖区退田还湖、移民建镇的社会经济效应，02：105-110

李杰君．2001．洱海富营养化探析及防治建议．湖泊科学，13（2）：187-192

李景刚，欧名豪，高艳梅，等．2006．基于资源价值重构的土地资源可持续利用规划研究．中国人口资源

与环境，169（1）：71-76

李立铮，董增川，牛俊 . 2007. 物元可拓模型在水资源可持续利用评价中的应用 . 水电能源科学，25（5）：1-4

李立周 . 2007. 鄱阳湖流域环境治理的公共政策分析 . 内蒙古环境科学，04：68-71

李茂 . 2003. 美国生态系统管理概况 . 国土资源情报，（2）：9-19

李平，李质彬，刘学军 . 2001. 我国现阶段土地利用变化驱动力的宏观分析 . 地理研究，20（2）：129-138

李天威，李巍 . 2008. 政策层面战略环境评价理论方法与实践经验 . 北京：科学出版社

李卫东，彭建勋 . 2006. 循环经济：山西持续发展必由之路 . 北京：中国社会出版社

李向前，曾莺 . 2001. 绿色经济——21 世纪经济发展新模式 . 成都：西南财经大学出版社

李璇，董利民 . 2011. 洱海流域农业非点源污染负荷分析及防治对策研究 . 湖北农业科学，（17）：3535-3539

李永乐，吴群 . 2008. 经济增长与耕地非农化的 Kuznets 曲线验证：来自中国省际面板数据的证据 . 资源科学，30（5）：667-672

李云燕 . 2008. 循环经济运行机制——市场机制与政府行为 . 北京：科学出版社

李柞泳，汪嘉杨，熊建秋，等 . 2007. 可持续发展评价模型与应用 . 北京：科学出版社

厉以宁 . 2000. 区域发展新思路 . 北京：经济日报出版社

梁学庆 . 2006. 土地资源学 . 北京：科学出版社

廖重斌 . 1999. 环境与经济协调发展的定量评价及其分类体系——以珠江三角洲城市群为例 . 热带地理，01：12-16

林英彦 . 1995. 土地利用概要 . 台湾：文笙书局

林泽新 . 2002. 太湖流域水环境变化及缘由分析 . 湖泊科学，14（2）：111-116

刘爱军 . 2010. 生态文明研究 . 济南：山东人民出版社

刘冬荣，胡卫星 . 2005. 循环经济：土地利用的新理念 . 国土资源导刊，（4）：19-21

刘恒，耿雷华，陈晓燕 . 2003. 区域水资源可持续利用评价指标体系的建立 . 水科学进展，14（3）：265-270

刘俊，陈立 . 2009. 云南高原湖泊白源污染现状及污染控制策略探讨 . 中国环境科学学会学术年会论文集

刘旺 . 1999. 水资源可持续利用评价方法研究 . 水文水资源，20（1）：20-21

刘伟，关国锋，贾利，等 . 2007. 黑龙江省环境友好型土地利用模式研究 . 国土与自然资源研究，（1）：48-49

刘晓佳 . 2005. 美国水污染治理公共政策及思考 . 唯实，z1：119-123

刘新平，孟梅，罗桥顺 . 2008. 基于数据包络分析的新疆农用地效益评价 . 干旱区资源与环境，22（1）：40-43

刘鑫，李道西，雷宏军，等 . 2009. 新密市水资源可持续利用综合评价 . 人民黄河，31（5）：59-61

刘彦随，吴伟钧，鲁奇 . 2002. 21 世纪中国农业与农村可持续发展方向和策略 . 地理科学，22（4）：385-389

刘宇航，宋敏 . 2009. 日本环境保全型农业的发展及启示 . 沈阳农业大学学报（社会科学版），1：13-16

刘裕春，李钢铁，郭丽珍，等 . 1999. 国内外保护性农业耕作技术研究 . 内蒙古林学院学报（自然科学版），21（3）：83-88

刘增进，张敏，王振雨，等 . 2008. 基于神经网络的郑州市水资源可持续利用综合评价 . 中国农村水利水电，（12）：55-58

刘兆顺，李淑杰. 2009. 基于生态系统服务价值的土地利用结构优化——以重庆万州为例. 长江流域资源与环境，18（7）：646-651

刘铮. 2012. 生态文明意识培养. 上海：上海交通大学出版社

刘志玲，李江凤，郑丹丹. 2007. 基于循环经济理念的土地资源可持续利用探讨——以广西平乐县为例. 安徽农业科学，35（21）：6557-6575

龙开胜，陈利根，李明艳. 2008. 工业化、城市化对耕地数量变化影响差异分析——以江苏省为例. 长江流域资源与环境，17（4）：579-583

楼文高，刘遂庆. 2004. 区域水资源可持续利用评价的神经网络方法. 农业系统科学与综合研究，20（2）：113-116

卢敏，张展羽. 2005. 基于支持向量机的水资源可持续利用评价. 水电能源科学，23（5）：18-21

卢远，华璀，邓兴礼. 2004. 丘陵地区土地可持续利用的景观生态评价. 山地学报，22（5）：533-538

罗金泉，白华英，杨亚妮. 2003. 改革开放以来中国环境政策的变革及启示. 中国科技论坛，02：108-113

吕小彪，周均清，王乘. 2004. 英国控制城市土地开发对中国的启示. 小城镇建设，（11）：90-92

吕永霞. 2006. 土地利用结构优化灰色多目标规划建设与实证研究. 南宁：广西大学硕士学位论文

马雪倩. 2013. 黑龙江省水资源可持续利用评价研究. 哈尔滨：东北农业大学硕士学位论文

马艳. 2008. 基于 AHP 的西安市水资源可持续开发利用模糊综合评价. 西安：长安大学硕士学位论文

马永欢，周立华. 2008. 武威市凉州区发展循环经济的路径优化与仿真模拟. 经济地理，28（5）：1015-1019

马振邦，李超骕，曾辉. 2011. 快速城市化地区小流域降雨径流污染特征. 水土保持学报，（3）：1-6

毛艳云，苏多杰. 2005. 加拿大环境与可持续发展政策的新动向. 攀登，6：107-110

美国自然资源保护部. 2000. 1982～1992 年美国自然资源变化趋势概述. 水土保持科技情报，（3）：30-32

孟宪磊，李俊祥，李铖，等. 2010. 沿海中小城市快速城市化过程中土地利用变化——以慈溪市为例. 生态学杂志，29（9）：1799-1805

缪丽娟，刘强，何斌，等. 2012. 库尔勒城市化进程对土地利用格局变化的影响. 干旱区资源与环境，26（10）：162-168

穆松林，高建华，毋晓蕾. 2009. 循环经济模式下的土地资源可持续利用问题. 中国集体经济，02（上）：26-27

宁森，叶文虎. 2009. 我国淡水湖泊的水环境安全及其保护对策研究. 北京大学学报（自然科学版），（1）：63-69

潘峰，梁川，王志良，等. 2003. 模糊物元模型在区域水资源可持续利用综合评价中的应用. 水科学进展，14（3）：271-275

彭建，王仰麟，刘松，等. 2003. 海岸带土地可持续利用景观生态评价. 地理学报，58（3）：363-371

皮尔思，戴维，沃福德，等. 1996. 世界无末日：经济学·环境与可持续发展. 北京：中国财政经济出版社

齐建国，尤完，杨涛. 2006. 现代循环经济理论与运行机制. 北京：新华出版社

H. 钱纳里，等. 1988. 发展型式：1950-1977. 李新华等译. 北京：经济科学出版社

钱易，刘昌明. 2002. 区域开发与可持续发展：以鄱阳湖区开发研究为实例. 北京：中国水利水电出版社

钱易，唐孝炎. 2000. 环境保护与可持续发展. 北京：高等教育出版社

秦伯强. 2007. 我国湖泊富营养化及其水环境安全. 科学对社会的影响，（3）：17-23

曲福田，黄贤金，朱德明. 2000. 可持续发展的理论与政策选择. 北京：中国经济出版社

曲福田，吴丽梅. 2004. 经济增长与耕地非农化的库兹涅兹曲线假说及验证. 资源科学，26（5）：61-67

全国干部培训教材编审指导委员会.2011.生态文明建设与可持续发展.北京：人民出版社，党建读物出版社

任奎，周路生，张红富，等.2008.基于精明增长理念的区域土地利用优化配置.资源科学，30（6）：912-918

任志远，李晶，王晓峰.2006.城郊土地利用变化与区域生态安全动态.北京：科学出版社

单胜道.2005.循环经济学.北京：研究出版社

申伟.2009.基于精明增长的区域土地利用结构优化配置研究——以山东省济宁市为例.济南：山东师范大学硕士学位论文

沈斌，冯勤.2004.基于可持续发展的环境技术创新及其政策机制.科学学与科学技术管理，（8）：52-55

沈国舫，石玉林.2008.中国区域农业资源合理配置、环境综合治理和农业区域协调发展战略研究·综合报告.北京：中国农业出版社

施勇峰，凌军辉.2007.我国湖泊富营养化严重.瞭望新闻周刊，23（6）：10

时永明.2008.基于循环经济的黑龙江省黑河市矿产开发战略研究.北京：中国地质大学博士学位论文

史长莹.2009.流域水资源可持续利用评价方法及其应用研究.西安：西安理工大学博士学位论文

司金銮.2001.环境消费政策：国际比较与中国选择——选择可持续发展的环境消费政策新探索.武汉大学学报（社会科学版），06：662-667

司言武.2008.农村水污染治理的公共政策研究.经济论坛，（18）：118-121

宋戈.2009.土地利用学.北京：科学出版社

宋松柏，蔡焕杰.2004.区域水资源可持续利用评价的人工神经网络模型.农业工程学报，20（6）：89-92

宋松柏.2003.区域水资源可持续利用指标体系及评价方法研究.西安：西北农林科技大学博士学位论文

宋松柏，蔡焕杰，徐良芳.2003.水资源可持续利用指标体系及评价方法研究.水科学进展，14（5）：647-652

粟晏，赖庆奎.2005.国外社区参与生态补偿的实践及经验.林业与社会，13（4）：40-44

孙才志，李红新.2007.基于 AHP-PP 模型的大连市水资源可持续利用水平评.水资源与水工程学报，18（5）：1-5

孙国峰.2008.农地可持续利用的变量解释和实证分析.湖南农业大学学报（社会科学版），9（1）：24-28

孙梁，王治江，尼庆伟，等.2009.区域水资源可持续利用评价指标体系研究.环境保护与循环经济，04：15-17，23

孙圣军.2007.基于 Bossel 框架的区域土地资源可持续利用研究.南京：南京农业大学硕士学位论文

孙瑛，刘呈庆.2003.可持续发展管理导论.北京：科学出版社

唐辉远.2001.农业生态环境治理与可持续发展.长江流域与环境，（3）：248-251

唐礼彬，李忠云.2008.基于循环经济的土地储备法律机制研究.中国国土资源经济，（1）：24-26

唐润，王慧敏，牛文娟，等.2010.流域水资源管理综合集成研讨厅探讨.科技进步与对策.27（2）：20-23

唐少霞，赵志忠，谢跟踪，等.2007.海南温泉旅游开发模式探讨.地域研究与开发，26（6）：85

唐晓岚.2007.以循环经济理论指导温泉度假区建设的规划构思.江苏城市规划，（11）：18

陶在朴.2003.生态包袱与生态足迹——可持续发展的重量及面积观念.北京：经济科学出版社

田志杰，唐志坚，李世斌.2008.我国湖泊富营养化的现状和治理对策.环境科学与管理，31（5）：119-121

汪嘉杨, 李祚泳, 徐婷婷, 等. 2008. 基于免疫禁忌算法的区域水资源可持续利用 Logistic 模型. 水文, 28 (2): 1-4

汪易森. 2004. 日本琵琶湖保护治理的基本思路评析. 水利水电科技进展, 06: 1-5, 70

汪友结, 吴次芳, 罗文斌, 等. 2008. 基于循环经济的城市土地利用评价研究. 中国土地科学, 22 (4): 25-31

王枫, 叶长盛. 2011. 广州市土地利用与生态环境协调发展评价研究. 水土保持研究, 03: 238-242, 246

王海勇, 冉晓晞. 2006. 环境保护与税费政策: 一项总体评估. 河南师范大学学报 (哲学社会科学版), (1): 82-87

王红梅, 王小雨, 李宏. 2006. 基于计量地理模型的黑龙江省土地利用状况分析. 农业工程学报, 22 (7): 70-74

王浩. 2010. 湖泊流域水环境治理的创新思路与关键对策研究. 北京: 科学出版社

王浩. 2005-11-26. 节水经济杠杆: 科学合理的水价体系. 中国水利报, 第7版

王华, 苏春海. 2008. 可持续发展的环境政策思考. 河南社会科学, (1): 67-69

王介勇, 刘彦随. 2009. 三亚市土地利用/覆盖变化及其驱动机制研究. 自然资源学报, 24 (8): 1458-1466

王军. 2008. 基于线性规划的罗甸县土地利用结构优化研究. 贵阳: 贵州师范大学硕士学位论文

王立红. 2005. 循环经济——可持续发展战略的实施途径. 北京: 中国环境科学出版社

王良伟. 2008. 政策执行主体的自利性与公共政策失灵——从水污染治理政策失效说开去. 中共南京市委党校学报, (1): 61-64

王鲁明. 2005. 区域循环经济发展模式研究. 青岛: 中国海洋大学博士学位论文

王满船. 1999. 中国农村可持续发展的政策选择. 北京: 中国经济出版社

王蒲吉, 王占歧, 孟蒲伟. 2007. 农用地节约集约利用评价指标体系研究. 资源开发与市场, 23 (4): 303-304, 307

王潜. 2011. 县域生态市治理与建设中的政府行为研究. 沈阳: 东北大学出版社

王万茂. 2001. 土地利用规划学. 北京: 中国农业出版社

王雅鹏. 2008. 湖北 "三农" 问题深思. 北京: 中国农业出版社

王研, 何士华. 2004. 多目标层次分析法评价区域水资源可持续利用. 云南水力发电, 20 (1): 5-8

王杨, 雷国平, 宋戈, 等. 2008. 黑龙江省城市土地集约度预测. 国土资源科技管理, 25 (2): 5-9

王业侨. 2006. 节约和集约用地评价指标体系研究. 中国农业科学, 20 (3): 24-30

王雨濛, 吴娟, 张安录. 2010. 城乡收入差距与耕地非农化的关系研究: 基于耕地库兹涅茨曲线扩展的省际面板数据研究. 水土保持研究, 17 (1): 217-221

王玉兴, 奚永新, 苏寿琴, 等. 2008. 洱海流域环保农业发展思路探讨. 环境保护, (20): 43-44

王正磊. 2007. 环保的可持续性政策浅析. 中国发展, (2): 28-31, 39

王宗明, 张柏, 张树清. 2004. 吉林省生态系统服务价值变化研究. 自然资源学报, 19 (1): 55-60

吴宝华, 刘庆山, 吕锡强. 2002. 自然资源经济学. 天津: 天津人民出版社

吴凤章. 2008. 生态文明构建: 理论与实践. 北京: 中央编译出版社

吴开华, 黄敏通, 金肇熙, 等. 2011. 城市化进程中蔬菜基地土壤重金属污染评价与成因分析——以深圳市为例. 中国土壤与肥料, (4): 83-89

吴满昌, 杨永宏. 2009. 洱海流域水环境政策的发展. 昆明理工大学学报 (社会科学版), (3): 1-4

吴群, 郭贯成. 2002. 城市化水平与耕地面积变化的相关研究——以江苏省为例. 南京农业大学学报, 25 (3): 95-99

吴艳辉，刘志锋，王恩宁．2008．论排污权交易的政府行为对策，(3)：25-27

夏霆，朱伟，赵联芳．2007．镇江市社会经济–水环境系统协调发展．水资源保护，(4)：52-55

谢高地，鲁春霞，冷允法，等．2003．青藏高原生态资产的价值评估．自然资源学报，18 (2)：189-196

谢华平，徐菁蔚．2011．富集资源型贫困县县域经济发展模式研究．北京：研究出版社

徐持平，董利民．2013．城市化水平与非点源水污染关系实证——基于洱海流域的调查．城市问题，19 (2)：16-20

徐云．2005．循环经济国际趋势与中国实践．北京：人民出版社

许振成．2010．中国典型区域经济状况与环境污染特征分析研究．北京：中国环境科学出版社

薛占海．2008．生态环境产业研究．北京：中国经济出版社

荀文会，刘友兆，王雨晴．2006．基于熵权物元可拓模型的耕地可持续利用研究——以江苏省为例．农业现代化研究，27 (5)：372-376

严耕，杨志华．2009．生态文明的理论与系统建构．北京：中央编译出版社

杨怀钦，杨友仁，李树清，等．2007．洱海流域农业面源污染控制对策建议．农业环境与发展，(5)：74-77

杨曙辉，宋天庆．2006．洱海湖滨区的农业面源污染问题及对策．农业现代化研究，27 (6)：428-431

杨渝红，欧名豪．2009．区域土地循环利用评价研究——以江苏省为例．南京农业大学学报（社会科学版），9 (1)：87-94

杨战社．2007．循环经济理念下的城市土地利用规划方略．西安工程科技学院学报，21 (4)：249-251

易丹辉．2002．数据分析与 Eviews 应用．北京：中国统计出版社

易志斌，马晓明．2009．解决跨界水污染问题的政策手段分析．人民黄河，(3)：58-59

宇振荣，邱建军，王建武．1998．土地利用系统分析方法及实践．北京：中国农业科技出版社

袁艺，史培军，刘颖慧，等．2003．快速城市化过程中土地覆盖格局研究——以深圳市为例．生态学报，23 (9)：1832-1840

云南省环境科学研究院．2006．洱源县农业循环经济示范规划研究报告

翟文侠，黄贤金．2006．基于层次分析的城市区开发区土地集约利用研究：以江苏省为例．南京大学学报：自然科学，42 (1)：96-102

张爱胜，李锋瑞，康玲芬．2005．节水型社会．理论及其在西北地区的实践与对策．中国软科学．(10)：26-32

张帆．1998．环境与自然资源经济学．上海：上海人民出版社

张凤荣，王静，陈百明，等．2003．土地持续利用评价指标体系与方法．北京：中国农业出版社

张坤民，温宗国，彭立颖．2007．当代中国的环境政策：形成、特点与评价．中国人口资源与环境，(2)：1-4

张琦，金继红，张坤，等．2007．日本和韩国土地利用与经济发展关系实证分析及启示．资源科技，29 (2)：149-155

张秋琴，周宝同，莫燕，等．2008．区域土地可持续利用景观生态评价．中国生态农业学报，16 (3)：741-746

张少兵，王雅鹏．2007．太湖流域集约农业的环境影响分析．环境保护，(10)：29-31

张先起，刘慧卿，梁川．2007．云南水资源可持续利用程度评价的自组织神经网络模型．长江流域资源与环境，16 (4)：456-460

张小民．2008．中国水权管理制度问题及政策建议．软科学，28 (8)：77-80

张学玲，朱德海，蔡海生，等．2007．基于循环经济的土地资源可持续利用．安徽农业科技，35 (23)：

7231-7232，7234

张艳艳．2009．试论太湖富营养化的发展、现状及治理．环境科学管理，34（5）：5：126-129

张扬．2005．循环经济概论．长沙：湖南人民出版社

张宇，齐欢．2005．支撑向量机在沧州水资源可持续利用评价中的应用．燕山大学学报，29（5）：418-422

张兆福．2012．城镇化进程中土地利用变化理论及实证研究．合肥：中国科学技术大学出版社

张臻，王龙昌，杨松，等．2009．基于 AHP 法的四川省水资源可持续利用综合评．干旱地区农业研究，27（4）：213-218

赵海霞，曲福田，朱德明，等．2008．减少环境污染排放的机制与控制政策．长江流域资源与环境，（4）：628-633

赵吉武，邹长武．2010．基于粒子群算法的神经网络在水资源评价中的应用．成都信息工程学院学报，25（3）：317-320

赵可，张安录．2011．城市建设用地、经济发展与城市化关系的计量分析．中国人口．资源与环境，21（1）：7-12

赵连阁，胡从枢．2007．东阳-义乌水权交易的经济影响分析．农业经济问题，（4）：47-54

赵星．2006．贵阳市乌当区生态-经济系统耦合关系研究．贵州师范大学学报，24（3）：111-115

赵雪雁．2001．绿洲持续利用评价．干旱区地理，24（1）：86-89

赵玉山，朱桂香．2008．国外流域生态补偿的实践模式及对中国的借鉴意义．世界农业，4：15

郑茜．2009．中国现状下排污权交易的政策效益分析，全国商情经济理论研究，（10）：26-27

周大杰，李惠民，齐晔．2004．中国可持续发展下水资源管理政策研究．中国人口·资源与环境，04：23-26

周卫东，孙鹏举，刘学录．2012．临夏州土地利用与生态环境耦合关系．四川农业大学学报，30（2）：210-215

周晓林，吴次芳，刘婷婷，等．2009．基于 DEA 的区域农地生态效率差异研究．中国土地科学，23（3）：61-65

朱明峰．2005．基于循环经济的资源型城市发展理论与应用研究．合肥：合肥工业大学博士学位论文

朱幼垓．2010．基于熵值法福州市土地集约利用评价．台湾农业探索，（4）：57-59

朱玉仙，黄义星，王丽杰．2002．水资源可持续开发利用综合评价方法．吉林大学学报（地球科学版），32（1）：55-63

诸大建，邱寿丰．2008．作为我国循环经济测度的生态效率指标及其实证研究．长江流域资源与环境，17（1）：1-5

诸大建．2008．生态文明与绿色发展．上海：上海人民出版社

诸大建．2002．作为政策工具的可持续发展——影响环境的三个因素以及三个层次的政策分析．毛泽东邓小平理论研究，（3）：76-82

庄丽，郑福云．2003．黑龙江耕地资源可持续发展战略初探．国土与自然资源研究，（4）：20-21

邹进宇．2006．长兴岛临港经济发展与土地利用战略研究．东北师范大学硕士学位论文

左东启，戴树声，袁汝华，等．1996．水资源评价指标体系研究．水科学进展，7（4）：368-373

Ackerman W V. 1999. Conflict in urban land use. Urban Geography, 20（2）：146-167

Ackerman W V. 1971. Growth control versus the growth machine in redlands, California: Aloson W. The economics of urban size. Papers of Regional Science Association, 26（1）：67-83

American Forests. 1999. Regional Ecosystem Analysis for Chesapeake Bay Region and the Baltimore Washington

Corridor: Calculating the Value of Nature. U. S. A: American Forests

American Forests. 2000. Urban Ecosystem Analysis for theHouston Gulf Coast Region: Calculating the Value of Nature. U. S. A: American Forests

American Forests. 2001. Urban Ecosystem Analysis for Atlanta Metro Area: Calculating the Value of Nature. U. S. A: American Forests

Antrop M. 2000. Changing patterns in the urbanized countryside of Wester Europe. Landscape Ecology, 15: 257-270

Arifin B. 2005. Institutional Constraints And Opportunities in Developing Environmental Service Markets: Lessons from Institutional Studies on RUPES inIndonesia. World Agroforestry Centre, http://www.worldagroforestry. org/Sea/Networks/RUPES/download/Workong20% Paper/b_ arifin. pdf

Benedict M, Green M E. Infrastructure: Smart Conservation for 21st Century. The Conservation Fund. Washington, DC: Sprawl Watch Clearing house. http://www. sptawl watch. Org/green infrastructure

Burton E. 2000. The compact city: just or just compacts a preliminary analysis. Urban Studies, 37 (11): 1969-2001

C R D. 2007. Policy and praxis of land acquisition in China. Land Use Policy, 24 (1): 1-13

Carlson T N, Arthur S T. 2000. The impact of land use——land cover change due to urbanization on surface microclimate and hydrology: a satellite perspective. Global and Planetary Change, 25 (7): 49-65

Carter M R, Toth M, Liu S, et al. 1996. An Empirical Analysis of the Induced Institutional Change In Post-Reform Rural China. Working paper. Department of Agricultural and Applied Economics. University of Wisconsin-Madison

Coase R H. 1988. Notes on the Problems of Social Cost, in the Firm, the Market and the Law. Chicago: University of Chicago Press

Cooper A, Shine T, McCann T. 2006. An ecological basis for sustainable land use of Eastern Mauritanian wetlands. Journal of Arid Environments, 67 (1): 116-141

Costanza R, d'Arge R, de Groot R, et al. 1997. The value of the world's ecosystem services and natural capital. Nature, 387: 253-260

Diggelen R V, Sijtsma F J, Strijker D, et al. 2005. Relating land-use intensity and biodiversity at the regional scale. Basic and Applied Ecology, 6 (2): 145-159

Duda A M. 1993. Addressing nonpoint source of water pollution must become an international priority. Water Science and Technology, (3-5): 1-11

Engle R, Granger C. 1987. Co-integration and error correction: representation, estimation and test-lng. Economics, 35: 391-407

Evans A W. 1985. Urban Economics: An Introduction. Oxford: Basil Blackwell ltd

FAO. 1993. FESLM: An International Frmaework Evaluating Sustainable land Management Rome: World Soil Resources Report 73

Feder G, Just R E, Zillberman D. 1985. Adoption of agricultural innovations in developing countries: a survey. Economic Development and Cultural Change, 33: 255-298

Fonafifo. 2005. The Environmental Services Payment Program: A Success Story of Sustainable Development Imp lementation in Costa Rica. Costa Rica

Friedman J H, Stuetzle W. 1981. Projection pursuit regression. J Amer Statist Assoc, 76: 817-823

Friedman J H, Turkey J W. 1974. A projection pursuit algorithm for exploratory data analysis. IEEE Trans on Computer, 23 (9): 881-890

Gersberg R M, Brown G, Zambrano V, et al. 2001. Quality of urban runoff in the TiJua-na river watershed. The U. S. Mexican Border Environment, (3): 31-45

Grossman G M, Krueger A B. 1991. Environmental Impacts of a North American Free Trade Agreement. National Bureau of Economic Research Working Paper

Hudso J C. 1969. Diffusion in a central place system. Geographical Analysis, 1: 45-58

Iverson L R. 1998. Land use changes inIllinois, USA-The influence of landscape attributes on current and historic land use. Landscape Ecology, (1): 45-61

Johson S L, Adams R M, Perry G M. 1991. The on-farm cost of reducing ground water pollution. American Journal of Agricultural Economic, (1): 1063-1073

Jones B, Kone S. 1996. An exploration of relationships between urbanization and per capita income: united states and countries of the world. Papers in Regional Science, 75 (2): 135-153

Jones L K. 1987. On a conjecture of Huber's concerning the convergence of projection pursuit. Ann Statist, 15: 880-882

Kassahun D. 2006. Towards the development of differentiallan taxation and its implications for sustianable land management. Enviromental Scince & Policy, 9: 693-697

Keenleyside C, Baldock D, Hjerp P, et al. 2009. International perspectives on future land use. Land Use Policy, 26: S14-S29

Kirkpatrick S, Gelatt C D Jr, Vecchi M P. 1983. Optimization by simulated annealing. Science, 200: 671-680

Koop G, Pesaran M, Potter S. 1996. Impulse response analysis Ln NonlLnear multivariate models. Journal of Econometrics,74 (1): 119-147

Kuznets S. 1955. Economic growth and income inequality. American Economic Review, (45): 1-28

Lee S I. 1979. Nonpoint source pollution. Fisheries, (2): 50-52

Lemelin A, Polese M. 1995. What about the bell-shaped relationship between primacy and development?. International Regional Science Reviews, 18: 313-330

Lewis E A. 1954. Economic development with unlimited supply of labor. The Manchester School, 22 (1): 139-191

Li G, Rozelle S, Brandt L. 1998. Tenure, land rights, and farmer investment incentives in China. Agricultural Economics, 19 (1-2): 63-71

Li J, Mario G, Gianni P. 1999. Factors affecting technical changes in Rice based framing system in southern China: Case study of Qianjiang municipality. Critical Reviews in Plant Sciences, 18 (3): 283-297

Lin C Y, Chen W C, Liu S C, et al. 2008. Numerical study of the impact of urbanization on the precipitation over Taiwan. Atmospheric Environment, 42: 2934-2947

Liu S, Carter M R, Yao Y. 1996. Dimensions and Diversity of Property Rights in Rural China: Dilemmas on the Road to Further Reform. Working paper, Department of Agricultural and Applied Economics, University of Wisconsin-Madison

Loucks D P. 1999. Sustainability Criteria for Water Resources System. Cambridge: Cambridge University Press

Loucks D P. 2000. Sustainable water resources management. Water international, 25 (1): 3-10

Mapp H P, Bernardo D J, Sabbagh G J. 1994. Economic and environmental impacts of limiting nitrogen use to protect water quality: a stochastic regional analysis. American Journal of Agricultural Economic, 76: 889-903

Norton N A, Phipps T T, Fletcher J J. 1994. Role of voluntary programs in agricultural nonpoint pollution policy. Contemporary Economic Policy, 12 (1): 113-121

Pasakarnia G, Malience V. 2010. Towards sustainable rural development in Central and Eastern: applying land consolidation. Environment and Planning, 28: 1637-1660

Pederson P O. 1970. Innovation diffusion within and between national urban systm. Geographical Analysis, 2: 203-254

Reents H J, Kustermann B, Kainz M. 2008. Sustainable land use by organic and integrated farming systems. Perspectives for Agroecosystem Managment, (1): 17-39

Renaud B. 1981. National urbanization policy in developing countries. Oxford University Press, 17-18

Segerson K. 1998. Uncertainty and incentives for nonpoint pollution control. Journal of Environmental Economics and Management, 15 (1): 87-98

Seto K C, Kaufmanm R K. 2003. Modeling the drivers of urban land use change in the Pear River Delta, China integrating remote using with socioeconomic ic data. Land Economics, 79 (1): 106-121

Shortle J S, Horan R D. 2001. The economics of nonpoint pollution control. Journal of Economic Survey, 15: 255-289

Steffen W, Jager J, Carson D. 1999. Challenges of a Changing Earth. Amsterdam: Proceeding of the Global Change Open Science Conference

Svirejeva-Hopkins A, Schellnhuber H J. 2008. Urban expansion and its contribution to the regional carbon emissions: using the model based on the population density distribution. Ecological Modeling, 216: 208-216

The World Bank. 1996. Cities are the world's future: urban problems are solvable. http//www. world bank. Org/heml/extdr/extme/citiespr

Todaro M, Stilkind J. 1981. City bias and rural neglect: The dilemma of urban development. New York: The Population Council, Inc, 40-79

Todaro M. 1969. A Model of labor migration and urban unemployment in less developing countries. American Economic Review, 59 (1): 138-148

Treu M C, Magoni M, Steiner F, et al. 2000. Sustainable landscape planning forCremona, Italy. Landscape and Urban Planning, 47: 79-98

Upadhyay T P, Sankhayan P L, Solberg B. 2005. A review of carbon sequestration dynamics in the Himalayan region as a function of land-use change and forest /soil degradation with special reference to Nepal. Agriculture, Ecosystems and Environment, 105 (3): 449-465

Van Paassen A, Roetter R P, Van Keulen H, et al. 2007. Can computer models stimulate learning about sustainable land use? Experience with LUPAS in the humid (sub-) tropics of Asia. Agricultural Systems, 94 (3): 874-887

Vermaat J E, Goosen H, omtzigt N. 2007. Do Biodiversity patterns in dutch wet land complexes relate to variation in urbanization, intensity of agricultural land use or fragmentation?. Biodivers Conserve, 16: 3585-3595

Wang X B, Cai D X, Hooogmoed W B, et al. 2006. Potential effect of conservation tillage on sustainable land use: a review of global long-term studies. Pedosphere, 16 (5): 587-595

White R, Engelen G. 1993. Cellular automata and fractal urban form: a cellular modeling approach to the evolution of urban land——use patterns. Environment and Planning A, 25: 1175-1199

Xepapadeas A P. 1995. Observability and choice of instrument mix in the control of externalities. Journal of Environmental Economics and Management, 56 (3): 485-498

Yao Y, Carter M R. 1996. Land Tenure, Factor Proportions and Land Productivity: Theory and Evidence from China. Department of Agricultural and Applied Economics. University of Wiscons in USA

Zhou Z. 2000. Landscape changes in a rural in China. Landscape and Urban Planning, 47: 33-38

附录1 中共大理州委 大理州人民政府关于洱海保护及洱源生态文明试点县建设评价体系的实施意见[①]

一、充分认识构建洱海保护及洱源生态文明试点建设评价体系的重要性和必要性

在新的历史阶段，开展洱海保护及洱源生态文明试点县建设评价体系有着重大的现实意义。主要表现在：一是贯彻和落实国务院确立洱源县为生态文明试点县和云南省人民政府大理专题会议精神的迫切要求；二是贯彻和落实大理州委、州政府关于"十一五"期间发展县域经济重大部署的紧迫任务；三是贯彻和落实州委六届六次全会和州十二届二次人代会提出的"生态优先、农业稳州、工业强州、文化立州、旅游兴州、和谐安州"战略思路的重点工作；四是努力打造洱海保护与流域生态建设示范样板的重点工作。不仅如此，构建洱海保护及洱源生态文明试点县建设评价体系有其重要性和必要性。一是有利于形成明确的导向和工作目标，并有利于宣传群众、教育群众和凝聚人心；二是有利于建立科学规范、切合实际的管理考评体系，建立导向正确、运转高效的工作机制，进而推动工作健康、和谐发展；三是有利于调动县乡村各级干部工作的积极性和创造性。

二、洱海保护及洱源生态文明试点县建设指标体系构建的基本框架及考核办法

（一）洱海流域生态文明建设指标体系及考核办法

1. 指标体系及权重

在遵循生态文明建设原则的基础上，根据"循法自然、科学规划、全面控源、行政问责、全民参与"的洱海保护经验，构建水质规划、陆域污染源、环境经济和环境社会调控指标系统。洱海流域生态文明建设指标体系权重及考核指标（附表1）。

---

① 本附录系董利民教授主持大理白族自治州人大常委会招标课题《洱海保护及洱源生态文明试点县建设评价体系研究》成果之一。该成果经大理白族自治州人民政府全文采用，并发文实施。见大理白族自治州人民政府关于印发《2009 年洱海保护及洱源县生态文明建设工作意见》的通知（大政发〔2009〕15 号）。

附表 1　洱海流域生态文明建设指标体系权重及考核目标

目标层	系统层	指标层	单位	权重	现状值	考核目标 (2009~2010 年)	考核目标 (2011~2015 年)	考核目标 (2016~2020 年)	考核类别
洱海流域生态文明建设评价体系	水域系统 (25%)	1. 洱海水质达标率(40%)	%	0.100	66.7	70	84	100	周期考核
		2. 入湖河流水质达标率(30%)	%	0.075	60	70	80	100	年度考核
		3. 流域村镇饮用水卫生合格率(30%)	%	0.075	90	92	95	100	年度考核
	陆域系统 (25%)	4. 城镇、村庄污水集中处理率(15%)	%	0.032 5	90	92	95	100	年度考核
		5. 城镇、村庄生活垃圾无害化处理(15%)	%	0.032 5	33.64	50	65	90	年度考核
		6. 工业固体废物处置利用率(10%)	%	0.025	89	92	95	100	周期考核
		7. 林草覆盖率(20%)	%	0.050	58.12	60	72	75	周期考核
		8. 化肥施用强度(20%)	kg/hm²	0.050	280	280	265	248	年度考核
		9. 畜禽粪便综合利用率(20%)	%	0.050	83	85	90	95	周期考核
	环境经济系统 (25%)	10. 流域财政收入增长率(20%)	%	0.050	21.6	10	10	10	年度考核
		11. 第三产业占 GDP 比重(20%)	%	0.050	37.2	38	39	40	周期考核
		12. 流域环境保护投资占 GDP 比重(30%)	%	0.075	3.5	3.6	3.8	4	周期考核
		13. 流域万元 GDP 能耗(30%)	tce/万元	0.075	1.44	1.3	1.2	0.9	周期考核
	环境社会系统 (25%)	14. 流域农村居民年人均纯收入(20%)	元	0.050	3 078	3 200	4 600	6 000	年度考核
		15. 流域城镇居民年人均可支配收入(20%)	元	0.050	12 865	13 000	14 500	16 000	年度考核
		16. 生态文明教育普及率和参与率(20%)	%	0.050	80	82	85	91	周期考核
		17. 生态乡镇创建的比率(20%)	%	0.050	30	35	60	90	周期考核
		18. 公众对环境及社会公平正义的满意度(20%)	%	0.050	90	94	95	95	周期考核

2. 考核及奖惩

考核对象：洱海流域相关党政主要领导及班子成员。

考核办法：考核分年度考核和周期（注：领导班子任职一届，为一个周期）考核。分优秀、良好、基本完成和未完成四个档次。考核综合得分≥90分，为优秀档次；80分≤综合得分<90分，为良好档次；60分≤综合得分<80分，为基本完成档次；综合得分为<60分，为未完成档次。

奖惩办法：优秀档次，州给予领导班子奖金200万元（年度考核后支付25%，以下同）和兑现2000万元的生态文明建设补助资金；良好档次，州给予领导班子奖金160万元和兑现1600万元的生态文明建设补助资金；基本完成档次，不奖不惩；未完成档次，主要责任人按相关规定实行问责。周期考核档次低于年度考核的，应追回领导班子高档次奖金，不退还建设补助资金；周期考核档次高于年度考核的，只兑现当年领导班子奖金和补助资金。

（二）洱源生态文明试点县建设指标体系及考核办法

1. 指标体系及权重

在深入考察洱源生态文明试点县建设实际的基础上，生态文明评价体系的系统构成和构建原则，确定生态安全系统、环境友好系统、经济发展系统和社会进步系统等四个指标系统，共同构成洱源生态文明试点县建设指标体系的总体框架。洱源生态文明试点县建设指标体系权重及考核指标（附表2）。

2. 考核及奖惩

考核对象：洱源县党政主要领导及班子成员。

考核办法：考核分年度考核和周期（注：领导班子任职一届，为一个周期）考核。分优秀、良好、基本完成和未完成四个档次。考核综合得分≥90分，为优秀档次；80分≤综合得分<90分，为良好档次；60分≤综合得分<80分，为基本完成档次；综合得分为<60分，为未完成档次。

奖惩办法：优秀档次，州给予领导班子奖金200万元（年度考核后支付25%，以下同）和全额兑现6000万元的生态文明试点县建设补助资金；良好档次，州给予领导班子奖金160万元和兑现5600万元的生态文明试点县建设补助资金；基本完成档次，不奖不惩；未完成档次，主要责任人按相关规定实行问责。周期考核档次低于年度考核的，应追回领导班子高档次奖金，不退还建设补助资金；周期考核档次高于年度考核的，只兑现当年领导班子奖金和补助资金。

三、洱海保护及洱源生态文明试点县建设指标体系构建的政策措施

（一）完善法律法规体系

州人民政府制定和实施了一系列有利于生态文明建设的法律法规，今后要进一步贯彻

附表2　洱源生态文明试点县建设指标体系权重及考核目标

目标层	系统层	指标层	单位	权重	2008年现状值	考核目标(2009~2010年)	考核目标(2011~2015年)	考核目标(2016~2020年)	生态县目标值	考核类别
洱源生态文明试点县建设评价体系	生态安全(20%)	1. 大气环境质量(30%)	%	0.06	2级	2级	2级	2级	2级	周期考核
		2. 受保护地区占国土面积比例(30%)	%	0.06	14.2	15	18	20	≥20	周期考核
		3. 林草覆盖率(40%)	%	0.08	57.9	58.5	70	75	≥75	周期考核
	环境友好(20%)	4. 主要河流水质达标率(30%)	%	0.06	33	57	78	100	100	年度考核
		5. 城镇污水处理率(10%)	%	0.02	30	45	60	85	≥85	年度考核
		6. 村庄污水处理率(10%)	%	0.02	20	20	25	30	≥30	年度考核
		7. 城镇垃圾无害化处理率(10%)	%	0.02	50	60	80	90	≥90	年度考核
		8. 村庄垃圾无害化处理率(10%)	%	0.02	53	56	68	80	≥80	年度考核
		9. 畜禽粪便综合利用率(10%)	%	0.02	89	90	95	100	≥95	周期考核
		10. 化肥施用强度(20%)	kg/hm²	0.04	384.7	350	250	200	<250	年度考核
	经济发展(40%)	11. 有机、绿色及无公害农产品种植面积比重(20%)	%	0.08	40.5	43	50	60	≥60	年度考核
		12. 环境保护投资占GDP的比重(20%)	%	0.08	2.0	2.1	2.5	3.5	≥3.5	周期考核
		13. 农村居民年人均纯收入(20%)	元	0.08	2 688	2 800	4 000	4 500	≥4 500	年度考核
		14. 城镇居民年人均可支配收入(20%)	元	0.08	12 000	13 000	14 500	16 000	≥16 000	年度考核
		15. 万元GDP能耗(20%)	tce/万元	0.08	1.728	1.65	1.3	0.9	≤0.9	周期考核
	社会进步(20%)	16. 生态文明教育普及率和参与率(40%)	%	0.08	80	82	85	91	>90	周期考核
		17. 公众对环境及社会公平正义的满意度(30%)	%	0.06	90	94	95	95	>90	周期考核
		18. 生态乡镇创建的比率(30%)	%	0.06	30	35	60	90	≥90	周期考核

注:括号内数值为各层级权重值。主要河流流域水质达标率2009~2010年规划弥弥直河Ⅲ类水4个月以上、罗时江Ⅴ类水8个月以上、永安江Ⅴ类水8个月以上;2011~2015年规划弥弥直河Ⅲ类水8个月、永安江Ⅴ类水10个月以上和罗时江Ⅴ类水10个月以上;2016~2020年规划弥弥直河Ⅲ类水12个月、永安江Ⅴ类水12个月和罗时江Ⅴ类水12个月。

十七大提出的"完善有利于节约能源资源和保护生态环境的法律和政策，加快形成可持续发展体制机制"的基本方略。积极完善有利于节约能源资源和保护生态环境的法律和政策，加快形成可持续发展的体制机制，把生态文明建设彻底纳入依法治理轨道，运用法律手段规范治理生态环境，充分发挥环境和资源立法在经济和社会生活中的约束作用，为建设生态文明提供有力保障；进一步完善由政府调控、市场引导、公众参与等构成的较完整的法律法规制度；建立科学、合理、有效的执法机制，坚持依法行政，规范执法行为，严格执行环境保护和资源管理的法律、法规，严厉打击破坏生态环境的犯罪行为；加大执法力度，提高执法效果，实行重大环境事故责任追究制度，避免出现有法不依、执法不严、违法不究的情况，以法律法规体系建设来充分保障生态文明建设。

（二）建设综合决策机制

州人民政府建立社会、经济发展与生态环境保护综合决策机制，把环境保护规划纳入各级政府经济和社会发展的计划体系，以此增强地方政府在经济发展、资源利用和环境保护等方面的综合决策和协调能力。州人民政府将综合决策做到规范化、制度化，建立系统、稳定、开放的环境影响评价体系，以对经济、技术政策和发展规划等进行制度化测评，并健全环境评价指标体系，开展环境污染和生态破坏损失及环境保护投资效益的统计与分析，进行环境资源与经济综合核算试点。在综合决策机制建设中，注意引入以公众参与为核心内容的社会机制，始终将各族人民的根本利益放在首位，在健全和完善环境保护协调机制中体现出全心全意为人民服务的宗旨，建立法律、经济手段配合使用的利益导向机制，健全有利于体现公众利益和环境保护的决策体系，确保生态效益、经济效益与社会效益的统一。州人民政府建立行之有效的生态环境保护监管体系，明确资源开发者的生态环境保护义务与责任，把"各级政府对本辖区生态环境质量负责"、"各部门对本行业和本系统生态环境保护负责"的责任制落到实处，实行严格的考核、奖罚制度，提高环境政策实施的政府绩效。

（三）建立生态补偿机制

党的十七大报告提出要"实行有利于科学发展的财税制度，建立健全资源有偿使用制度和生态环境补偿机制"。在洱海流域生态文明建设中，州人民政府将根据"谁开发谁保护，谁破坏谁恢复，谁受益谁补偿"的原则，建立科学、有效、合理的生态补偿机制，形成一套利用经济杠杆促进生态系统功能恢复和重建的制度。在生态补偿机制建设中，注意在财政转移支付项目中增加生态补偿项目，实施项目保障。探索资金横向转移补偿模式，通过横向转移实现流域内公共服务水平的均衡。建立生态环境补偿机制还需处理好上、中、下游的关系，流域内与流域外的关系，近期与长期或者是当代与后代的关系，以及市场作用与政府职能的关系。州人民政府建立生态环境补偿费用机制，大力促进洱海流域符合生态文明要求的循环经济和环保产业的发展。在流域内外树立资源有偿、生态有价的价值观念，通过生态文明理念价值观让保护者得到补偿，让破坏者得到惩罚，让占有者付出成本，让受益者分担成本。

（四）强化科技支撑作用

生态文明建设离不开科学技术力量的强大支持。不仅在制度上、组织上、理念上、法律上需要提供生态文明建设的保障，而且注意加大生态文明建设中的科技含量，致力于以科学技术作为生态文明建设的有力支撑。州人民政府加快流域可再生资源保护与利用程度的研究进程，加大流域生产力的空间布局的研究力度，重视科技的推广应用，正确处理环境保护与发展经济的关系。总之，凡事讲科学，遵循客观规律，尊重知识、尊重人才，通过科学技术落实科学发展观，使生态文明建设走上科学发展、可持续发展的道路。

（五）创建道德文化体系

生态文明建设需要全社会的自觉参与。在建设过程中，遵照党的十七大报告中提出的"生态文明观念在全社会牢固树立"的要求，进行广泛、深入、细致的宣传，以各种方式和手段将科学发展、人与自然和谐相处的思想理念充分展示。在全社会树立良好的生态文明道德风气，使热爱环保、和谐发展的思想深入人心，成为全社会的共识。营造良好的保护环境、生态文明的社会舆论氛围。有了生态文明道德文化体系的建设，才能真正做到全民参与、全民自觉，这是生态文明建设不可或缺的部分。

附录2 关于洱海流域构建生态补偿机制的研究报告[①]

引 言

建立生态补偿机制是有效保护生态环境的紧迫需要，也是落实科学发展观、建设和谐社会的重要措施，特别是对于中国重要生态功能区的云南省来说，更具有重要的战略地位。因此，本课题通过对国内外生态补偿研究与实践的分析，在对洱海生态环境的现状和洱海流域构建生态补偿机制基本情况调查的基础上，提出关于洱海流域构建生态补偿机制的意见和建议，为实施新一轮西部大开发战略及国家在制定补偿政策措施的指导意见和生态补偿条例中，反映云南的省情民意，提供参考。

一、国内外生态补偿的研究与实践

生态补偿是以保护和可持续利用生态系统为目的，以经济手段为主要方式，调节相关者利益关系的制度安排。生态补偿机制是以保护环境，促进人与自然和谐发为目的，根据生态系统服务价值、生态保护成本、发展机会成本，运用政府和市场手段，调节生态保护利益相关者之间利益关系的公共制度。生态补偿有广义和狭义之分，广义的生态补偿既包括对保护生态系统和自然资源所获得效益的奖励或破坏生态系统和自然资源所造成损失的赔偿，也包括对造成环境污染者的收费。狭义的生态补偿则主要是指前者。从目前我省的实际情况来看，急需在学习借鉴国内外经验的基础上，构建符合我省省情的基于生态系统服务的生态补偿机制。

（一）国外生态补偿的研究与实践

国际上对"生态补偿"比较通用的名称是"生态服务付费"（PES）或"生态效益付费"（PEB），主要有四个类型。一是直接公共补偿。类似中国的天然林保护工程、退耕还林还草工程和生态公益林保护等。政府直接向提供生态系统服务的农村土地所有者及其他提供者进行补偿，这也是最普通的生态补偿方式。这一类补偿还包括权保护，即对出于保护目的而划出自己全部或部分土地的所有者进行补偿。二是限额交易计划。如欧盟的排放

---

① 本附录系董利民教授主持中共大理白族自治州委员会政策研究室招标课题《洱海流域生态补偿机制实施方案》研究成果之一。

权交易计划，政府或管理机构首先为生态系统退化或一定范围内允许的破坏量设定一个界限（"限额"或"基数"），处于这些规定管理范围之内的机构或个人可以直接选择通过遵守这些规定来履行自己的义务，也可以通过资助其他土地所有者进行的保护活动来平衡自己造成的损失。通过对这种抵消措施的"信用额度"进行交易，可以获得市场价格，达到补偿目的。三是私人直接补偿。除了由非盈利性组织和盈利性组织取代政府作为生态系统服务的购买者之外，私人直接补偿与上面所说的直接公共补偿十分相似。这些补偿通常被称为"自愿补偿"或"自愿市场"，因为购买者是在没有任何管理动机的情况下进行交易的。各商业团体和个人消费者可以出于慈善、风险管理或准备参加市场管理的目的而参加这类补偿工作。四是生态产品认证计划。通过这个计划，消费者可以通过选择，为经济独立的第三方的生态友好性产品提供补偿。

从各国实施 PES 的具体情况来看，许多案例是围绕森林生态系统的生态服务展开的。国外森林生态补偿除政府支付外，很多情况下是通过市场机制实现的。2002 年出版的 "Silver Bullet or Fools Gold" 对当时 287 例森林生态服务交易进行了分析，发现这些交易可分为 4 种生态服务类型，其中 75 例储存交易，72 例生物多样性保护交易，61 例流域保护交易，51 例景观美化交易。另外还有 28 例属于"综合服务"交易。目前的实际交易案例已多达 300 个以上，遍布美洲、加勒比海、欧洲、非洲、亚洲以及大洋洲的许多国家和地区。

在与农业生产活动相关的生态补偿方面，瑞士、美国通过立法手段，以补偿退耕休耕等措施来保护农业生态环境。欧盟也有类似的政策和做法。20 世纪 50 年代，美国政府实施了保护性退耕计划；80 年代实施了相当于荒漠化防治计划的"保护性储备计划；纽约州曾颁布了"休依特法案"，以恢复森林植被。在这些计划和法案的实施过程中，政府为计划实施（成本）和由此对当地居民造成的损失提供补贴（偿）是一项重要内容。

流域保护服务可以分为水质与水量保持和洪水控制三个方面以有利于上游保护者，特别是当地的一些穷人。比较成功的例子包括：澳大利亚利用联邦政府的经济补贴推进各省的流域综合管理工作；南非则将流域生态保护与恢复行动与扶贫有机地结合起来，每年投入约 1.7 亿美元：雇佣弱势群体来进行流域生态保护，以改善水质，增加水资源供给；纽约水务局通过协商确定流域上下游水资源与水环境保护的责任与补偿标准等。

在矿产资源开发的生态补偿方面，德国和美国的做法相似。对于立法前的历史遗留的生态破坏问题，由政府负责治理，美国以基金的方式筹集资金，德国是由中央政府（75%）和地方政府（25%）共同出资并成立专门的矿山复垦公司负责生态恢复工作；对于立法后的生态破坏问题，则由开发者负责治理和恢复。

森林生态系统的补偿，主要通过生物多样性保护，碳蓄积与储存、景观娱乐文化价值实现等途径进行。欧洲排放交易计划（EU-ETS）与京都清洁发展机制是目前两个最大的、最为人们所了解的碳限额交易计划，2005 年二者分别完成了 3.62 亿 t 和 4 亿 t 的二氧化碳交易。根据碳交易公司 2006 年的统计，这个数字经 2004 年增长 7 亿 t 总价值达到了 94 亿美元。

景观与娱乐文化服务经常与生物多样性服务相重叠。从本质上说，旅游者购买商品是欣赏景观的权利，这些商品不属于生物多样性范畴，一般都是在案例研究的基础上来决定付给土地管理者的费用。对国家公园来说，一般要求当地社区居民减少在公园内的活动，使他们可以获得一部分的公园收入以作为对此的补偿。根据调查，最经常用来体现这些服务价值的、以市场为基础的补偿是参观权或进入补偿，如参观费（50%）、旅游服务费（25%）和管理项目费（25%）。

对于生物多样性保护的补偿类型包括：购买具有较高生态价值的栖息地（私人土地购买、公共土地购买）；特许或栖息地的补偿（生物考察权，调查许可，对野生物种进行狩猎、垂钓或集中的许可，生态旅游）；生物多样性保护管理补偿（保护地役权，保护土地契约，保护区特许租地经营权，公共保护区的社团特许权，私人农场、森林、牧场栖息地或物种保护的管理合同）；限额交易规定下可交易的权利（可交易的湿地平衡资金信用额度，可交易的开发权，可交易的生物多样性信用额度）；支持生物多样性保护交易（企业内对生物多样性保护进行管理的交易份额，生物多样性友好产品）。总体而言，国外生物多样性等自然保护的生态补偿基本上是通过政府和基金会渠道进行的，有时则与农业、流域和森林等的补偿相结合。

（二）国内生态补偿的研究与实践

我国关于生态补偿的研究和实践开始于 20 世纪 90 年代初期。一些科学研究人员借鉴国际生态系统服务功能研究的思路与方法，对不同尺度上的各种生态系统的服务功能进行定量估算。虽然由于采用的指标和方法不同，使所得到的结果有很大差异，但研究结果仍然提示了生态系统在生态与环境服务方面的巨大价值，证明了单纯以 GDP 为核算的现行经济核算体系的缺陷和环境外部性造成的市场失灵，从而在理论上阐明了进行生态补偿的重要意义，同时也为生态补偿标准的制定提供了理论依据。

生态补偿在实践方面所开展的工作可以概括为三个方面：一是由中央相关部委推动，以国家政策形式实施的生态补偿；二是地方自主的探索实践；三是近几年也初步开始的国际生态补偿市场交易的参与。总体而言，目前的实践工作集中在森林与自然保护区、流域和矿产资源开发的生态补偿等方面。

森林与自然保护区的生态补偿。森林与自然保护区的生态补偿工作起步较早，国家投入较多，取得了较明显的成效，除了森林生态效益补偿基金制度之外，天然林保护、退耕还林等六大生态工程也对长期破坏造成的生态系统退化进行补偿。一些相关的政府措施有：1992 年国务院批转国家体制改革委员会《关于一九九二年经济体制改革要点的通知》（国发〔1992〕12 号），第六条第 21 款明确提出"要建立林价制度和森林生态效益补偿制度，实行森林资源有偿使用"；1993 年国务院《关于进一步加强造林绿化工作的通知》（国发〔1993〕15 号），指出"要改革造林绿化资金投入机制，逐步实行征收生态效益补偿费制度"；1993 年国家环保总局发布的《关于确定国家环保局生态环境补偿费试点的通知》（2002 年废止）；1998 年修订的《森林法》第八条第六款明确表明"国家设立森林生态效益补偿基金，用以提供生态效益的防护林和特种用途林的森林资源、林木的营造、抚育、保护和管理"。2001～2004 年为森林生态效益补助资金试点阶段；2004 年正式建立中央森林生态效益补偿基金，并由财政部和国家林业局出台了《中央森林生态效益补偿基金管理办法》。中央森林生态效益补偿基金的建立，标志着我国森林生态效益补偿基金制度从实质上建立起来了。

流域的生态补偿。在流域的生态补偿方面，地方的实践主要集中在城市饮用水源地保护和行政辖区内中小流域上下游间的生态补偿问题，如北京市与河北省境内水源地之间的水资源保护协作、广东省对境内东江等流域上游的生态补偿、浙江省对境内新安江流域的生态补偿等。旅游服务的主要政策手段是上级政府对被补偿地方政府的财政转移支付，或整合相关资金渠道集中用于被补偿地区，或同级政府间的横向转移支付。同时有的地方也探索了一些基于市场机制的生态补偿手段，如水资源交易模式。浙江省东阳市与义乌市成功开展了水资源使用权交易，经过协商，东阳市将横锦水库 5000m³ 水资源的永久使用权通过交易转让给下游的义乌市。在宁夏回族自治区、内蒙古自治区也有类似的水资源交易的案例，上游灌溉区通过改造，将多余的水卖给下游的水电站使用。在浙江、广东等地的实践中，还探索出了"异地开发"的生态补偿模式。为了避免流域上游地区发展工业造成严重的污染问题，也为了弥补上游经济发展的损失，浙江省金华市建立了"金磐扶贫经济开发区"，作为该市水源涵养区磐安县的生产用地，并在政策与基础设施方面给予支持。2003 年，该区工业产值 5 亿元，实现利税 5000 万元，占磐安县财政收入的 40%。浙江还有另外 5 个市、县也实施了或将要实施类似的举措。

矿产资源开发的生态补偿。中国从 20 世纪 80 年代中期开始实施，90 年代中期进一步进行改进，对矿产资源开发征收了矿产资源税，用以调节资源开发中的级差收入，促进资源合理开发利用。1994 年又开征了矿产资源补偿费，目的是保障和促进矿产资源的勘察、保护与合理开发，维护国家对矿产资源的财产权益。尽管国家和地方有将补偿费用于治理和恢复矿产开发过程中的生态环境破坏的情况，但在政策设计上却没有考虑矿产资源开发的生态补偿问题。1997 年实施的《中华人民共和国矿产资源法实施细则》对不能履行矿山开发中的沙土保持、土地复垦和环境保护责任的采矿人，应向有关部门交纳履行上述责任所需的费用，即矿山开发的押金制度。这一政策符合矿产资源开发生态补偿机制的内涵。也有些地方，如广西，采用征收保证金的办法激励企业治理和恢复生态环境，若企业不配合，政府将用保证金雇佣专业化公司完成治理和恢复任务。在各地的实际操作过程中，多是按照矿产资源销售量或销售额的一定比例征收生态补偿费，用于治理开发造成的生态环境问题。对于新开矿山，浙江省通过地方相关立法，建立矿山生态环境备用金制度，按单位采矿破坏面积确定收费标准，同时，按照"谁开发、谁保护；谁破坏、谁治理"的原则解决新矿山的生态破坏问题；做到不欠新账。对于废弃矿山，浙江省采用两种办法治理和恢复：受佃者明确的废弃矿山，则按照"谁受益、谁治理"的机制实施治理；若废弃矿山已没有或无法确定受益人的，则由政府出资并组织实施治理。

区域生态补偿。从 20 世纪 80 年代以来，中国开始了大规模的生态建设工程，包括防护林体系建设、水土流失治理、荒漠化防治、退耕还林还草、天然林保护、退牧还草、"三江源"生态保护等在内的一系列生态工程均具有明显的生态补偿意义，投入资金有数千亿元之多。2000 ~ 2003 年，中央政府用于西部基本建设的国债资金达到 2200 亿元，占同期国债发行问题的37%；中央财政转移支付额从2000年的53亿元，迅速增加到2003年的170亿元，2004年达到450亿元。在中央的基本建设基金中，用于西部的资金从2000年的170亿元，增加到2003年240亿元。2000~2003年，中央用于西部扶贫的资金是175亿元。从区域补偿的角度看，尽管这些财政转移支付和发展援助政策没有考虑生态补偿的因素，也极少应用于生态建设和保护方面，但其对西部地区因保护生态环境牺牲的发展机会成本，或承受历史遗留的生态环境问题的成本变相给予了一定的补偿。

生态补偿机制的地方探索。浙江省是第一个以较系统的方式全面推进生态补偿实践的省份。2005年8月浙江省政府颁布了《关于进一步完善生态补偿机制的若干意见》，确立了建立生态补偿机制的基本原则，即"受益补偿、损害赔偿"；"统筹协调、共同发展"；"循序渐进、先易后难"；"多方并举、合理推进"。具体政策和措施包括：健全公共财政体制，调整优化财政支出结构，加大财政转移支付中生态补偿的力度；加强征收资源费的管理工作，增强其生态补偿功能；积极探索区域间生态补偿方式，支持欠发达地区加快发展；加强环境污染整治，逐步健全生态环境破坏；责任村经济赔偿制度；积极探索市场化生态补偿模式，引导社会各界参与环境保护与生态建设。在具体实施过程中，浙江省采取了分级实施的工作思路，即省级政府主要负责实施跨区域的八大流域的生态补偿问题，市、县（市）等分别对区域内部生态补偿问题开展工作。目前，杭州等6市已经制定或正在制定本地区建立生态补偿机制的政策，并推进相关实践。

二、洱海生态环境的现状及洱海流域构建生态补偿机制的基本情况

（一）现状

洱海是云贵高原的一颗明珠，位于云南省大理州境内，地理位置为北纬25°25′至26°10′，东经99°32′至100°27′，湖区跨大理市和洱源县16个乡镇，总人口约为86.56万人，人口密度约为340人/km²。流域面积2565km²，属澜沧江水系。湖面积251km²，湖容约27.43亿m³，最大水深21.30m，平均水深10.60m，湖南岛屿面积0.75km²，为云南省第二大淡水湖泊。随着流域经济社会的快速发展，在20世纪80年代，洱海水质呈贫中营养级-Ⅱ类，并逐渐上升到90年代中营养化-Ⅱ类，继而发展到21世纪初的富营养化初期-Ⅲ类水质。

为治理污染，还洱海一湖碧水，在洱海水污染治理上，从早期的湖内保护扩展到流域保护，从专项治理走向综合治理，从州级专业部门管理走向分级负责、条块结合，全民参与，经历了从水污染防治、保护、治理到生态文明建设三个阶段。经过全州干部群众的不懈努力，2005年，洱海全湖水质总体恢复至Ⅲ类，其中3月、5月和12月达到Ⅱ类，流域生态环境得到逐步改善，洱海水污染综合防治工作取得阶段性成果，从而使流域经济进入发展的快车道。2007年7月，在全国湖泊污染防治工作会议上，大理州交流了洱海保护治理工作的主要经验和体会，得到了国家环保总局的充分肯定，要求全国重点湖泊流域的市要认真总结洱海保护治理经验，在今后湖泊治理中推广洱海治理经验，为国内其他湖泊

的治污提供借鉴。

（二）探索实践

大理州按照国家和省的布置，2000年以来先后在洱海流域实施了退耕还林、生态公益林补偿、天然林保护等生态补偿三大政策，在生态补偿工作中进行了一系列探索与实践。

1）采用生态系统服务价值来全面度量洱海流域环境保护和生态资源的价值。这是生态补偿主体对特定生态补偿对象（洱海全流域）。如果补偿主体所提供的补偿数量过少，未能满足洱海地区社会发展和环境保护的基本要求，洱海流域就没有治理水体污染和加大生态建设力度的必要激励。按照1997年Robot Costanza等对便于生态系统服务价值的测算经验值——国民生产总值的1.8倍，有关专家按照大理市2008年全市生产总值（GDP）145.5亿元和洱源县2008年全县生产总值19.5亿元的统计数据，测算出洱海全流域的年生态系统服务价值为（145.5+19.5）×1.8＝297亿元。

2）采用机会成本法来测算流域不同区域对特定区域的生态补偿额度。按照大理市洱海保护管理局编纂的《洱海管理志》的相关数据，专家采用退耕还林、调整工业和农业品种结构从而推动了部分发展权而形成的机会成本（损失）大致测算了洱海流域不同区域对特定区域的生态补偿额度。例如，近几年洱海流域已经或计划开展的治理投入项目有：洱海实施"双取消"资金投入为369.4万元；洱海"三退三还"资金投入为1437.4万元；清除水葫芦和五湖固体废弃物治理投入资金214万元。洱海保护治理"六大工程"的投资总额为86 670万元，合计洱海流域治理的直接投资为88 691万元。如果以上述流域治理投入项目十年完成来测算，每年的生态成本为0.89亿元。

3）加大投入。2006~2009年，大理州投入1.67亿元，县市投入1.33亿元，主要用于8个方面的补助：污水治理、垃圾处理、农村环保、农村面源治理、规划监测能力建设、湖滨带湿地等生态修复、卫生旱厕、综合整治及基础设施等其他项目。同时，州级财政每年安排1500万~2000万元专项用于洱海水龙头洱源县生态文明建设，主要用于上游洱源县以集镇截污治污和湿地净防为重要的生态基础设施，以调整和改革种养结构、生产重点的生态农业，以要绿化农、林产业发展，生物多样性保护、矿山及小流域治理为重点的生态屏障，以高原水乡地热国为重点的生态旅游，以限制和禁止发展以洱海有污染产业为重点的生态工业，以生态理念规划村庄集镇为重点的生态家园，以增强全民生态意识为重点的生态文化等建设。

（三）成功经验

大理州在建立洱海流域生态补偿机制实践中，不断总结经验，始终注重四个有机结合，收到了较好的效果。

1）生态补偿流域群众生产生活有机结合。为更好保护洱海渔业可持续发展，在实行全湖半年休渔和渔船集中入港管理期间，高度重视沿湖专业渔业社封湖休渔生活问题，将专业渔民休渔补助由原来的每人每月25元提高到50元，每年130万元，对4397名渔民进行补助。在罗时江入湖口和邓北桥湿地建设中，采取土地租凭，租金由农户和建设方协商，每年每亩 600～1200 元，将每年近 300 万元的土地租赁费列入县市财政预算，租期和农村土地经营承包期相衔接，年初按时给予租地群众补偿，并优选招聘出租土地村民参与湿地建设和日常维护，群众在获得土地出租金的同时，还按工获得劳动力收入。政府既建成了湿地，又分年度付租金减轻了资金的压力。

2）生态补偿与干部考核有机结合。洱海保护治理纳入州市县各级的重要议事日程，州委、州人民政府与大理市、洱源县党委、政府和州级 9 个部门主要领导签责，县委政府和乡镇签责、乡镇和村社签责，州市县领导担任"河长制"，并实行风险抵押金和一票否决，把生态补偿责任层层落实到最基层。对洱源县党史班子实行有别于其他县市的考核指标，把生态文明建设、生态补偿列为重要考核指标，作为干部政绩的主要内容（生态保护、经济、发展社会事业、群众生活四大项）。明确提出洱海保护治理完不成责任书的干部不予提拔，不予重用。

3）生态补偿与社会主义新农村建设有机结合。按照村庄整治规划，优先安排鼓励发展村庄的建设项目，包括垃圾池、垃圾清运车、污水处理设施、公厕、村民旱厕。将"三员"（滩地管理员、垃圾收集员、河道管理员）指标分到村社，由村社自行聘用，自行处理管理。在洱海湖滨带生态修复工程建设中，合理安置拆迁群众，同步建设沿湖双廊、挖色、上关、海东四镇新农村居民小区，按社会主义新农村建设和白族民居建筑风格要求，规划安置用地 18 块，由政府负责基础配套设施建设，提供建房图纸，安置户按规划自己建房，既科学整合项目资金，提高项目实施效率和生态补偿金的使用效率，又妥善拆迁农户，彻底改善住房条件和村容村貌。

4）生态补偿资金来源单一，难以满足补偿机制的需求。洱海流域目前生态补偿主要来源于三个方面。一是国家各部委行业单项补偿资金；二是州、县市视财力财政专项转移支付；三是征收洱海水费、风景名胜资源费等。据测算，洱海流域每年的生态补偿总额约在 300 亿元，需求差距较大。"谁污染谁治理，谁破坏谁恢复，谁受益谁补偿"的原则还停留在政策层面。流域内居民认为生态补偿是政府的事，受益补偿是当然的，大量环保设施建成需要资金维持运行，如农村污水处理、垃圾清运由受益农户付费，保证日常运行难度较大。流域内的所有居民既是生态破坏、环境污染的受害者，更是洱海环境问题的污染者，因而也应是生态补偿的主体。

三、洱海流域构建生态补偿机制的对策措施

1）充分认识洱海流域构建生态补偿机制的极端重要性。首先，洱海流域构建生态补偿机制是流域经济、社会发展的必然要求，也是洱海保护治理深入发展的重要选择，有利于促进流域生态优美、社会公平、经济发展。洱海流域是云南省经济跨越式发展较快的地区之一，2009 年流域地区生产总值 181.14 亿元，近三年平均递增 11% 以上，人均生产总值 1.7 万元。城镇居民人均可支配收入大理市为 1.14 万元，农民人均纯收入近 5000 元。2006 年在理市县域经济综合竞争力进入全国百强，地方财政收入在全国三十个少数民族自治州首府城市中位居第一，经济实力名列第二。2003 年省人民政府确定大理为滇西中心城

市，城镇居民住房人均建筑面积达到 $34m^2$，城镇化率 54.5%。按照"保护海西、保护洱海、开发海东、开发凤仪"新的规划建设思路，城镇建成区面积每年新增 $10km^2$。积极探索生态补偿机制，调整生态保护和经济社会快速发展各方之间利益关系，实现利用生态环境资源创造经济价值再分配，显得十分重要。洱海生态环境的好坏，直接关系到经济社会发展的质量，是建设滇西中心城市的基础和前提，维护流域人民群众根本利益之所在。其次，洱海流域构建生态补偿机制有利于流域的可持续发展，是筹集洱海保护治理资金的根本保证，更是重要的环境经济政策，通过生态补偿机制，可加快保护治理步伐。环境污染的外部性是造成环境污染严重的主要原因，解决这一问题的有效对策是使外部性内部化，在洱海流域建立生态补偿机制很大程度上能实现经济行为的外部性内部化，以此逐步改变各行为主体片面追求自身效益而引发的生态问题，是贯彻落实科学发展观的重要举措。流域生态环境保护需要大量资金投入，而投入资金然短期内难以产生直接的经济利益回报，更多地体现在良好的生态环境。生态补偿机制能够使保护治理成本在不同地区和不同群体之间得到合理分担，弥补政府单一投入不足，提供有力的政策支持和稳定的资金来源，形成可持续的长效机制。最后，洱海流域构建生态补偿机制有利于流域生态文明建设和构建和谐社会，达到区域协调发展，民族团结和谐，是协调上、下游各方环境与经济关系的举措。一个生态文明的流域，必然是经济和环境的协调发展，社会的和谐。洱源县 2008 年定为大理州生态文明试点县建设，目前正在争取将洱海生态文明流域列入国家和省的试点建设。流域内为多民族地区，任何一个居民都享有平等的水资源权利，上游及湖周边地区为水资源保护区，承担着下游大理市城镇及农村的供水，保证下游地区用水案例的生态保育任务。通过生态补偿机制，采用合理的方式，对上游和湖周水资源保护区居民水资源使用权和产业发展权的损失给予补偿，以使其公平地享有水资源效益，是十分必要的。流域内不同区域确保出境水量水质达到不同的考核目标，并根据出入境水量水质改善来确定横向补偿标准，搭建有助于建立流域生态保护共建共享机制的政府管理平台。农户在取得土地承包经营权，本可自主选择种养殖品种，但由于洱海生态环境建设和保护治理的要求，自主经营受到一定的制约，牺牲一部分发展权，应当获得相应的经济补偿和政策扶持。围绕洱海保护，流域提出"洱海清、大理兴"，上游洱源提出"洱源县净、洱海清、大理兴"，下游大理市提出"洱海清、大理兴、洱源亲"，充分体现了构建流域和谐社会的生态补偿理念和良好基础。

2）科学设计洱海流域生态补偿机制的框架。一是明确补偿主体、受偿主体与实施主体。生态补偿主体即生态补偿权利的享有者和义务的承担者，包括补偿主体、受偿主体、实施主体混为一体的一般以国家为主，也包括有补偿能力和可能的生态受益地区、企业和个人。生态受偿主体即生态补偿的接受主体。资源开发活动中和环境污染治理过程中因资源耗损或环境质量退化的直接受害者是生态补偿的受偿主体；生态建设过程中，因创造社会效益和生态效益而牺牲自身利益的主体者也是生态补偿的受偿主体。生态受损主体为了实现生态环境价值而造成了利益减损，生态受益主体对其进行经济补偿体现了"公平"原则。由于生态补偿自身的特殊性，直接由生态补偿主体对生态受偿主体进行补偿存在难度，原因如下：一方面，生态补偿的客体——生态环境价值具有"公共物品"属性，生态受损主体无法通过直接交易的办法获得补偿；另一方面，参与交易主体人数众多且生态受益和生态受损不易定量化，即使生态受益主体愿意对生态受损主体进行补偿，其"交易成本"亦十分高昂。因此，在生态补偿主体难以对生态受损主体直接补偿的情况下，生态补偿需要形成和依靠实施主体，而生态补偿的最佳实施主体只能是政府。二是理清补偿方式。生态补偿方式是指生态补偿主体承担生态补偿责任的具体形式，从补偿的运作模式可以大体划分为政府补偿和市场补偿两类方式。政府补偿是指以非政府途径对生态系统进行的补偿，包括财政转移支付、专项基金、优惠政策、对综合利用和优化环境予以奖励等。其中最主要的方式是资金补偿、政策补偿和智力补偿。资金补偿主要采取财政转移支付的形式，财政转移支付是指以各级政府之间所存在的财政能力差异为基础，以实现各地公共服务的均等化为主旨而实行的一种财政资金或财政平衡制度。生态补偿中财政转移支付，是为了实现生态系统的可持续性，通过公共财政支出将其收入的一部分无偿的拨给微观经济主体或下级政府主体支配用于指定的生态环境建设和保护。转移支付可以采取税收返还、专项拨款、财政援助、财政补贴、对综合利用和优化环境予以奖励等。项目支持是指中央和当地政府以审批实施专项项目的形式对生态环境的综合防治给予支持。生态补偿基金则包括以生态建设和生态补偿为目的所设立的水资源保护基金、林业基金、森林生态效益补偿基金、各项环境整治基金、退耕还林的补偿基金等各项基金制度。政策补偿是各级政府制定各种环境保护和生态补偿的政策来推动生态环境建设与保护，包括在投资项目、产业发展、财政金融、信贷税收等方面的创新性优惠政策等。智力补偿是指中央和当地政府以技术扶持的形式对生态环境的综合防治给予支持。具体内容有：补偿主体建立技术支持项目，开展技术服务，提供无偿技术咨询和指导，培训受补偿地区的技术人才和管理人才，提高受补偿者的生产技能、技术会计师和组织管理水平。市场补偿是由市场交易主体在法律法规的范围内，利用经济手段，通过市场行为改善生态环境的活动的总称，包括生态环境费。国家对开发利用生态环境资源的生产者和消费者，或生态受益的地区、部门（企业）和个人征收生态补偿费，用以保护、恢复开发利用过程中造成的自然生态环境破坏。环境产权市场交易补偿。环境产权交易市场建立之后，任何市场主体可以按照卖家最低价与买价最高价相符时成交的交易规则，进行环境产权交易。主要形式有排污权交易、水资源交易等。通过市场交易，间接对生态环境进行补偿。此外，生态补偿的市场补偿形式还包括发展环保产业、推选环境责任保险等形式。三是探讨补偿途径。探讨生态补偿途径是建立在确立生态补偿方式基础上的，通过什么样的途径来实现有效的补偿取决于补偿方式。结合上述的政府补偿和市场补偿两类方式，在洱海流域可以有以下几种途径来实现有效的生态补偿。征收流域生态补偿费。政府可以征收生态补偿费，建立生态补偿基金，作为生态补偿资金的一个重要和稳定的来源。政府通过费税的调整，改变市场上不合理的行为，刺激排污企业资源开发，提高利用效率，使企业出于追求经济效益的目的，来减少污染物质的排放或对破坏的生态环境进行恢复治理，间接达到生态补偿的目的。建立流域水资源生态补偿基金。在洱海流域设立以生态建设和生态补偿为目的的水资源保护基金，并通过宣传推广，广泛吸引社会各界的资源，扩充生态补偿基金的筹资规模。还可借助基金的有效运作，积极寻求国内外非政府组织的捐赠资助。各级财政生态专项补偿。目前在洱海流域国家财政专项补偿的生态补偿方式比较普遍，但这种单一的补偿渠道离实际需要相差甚远，今后要逐步建立起国家财政补偿同区域内财政补偿及部门补偿相结合的补偿机制。在补偿方式上可以以间接的方式进行，对有利于资源保护的经济行为可以通过减免税率的方式，对农民减免农林特产税、教育附加费等，都可以起到鼓励正确的环境行为方式的作用。优惠信贷。优惠信贷是以低息贷款或无息贷款的形式向有利于生态的行为和活动提供一定的启动资金，解决资金缺乏问题，鼓励当地人从事有利生态环境的行为和活动，同时贷款还可以刺激借贷人有效地使用贷款，提高行为的生态效率。各级财政可以通过增加贴息额度来促使金融机构扩大优惠贷款规模。其他途径。包括建立市场机制促进补偿，如建立排污权交易市场，促进企业之间的相互补贴；建立生态补偿捐助机构，接受来自社会的各种捐赠；发行生态补偿彩票等，多方位进行资金筹措。

3）认真坚持洱海流域生态补偿的政策措施。首先，补偿资金的来源。包括两个方面：一是国家及省财政补偿。其中，林业：退耕还林工程20.6万亩（大理市退耕还林工程8.264万亩，其中，退耕还林4.132万亩，荒山荒地造林4.132万亩；洱源县退耕还林工程12.336万亩，其中，退耕还林5.268万亩，荒山荒地造林7.068万亩），2002年实施8年继续实施，每亩每年补150kg原粮、种子费20元、管护费25元。退耕还草15.7万亩，补助1.44亿元。生态公益林223.8万亩，每亩每年5元，补助800万元。天然林保护328.4万亩，每亩补助飞播50元，封山育林5万亩，每亩补助14元，人工造林2500亩，森工企业职工每人补1.8万元。城乡建设：风景名胜区基础上建设补助3200万元；云南省城镇建设尘沙、垃圾设施，建设县城垃圾处理厂500万元，污水处理厂1万t补助60万元，污水管网每千米补助30万元。环保：自然保护区基础上建设补助3000万元，云南九湖专项资金每年1000万~1500万元，中央财政农村环保综合整治每个100万~150万元。国土资源：地质公园项目补助1500万元，土地整理、耕地复垦补助1.5亿元。农业：农业湿地保护区建设1781万元，农村血防改厕改水（未找到数据）万元。其次，地方补助（州、市、县）。其中，财政：2009年州级专项资金9760万元，2010年安排8683万元。大理市1.8亿元，洱源县3000万元。收费：洱海风景名胜资源遇接待旅游者每人次30元，年收入2300万~4000万元；洱海水费发电每度收0.02元，工业用水0.06元/m³，生活用水0.10元/m³，每年收取1000万元；洱源渔业资源增殖保护费每年收取30万~40万元，苍山风景名胜资源费每年收取400万元；企业排污费每年可收500万元，城镇居民生活排水费2元/t。在坚持洱海流域生态补偿政策措施的同时，补偿资金还随经济增长每年逐步增加。

4）进一步完善洱海流域生态补偿的方式和标准。一是"三退三还"（退耕还林，退塘还湿地，退房还湖），兑现第一轮退耕还林4878亩，每亩每年250kg原粮（国家150kg，地方再补100kg），以当年粮价折算支付现金。2004年《洱海管理条例》修正后，控制水位提高0.31m。第二轮涉及补偿土地清退费1万~3万元/亩，林木补偿费200~5000元/亩，房屋有附着物补偿450~800元/m²；二是2100亩多块湿地，58km湖湿带等生态建设9074万元；三是公益性岗位护林员935人，500元/（人·月），每年600万元。"三员"（滩地协管员、垃圾员、河道员）1366人，400元/（人·月），每年650万元；四是封湖休渔专业渔民生活补助 4397 人，每年 133 万元；五是村镇污水重、湿地建设土地租金，每亩600 ~ 1200 元；六是农户庭院式污水处理设施 8200 座，每座 2000 ~ 2500 元；七是河道治理，十八溪每条 100 万元，其他三河一江各 500 万元；八是双取消（取消网箱养鱼，赎卖机动渔船动力设施）369.4 万元；九是农村面源治理测土配方 10 万亩，生物防治和生物肥补助，农户畜禽粪便堆肥池 500 元/个，稻田养鱼 500 元/亩，劳动力转移培训，乡村垃圾处理（垃圾池、旱厕、小型焚烧炉）1300 万元，三位一体沼气池 8984 口，生物发酵床养猪山羊禁牧 1.76 万头补偿 215.4 万元；十是城镇污水处理厂补助 8 个（上关、周城、右所各 200 万元；邓川 500 万元），上游洱源县城污水处理运行每年补助 80 万元，县城垃圾处理中心建设补助 500 万元；十一是鱼类资源人工增殖放流，每年 200 万元。

5）地方政府下一步的打算。一是健全流域生态补偿机制的保障体系，切实把生态补偿机制列入洱海流域"十二五"保护治理规划的重要内容，纳入各级党委、政府的议事日程。尽快制定和修改相关的政策法规、技术规范和操作规程，科学划定农业面源防治流域内三级防护区、制定相应的管理办法，农业清洁生产补偿标准，引导和鼓励农民走规模化经营、保育农田。调整州洱海保护治理领导组办公室人员，加强对大理市、洱源县的指导，负责日常工作。加强生态补偿项目的管理和资金使用的监督。提出每年农业农村生态面源污染防治和生态补偿资金计划，报州洱海保护治理领导组审核，经批准后列入自治州经济和社会发展总盘子。二是完善生态环境评估体系，把生态环境指标纳入各级政府综合考核范围。根据生态环境的要素分别确定评估体系，水质指标主要有洱海水质达标率、入湖河流总氮削减率、入湖河流总磷削减率、流域村镇饮用水卫生合格率。流域指标主要有城镇及旅游饭店污水集中处理率和垃圾无害化处理率、工业污水废气处理率和固体废弃物处置利用率、城乡绿化率、化肥施用强度、畜禽粪便综合利用率、农村污水和垃圾处理率、无公害、有机农产品比例、森林覆盖率、水土保持防治率。加强日常监督监测，分设监测点（站）。在县—市、镇—镇行政区划交界处，河流上、中、下、入湖口设自动监测段面，一级、二级、三级农田面源污染防护区设区位监测点，按技术规范获取监测数据，科学评价防治效果和生态环境的变化。州对县市，县市对乡镇，乡镇对村，村对农户层层签订洱海保护治理责任制，并将现行五年一届考核修改为一年一小考，一届一大考，增强各级的责任感和紧迫感。三是制定产业发展生态补偿优惠政策，加强服务网点与展示基地。首先是依靠科技，加快产业结构调整，在全流域组织无公害、有机绿色农副产品认证，创立品牌。大力扶持高效低污染农业替代产品，重点扶持蓝霉种植 2 万亩（200 元/亩），稻田养鱼 3000 亩扩大到 1 万亩（250 ~ 500 元/亩），生物发酵床养猪（1 万 ~ 2 万元/户）5 万头，有机肥厂 10 万 t（200 万元/座），深入研究水稻—蚕豆种植生态效益补偿机制。鼓励农村经济合作组织规模化经营，通过集体土地流转，通过土地整理联片规模种植高效低污染农产品。推广大理市银顺蔬菜专业合作社大棚营养液育苗和大田移栽意大利生菜、西洋菜等优质蔬菜模式，支持在现有 250 亩基础上扩大至 2000 亩以上，并发挥龙头企业产、供、销优势，带动周围农户订单种植，研究出台生态补偿扶持政策。其次是畜牧业提质增效，严格控制流域奶牛养殖数量，依靠科技、改良品种，改变粗放养殖方式，提高单产，增加奶量，增加奶农收入。结合滇西中心城市建设，积极培育巍山、宾川、祥去等流域外工业园区和养殖基地建设，用生态补偿方式逐渐外移奶牛养殖，扩大乳制品企业，增加乳业生产企业服务网点，提升乳制品业发展，走出一条低碳特色规模农业发展的路子。最后是进一步研究农村垃圾污染防治，实行城乡一体化管理。集镇统一由城管环卫清运和处置，积极探索全流域推行源头垃圾分类，中间减量，集中定时清运模式。继续推行乡村垃圾焚烧，进一步研究农户分散焚烧减量技术和示范。同时加大财政资金对农村垃圾清运和分散农户污水处理的投入，推行财政投入与村民缴费相结合的补偿机制；四是结合洱海流域的实际，制定规范的生态补偿方式。在政策补偿方面，继续执行好中央、省对自治州，对流域的权力和机会补偿，认真组织好天然林工程，退耕还林（草）新一轮补偿政策措施及各项扶持"三农"措施，争取得到更多的优先和优惠，确保政策措施落实到位。在资金补偿方面，通过各种专项补偿金、补贴、各级财政转移支付、贴息、加速折旧等，筹集生态补偿资金。充分发挥区域自治和村民自治优势，继续征收好洱海水费、风景名胜资源费、渔业资源增殖费、苍山风景名胜资源费。在桃源、大营等村试点［20 元/（户·年）］的基础上，全流域收取农村垃圾费，由村民委员会自行管理使用。在实物补偿方面，运用物质、劳力和土地等进行补偿，连续坚持如采用土地租用建湿地，农民投工付费的方式，解决受补偿者部分的生产要素和生活要素，了解受补偿者的生活状况，解决就业和劳动力转移，增强生产能力。继续实施退耕还林（草）补偿，良种推广补贴，新型缓/控释肥及器械、农机补偿，公益性岗位设置（河道员、滩地协管员、村庄垃圾收集员），生态建设土地补偿（湿地建设每亩每年补助 800～1000 元，一定二十年），杀虫灯（配给），农村旱厕（政府 1000 元，农户 500 元）、农户庭院式污水处理（每户 2000 元）。在智力补偿方面，继续开展测土配方无偿技术咨询和指导，针对不同地块发放和调整配方卡。筛选化学农药替代性防治方法，推广低毒、高效环境友好的农药品种，精确高效施用农药，减少农药化肥残留的污染。开办各类培训班和农村环保学校，帮助流域内的群众学习洱海保护治理知识、现代农业知识，掌握生物床发酵养猪、灯光诱杀、超声波干扰、防虫网隔等技术，分送洱海流域农业面源污染防治技术手册。鼓励农民从我做起，采用新技术发展农业。在项目补偿方面，通过项目建设，争取中央、省和各级部门的支持。积极做好工业园区和社会主义新农村、居住新区项目的规划论证设计等前期工作，对口申报项目，争取更多的项目列入各级政府的规划和计划盘子。继续争取中央农村环境综合整治，争取保持每年安排 30 个村以上，每个村约 100 万元的中央财政投资。城镇基础设施建设，重点抓好污水、垃圾处理设施建设，解决好流域集中式污水处理和垃圾处理设施建设。项目贷款贴息。"三农"扶持项目，包括农村民居地震安全、农村危房改造、农村小型水利工程、以气代燃、水利血防河道治理等。

四、对洱海流域构建生态补偿机制的意见及建议

通过调查，课题组认为，洱海流域生态补偿工作刚刚起步，还处于一个探索阶段，从中央实施保护长江上游天然村工程开始，大理州先后实践了退耕还林、退房还湖、退塘还湿地的"三退三还"为主的湿地和环湖滨带建设；以控氮减磷为目标的测土配方和耕地力

调查，改变传统农业施肥技术；以"一池三改"的农村沼气能源建设，以"一取消，三提倡"的稻田养鱼，人工褥草技术；以无公害蔬菜基地规模经营培育的农产品质量安全认证路子；以畜牧业堆粪酵池建设，生物床自然发酵养猪，太阳能中温沼气站技术，处理畜禽粪便，有机肥加工厂建设提升畜禽养殖业；以农村垃圾收集、乡村垃圾小型焚烧炉、土壤净化槽和庭院式农户、餐饮饭店一体化净化等多种设施和技术，处理农村生活生产防治污水、垃圾为主线的农村环境综合整治。通过多年的努力，洱海流域已建成一大批环境保护治理设施。城镇污水处理厂3座，日处理能力6.4万t，482km的污水收集管网。垃圾处理厂3座，日处理能力330t。约1万个农村庭院式污水处理设施，15个乡村垃圾焚烧炉，2万座农村家庭旱厕，115个农村公共厕所，1000多个农村垃圾收集池，三轮车650辆，清运车71辆，沼气池2万多口，43座乡村土壤净化槽和一体化小型污水处理设施，58km的洱海湖滨带和2100多亩的多块生态湿地。10座太阳能中温沼气站。环保设施陆续竣工投入运行，正在发挥和即将发挥其保护治理的效益，促进经济社会环境的可持续发展。2008年，大理州确定洱源县为州级生态文明试点县建设，州财政预算内每年补助专款1500万元，并对洱源县党政府领导班子实行有别于其他县的综合考核体系，构建了初步的流域生态补偿机制，取得了初步的成果。为进一步建立健全洱海流域生态补偿机制，课题组提出以下几方面的意见和建议。

（一）进一步加大流域工作力度

洱海流域是苍山洱海国家级自然保护区、国家重点风景名胜区大理风景名胜区，第一批国家级历史文化名城的核心，也是云南滇西北生物多样性较为丰富的区域。森林资源、野生动植物和湿地面积大，属国家重要的森林生态功能区，据专家测量，碳汇总量达到147.6万t，森林覆盖率大理市38.3%，洱源县47.9%。流域有效风力出现时间占总数的66%，平均太阳能辐射总量在5400~6500MJ/m²，光合有效辐射量占全年太阳能辐射总量的50%左右，多年平均日照时数2200h以上，占全年日照时数的50%以上。风能、太阳能、地热、生物质能储备丰富，开发潜力大，是我国重要的生态环境敏感区域。大理州应认真总结前段开展的生态补偿机制实践，进一步加大流域生态补偿机制的构建，把生态补偿机制作为洱海保护治理的突破口，纳入生态文明建设规划，纳入自治州国民经济和社会发展"十二五"规划中，统筹安排，完善实施。要进一步探索生态补偿的市场化。项目建设需要投入，运行维护需要资金，管理则更为重要。一是有规模的环保设施要有专门机构运营；二是农村环保设施交村属地管理，每年补贴一定数额的运行费，视考核行政区划或设施分类向社会招聘运营管理，实行政府补贴和收费相结合的方式，由中标公司负责运营，达到中标条件付费。积极推行环保项目BOT、BT等方式，加快保护治理项目的建设，充分发挥效益。开展取用水权、新清洁能源（风、电、地热）生态服务、碳汇贸易、排污权等环境的市场交易试点，在生态环境资源所有者与生产企业间建立起商品货币化关系，实现生态资源经营权与所有权分离，促进生态环境资源经营权合理转让，利用价格机制，竞争机制建立起生态环境集约化开发与利用体系。动员和鼓励民间组织、金融机构、企业集团、环保社团、流域外的政府机构等对流域生态建设的资助和援助，筹集社会资金和社会力量投入到流域生态环境建设中。

（二）加强财政监督，提高补偿资金绩效

生态补偿资金渠道较多，要统一进行财政监督，设立财政洱海流域生态补偿金专户，实行统一管理、统一标准、统一拨付。州县市各部门按标准落实到补偿受益者，组织实施。财政年底对部门使用生态补偿资金进行绩效考核评估，提出奖惩意见。建立补偿费的征收和使用监督审计制度，并由政府向社会公布，兑现奖惩。紧紧抓住生态标志（有机农副产品，农作物地理标志，旅游文化标志）认证，调整好有利于流域良好生态环境的产业结构，积极探索低碳经济，转变流域经济发展方式。

（三）省委、省政府要给予大力支持和帮助

云南省委、省人民政府将洱海列为云南省流域生态补偿试点，加大对洱海流域的支持力度，帮助大理进一步理清思路，在政策上、资金上给予倾斜，支持大理州先行先试，探索经验，为全省流域生态补偿提供借鉴，以试点促全省。我省在十二五期间全面开展生态补偿机制的构建工作，作为云南省争当全国生态建设排头兵的突破口，切实解决好九大高源湖区流域、重要生态功能区、矿产、水电资源开发等领域的生态环境保护问题，恢复和维护云南良好的生态系统的服务功能。改善生态环境质量，调整云南省辖区内生态环境保护相关主体间的环境及其经济利益的分配关系，协调保护与发展的关系，促进区域的协调、公平与和谐发展。真正把建立生态机制纳入省委、省人民政府的重要议事日程之一，坚持受益者或破坏者付费，保护者或受害者被补偿的原则，试点先行、循序渐进、先易后难，不断完善，激励生态环境保护行为，惩罚破坏行为。尽快建立云南省生态补偿基金，创造条件发行生态彩票，多渠道筹集资金。省级各部门要研究出台云南省生态补偿的有关行政性规范文件，帮助各州市尽快开展生态补偿工作。

（四）启动省级立法程序

将《云南省生态补偿条例》纳入云南省人大立法规划。进一步在全省范围内进行调研，积极组织好《云南省生态补偿条例》立法前调研，确立生态补偿在我省的法律地位。明确在云南省经济发展和社会中的重要作用，就法律法规地位、适用范围、规范事项、协调组织、执行机构、执法主体、生态补偿资金筹集、调配、运作、管理作出规定，明确和界定各利益主体之间责、权、利，对谁补、补谁、怎么补、补多少以及法律责任作出规定。也可由大理州先行制定《大理白族自治州生态补偿条例》，待条例和时机成熟时，再制定颁布云南省条例。从根本上解决法规缺位的被动局面，为全面开展生态补偿提供法律法规依据。

（五）抢抓机遇，争取国家更多支持

今年国家将深入实施西部大开发战略，加快基础建设和环境保护，构建国家生态安全屏障，加强国家及自然保护区、天然林资源、野生动植物和湿地保护。加大水环境综合治理力度，重点推进滇池等水环境保护治理，对洱海等湖泊采取预防保护措施，加大中央财政对西部地区均衡性转移支付力度，逐步在森林、草原、湿地、流域和矿产资源开发领域建立健全生态补偿机制，明确要加快制定并发布关于生态补偿政策措施的指导意见和生态补偿条例。2009 年 7 月，胡锦涛总书记指出，使云南省成为我国面向西南开放的重要桥头堡，为云南省在国家区域规制布局发展战略体系中赢得一席之地提供了历史性的机遇，为云南省争取国家支持预留了非常大的空间。要紧紧抓住国家实施西部大开发战略，建设中国面向西南开放的桥头堡这两个云南省千载难逢的重大发展机遇，认真总结滇池、洱海等九大高原湖泊，退耕还林、水土流失治理等经验，指导大理州做好洱海预防性保护措施规划。为中央制定生态补偿指导性意见和生态补偿提供典型案例，反映云南省情和民意，争取更多内容纳入中央盘子，从国家法律层面，政策措施上得到更大支持。

五、结语

生态补偿是一个新的课题，生态补偿机制的构建是一项复杂而长期的系统工程，涉及生态保护和建设资金筹措、使用等各个方面。而且我国总体上经济发展水平还比较低，经济发展和生态保护之间的矛盾十分尖锐，生态补偿机制的构建尚处于探索阶段，许多问题还不清楚，有待深入研究。本课题通过对洱海流域构建生态补偿机制问题的研究，旨在推动国家和省，以及各部门在以前工作的基础上，根据其工作的重点，不断总结经验，积极推进生态补偿机制的构建和相关政策措施的完善。